U0319860

普通高等教育"十三五"规划教材

传 输 原 理

（第 2 版）

主　编　朱光俊
副主编　杨艳华　王青峡

扫码听微课

北　京

冶金工业出版社

2024

内 容 提 要

本书内容涵盖动量传输、热量传输、质量传输的基础理论及应用。动量传输主要介绍动量传输的基本概念及基本定律、管流流动、边界层流动、流体的流出、射流、冶金与材料制备及加工中的动量传输和相似原理与量纲分析等内容；热量传输主要介绍热量传输的基本概念及基本定律、传导传热、对流换热、辐射换热和冶金与材料制备及加工中的热量传输等内容；质量传输主要介绍质量传输的基本概念及基本定律、扩散传质、对流传质、冶金与材料制备及加工中的质量传输等内容，以及动量、热量、质量传输的类比。书中各章均有学习概要、小结、习题与工程案例思考题、课件二维码；书末附有习题参考答案和常用数据。

本书可作为冶金工程、材料工程、材料加工工程等材料类专业的本科生教材，也可供相关专业的师生和工程技术人员参考。

图书在版编目 (CIP) 数据

传输原理 / 朱光俊主编 . —2 版 . —北京：冶金工业出版社，2020.8
（2024.1 重印）
普通高等教育"十三五"规划教材
ISBN 978-7-5024-5492-0

Ⅰ . ① 传…　Ⅱ . ① 朱…　Ⅲ . ① 输运理论—高等学校—教材
Ⅳ . ① O414.22

中国版本图书馆 CIP 数据核字（2020）第 149789 号

传输原理 （第 2 版）

出版发行	冶金工业出版社	电　话	(010) 64027926
地　址	北京市东城区嵩祝院北巷 39 号	邮　编	100009
网　址	www.mip1953.com	电子信箱	service@mip1953.com

责任编辑　杨　敏　美术编辑　吕欣童　版式设计　孙跃红
责任校对　王永欣　责任印制　窦　唯
北京印刷集团有限责任公司印刷
2009 年 7 月第 1 版，2020 年 8 月第 2 版，2024 年 1 月第 3 次印刷
787mm×1092mm　1/16；23 印张；554 千字；348 页
定价 55.00 元

投稿电话　（010）64027932　投稿信箱　tougao@cnmip.com.cn
营销中心电话　（010）64044283
冶金工业出版社天猫旗舰店　yjgycbs.tmall.com
（本书如有印装质量问题，本社营销中心负责退换）

第2版前言

本书是普通高等教育"十一五"规划教材《传输原理》（2009年由冶金工业出版社出版）一书的修订版，基本上保留了原书的章节体系，以培养学生的应用能力为目标，按照实用性、针对性和先进性原则，作了一些补充与完善、修改与调整。

与第1版相比，主要的变化体现在如下几方面：一是每章增加了本章学习概要，以便学生了解本章学习的主要内容与学习目的；二是每章的课件均以二维码形式印在书中，可扫描后下载，以便学生自主学习；三是在每章增加了工程案例，让学生学以致用，如动量传输中有冶金熔渣的流动性、高炉鼓风系统阻力、金属熔体的浇注、转炉氧枪设计、高炉炼铁强化冶炼、加热炉内气体流动、金属熔体流动模拟等，热量传输中有冶金熔体的导热性、高温炉壁的热损失、冶金管道的对流换热、金属材料的加热或冷却、钢包内钢水的温降等，质量传输中有室内甲醛的扩散、气体扩散系数的测定、钢件的渗碳处理、高炉的还原过程、转炉的脱碳过程、湿法炼铜的萃取分离过程等工程案例；四是对每章的例题和习题进行了精选，使例题和习题更接近于生产实际，更有实用价值；五是对每章的小结进行了重新梳理，以便于学生对重要知识点的掌握与归纳；六是在每章列出了主要的公式或方程，以帮助学生掌握基本的计算公式及基本的计算方法；七是增补了参考文献。

参加修订工作的人员主要有，重庆科技学院朱光俊（修订第1篇）、杨艳华（修订第3篇）、王青峡（修订第2篇）、曾红（视频录制）、柴森森（视频录制）、秦跃林（协助课件制作）、王晓蓉（协助视频制作），全书由朱光俊审定。重庆大学博士生导师郑忠教授审阅了修订部分的内容，对本次的修订提出了许多宝贵意见，在此深表谢意！

本次修订参考了有关文献，课件制作借鉴了有关素材，在此一并向文献和素材的作者表示衷心感谢。同时非常感谢第1版副主编孙亚琴副教授（上海应用技术大学）的无私奉献，也非常感谢重庆科技学院教务处的大力帮助与支持。

本书可作为冶金工程、材料工程、材料加工工程等材料类专业的本科生教材，也可供相关专业的本科生和相关领域的工程技术人员参考。重庆科技学院"冶金传输原理"课程已在重庆高校在线开放课程平台及学校课程中心建立了在线课程，课程网站中的教学大纲、授课计划、授课教案、授课课件、电子讲义、授课视频、自测题库等教学资源全面开放。

课程网址：http：//www. cqooc. com/course，https：//mooc1-2. chaoxing. com/course/201509684. html。

由于编者水平所限，书中不妥之处，恳请广大读者批评指正。

编　者

2020 年 6 月

第1版前言

传输原理课程是冶金、材料类专业本科生的主要专业基础课程，在学完高等数学和大学物理课程后开设，它是冶金、材料类专业本科生的前期必修课程。通过本课程的教学，可以使学生掌握传输理论的基本概念、基本定律及基本解析方法，理解强化生产过程和改进生产工艺的传输基础理论，同时使学生具备初步分析和解决生产工艺过程中传输实际问题的能力，为进一步学习专业课奠定良好基础。

传输（transport）与输送、转移、传递同义，都是指自然界不同条件下的物质或能量随空间及时间的变化。传输现象（transport phenomena）普遍存在于各工程技术领域。传输过程是流体的动力过程、传热过程及物质传递过程的统称，也称传递过程或速率过程。传输过程中进行着动量、热量、质量的传递与输送，分别称之为动量传输（momentum transport）、热量传输（heat transport）和质量传输（mass transport）。传输原理或传递原理主要研究流体的动量、热量、质量传输或传递过程的速率，三者之间具有类似统一性。从20世纪中叶以来，传输原理已成为一门独立学科，并广泛应用于冶金、材料、机械、化工、能源、环境等工程领域。随着科学技术的发展，冶金已从狭义的从矿石提取金属，发展为广义的冶金与材料制备及加工过程工程，传输原理在认识冶金过程与材料制备及加工过程的本质，发展冶金与材料制备及加工新理论、新技术、新工艺、新方法、新流程等方面发挥了重要的支柱作用，它已经成为现代冶金与材料制备及加工工程的理论基础。

按照冶金行业"十一五"教材出版规划的要求，根据多年的教学经验和体会，在参考国内外相关资料的基础上，结合培养应用型人才的需要，我们编写了《传输原理》一书。本书由动量传输、热量传输、质量传输三篇，共18章组成，书中内容力求体现系统性和实用性。动量传输、热量传输、质量传输统称传输原理，亦称"三传"，它们是冶金与材料制备及加工过程中三个不可分割的物理过程，通常有理论研究、实验研究和数值计算三种方法。本书主要介绍理论研究方法、实验研究方法和部分数值计算方法，即以质量守恒定律、牛顿第二定律和热力学第一定律为依据，注重从"三传"具有类似性的角度阐述了动量传输、热量传输、质量传输的基本概念、基本定律及基本解析方法，并结合冶金、材料学科的新发展及新技术，介绍"三传"在冶金与材料制备及加工工程实践中的应用。

本书由重庆科技学院朱光俊教授任主编（编写第 1 篇和第 3 篇），上海应用技术学院孙亚琴副教授任副主编（编写第 2 篇），全书习题答案由重庆科技学院杨艳华老师验算。重庆大学博士生导师郑忠教授审阅了全书，对本书的编写提出了许多宝贵意见，在此深表谢意！

本书可作为冶金工程、材料制备工程、材料加工工程等专业的本科生教学用书，亦可供相关专业的工程技术人员参考。教材适用 80~90 学时，可根据专业需要在内容上加以取舍。为便于学生自主学习，书中各章均附有小结、习题与思考题，书末附有习题参考答案。该课程在重庆科技学院课程中心建立了专门网站，网站中授课课件、授课教案、习题指导、实验指导、参考资料等教学资源全面开放。课程网址：http：//eol. cqust. cn。

由于编者水平有限，书中不足与不妥之处，恳请读者批评指正。

编 者

2009 年 2 月

目　　录

第 1 篇　动　量　传　输

第2篇　热　量　传　输

第3篇　质　量　传　输

动 量 传 输

物质及能量传输过程，按其产生和存在的条件可分为物性传输和对流传输两大类。物性传输主要由物体本身的传输特性构成，取决于物体的物性，例如，分子扩散取决于扩散系数；而对流传输则是由于物体的宏观运动所产生的，它不仅与物体的物性有关，还取决于物体的运动特性。

动量传输主要研究流体的性质及流动特性，内容涉及流体静力学及动力学等范畴。物性动量传输是由流体分子微观运动所构成的黏性作用而产生的动量传输过程，取决于流体的黏性，亦称黏性动量传输；对流动量传输是在流体流动条件下产生的动量传输过程，取决于流体的密度和流动速度。显然，黏性流体在进行对流动量传输过程中，同时存在着物性动量传输过程。

在冶金与材料制备及加工过程中，动量、热量、质量传输同时存在。例如，换热器中的高温气体把热量传给温度较低的器壁时，器壁受热升温，热量传输的速率与气体的性质及流动形式有关。又如，石墨溶于铁液的过程，其溶解速率与靠近石墨的铁液流动状况有关。所以，动量传输可以被认为是传输现象中最基本的传输过程。本书第1章~第8章将对动量传输基本概念、基本定律及基本解析方法予以系统的介绍。

1 动量传输的基本概念

本章课件

本章学习概要：主要介绍流体及流体的基本特性。要求掌握流体的特性、流体的压缩性及膨胀性、流体黏度的单位及物理意义、牛顿黏性定律的表达式及应用，了解流体上的作用力、能量及动量的关系。

1.1 流体的概念及连续介质模型

1.1.1 流体的概念

在自然界中能够流动的物质（如液体及气体）统称为流体。从物体的受力特点看，固体在受剪切力的作用下仅能表现为一定的变形,而且当作用力不变时,该变形就会停止。由于流体内部的内聚力极其微小,相对于拉力及剪切力来讲,它们都可以被认为是没有抵抗力的。当流体受到任何剪切力时,就能连续变形(流动)。流体的流动性就是这种与固体不同的容易变形(即流动)的特性。由于气体分子的平均间距远大于液体,分子间的引力较小而更易自由流动,因此气体分子的自由运动使之能充满容器的空间。液体虽然也具有受容器限制的一定体积,但在其与气体共存于一定空间时,则存在着一定的自由表面。流体除流动性外,还具有连续性、压缩性(膨胀性)及黏性。

1.1.2　连续介质模型

根据流体的物质结构,流体是由大量的分子组成的,分子做随机的热运动,分子间有比分子尺度大很多的间距。从微观上看,在某一时刻,流体分子分散地、不连续地分布于流体所占有的空间,并随时间不连续地变化。但是在大多数工程应用中,人们关心的是大量分子的统计(即宏观)效应而不是流体单个分子的行为。在讨论流体动量传输问题时,一般不涉及流体的分子结构及内部分子运动,而是将其作为宏观过程来处理,这就是"宏观流体模型——连续介质模型"。

连续介质模型以流体质点为最小的研究对象。所谓流体质点,是指包含有大量流体分子,并能保持其宏观力学性能的微小体积单元。从而可把流体看成是由无数连续分布、彼此无间隙地占有整个空间的流体质点所组成的介质。这样就可以将描述流体流动的一系列宏观物理量(密度、速度、压力、温度等)看成是空间坐标和时间的单值连续可微函数,以便于用数学方法来描述和研究流体流动的规律,这就是连续介质模型的意义所在。本书所研究的流体均指连续介质,即流体具有连续性。

流体的连续性是相对的,例如,在研究稀薄气体流动问题时,流体的连续性将不再适用。此外,对流体的宏观特性,如黏性和表面张力等,也需要从微观分子运动的角度来说明其产生的原因。

1.2　流体的密度、重度及比体积

流体具有质量和重量,流体的密度、重度及比体积是流体最基本的物理量。

单位体积流体所具有的质量称为流体的密度(ρ),单位为 kg/m^3;单位体积流体所具有的重量称为流体的重度(γ),单位为 N/m^3。

对质量分布不均匀的流体,某点密度的定义式为:

$$\rho = \lim_{\Delta V \to 0} \frac{\Delta m}{\Delta V} = \frac{dm}{dV} \tag{1-1}$$

式中,ΔV 为流体微元体积,m^3;Δm 为流体微元体积的质量,kg。

对质量分布均匀的流体(均质流体),某点密度的定义式为:

$$\rho = \frac{m}{V} \tag{1-2}$$

式中,V 为流体的体积,m^3;m 为流体的质量,kg。

均质流体的重度为:

$$\gamma = \frac{G}{V} = \frac{mg}{V} = \rho g \qquad (1-3)$$

式中,G 为流体的重量,N;g 为重力加速度,m/s^2。

单位质量流体所具有的体积称为比体积,用 v 表示,单位为 m^3/kg。显然,比体积与密度互为倒数,即:

$$v = \frac{V}{m} = \frac{1}{\rho} \qquad (1-4)$$

重度的概念一般只在工程单位制中应用,在国际单位制中常用 ρg 来代表,但要注意其单位是 N/m^3。常用流体的密度值,可参考附录 1~附录 3。

例 1-1 已知水的密度 $\rho_水 = 1000 kg/m^3$,空气的密度 $\rho_空 = 1.293 kg/m^3$,试计算水及空气的重度与比体积。

解:按式(1-3),取 $g = 9.81 m/s^2$,则:

$$\gamma_水 = 1000 \times 9.81 = 9.81 \times 10^3 \ N/m^3$$

$$\gamma_空 = 1.293 \times 9.81 = 12.68 \ N/m^3$$

按式(1-4),则:

$$v_水 = \frac{1}{\rho_水} = \frac{1}{1000} = 0.001 \ m^3/kg$$

$$v_空 = \frac{1}{\rho_空} = \frac{1}{1.293} = 0.773 \ m^3/kg$$

1.3 流体的压缩性及膨胀性

流体的体积随所受压力的增加而减小,或随温度的升高而增大,这种性质称为流体的压缩性或膨胀性。

1.3.1 液体的压缩性及膨胀性

液体的分子靠得比较近,当压缩液体时,分子被挤压,排斥力增大。分子越靠近,排斥力越大,故液体很难被压缩。例如,水在 0~20℃、0.1~50MPa 范围内,压强每增加 0.1MPa,水的体积只被压缩 0.005%,其他液体的情况也与此相类似。所以在工程压力范围内,可以认为液体是不可压缩的。液体温度升高时,体积略有膨胀,在 0.1MPa、10~20℃范围内,温度每升高 1℃,液体体积仅增加 0.015%;温度较高时,体积膨胀系数也不超过 1.0×10^{-3}/℃。故在实际工程计算中,一般不考虑液体的体积变化。但在某些特殊情况下,如高压液压传动系统和高温供热系统,液体的压缩性和膨胀性必须考虑。

1.3.2 气体的压缩性及膨胀性

气体不同于液体,分子间距较大,彼此间的吸引力小,当压力或温度发生变化时,其

体积（或比体积）、密度（或重度）等将发生很大变化。对理想气体而言，这种变化的数量关系可用气体状态方程表示，即

对 1kmol 气体有：
$$pV_m = R_0 T \tag{1-5}$$

对 1kg 气体有：
$$pv = RT \tag{1-6}$$

$$R = R_0/M \tag{1-7}$$

式中，R_0 为通用气体常数，8.314kJ/(kmol·K)；R 为气体常数，J/(kg·K)，随气体种类而异；M 为气体的相对分子质量；V_m 为 1kmol 气体的体积，m^3/kmol；v 为气体的比体积，m^3/kg；p 为气体的绝对压力，Pa；T 为气体的热力学温度，亦称绝对温度，K。

式（1-6）也可写为：

$$\frac{p}{\rho} = RT \tag{1-8}$$

或

$$\rho = \frac{p}{RT} \tag{1-9}$$

气体在等温下压缩时，根据式（1-6）得：

$$p_1 v_1 = p_2 v_2 \quad \text{或} \quad v_2 = v_1 \frac{p_1}{p_2} \tag{1-10}$$

式中，p_1、p_2 分别为两种状态下气体的压力，Pa；v_1、v_2 分别为两种状态下气体的比体积，m^3/kg。

由式（1-4）及式（1-10）得：

$$\rho_2 = \rho_1 \left(\frac{p_2}{p_1} \right) \tag{1-11}$$

由式（1-3）及式（1-10）得：

$$\gamma_2 = \gamma_1 \left(\frac{p_2}{p_1} \right) \tag{1-12}$$

式中，ρ_1、ρ_2 分别为两种状态下气体的密度，kg/m^3；γ_1、γ_2 分别为两种状态下气体的重度，N/m^3。

显然，随着压力的增大，气体的体积或比体积减小，密度或重度增大。此性质即为气体的压缩性。

气体在恒压下膨胀时，根据式（1-6）可得：

$$\frac{v_1}{T_1} = \frac{v_2}{T_2} \quad \text{或} \quad v_2 = v_1 \frac{T_2}{T_1} \tag{1-13}$$

式中，T_1、T_2 分别为两种状态下气体的绝对温度，K。

设气体在 t℃下的比体积为 v_t，标准状态下的比体积为 v_0，则式（1-13）可转换为：

$$v_t = v_0 (1 + \beta t) \tag{1-14}$$

式中，β 为气体的膨胀系数，$\beta = 1/273$。

因此可以得到：

$$\rho_t = \frac{\rho_0}{1+\beta t} \tag{1-15}$$

$$\gamma_t = \frac{\gamma_0}{1+\beta t} \tag{1-16}$$

式中，ρ_t、ρ_0 分别为在 t℃ 和标准状态下气体的密度，kg/m³；γ_t、γ_0 分别为在 t℃ 和标准状态下气体的重度，N/m³。

显然，随着温度的升高，气体的体积或比体积增大，密度或重度减小。此性质即为气体的膨胀性。

式（1-14）中的比体积可以用气体的体积或体积流量 q_V（单位时间通过一定截面气体的体积，m³/s）来表示，则体积流量、流速与温度之间的关系为：

$$q_{V_t} = q_{V_0}(1+\beta t) \tag{1-17}$$

$$v_t = v_0(1+\beta t) \tag{1-18}$$

式中，q_{V_t}、q_{V_0} 分别为在 t℃ 和标准状态下气体的体积流量，m³/s；v_t、v_0 分别为在 t℃ 和标准状态下气体的流速，m/s。

显然，随着温度的升高，气体的体积流量和流速增大，热气体较冷气体流量大，流动快。

气体在绝热状态下压缩时，由热力学决定的压力及比体积关系为：

$$p_1 v_1^k = p_2 v_2^k \quad 或 \quad v_2 = v_1 \left(\frac{p_1}{p_2}\right)^{\frac{1}{k}} \tag{1-19}$$

$$\rho_2 = \rho_1 \left(\frac{p_2}{p_1}\right)^{\frac{1}{k}} \tag{1-20}$$

式中，k 为气体的绝热指数，$k = c_p/c_V$；c_p 为气体的比定压热容，kJ/(kg·K)；c_V 为气体的比定容热容，kJ/(kg·K)。

各种常见气体的气体常数 R，比定压热容 c_p，比定容热容 c_V 以及绝热指数 k 的数值可查附录3。

1.3.3 可压缩流体和不可压缩流体

根据流体的密度或体积随温度和压力变化的不同程度，通常把流体分为可压缩流体和不可压缩流体。对于液体，由于其密度随温度和压力的变化很小，可视为常量，即可视为不可压缩流体。气体的密度随温度和压力的变化很大，不为常量，是可压缩流体。但是当气体在流动过程中，若流速不高（小于 70~100m/s），压力和温度变化不大（如通风系统），密度的变化很小时，也可视气体为不可压缩流体。这样处理，可使这类气体流动问题的理论分析和工程计算大为简化。

1.4 流体的黏性

1.4.1 流体的黏性及黏性力

在自然界中，实际流体流动时，其本身所表现出的一种阻滞流体流动的性质称为黏

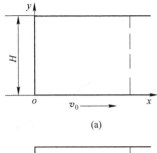

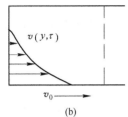

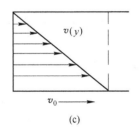

图 1-1　流体的黏性

性。流体的黏性是由流体分子之间的内聚力和分子的热运动而造成的。流体与另一流体表面或固体表面接触时，表现为流体分子对表面的附着力。

现以图 1-1 说明黏性力的建立过程及其特征。设有黏性的流体充满两平行平板之间（平板间距为 H），上板固定，下板以不变的速度 v_0 运动。当下板开始移动的瞬间（时间 $\tau = 0$），附着于下板的流体薄层也随之以 v_0 的速度开始运动，如图 1-1（a）所示。由于靠近平板流体薄层的运动，与之相邻的流体因黏性作用也被带动并按同一方向流动，形成如图 1-1（b）所示的不稳定状态，其速度分布为 $v(y, \tau)$。经过一段时间以后，两平板之间的流体逐次被相邻流层所带动，形成如图 1-1（c）所示的稳定状态，其速度分布为 $v(y)$。从图 1-1（c）中看出，流速沿 y 方向变化且为线性分布规律。若流速沿 y 方向不是线性分布规律，则如图 1-2 所示。无论速度分布规律如何，当这种速度分布规律不随时间变化时，即处于稳定状态时，流体内部流层及流体与平板之间会出现速度差。由于分子的热运动，一部分流体分子由流速较快的一层进入较慢的一层，也有一部分流体分子由流速较慢的一层进入较快的一层，这样在两流层之间就产生动量交换。较快的一层显示出一种拉力（拖力）带动较慢的一层，而较慢的一层则显示出一种与拉

力大小相等、方向相反的阻力（滞力）阻止较快的一层前进，这一对力称为切应力。分子之间的内聚力对相邻两流层也起着带动或阻止流动的相互作用。所以，分子的热运动及分子间的内聚力是产生切应力的根源。流体流层间产生切应力的现象称流体的黏性，而这种切应力称为黏性力。一般称流体内部流层之间的黏性力为内摩擦力，流体与表面之间的黏性力为摩擦力。

1.4.2　牛顿黏性定律

牛顿在 1686 年就提出了黏性定律的假说，直到 1841 年才为普阿节尔通过实验所证实。牛顿黏性定律指出：流体的黏性力（F）与速度（v_0）成正比，与接触面积（A）成正比，与两板距离（H）成反比。数学表达式为：

$$F \propto \frac{v_0}{H} A \qquad (1\text{-}21)$$

若求两流层之间的黏性力 F，按图 1-1 的情况为：

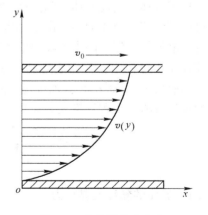

图 1-2　非线性流速分布

$$F \propto \frac{\Delta v}{\Delta y} A \tag{1-22}$$

按图 1-2 的情况为：

$$F \propto \frac{\mathrm{d}v}{\mathrm{d}y} A \tag{1-23}$$

式 (1-22) 是式 (1-23) 的特殊情况，将式 (1-23) 写成等式，则：

$$F = \mu \frac{\mathrm{d}v}{\mathrm{d}y} A \tag{1-24}$$

单位面积上的黏性力，即切应力 τ_{yx} （表示在 y 方向有速度变化，流向为 x 方向）为：

$$\tau_{yx} = \frac{F}{A} = \pm \mu \frac{\mathrm{d}v_x}{\mathrm{d}y} \tag{1-25}$$

式中，黏性力 F 的单位为 N；切应力 τ_{yx} 的单位为 Pa；正负号的出现是因为 τ_{yx} 为正值，μ 也为正值，而 $\mathrm{d}v_x/\mathrm{d}y$ 可为正也可为负，为了保证 τ_{yx} 为正值，所以在 $\mathrm{d}v_x/\mathrm{d}y$ 为负时，公式前取负号。

所有气体以及绝大多数简单液体、熔融金属和炉渣都遵循式 (1-25)，这些流体称为牛顿流体。某些聚合物，如泥浆、沙浆、矿浆、水煤浆、石灰和乳液等不服从式 (1-25)，这些流体称为非牛顿流体。本书所讨论的流体均为牛顿流体。

1.4.3 流体的黏度

由式 (1-24) 可以看出，μ 为决定流体黏性的比例系数，称为流体的动力黏性系数或动力黏度。μ 的单位为导出单位，可由式 (1-25) 导出，单位为 Pa·s：

$$\mu = \frac{\tau_{yx}}{\mathrm{d}v_x/\mathrm{d}y} \tag{1-26}$$

μ 的物理意义为，在 y 方向的速度变化率 $\mathrm{d}v_x/\mathrm{d}y$ （称速度梯度，即为垂直于流体流动方向的速度变化率）为一个单位时，单位面积上的黏性力，表征流体阻滞流动的能力。

在工程计算中也常采用流体的运动黏度 ν 来表示流体的黏性，单位为 m^2/s，它被定义为：

$$\nu = \frac{\mu}{\rho} \tag{1-27}$$

一般来讲，压力变化对流体的黏性没有多大影响，可以认为黏度仅与温度有关。流体的黏度随温度的变化关系取决于流体的种类。对液体，由于其分子的间距小，黏性的产生以分子内聚力为主；当温度升高时，分子间的内聚力减小，μ 值降低，所以液体的黏度随温度升高而减小。

水的运动黏度 ν 与温度间的关系可用式 (1-28) 表示：

$$\nu = \frac{0.01775 \times 10^{-4}}{1 + 0.0337t + 0.000221t^2} \tag{1-28}$$

对气体，其分子间距大，内聚力小，黏性主要由分子热运动产生；当温度升高时，分子热运动加剧，μ 值增大，所以气体的黏度随温度升高而增大。气体的黏度 μ 可用式 (1-29) 近似计算：

$$\mu = \mu_0 \frac{273+C}{T+C}\left(\frac{T}{273}\right)^{3/2} \tag{1-29}$$

式中，μ_0 为气体在 0℃ 时的黏度，Pa·s；T 为气体的绝对温度，K；C 为实验常数。

常见气体的 μ_0、C 值见附录 4。混合气体的黏度按式 (1-30) 近似计算：

$$\mu = \frac{\sum\limits_{i=1}^{n} \varphi_i M_i^{1/2} \mu_i}{\sum\limits_{i=1}^{n} \varphi_i M_i^{1/2}} \tag{1-30}$$

式中，φ_i 为混合气体中 i 组分的体积分数，%；M_i 为混合气体中 i 组分的相对分子质量；μ_i 为混合气体中 i 组分的黏度，Pa·s。

一些常见金属液体的黏度也随温度的升高而降低，而液态合金的黏度不仅与温度有关，合金元素对黏度也有很大影响。

例 1-2 天然气燃烧的烟气成分为：$\varphi(CO_2) = 8.8\%$，$\varphi(H_2O) = 17.4\%$，$\varphi(N_2) = 72.1\%$，$\varphi(O_2) = 1.7\%$；烟气的密度 $\rho = 1.24 kg/m^3$。试计算烟气在 819℃ 时的动力黏度和运动黏度。

解： 按式 (1-29) 计算各组分在 819℃ 时的动力黏度：

$$\mu = \mu_0 \frac{273+C}{T+C}\left(\frac{T}{273}\right)^{3/2} \quad (\mu_0、C \text{ 值查附录 4})$$

$$\mu_{CO_2} = 13.80 \times 10^{-6} \times \frac{273+254}{819+273+254} \times \left(\frac{819+273}{273}\right)^{\frac{3}{2}} = 43 \times 10^{-6} \text{ Pa·s}$$

$$\mu_{H_2O} = 8.93 \times 10^{-6} \times \frac{273+961}{1092+961} \times \left(\frac{1092}{273}\right)^{\frac{3}{2}} = 42.9 \times 10^{-6} \text{ Pa·s}$$

$$\mu_{N_2} = 16.60 \times 10^{-6} \times \frac{273+104}{1092+104} \times \left(\frac{1092}{273}\right)^{\frac{3}{2}} = 41.86 \times 10^{-6} \text{ Pa·s}$$

$$\mu_{O_2} = 19.20 \times 10^{-6} \times \frac{273+125}{1092+125} \times \left(\frac{1092}{273}\right)^{\frac{3}{2}} = 50 \times 10^{-6} \text{ Pa·s}$$

按式 (1-30) 计算烟气的动力黏度：

$$\mu = \frac{\sum\limits_{i=1}^{n} \varphi_i M_i^{1/2} \mu_i}{\sum\limits_{i=1}^{n} \varphi_i M_i^{1/2}}$$

$$= \frac{8.8 \times 44^{1/2} \times 43 + 17.4 \times 18^{1/2} \times 42.9 + 72.1 \times 28^{1/2} \times 41.86 + 1.7 \times 32^{1/2} \times 50}{8.8 \times 44^{1/2} + 17.4 \times 18^{1/2} + 72.1 \times 28^{1/2} + 1.7 \times 32^{1/2}} \times 10^{-6}$$

$$= 42.28 \times 10^{-6} \ \text{Pa} \cdot \text{s}$$

烟气的运动黏度为：

$$\nu = \frac{\mu}{\rho} = \frac{42.28 \times 10^{-6}}{1.24} = 34.1 \times 10^{-6} \ \text{m}^2/\text{s}$$

例 1-3　两平行平板间距离 $H = 3.2\text{mm}$，下平板不动，上平板以 $v_0 = 1.52\text{m/s}$ 的速度运动。欲使上平板保持匀速运动状态，需施加 $\tau_{yx} = 2.5\text{Pa}$ 的切应力。试求两平板间流体的动力黏度。

解：因两平行平板间距很小，设速度呈线性分布，则用式（1-26）计算：

$$\frac{\text{d}v_x}{\text{d}y} = \frac{v_0}{H} = \frac{1.52}{3.2 \times 10^{-3}} = 4.75 \times 10^2 \ 1/\text{s}$$

$$\mu = \frac{\tau_{yx}}{\text{d}v_x/\text{d}y} = \frac{2.5}{4.75 \times 10^2} = 5.26 \times 10^{-3} \ \text{Pa} \cdot \text{s}$$

例 1-4　管道内流体速度分布为 $v = 0.02y - y^2$，式中 v 为距管壁 y 处的速度。试求：（1）管壁处的切应力；（2）距管壁 0.5cm 处的切应力；（3）若管道直径 $d = 2\text{cm}$，在长度 $L = 10\text{m}$ 的管壁上其总阻力为多少？设流体的黏度 $\mu = 0.4\text{Pa} \cdot \text{s}$。

解：因速度呈抛物线分布，不呈线性分布，故先求速度梯度：

$$\frac{\text{d}v}{\text{d}y} = 0.02 - 2y$$

（1）管壁处的切应力为：

$$\tau_w = \mu \frac{\text{d}v}{\text{d}y}\bigg|_{y=0} = 0.4 \times 0.02 = 0.008 \ \text{Pa}$$

（2）距管壁 0.5cm 处的切应力为：

当 $y = 0.5\text{cm}$ 时，

$$\frac{\text{d}v}{\text{d}y} = 0.02 - 2 \times 0.5 \times 10^{-2} = 0.01 \ 1/\text{s}$$

所以

$$\tau = \mu \frac{\text{d}v}{\text{d}y} = 0.4 \times 0.01 = 0.004 \ \text{Pa}$$

（3）当 $d = 2\text{cm}$，$L = 10\text{m}$ 时的总阻力为：

$$F = \tau_w \pi d L = 0.008 \times \pi \times 2 \times 10^{-2} \times 10 = 0.005 \ \text{N}$$

1.4.4　黏性动量传输及黏性动量通量

牛顿黏性定律说明了黏性力的起因和特点，它也可以说明流体的黏性所构成的动量传输过程。黏性是流体的物性，故黏性动量传输属于物性传输。

由于流体本身具有一定的质量，各流层的速度不等就意味着各流层的动量不等；一个流层带动另一个流层运动，这说明前者将动量传递给后者。也就是说，不同流层之间的这种黏性力作用也就是流层间进行着的动量传输，其传输量大小用动量通量来表示。

单位时间通过单位面积所传递的黏性动量称为黏性动量通量，相当于单位面积上的黏性力。在速度不等的流层之间，单位面积上的黏性力 τ_{yx} 已由式（1-25）所确定，τ_{yx} 也就是黏性动量通量。即

$$\tau_{yx} = -\mu \frac{\mathrm{d}v_x}{\mathrm{d}y} = -\frac{\mu}{\rho} \cdot \frac{\mathrm{d}(\rho v_x)}{\mathrm{d}y} = -\nu \frac{\mathrm{d}(\rho v_x)}{\mathrm{d}y} \tag{1-31}$$

流体的密度 ρ 为单位体积流体的质量，则 $\mathrm{d}(\rho v_x)/\mathrm{d}y$ 相应为单位体积流体在 y 方向的动量梯度，其单位为 $\mathrm{kg}/(\mathrm{m}^3 \cdot \mathrm{s})$。运动黏度 ν 即为当动量梯度 $\mathrm{d}(\rho v_x)/\mathrm{d}y$ 为一个单位时的黏性动量通量，所以，ν 也称为黏性动量传输系数。

黏性动量与黏性力的不同之处在于传递方向的不同。黏性动量从高速流层向低速流层方向传递，正如热量由高温物体向低温物体传递一样。黏性力的方向与流向平行，对快速流层，与流动方向相反；对慢速流层，与流动方向相同。

1.4.5　实际流体和理想流体模型

具有黏性的流体叫实际流体（也叫黏性流体），流体都是有黏性的。由于流体的黏性及其影响因素都比较复杂，这就给研究流体运动规律带来很多不便，因此流体动量传输中常采用理想流体（无黏性流体）模型。此模型假定流体不存在黏性，即无黏性力。在处理实际流体（黏性流体）时，首先运用理想流体模型求出理论分析解，再借助实验手段对实际流体所存在的黏性加以修正和补充，以得到实际流体的运动规律。实践证明，这是研究流体运动规律行之有效的分析方法。

1.5　流体上的作用力、能量及动量

1.5.1　流体上的作用力

作用在流体上的力可分为表面力及体积力两大类。

表面力是指作用在流体表面上（包括流体与固体的界面，不同流体之间的界面及流体内部流层之间的界面），与表面积成比例的力。表面力的产生是分子运动的结果。通常遇到的表面力是压力（也指压强）。压力是流体分子运动对器壁所施加的力，对流体而言，则为器壁对流体表面的力，无论静止的流体或运动的流体都存在这种作用力。流体的压力有两个基本特征：一是流体的压力作用方向与作用面垂直并指向作用面，如图

图1-3　流体的静压力

1-3 所示，箭头所指为压力作用方向。从流体中取出的任一体积，其表面上的压力均具有此特性；二是流体中任一点上的压力在各个方向上均相同，而且任一点的压力可传向各方，所以压力是标量，但总压力是矢量。当压

力在流体内部传递过程中，如果不存在其他因素的影响（如其他作用力及能量），则其值不变。另一种表面力为切应力，即黏性力。黏性力的作用方向与表面平行，且出现在有相对运动的流层界面上，因此，若流体内部无相对运动，就没有黏性力存在。静止的流体以及处于运动的理想流体都不存在黏性力，其黏性力也为零。

体积力是指作用在流体内部质点上的力，其大小与流体的质量成正比，故又称质量力。重力、惯性力、电磁力等都是质量力。质量力的作用点一般认为在物体的重心上。

1.5.2　作用力、能量及动量之间的关系

下面分析流体在流动过程中的能量、动量以及作用力之间的关系。

流体在流动过程中的三种基本能量为：

$$\left.\begin{array}{lll}
位能 & mgh & \mathrm{kg}\cdot\dfrac{\mathrm{m}}{\mathrm{s}^2}\cdot\mathrm{m}=\mathrm{N}\cdot\mathrm{m} \\[3mm]
动能 & \dfrac{1}{2}mv^2 & \mathrm{kg}\cdot\dfrac{\mathrm{m}^2}{\mathrm{s}^2}=\mathrm{N}\cdot\mathrm{m} \\[3mm]
静压能 & pV & \dfrac{\mathrm{N}}{\mathrm{m}^2}\cdot\mathrm{m}^3=\mathrm{N}\cdot\mathrm{m}
\end{array}\right\} \tag{1-32}$$

式中，m 为流体的质量，kg；g 为重力加速度，$\mathrm{m/s^2}$；h 为从基准起计算的高度，m；v 为流体的流速，m/s；p 为流体的压力，Pa（$\mathrm{N/m^2}$）；V 为流体的体积，$\mathrm{m^3}$。

流体在流动过程中具有的三种相应作用力为：

$$\left.\begin{array}{lll}
重力 & mg & \mathrm{kg}\cdot\dfrac{\mathrm{m}}{\mathrm{s}^2}=\mathrm{N} \\[3mm]
惯性力 & ma & \mathrm{kg}\cdot\dfrac{\mathrm{m}}{\mathrm{s}^2}=\mathrm{N} \\[3mm]
总压力 & PA & \dfrac{\mathrm{N}}{\mathrm{m}^2}\cdot\mathrm{m}^2=\mathrm{N}
\end{array}\right\} \tag{1-33}$$

式中，a 为流体的加速度，$\mathrm{m/s^2}$；A 为流体压力的作用面积，$\mathrm{m^2}$。

由式（1-32）及式（1-33）可知，流体单位面积上的各种作用力，实际上就相当于单位体积流体所具有的各相应能量。例如，流体单位面积上的重力就相当于单位体积流体的位能；流体的静压力也就是单位体积流体的静压能。尽管两者的物理意义不同，但它们的数值及单位均相同。因此，要得到单位体积流体的静压能，只需测得流体的静压力即可。

按定义，流体的动量为：

$$mv \quad \mathrm{kg}\cdot\frac{\mathrm{m}}{\mathrm{s}}=\mathrm{N}\cdot\mathrm{s} \tag{1-34}$$

单位时间、单位面积上所传递的动量为：

$$\frac{mv}{\tau A} \quad \frac{\mathrm{N}\cdot\mathrm{s}}{\mathrm{s}\cdot\mathrm{m}^2}=\frac{\mathrm{N}}{\mathrm{m}^2}=\mathrm{Pa} \tag{1-35}$$

式中，τ 为时间，s。

比较式（1-32）、式（1-33）及式（1-35）得，流体在单位时间内通过单位面积所传递的动量，就相当于单位面积上的作用力或单位体积的能量。由此看来，无论是作用力、能量或动量，均可视为流体在流动过程中所具有的同类物理量的不同表现形式。因此，它们之间可以相互平衡、传递及转换。从这个意义上说，流体的动量传输过程也就是作用力、能量的平衡与转换过程。

──────── 本 章 小 结 ────────

动量传输是传输现象中最基本的传输过程，主要研究流体的性质及流动特性。本章介绍了流体的概念及连续介质模型，流体的物理性质，如流体的密度、比体积等，流体与固体相区别的力学性质，如流体的流动性、可压缩性和黏性等，还介绍了作用在流体上的力、能量和动量之间的关系。流体的黏性是本章的重点内容。

自然界中能够流动的物质统称为流体，流体具有流动性、连续性、压缩性及膨胀性和黏性等基本特性，在工程上一般视液体为不可压缩流体，气体为可压缩流体。流体分子间的内聚力和分子的热运动是产生黏性力的主要原因。黏性力大小用牛顿黏性定律表示。流体黏性的大小用黏度表示，有动力黏度和运动黏度之分。由于流体黏性作用构成的黏性动量传输的大小用黏性动量通量表示，即单位面积上的黏性力，黏性动量与黏性力的不同之处在于传递方向不同。

作用在流体上的力有表面力及体积力两大类，表面力又分为压力和黏性力，重力、惯性力、电磁力等都是体积力。流体上的作用力、能量、动量是同类物理量的不同表现形式，因此，流体的动量传输过程也就是作用力、能量的平衡与转换过程。

主要公式：

流体密度：$\rho = \dfrac{p}{RT}$；

热气体密度：$\rho_t = \dfrac{\rho_0}{1+\beta t}$；

牛顿黏性定律：$\tau_{yx} = -\mu \dfrac{\mathrm{d}v_x}{\mathrm{d}y} = -\dfrac{\mu}{\rho}\dfrac{\mathrm{d}(\rho v_x)}{\mathrm{d}y} = -\nu\dfrac{\mathrm{d}(\rho v_x)}{\mathrm{d}y}$；

运动黏度 ν 与动力黏度 μ 的关系：$\nu = \dfrac{\mu}{\rho}$。

┌────────────────────────┐
│　　习题与工程案例思考题　　│
└────────────────────────┘

习　　题

1-1　何为流体，流体与固体的主要区别是什么？

1-2　何为流体的连续介质模型，引入连续介质模型有何实际意义？

1-3　何为流体的黏性，流体在流动时产生黏性力的原因是什么，静止流体内部是否有黏性力？

1-4 为什么液体的动力黏度随温度的升高而减小，而气体的动力黏度随温度的升高而增大？

1-5 什么是黏性动量传输，黏性动量与黏性力有何异同？

1-6 牛顿黏性定律适用于所有的运动流体吗？试举例说明之。

1-7 何为理想流体模型，引入理想流体模型的意义何在？

1-8 作用于流体上的力有几类，各有何特点？

1-9 某炉气的 $\rho_0 = 1.3 \text{kg/m}^3$，求大气压下，$t = 1000℃$ 时该炉气的密度与重度。

1-10 若煤油的密度为 800kg/m^3，求其重度与比体积。

1-11 500mL 汞的质量为 6.80kg，求其密度与重度。

1-12 若气体的比体积为 $v = 0.72 \text{m}^3/\text{kg}$，它的重度是多少？

1-13 若空气的压力为 3MPa，温度为 323K，求其密度。

1-14 定压下，空气自 20℃ 加热到 400℃，体积增加了多少倍？

1-15 空气绝对压力由 $1.0132 \times 10^5 \text{Pa}$ 压缩到 $6.079 \times 10^5 \text{Pa}$，温度由 20℃ 升高到 79℃，其体积被压缩了多少？

1-16 拉萨气压为 65.1kPa，气温为 20℃；重庆气压为 99.2kPa，温度为 37℃，求两地空气的密度。

1-17 空气自 $1.0132 \times 10^5 \text{Pa}$（绝对压力）绝热压缩后，体积减小了一半，求压缩终了时的温度和压力。

1-18 某烟道内烟气的实际流速为 35m/s，烟气的温度为 850℃，求烟气在标准状态下的流速。

1-19 某液体的动力黏度 $\mu = 0.005 \text{Pa} \cdot \text{s}$，密度为 0.85kg/m^3，求它的运动黏度 ν。

1-20 某烟气的体积成分为：$\varphi(CO_2) = 13.8\%$，$\varphi(H_2O) = 7.2\%$，$\varphi(N_2) = 76.6\%$，$\varphi(O_2) = 2.4\%$，试计算烟气在 800℃ 时的动力黏度。

1-21 一块可动平板与另一块不动平板同时浸没在某流体中，它们之间的距离为 0.5mm，若可动板以 0.25m/s 的速度移动，为了维持该速度，单位面积上的作用力为 2Pa，求流体的动力黏度。

1-22 在间距为 3cm 的两平行板正中，有一极薄平板以 3.0m/s 的速度移动，两间隙间为两种不同黏度的流体，其中一种流体的黏度为另一种的两倍。已测得极薄平板上、下两面切应力之和为 44.1Pa，在线性速度分布下，求流体的动力黏度。

1-23 如题图 1-1 所示，质量为 $1.18 \times 10^2 \text{kg}$ 的平板尺寸为 $b \times b = 67 \text{cm} \times 67 \text{cm}$，在厚度为 $\delta = 1.3 \text{mm}$ 的油膜支承下，以 $v = 0.18 \text{m/s}$ 匀速下滑，问油的动力黏度为多大？

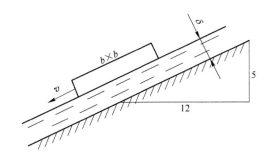

题图 1-1 斜板上的滑动

工程案例思考题

案例 1-1 重油的黏度

案例内容：

（1）重油的分类及应用；

（2）重油黏度的测定方法；

（3）影响重油黏度的主要因素；

（4）使用重油时预热的目的。

基本要求：选择某重油，根据案例内容进行归纳总结。

案例 1-2　冶金熔渣的流动性

案例内容：

（1）冶金熔渣的分类；

（2）冶金熔渣流动性的表达；

（3）影响冶金熔渣流动性的主要因素；

（4）冶金熔渣黏度的测定方法。

基本要求：选择某冶金熔渣，根据案例内容进行归纳总结。

2 动量传输的基本定律

本章课件

本章学习概要：主要介绍流体流动的基本特性及流体流动的质量平衡方程和动量平衡方程。要求掌握自然流动与强制流动、流线的定义及性质、流体流量的表示方法及应用，掌握黏性动量传输与对流动量传输基本概念、黏性动量通量与对流动量通量基本概念及表达式、掌握不同情况下连续性方程的表达式及应用，理解纳维-斯托克斯方程的建立思路，掌握管流伯努利方程及应用、静止流体的压力分布方程及应用。

动量传输是研究流体在流动条件下有关作用力、动量及能量之间的平衡、传递和转换。动量传输过程不仅与流体的性质有关，还与流体运动的方式、速度、加速度、位移及转角等随空间与时间的变化有关，并与引起运动的原因、作用力、力矩、动量和能量等有关。动量传输的基本定律就是研究流体的运动规律，即流体运动的方式和速度、加速度、位移及转角等物理量随空间与时间的变化规律。

2.1　流体流动的基本特性

流体流动过程中，各相关物理量在空间及时间上变化的特征称之为流体流动的特性。若把流体作为连续介质考虑，则在宏观上流体可以看成由无数质点所组成，这些质点连续地、彼此无间隙地充满空间，这个流体质点运动的全部空间称为"流场"。因此，所谓流体流动的特性就是指流场的特性。

2.1.1　流体流动的分类

根据起因不同，流体流动可分为自然流动与强制流动两大类。

（1）自然流动。在流体流动的体系内，因各部分流体的密度不同而产生浮力作用所构成的流动称为自然流动。当流体部分受热时，会因温度升高而使密度下降。与其周围密度较大的流体相比，部分受热的流体则会因浮力作用而产生上浮的流动；反之，则产生下降的流动。故流体自然流动一般都同热量传输同时发生。流体流动的特性直接与换热过程有关，流场的特性与换热过程的温度场相互制约而并存。因此，自然流动中的动量传输比较复杂。

（2）强制流动。在封闭体系内（如管道内），流体因外力作用（如风机、水泵提供的压力以及喷射器提供的喷射力等）所构成的流动称为强制流动。这里讨论的动量传输大多属于强制流动的范围。

有些流体的流动就其起因而言是浮力作用，例如液体在空气中靠自重的流动，密度较大的固体颗粒在液体及气体中的沉降等，但不作为自然流动处理。可以认为，只将流体内部因冷热不均而引起浮力所构成的流动归属于自然流动。

2.1.2　流体流动的描述

2.1.2.1　研究流体流动的方法

如前所述，"流场"就是流体质点运动的全部空间。研究流体的流动，实际上就是研究流场的特征。用以表示流场特征的一切物理量称"运动参量"（如速度、加速度、压力、密度等）。研究流场特征的方法有两种，即拉格朗日（Lagrange）法和欧拉（Euler）法。

拉格朗日法是研究流场中每一个质点的运动轨迹以及运动参量随时间的变化，综合流场中所有质点的运动参量变化，便可得到整个流场的运动规律。这是一种跟踪的方法，在流场中跟踪某个质点来测量某个运动参量是极困难的，因此，除个别情况外，一般不采用此法。

欧拉法是研究流场内不同位置上各流体质点运动参量变化的方法，也就是说，用同一瞬间全部流体质点的运动参量来描述流体的流动。它不是着眼于某个质点的行为，而是着眼于整个流场，表示同一瞬间整个流场的参量。因为在空间内的同一位置，不同时刻可以由不同质点所占据，所以流场是瞬间的，不同时刻的流场不同。欧拉法是研究流场特征最常用的方法。

既然欧拉法是描述流场内不同位置质点运动参量随时间变化的规律，则运动参量将是空间坐标 x、y、z（直角坐标系）及时间 τ 的函数，比如，速度（v）、压力（p）、密度（ρ）等，在流场中分别表示为：

$$\left.\begin{array}{l} v=f_v(x,y,z,\tau) \\ p=f_p(x,y,z,\tau) \\ \rho=f_\rho(x,y,z,\tau) \end{array}\right\} \tag{2-1}$$

在流场中，若各质点的运动参量不随时间而变化，则称为稳定流动（场）或定常流动；反之，为不稳定流动或非定常流动。例如，速度场的函数表达式分别为：

$$v=f_v(x,y,z,\tau) \quad \frac{\partial v}{\partial \tau}\neq 0 \quad （不稳定流动） \tag{2-2}$$

$$v=f_v(x,y,z) \quad\quad \frac{\partial v}{\partial \tau}=0 \quad （稳定流动） \tag{2-3}$$

稳定与不稳定的概念同样适用于热量传输及质量传输。

另外，流场的物理参量有数量与矢量之分，则流场也有数量场（如压力场、温度场、浓度场等）及矢量场（如速度场、加速度场、力场、动量场等）之分。

动量传输中速度场极为重要，在直角坐标系中，空间任一点的速度均可分解为三个方向的分速度，则速度场的数学表达式为：

$$\left.\begin{array}{l} v_x=f_x(x,y,z,\tau) \\ v_y=f_y(x,y,z,\tau) \\ v_z=f_z(x,y,z,\tau) \\ v=\sqrt{v_x^2+v_y^2+v_z^2} \\ v=\boldsymbol{i}v_x+\boldsymbol{j}v_y+\boldsymbol{k}v_z \end{array}\right\} \tag{2-4}$$

式中，i、j、k 分别表示三个方向的单位矢量。

根据各方向分速度是否存在，流场又分为一维、二维及三维流场。当任意两个方向分速度不存在时，称一维流场，见图 2-1。当任意一个方向分速度不存在时，称二维流场，见图 2-2。三个方向分速度均存在即为三维流场。动量传输中所涉及的问题，目前大多数为一维流场或二维流场（又称平面流场）。

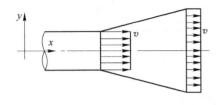

图 2-1　一维流场

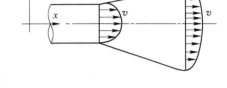

图 2-2　二维流场

2.1.2.2　迹线及流线

流体质点在空间运动的轨迹称为迹线，如图 2-3（a）所示。因为每一个质点都有一个运动轨迹，所以迹线是一族曲线。迹线只随质点不同而异，与时间无关。有关迹线的概念在用拉格朗日法分析流场时要用到。

流线与迹线不同，它不是某一质点经过一段时间所走过的轨迹，而是在同一瞬间不同位置上质点运动方向的总和，见图 2-3（b）。取任一点 1 为起点，其速度矢量为 v_1，在流速向量一小段距离内取点 2，画出同一瞬间点 2 的速度矢量 v_2，依此类推画出 v_3、v_4、…、v_n 等。当各点之间的距离趋近于零时，就可以得到一条通过各连续质点的曲线，

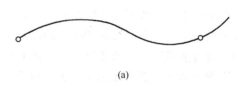

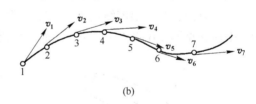

图 2-3　迹线与流线
（a）迹线；（b）流线

称之为流线。通过流场中其他点也可以用上述方法作出流线，所以，整个流场成为被无数流线充满的空间，它清晰地描绘出了流动瞬间的形态。因此，流线是流场中某一瞬间的一条空间曲线，在该线上各点的流体质点所具有的速度方向与曲线在该点的切线方向重合，流线互不相交也不会突然转折。若流线相交，即在交点上同一质点有两个速度方向，这是不可能的。又由于质点在运动过程中存在惯性，所以在某一点上质点突然转向也是不可能的。

在不稳定流动情况下，流线与迹线不重合，此时流线只能描绘出流场的瞬间状态；在稳定流动情况下，流线与迹线重合，且流线在空间的位置及形状都不随时间而变。图 2-4（a）表示水箱中的水自然流出时的不稳定流动，图中曲线 1、2、3 表示三个不同时刻（分别对应水箱水位 H_1、H_2、H_3）的流线，而 M_1、M_2、M_3 表示某个质点的迹线。图 2-4（b）则表示水箱水位保持不变时的稳定流动，可以看出，流线形状不随时间变化，而且迹线与流线重合。

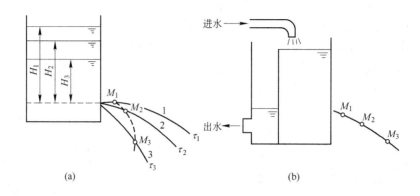

图 2-4　流线与迹线的关系

（a）不稳定流动；（b）稳定流动

2.1.2.3　流管及流束

在流场中由无数根流线所组成的、截面为一封闭曲线 L 的管状表面，称为流管。流管内各质点的流速均为流线的切线方向而不会穿过流管的表面，也就是说，没有流体穿过流管的表面流进或流出，流体仅从流管的断面 A_1 流进、A_2 流出，流管示意图见图 2-5。

流管内部的全部流体称为流束。流束可大可小，如果封闭曲线取在管道内部周线上，流束就是充满流管内部的全部流体，通常称为总流。如果封闭曲线取得极小，称为微小流束。在流束内，与每根流线均垂直的断面称为过流断面。显然，当流线平行时，过流断面为一平面，见图 2-6 的 $A—A$，$C—C$ 面；反之，则为一曲面，见图 2-6 的 $B—B$ 面。

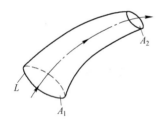

图 2-5　流管示意图

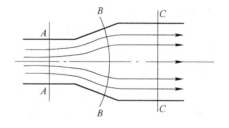

图 2-6　过流断面示意图

2.1.2.4　流量及流速

单位时间内流过某一过流断面的流体数量称为流量。流量可以用体积流量 q_V、重量流量 q_G 及质量流量 q_m 来表示，它们的单位分别为 m^3/s、N/s、kg/s。其关系为：

$$\left. \begin{aligned} q_G &= g q_m \\ q_m &= \rho q_V \\ q_V &= \bar{v} A \end{aligned} \right\} \tag{2-5}$$

式中，$\bar{v}$ 表示过流断面上各点的平均流速。

在流束的某一过流断面上，任取一微元面积 dA，P 为 dA 内的任一点，n 为 dA 的法向，流体质点的运动速度为 v，如图 2-7 所示。dA 上各点的流速 v 相同，流过微元面积 dA 的体积流量为：

$$\mathrm{d}q_V = v\mathrm{d}A$$

积分上式可得流经整个断面 A 的体积流量：

$$q_V = \int_A v\mathrm{d}A \qquad (2-6)$$

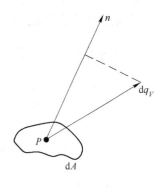

图 2-7　流量示意图

在实际工程计算中，往往并不需要知道断面上每一点的实际流速，而只需知道断面流速的平均值就可以了，因此引入平均流速的概念。根据流量相等的原则，单位时间内按平均流速流过断面的体积流量与按实际流速流过断面的体积流量相等，即

$$\bar{v} = \frac{q_V}{A} = \frac{\int_A v\mathrm{d}A}{A} \qquad (2-7)$$

工程计算中大多用平均流速，以后若不特别指出，v 就代表平均流速。从图 2-6 可以看出，在流速大的 A—A 面处流线分布密集，在流速小的 C—C 面处流线分布稀疏。因此，流体流动的快慢程度可用流线分布的疏密程度来表示。

2.1.2.5　微元体及控制体

在研究流体流动问题时，除以质点作为解析对象外，还常常以微元体和控制体作为解析对象。微元体（简称元体）是由质点组成的比质点稍大的体积单元。在微元体内，各质点的物理参数相差不大，可以认为微元体内各物理量为常数，称为常物性。以微元体作为基本单元，在处理问题上有很多方便之处。在流场中取一微元体，分析它的运动及变形等，对微元体做出物质及能量的平衡关系，确定微分方程。由于微元体是常物性的，故建立微分方程比较容易。在给定的边界条件下，对所建立的微分方程进行求解，从而确定出各参数之间的函数关系。这种方法称为微分解法，在动量传输中是最基本的研究方法之一。

在工程实际问题中，往往遇到一些问题，建立微分方程很困难或建立的微分方程求解不易。这时常借助于积分解法，积分解法是对控制体建立积分方程。所谓控制体是指流场中某个确定的空间区域，这个空间的周围边界称为控制面。控制体是由许多物理参数不尽一致的微元体所组成，所以控制体内各参数不具有常物性的特点，但是在建立控制体积分方程时，常采用控制体内各参数的平均值，从而使积分方程简化，这样做的结果将会造成一定误差而需修正。至于控制体的取法及形状并无统一规定，要视问题的实际情况而选定，但是一经选定，则其形状、在坐标系中的位置、边界条件等均固定不变。

微分解法及积分解法在以后都会遇到，它不仅适用于动量传输，同时也适用于热量传输及质量传输的解析。

2.1.2.6　对流动量传输及对流动量通量

流体在流动过程中的动量传输，有黏性动量传输及对流动量传输之分。在研究基本定律时，常用到通量的概念。如前所述，黏性动量通量就是单位面积上的黏性力。现在来看对流动量通量。按定义有：

若流体的质量为 m，流速为 v，则流体的动量为 mv，单位为 kg・m/s。

单位时间通过单位面积的对流动量，即对流动量通量为 $\dfrac{mv}{A\tau}$，即 $\dfrac{q_m \cdot v}{A}$，单位为 kg/(m・s²)。

若流体的密度为 ρ，单位时间流过 A 面的质量流量为 $q_m = \rho v A$，则对 A 面的对流动量通量可表示为 $\rho v \cdot v$，单位为 kg/(m・s²) 或 N/m²。

2.2　流体的质量平衡方程——连续性方程

在流体流动条件下进行的动量传输过程中，必然伴随着质量传输，而且动量传输是在质量传输的基础上进行的，质量传输就是质量平衡。所谓质量平衡或物质平衡是指流体流过一定空间时，流体的总质量不变。总质量不变，即质量守恒，有以下两种情况：

（1）流入空间的质量与流出空间的质量相等，在空间中没有流体质量蓄积，这是稳定流动的情况，即

$$物质的流入量 = 物质的流出量 \tag{2-8}$$

（2）物质的流入量、流出量不等，其差值为流过空间的物质蓄积量，这是不稳定流动的情况，即

$$物质的流入量 - 物质的流出量 = 空间内物质的蓄积量 \tag{2-9}$$

在流场中取一微元体，根据式（2-8）或式（2-9）可建立流体微元体的质量平衡方程，也就是连续性方程。

2.2.1　直角坐标系中的连续性方程

下面推导直角坐标系中的连续性方程。在流场中取一平行六面微元体 $\mathrm{d}x\mathrm{d}y\mathrm{d}z$，如图 2-8 所示。

在 x 轴方向单位时间通过截面 $\mathrm{d}y\mathrm{d}z$ 的流体质量为：

$$q_{mx}\Big|_{x} = \rho v_x \mathrm{d}y\mathrm{d}z \tag{2-10}$$

式中，ρ 为流体密度；v_x 为流体在 x 轴方向的分速度；$\mathrm{d}y\mathrm{d}z$ 为过流断面的面积。

微元体在 x 轴方向向另一侧流出的流体质量为：

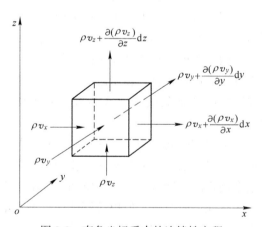

图 2-8　直角坐标系中的连续性方程

$$q_{mx}\Big|_{x+\mathrm{d}x} = \rho v_x \mathrm{d}y\mathrm{d}z + \frac{\partial(\rho v_x)}{\partial x}\mathrm{d}x\mathrm{d}y\mathrm{d}z$$

$$= \left[\rho v_x + \frac{\partial(\rho v_x)}{\partial x}\mathrm{d}x\right]\mathrm{d}y\mathrm{d}z \tag{2-11}$$

在 x 轴方向，微元体流体流入量与流出量之差由式（2-10）减去式（2-11）得：

$$q_{mx} \bigg|_{dx} = -\frac{\partial(\rho v_x)}{\partial x}dxdydz \tag{2-12}$$

同理，可求出 y 轴及 z 轴方向流体质量流量之差，分别为：

$$q_{my} \bigg|_{dy} = -\frac{\partial(\rho v_y)}{\partial y}dxdydz \tag{2-13}$$

$$q_{mz} \bigg|_{dz} = -\frac{\partial(\rho v_z)}{\partial z}dxdydz \tag{2-14}$$

微元体内的质量蓄积是质量在单位时间内的变化，或微元体密度在单位时间内的变率与微元体体积的乘积，即：

$$q_m \bigg|_{d\tau} = \frac{\partial\rho}{\partial\tau}dxdydz \tag{2-15}$$

按质量平衡，将式（2-12）~式（2-15）代入式（2-9）得：

$$-\left[\frac{\partial(\rho v_x)}{\partial x}+\frac{\partial(\rho v_y)}{\partial y}+\frac{\partial(\rho v_z)}{\partial z}\right]dxdydz = \frac{\partial\rho}{\partial\tau}dxdydz$$

或

$$\frac{\partial\rho}{\partial\tau}+\frac{\partial(\rho v_x)}{\partial x}+\frac{\partial(\rho v_y)}{\partial y}+\frac{\partial(\rho v_z)}{\partial z}=0 \tag{2-16}$$

这就是可压缩流体不稳定流动的连续性方程。其物理意义为：流体在单位时间内流出与流入单位体积空间的质量差与其内部质量变化的代数和为零，是质量守恒定律在流体流动中的具体体现。

稳定流动时，$\frac{\partial\rho}{\partial\tau}=0$，则式（2-16）变为：

$$\frac{\partial(\rho v_x)}{\partial x}+\frac{\partial(\rho v_y)}{\partial y}+\frac{\partial(\rho v_z)}{\partial z}=0 \tag{2-17}$$

此式即为可压缩流体稳定流动的连续性方程。它说明流体在单位时间内流出与流入单位体积空间的质量相等，或者说单位时间单位空间内的流体质量保持不变。

对于不可压缩流体，$\rho=$ 常数，则式（2-17）简化为：

$$\frac{\partial v_x}{\partial x}+\frac{\partial v_y}{\partial y}+\frac{\partial v_z}{\partial z}=0 \tag{2-18}$$

此式即为不可压缩流体流动的连续性方程。它说明单位时间单位空间内的流体体积保持不变，也是流场是否存在或流动是否连续的判据。

2.2.2　管流连续性方程

在推导连续性方程的过程中可以看出，微元体流出与流入质量之差为：

$$dq_m = \left[\frac{\partial(\rho v_x)}{\partial x}+\frac{\partial(\rho v_y)}{\partial y}+\frac{\partial(\rho v_z)}{\partial z}\right]dxdydz \tag{2-19}$$

对于任意形状的微元体，设其表面积为 dA，与 dA 垂直的流速为 v_A，则式（2-19）可写成：

$$dq_m = \rho v_A dA \tag{2-20}$$

对不可压缩流体，ρ = 常数，则：

$$dq_V = v_A dA \tag{2-21}$$

在稳定流动条件下，对于流管而言，只有两端面为流体的流入及流出断面，流管侧面无流体流过。根据质量守恒定律，流体流入量与流体流出量相等。因此有：

$$v_1 dA_1 = v_2 dA_2 = dq_V \tag{2-22}$$

式中，v_1、v_2 分别为进口及出口处流速；dA_1、dA_2 分别为进口及出口处断面面积；dq_V 为流管的体积流量。

对管流而言，同一过流断面由无数流管组成，按平均流速概念，设管流断面 A_1 的平均流速为 v_1，A_2 的平均流速为 v_2，则连续性方程为：

$$v_1 A_1 = v_2 A_2 = q_V \tag{2-23}$$

或

$$\frac{v_1}{v_2} = \frac{A_2}{A_1} \tag{2-24}$$

式（2-24）应用极广，它表明稳定流动、不可压缩流体在管内流动时，其流速与管道截面积成反比，即截面积大流速小，截面积小流速大。对可压缩流体，由于 ρ 有变化，所以连续性方程可写为：

$$\rho_1 v_1 A_1 = \rho_2 v_2 A_2 = q_m \tag{2-25}$$

式中，ρ_1、ρ_2 分别为截面 A_1 及截面 A_2 处的流体密度。

式（2-25）可以推广到管流系统任意两截面的情况，条件是稳定流动。可以这样理解，在稳定流动的管流中，流体流过任一截面的体积流量（不可压缩流体）或质量流量（可压缩流体）保持不变。这也是质量守恒定律在流体管流流动过程中的具体体现。

例 2-1　图 2-9 所示为某炉子的送风系统。将风量为 $q_{V_1} = 70\text{m}^3/\text{min}$ 的冷空气经风机送入冷风管，冷空气的密度 $\rho_1 = 1.293\text{kg/m}^3$，经换热器后空气预热到 200℃，然后经热风管送入炉子燃烧器。若热风管与冷风管的内径相等，即 $d_1 = d_2 = 320\text{mm}$。试计算冷风管及热风管内空气的实际流速。

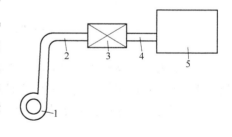

图 2-9　炉子送风系统示意图
1—送风机；2—冷风管；3—换热器；
4—热风管；5—炉子

解：冷空气流量为　$q_V = 70/60 = 1.17 \ \text{m}^3/\text{s}$

因空气预热后温度变化引起密度变化，所以用式（2-25）计算，即 $\rho_1 v_1 A_1 = \rho_2 v_2 A_2$

又知流过冷风管及热风管空气的质量流量相等，且为　$q_m = q_{V_1} \rho_1 = q_{V_2} \rho_2$

现已知 q_{V_1} 及 ρ_1，所以得　$q_m = q_{V_1} \rho_1 = 1.17 \times 1.293 = 1.51 \ \text{kg/s}$

则　　　　　　　　　　　$\rho_1 v_1 A_1 = q_m = 1.51 \ \text{kg/s}$

得　　　　$v_1 = \dfrac{q_m}{\rho_1 A_1} = 1.51/(1.293 \times \dfrac{\pi}{4} \times 0.32^2) = 14.53 \ \text{m/s}$

设空气入口处温度为 0℃，即 $\rho_1 = \rho_0$，按式（1-15）得：

$$\rho_2 = \frac{\rho_0}{1 + \beta t} = \frac{1.293}{1 + 200/273} = 0.746 \ \text{kg/m}^3$$

再按连续性方程（2-25）得：$v_2 = \dfrac{q_m}{\rho_2 A_2} = 1.51 / \left(0.746 \times \dfrac{\pi}{4} \times 0.32^2 \right) = 25.18 \text{ m/s}$

也可直接按式（1-18）计算，其中，$v_1 = v_0$：

$$v_2 = v_0(1 + \beta t) = 14.53 \times (1 + 200/273) = 25.18 \text{ m/s}$$

柱坐标系和球坐标系的连续性方程可参阅其他书籍。

2.3 黏性流体的动量平衡方程——纳维-斯托克斯(Navier-Stokes)方程

2.3.1 动量平衡的定义

实际流体的动量平衡方程也称黏性流体的动量平衡方程，是由法国的纳维（Navier）和英国的斯托克斯（Stokes）于 1826 年和 1847 年先后提出的，故又称纳维-斯托克斯方程，简称 N-S 方程。流体在流动过程中遵守能量守恒定律，称能量平衡。若以作用力的形式表示能量平衡关系时，则作用在流动系统上的合外力必等于流体的惯性力，即遵守牛顿第二定律（$\sum F = ma$）。当以动量形式表示能量平衡关系时，则系统动量的收支差量与其他形式作用力之和必等于系统的动量蓄积，这就是动量平衡原理。

对于稳定流动的系统，系统内动量不随时间而变，即系统内无动量蓄积，则：

$$（动量传入量-动量传出量）+系统作用力总和 = 0 \qquad (2\text{-}26)$$

对于不稳定流动的系统则为：

$$（动量传入量-动量传出量）+系统作用力总和 = 动量蓄积量 \qquad (2\text{-}27)$$

可见，式（2-26）是式（2-27）的特例。

流体的动量平衡方程可以利用分析微元体上的力平衡或动量平衡而导出，两者导出的结果是一致的，本书采用动量平衡的方法导出黏性流体的动量平衡方程。

2.3.2 N-S 方程的推导

对平行六面微元体做动量平衡计算，分别求出对流动量、黏性动量、重力、压力及动量蓄积量，然后列出动量平衡方程，即得 N-S 方程。

2.3.2.1 微元体对流动量收支差量

前已述及，流入（出）一个截面的对流动量通量为 $\rho v \cdot v$，单位是 N/m^2。

在直角坐标系中，速度有三个方向的分量。以一个方向分速度为准，则有三个方向分量对流动量通量。所以，三个方向分速度共有九个分量对流动量通量。图 2-10 所示为以 x 方向分速度为准的对流动量收支情况：

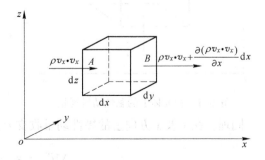

A 面流入微元体的对流动量通量为：

$$M \Big|_{A,x\text{-}x} = \rho v_x \cdot v_x \qquad (2\text{-}28)$$

B 面上流出微元体的对流动量通量为：

$$M \Big|_{B,x\text{-}x} = \rho v_x \cdot v_x + \dfrac{\partial(\rho v_x \cdot v_x)}{\partial x} \mathrm{d}x \qquad (2\text{-}29)$$

图 2-10　微元体在 x 方向上的对流动量通量

式中，$\dfrac{\partial(\rho v_x \cdot v_x)}{\partial x}$ 为 x 方向动量通量变化率。

式（2-28）与式（2-29）之差为对流动量通量收支差。A 及 B 的面积均为 $\mathrm{d}y\mathrm{d}z$，所以以 v_x 为准，在 x 方向上的对流动量收支差为：

$$\Delta M' \bigg|_{x\text{-}x} = -\left[\frac{\partial(\rho v_x \cdot v_x)}{\partial x}\right]\mathrm{d}x\mathrm{d}y\mathrm{d}z \tag{2-30}$$

同理，以 v_x 为准，在 y 及 z 方向的对流动量收支差相应为：

$$\Delta M' \bigg|_{y\text{-}x} = -\left[\frac{\partial(\rho v_y \cdot v_x)}{\partial y}\right]\mathrm{d}x\mathrm{d}y\mathrm{d}z \tag{2-31}$$

$$\Delta M' \bigg|_{z\text{-}x} = -\left[\frac{\partial(\rho v_z \cdot v_x)}{\partial z}\right]\mathrm{d}x\mathrm{d}y\mathrm{d}z \tag{2-32}$$

式（2-30）、式（2-31）、式（2-32）之和就是以 v_x 为准的微元体对流动量收支差量，即：

$$\Delta M' \bigg|_{x} = -\left[\frac{\partial(\rho v_x \cdot v_x)}{\partial x} + \frac{\partial(\rho v_y \cdot v_x)}{\partial y} + \frac{\partial(\rho v_z \cdot v_x)}{\partial z}\right]\mathrm{d}x\mathrm{d}y\mathrm{d}z \tag{2-33}$$

同理，求出以 v_y 及 v_z 为准的对流动量收支差量，即：

$$\Delta M' \bigg|_{y} = -\left[\frac{\partial(\rho v_x \cdot v_y)}{\partial x} + \frac{\partial(\rho v_y \cdot v_y)}{\partial y} + \frac{\partial(\rho v_z \cdot v_y)}{\partial z}\right]\mathrm{d}x\mathrm{d}y\mathrm{d}z \tag{2-34}$$

$$\Delta M' \bigg|_{z} = -\left[\frac{\partial(\rho v_x \cdot v_z)}{\partial x} + \frac{\partial(\rho v_y \cdot v_z)}{\partial y} + \frac{\partial(\rho v_z \cdot v_z)}{\partial z}\right]\mathrm{d}x\mathrm{d}y\mathrm{d}z \tag{2-35}$$

式（2-33）、式（2-34）、式（2-35）之和就是九个分量对流动量收支差量的总和。

2.3.2.2　微元体黏性动量收支差量

黏性动量通量（切应力）同样由九个分量组成。图 2-11 所示为以分速度 v_x 为准的黏性动量通量的情况。

先看 z 方向。C 面输入的黏性动量通量为 $\tau_{zx}\big|_{C}$，当该方向动量变化率为 $\dfrac{\partial \tau_{zx}}{\partial z}$ 时，D 面输出的黏性动量通量为：

$$\tau_{zx}\bigg|_{D} = \tau_{zx}\bigg|_{C} + \frac{\partial \tau_{zx}}{\partial z}\mathrm{d}z$$

由于 C、D 两面的面积均为 $\mathrm{d}x\mathrm{d}y$，因此，单位时间通过 C、D 两面的黏性动量收支差为：

$$\Delta M'' \bigg|_{z\text{-}x} = \left(\tau_{zx}\bigg|_{C} - \tau_{zx}\bigg|_{D}\right)\mathrm{d}x\mathrm{d}y = -\frac{\partial \tau_{zx}}{\partial z}\mathrm{d}x\mathrm{d}y\mathrm{d}z \tag{2-36}$$

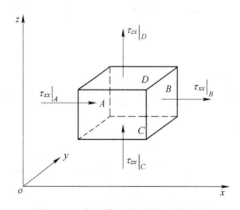

图 2-11　微元体上的黏性动量通量

同理，在 y 及 x 方向上的黏性动量收支差为：

$$\Delta M'' \bigg|_{y\text{-}x} = -\frac{\partial \tau_{yx}}{\partial y}\mathrm{d}x\mathrm{d}y\mathrm{d}z \tag{2-37}$$

$$\Delta M'' \Big|_{x-x} = -\frac{\partial \tau_{xx}}{\partial x}\mathrm{d}x\mathrm{d}y\mathrm{d}z \tag{2-38}$$

式（2-36）、式（2-37）、式（2-38）之和为以 v_x 为准的微元体黏性动量收支差量，即：

$$\Delta M'' \Big|_{x} = -\left[\frac{\partial \tau_{xx}}{\partial x}+\frac{\partial \tau_{yx}}{\partial y}+\frac{\partial \tau_{zx}}{\partial z}\right]\mathrm{d}x\mathrm{d}y\mathrm{d}z \tag{2-39}$$

用同样的方法可求出以 v_y、v_z 为准微元体黏性动量收支差量：

$$\Delta M'' \Big|_{y} = -\left[\frac{\partial \tau_{xy}}{\partial x}+\frac{\partial \tau_{yy}}{\partial y}+\frac{\partial \tau_{zy}}{\partial z}\right]\mathrm{d}x\mathrm{d}y\mathrm{d}z \tag{2-40}$$

$$\Delta M'' \Big|_{z} = -\left[\frac{\partial \tau_{xz}}{\partial x}+\frac{\partial \tau_{yz}}{\partial y}+\frac{\partial \tau_{zz}}{\partial z}\right]\mathrm{d}x\mathrm{d}y\mathrm{d}z \tag{2-41}$$

应该指出，流体在流动过程中，如果没有变形，就可用牛顿黏性定律直接求出黏性力，否则不能。

2.3.2.3　微元体上的作用力总和

重力场内，微元体上的作用力为压力及重力。图 2-12 所示为 x 方向上压力平衡情况。

当作用在 A 面上的压力为 p_A、x 方向上压力变化率为 $\frac{\partial p}{\partial x}$ 时，则 B 面上的压力为 $p_A+\frac{\partial p}{\partial x}\mathrm{d}x$，则在 x 方向上的压力和为 $p_A-\left(p_A+\frac{\partial p}{\partial x}\mathrm{d}x\right)=-\frac{\partial p}{\partial x}\mathrm{d}x$，总压力为 $-\frac{\partial p}{\partial x}\mathrm{d}x\mathrm{d}y\mathrm{d}z$。

同理，y 及 z 方向的总压力分别为 $-\frac{\partial p}{\partial y}\mathrm{d}x\mathrm{d}y\mathrm{d}z$、$-\frac{\partial p}{\partial z}\mathrm{d}x\mathrm{d}y\mathrm{d}z$。

若以 g_x、g_y、g_z 代表重力加速度在三个方向上的分量时，则微元体在三个方向上的重力分别为 $\rho g_x\mathrm{d}x\mathrm{d}y\mathrm{d}z$、$\rho g_y\mathrm{d}x\mathrm{d}y\mathrm{d}z$、$\rho g_z\mathrm{d}x\mathrm{d}y\mathrm{d}z$。

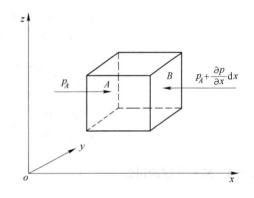

图 2-12　作用在微元体上的 x 方向上压力

最终，微元体在三个方向上的作用力总和分别为：

x 方向上

$$F \Big|_{x} = \left(-\frac{\partial p}{\partial x}+\rho g_x\right)\mathrm{d}x\mathrm{d}y\mathrm{d}z \tag{2-42}$$

y 方向上

$$F \Big|_{y} = \left(-\frac{\partial p}{\partial y}+\rho g_y\right)\mathrm{d}x\mathrm{d}y\mathrm{d}z \tag{2-43}$$

z 方向上

$$F \Big|_{z} = \left(-\frac{\partial p}{\partial z}+\rho g_z\right)\mathrm{d}x\mathrm{d}y\mathrm{d}z \tag{2-44}$$

2.3.2.4　微元体内的动量蓄积量

微元体内的动量蓄积量就是单位时间内动量的变化量。以三个坐标方向的分速度为基准，动量蓄积量分别为：

$$\Delta M_{\tau}\bigg|_{x} = \frac{\partial(\rho v_x)}{\partial \tau}\mathrm{d}x\mathrm{d}y\mathrm{d}z \qquad (2\text{-}45)$$

$$\Delta M_{\tau}\bigg|_{y} = \frac{\partial(\rho v_y)}{\partial \tau}\mathrm{d}x\mathrm{d}y\mathrm{d}z \qquad (2\text{-}46)$$

$$\Delta M_{\tau}\bigg|_{z} = \frac{\partial(\rho v_z)}{\partial \tau}\mathrm{d}x\mathrm{d}y\mathrm{d}z \qquad (2\text{-}47)$$

最后，以三个坐标方向按动量平衡关系分别将式（2-33）、式（2-39）、式（2-42）、式（2-45）；式（2-34）、式（2-40）、式（2-43）、式（2-46）；式（2-35）、式（2-41）、式（2-44）、式（2-47）代入式（2-27），经整理，即得 N-S 方程为：

$$\left.\begin{array}{c}
\dfrac{\partial(\rho v_x)}{\partial \tau}+\dfrac{\partial(\rho v_x v_x)}{\partial x}+\dfrac{\partial(\rho v_y v_x)}{\partial y}+\dfrac{\partial(\rho v_z v_x)}{\partial z} \\[3mm]
=-\left(\dfrac{\partial \tau_{xx}}{\partial x}+\dfrac{\partial \tau_{yx}}{\partial y}+\dfrac{\partial \tau_{zx}}{\partial z}\right)-\dfrac{\partial p}{\partial x}+\rho g_x \\[3mm]
\dfrac{\partial(\rho v_y)}{\partial \tau}+\dfrac{\partial(\rho v_x v_y)}{\partial x}+\dfrac{\partial(\rho v_y v_y)}{\partial y}+\dfrac{\partial(\rho v_z v_y)}{\partial z} \\[3mm]
=-\left(\dfrac{\partial \tau_{xy}}{\partial x}+\dfrac{\partial \tau_{yy}}{\partial y}+\dfrac{\partial \tau_{zy}}{\partial z}\right)-\dfrac{\partial p}{\partial y}+\rho g_y \\[3mm]
\dfrac{\partial(\rho v_z)}{\partial \tau}+\dfrac{\partial(\rho v_x v_z)}{\partial x}+\dfrac{\partial(\rho v_y v_z)}{\partial y}+\dfrac{\partial(\rho v_z v_z)}{\partial z} \\[3mm]
=-\left(\dfrac{\partial \tau_{xz}}{\partial x}+\dfrac{\partial \tau_{yz}}{\partial y}+\dfrac{\partial \tau_{zz}}{\partial z}\right)-\dfrac{\partial p}{\partial z}+\rho g_z
\end{array}\right\} \qquad (2\text{-}48)$$

2.3.3　N-S 方程的讨论

式（2-48）分别表示 x、y、z 三个方向上的动量平衡。公式等号左边第一项为动量蓄积量，后三项为对流动量收支差量。等号右边括号内三项为黏性动量收支差量，后两项分别为微元体上所受的压力及重力。式（2-48）的适用条件为：黏性可压缩流体的不稳定流动。平衡方程中，决定流体黏性动量通量的动力黏度 μ 可视为变量。

如果流体的动力黏度为常数，对不可压缩流体而言，黏性动量通量收支差量可简化为：

$$\left.\begin{array}{c}
\dfrac{\partial \tau_{xx}}{\partial x}+\dfrac{\partial \tau_{yx}}{\partial y}+\dfrac{\partial \tau_{zx}}{\partial z}=\mu\left(\dfrac{\partial^2 v_x}{\partial x^2}+\dfrac{\partial^2 v_x}{\partial y^2}+\dfrac{\partial^2 v_x}{\partial z^2}\right) \\[3mm]
\dfrac{\partial \tau_{xy}}{\partial x}+\dfrac{\partial \tau_{yy}}{\partial y}+\dfrac{\partial \tau_{zy}}{\partial z}=\mu\left(\dfrac{\partial^2 v_y}{\partial x^2}+\dfrac{\partial^2 v_y}{\partial y^2}+\dfrac{\partial^2 v_y}{\partial z^2}\right) \\[3mm]
\dfrac{\partial \tau_{xz}}{\partial x}+\dfrac{\partial \tau_{yz}}{\partial y}+\dfrac{\partial \tau_{zz}}{\partial z}=\mu\left(\dfrac{\partial^2 v_z}{\partial x^2}+\dfrac{\partial^2 v_z}{\partial y^2}+\dfrac{\partial^2 v_z}{\partial z^2}\right)
\end{array}\right\} \qquad (2\text{-}49)$$

将式（2-48）等号左侧各项展开，并根据不可压缩流体的连续性方程，式（2-48）等号左侧可简化为：

$$\left.\begin{array}{l} \rho\left(\dfrac{\partial v_x}{\partial \tau}+v_x\dfrac{\partial v_x}{\partial x}+v_y\dfrac{\partial v_x}{\partial y}+v_z\dfrac{\partial v_x}{\partial z}\right) \\[3mm] \rho\left(\dfrac{\partial v_y}{\partial \tau}+v_x\dfrac{\partial v_y}{\partial x}+v_y\dfrac{\partial v_y}{\partial y}+v_z\dfrac{\partial v_y}{\partial z}\right) \\[3mm] \rho\left(\dfrac{\partial v_z}{\partial \tau}+v_x\dfrac{\partial v_z}{\partial x}+v_y\dfrac{\partial v_z}{\partial y}+v_z\dfrac{\partial v_z}{\partial z}\right) \end{array}\right\} \tag{2-50}$$

将式（2-49）、式（2-50）代入式（2-48），即得黏性不可压缩流体的动量平衡方程，即 N-S 方程的另一形式：

$$\left.\begin{array}{l} \rho\left(\dfrac{\partial v_x}{\partial \tau}+v_x\dfrac{\partial v_x}{\partial x}+v_y\dfrac{\partial v_x}{\partial y}+v_z\dfrac{\partial v_x}{\partial z}\right)=\mu\left(\dfrac{\partial^2 v_x}{\partial x^2}+\dfrac{\partial^2 v_x}{\partial y^2}+\dfrac{\partial^2 v_x}{\partial z^2}\right)-\dfrac{\partial p}{\partial x}+\rho g_x \\[3mm] \rho\left(\dfrac{\partial v_y}{\partial \tau}+v_x\dfrac{\partial v_y}{\partial x}+v_y\dfrac{\partial v_y}{\partial y}+v_z\dfrac{\partial v_y}{\partial z}\right)=\mu\left(\dfrac{\partial^2 v_y}{\partial x^2}+\dfrac{\partial^2 v_y}{\partial y^2}+\dfrac{\partial^2 v_y}{\partial z^2}\right)-\dfrac{\partial p}{\partial y}+\rho g_y \\[3mm] \rho\left(\dfrac{\partial v_z}{\partial \tau}+v_x\dfrac{\partial v_z}{\partial x}+v_y\dfrac{\partial v_z}{\partial y}+v_z\dfrac{\partial v_z}{\partial z}\right)=\mu\left(\dfrac{\partial^2 v_z}{\partial x^2}+\dfrac{\partial^2 v_z}{\partial y^2}+\dfrac{\partial^2 v_z}{\partial z^2}\right)-\dfrac{\partial p}{\partial z}+\rho g_z \end{array}\right\} \tag{2-51}$$

注意到公式（2-51）等号左侧括号内的各项之和为全加速度，即：

$$\dfrac{\partial v_x}{\partial \tau}+v_x\dfrac{\partial v_x}{\partial x}+v_y\dfrac{\partial v_x}{\partial y}+v_z\dfrac{\partial v_x}{\partial z}=\dfrac{\mathrm{d}v_x}{\mathrm{d}\tau}$$

$$\dfrac{\partial v_y}{\partial \tau}+v_x\dfrac{\partial v_y}{\partial x}+v_y\dfrac{\partial v_y}{\partial y}+v_z\dfrac{\partial v_y}{\partial z}=\dfrac{\mathrm{d}v_y}{\mathrm{d}\tau}$$

$$\dfrac{\partial v_z}{\partial \tau}+v_x\dfrac{\partial v_z}{\partial x}+v_y\dfrac{\partial v_z}{\partial y}+v_z\dfrac{\partial v_z}{\partial z}=\dfrac{\mathrm{d}v_z}{\mathrm{d}\tau}$$

则式（2-51）可简化为：

$$\left.\begin{array}{l} \rho\dfrac{\mathrm{d}v_x}{\mathrm{d}\tau}=\mu\left(\dfrac{\partial^2 v_x}{\partial x^2}+\dfrac{\partial^2 v_x}{\partial y^2}+\dfrac{\partial^2 v_x}{\partial z^2}\right)-\dfrac{\partial p}{\partial x}+\rho g_x \\[3mm] \rho\dfrac{\mathrm{d}v_y}{\mathrm{d}\tau}=\mu\left(\dfrac{\partial^2 v_y}{\partial x^2}+\dfrac{\partial^2 v_y}{\partial y^2}+\dfrac{\partial^2 v_y}{\partial z^2}\right)-\dfrac{\partial p}{\partial y}+\rho g_y \\[3mm] \rho\dfrac{\mathrm{d}v_z}{\mathrm{d}\tau}=\mu\left(\dfrac{\partial^2 v_z}{\partial x^2}+\dfrac{\partial^2 v_z}{\partial y^2}+\dfrac{\partial^2 v_z}{\partial z^2}\right)-\dfrac{\partial p}{\partial z}+\rho g_z \end{array}\right\} \tag{2-52}$$

从式（2-52）可以看出，等号右侧为黏性力、压力、重力之和，即合外力；左侧为单位体积流体的惯性力，即为牛顿第二定律。也就是说，动量平衡方程与力平衡方程是一致的。

由 N-S 方程可以看出，方程中共有 7 个未知量 v_x、v_y、v_z、p、ρ、μ、τ，方程组共有 3 个，再加上连续性方程、状态方程、能量方程（热力学第一定律）以及温度对黏度的关系式 $\mu(T)$ 共 7 个方程，理应联立求解得出 7 个未知量。但在实际应用上，求解这些非线性方程在边界条件的确立及数学方法上是有很大困难的。到目前为止，分析求解仍不可能，只能借助于计算机进行数值求解。对流体动量传输数值解法的研究而言，N-S 方程作为计算基础是十分重要的。

2.4　理想流体的动量平衡方程——欧拉（Euler）方程

理想流体是指无黏性的流体。虽然实际流体都具有一定的黏性，但在处理流动问题时可将它作为理想流体来对待，以使问题得到简化。理想流体的动量平衡方程是 1755 年由欧拉首先提出的，故又名欧拉方程。

理想流体的动量平衡关系与黏性流体的不同之处在于，前者可不考虑黏性动量传输。所以，欧拉方程比 N-S 方程简单。流体无黏性，即 $\mu = 0$ 时，N-S 方程简化为欧拉方程如下：

$$\left.\begin{aligned}
\rho\left(\frac{\partial v_x}{\partial \tau}+v_x\frac{\partial v_x}{\partial x}+v_y\frac{\partial v_x}{\partial y}+v_z\frac{\partial v_x}{\partial z}\right) &= -\frac{\partial p}{\partial x}+\rho g_x \\
\rho\left(\frac{\partial v_y}{\partial \tau}+v_x\frac{\partial v_y}{\partial x}+v_y\frac{\partial v_y}{\partial y}+v_z\frac{\partial v_y}{\partial z}\right) &= -\frac{\partial p}{\partial y}+\rho g_y \\
\rho\left(\frac{\partial v_z}{\partial \tau}+v_x\frac{\partial v_z}{\partial x}+v_y\frac{\partial v_z}{\partial y}+v_z\frac{\partial v_z}{\partial z}\right) &= -\frac{\partial p}{\partial z}+\rho g_z
\end{aligned}\right\} \tag{2-53}$$

在稳定流动下，$\dfrac{\partial v}{\partial \tau}=0$，则：

$$\left.\begin{aligned}
\rho\left(v_x\frac{\partial v_x}{\partial x}+v_y\frac{\partial v_x}{\partial y}+v_z\frac{\partial v_x}{\partial z}\right) &= -\frac{\partial p}{\partial x}+\rho g_x \\
\rho\left(v_x\frac{\partial v_y}{\partial x}+v_y\frac{\partial v_y}{\partial y}+v_z\frac{\partial v_y}{\partial z}\right) &= -\frac{\partial p}{\partial y}+\rho g_y \\
\rho\left(v_x\frac{\partial v_z}{\partial x}+v_y\frac{\partial v_z}{\partial y}+v_z\frac{\partial v_z}{\partial z}\right) &= -\frac{\partial p}{\partial z}+\rho g_z
\end{aligned}\right\} \tag{2-54}$$

对单位质量流体而言，则为：

$$\left.\begin{aligned}
v_x\frac{\partial v_x}{\partial x}+v_y\frac{\partial v_x}{\partial y}+v_z\frac{\partial v_x}{\partial z} &= -\frac{1}{\rho}\cdot\frac{\partial p}{\partial x}+g_x \\
v_x\frac{\partial v_y}{\partial x}+v_y\frac{\partial v_y}{\partial y}+v_z\frac{\partial v_y}{\partial z} &= -\frac{1}{\rho}\cdot\frac{\partial p}{\partial y}+g_y \\
v_x\frac{\partial v_z}{\partial x}+v_y\frac{\partial v_z}{\partial y}+v_z\frac{\partial v_z}{\partial z} &= -\frac{1}{\rho}\cdot\frac{\partial p}{\partial z}+g_z
\end{aligned}\right\} \tag{2-55}$$

式（2-55）的适用条件为：理想不可压缩流体的稳定流动。

2.5　流体机械能平衡方程——伯努利（Bernoulli）方程

2.5.1　伯努利方程的微分式

在流场中，流体质点在流线上沿空间任一方向而流动。若以流线方向为准，则流体在流线方向上具有一维流动的特征。对于理想流体在稳定流动的条件下，沿流线做一维流动时，动量平衡方程式（2-55）可做如下简化处理：

根据速度全微分定义，在稳定流动下有：

$$dv = \frac{\partial v}{\partial x}dx + \frac{\partial v}{\partial y}dy + \frac{\partial v}{\partial z}dz$$

所以

$$\frac{dv}{d\tau} = \frac{\partial v}{\partial x} \cdot \frac{dx}{d\tau} + \frac{\partial v}{\partial y} \cdot \frac{dy}{d\tau} + \frac{\partial v}{\partial z} \cdot \frac{dz}{d\tau} = \frac{\partial v}{\partial x}v_x + \frac{\partial v}{\partial y}v_y + \frac{\partial v}{\partial z}v_z \tag{2-56}$$

对各方向的分速度 v_x、v_y、v_z，按式（2-56）有：

$$\left.\begin{array}{l} \dfrac{dv_x}{d\tau} = \dfrac{\partial v_x}{\partial x}v_x + \dfrac{\partial v_x}{\partial y}v_y + \dfrac{\partial v_x}{\partial z}v_z \\[3mm] \dfrac{dv_y}{d\tau} = \dfrac{\partial v_y}{\partial x}v_x + \dfrac{\partial v_y}{\partial y}v_y + \dfrac{\partial v_y}{\partial z}v_z \\[3mm] \dfrac{dv_z}{d\tau} = \dfrac{\partial v_z}{\partial x}v_x + \dfrac{\partial v_z}{\partial y}v_y + \dfrac{\partial v_z}{\partial z}v_z \end{array}\right\} \tag{2-57}$$

又知

$$\left.\begin{array}{l} \dfrac{dv_x}{d\tau} = \dfrac{dv_x}{dx} \cdot \dfrac{dx}{d\tau} = \dfrac{dv_x}{dx}v_x \\[3mm] \dfrac{dv_y}{d\tau} = \dfrac{dv_y}{dy} \cdot \dfrac{dy}{d\tau} = \dfrac{dv_y}{dy}v_y \\[3mm] \dfrac{dv_z}{d\tau} = \dfrac{dv_z}{dz} \cdot \dfrac{dz}{d\tau} = \dfrac{dv_z}{dz}v_z \end{array}\right\} \tag{2-58}$$

将式（2-57）及式（2-58）代入欧拉方程式（2-55）得：

$$\left.\begin{array}{l} \dfrac{dv_x}{dx}v_x = -\dfrac{1}{\rho} \cdot \dfrac{\partial p}{\partial x} + g_x \\[3mm] \dfrac{dv_y}{dy}v_y = -\dfrac{1}{\rho} \cdot \dfrac{\partial p}{\partial y} + g_y \\[3mm] \dfrac{dv_z}{dz}v_z = -\dfrac{1}{\rho} \cdot \dfrac{\partial p}{\partial z} + g_z \end{array}\right\} \tag{2-59}$$

在重力场内，重力加速度的方向垂直向下，与 z 轴相反，即 g_x、g_y 皆为 0，而 $g_z = -g$，此时式（2-59）变为：

$$\left.\begin{array}{l} \dfrac{dv_x}{dx}v_x = -\dfrac{1}{\rho} \cdot \dfrac{\partial p}{\partial x} \\[3mm] \dfrac{dv_y}{dy}v_y = -\dfrac{1}{\rho} \cdot \dfrac{\partial p}{\partial y} \\[3mm] \dfrac{dv_z}{dz}v_z = -\dfrac{1}{\rho} \cdot \dfrac{\partial p}{\partial z} - g \end{array}\right\} \tag{2-60}$$

式（2-60）分别乘以 dx、dy、dz，相加后整理，得：

$$v_x dv_x + v_y dv_y + v_z dv_z = -\frac{1}{\rho} \cdot \left(\frac{\partial p}{\partial x}dx + \frac{\partial p}{\partial y}dy + \frac{\partial p}{\partial z}dz\right) - g dz \tag{2-61}$$

式（2-61）中，右侧第一项括号内为压力全微分 dp，即

$$v_x dv_x + v_y dv_y + v_z dv_z = -\frac{1}{\rho}dp - g dz \tag{2-62}$$

流体质点在空间内任一方向的速度，在直角坐标系内与各坐标方向分速度的关系为：

$$v^2 = v_x^2 + v_y^2 + v_z^2$$

微分后得：

$$v\mathrm{d}v = v_x\mathrm{d}v_x + v_y\mathrm{d}v_y + v_z\mathrm{d}v_z \tag{2-63}$$

式（2-63）代入式（2-62）得：$v\mathrm{d}v = -\dfrac{1}{\rho}\mathrm{d}p - g\mathrm{d}z$

或

$$g\mathrm{d}z + \frac{1}{\rho}\mathrm{d}p + v\mathrm{d}v = 0 \tag{2-64}$$

式（2-64）即为理想流体在稳定流动下沿流线方向的微分方程，称为伯努利方程的微分式。如果不是沿流线方向，则将有另外的形式。比如，沿流线法线方向的欧拉方程为：

$$\frac{1}{\rho} \cdot \frac{\partial p}{\partial n} = \frac{v^2}{r} \tag{2-65}$$

式中，$\dfrac{\partial p}{\partial n}$ 为法线方向的压力梯度；r 为流线的曲率半径。

在以后的讨论中，如不特别指出均指沿流线方向。

2.5.2　伯努利方程的积分式

2.5.2.1　伯努利方程积分式的导出

式（2-64）是流体微元体在沿任一流线运动时的动量平衡关系。当流体质点沿流线由空间一点运动到另一点时，则应以伯努利方程的积分解来确定运动过程中的动量关系。如图 2-13 所示，流体质点由点 1 运动到点 2，若密度保持不变，即 $\rho_1 = \rho_2 = \rho =$ 常数；高度变化由 z_1 到 z_2，压力变化由 p_1 到 p_2，速度变化由 v_1 到 v_2。在此条件下对式（2-64）积分：

$$g\int_{z_1}^{z_2}\mathrm{d}z + \frac{1}{\rho}\int_{p_1}^{p_2}\mathrm{d}p + \int_{v_1}^{v_2}v\mathrm{d}v = 0 \tag{2-66}$$

得：

$$gz_1 + \frac{1}{\rho}p_1 + \frac{1}{2}v_1^2 = gz_2 + \frac{1}{\rho}p_2 + \frac{1}{2}v_2^2 \tag{2-67}$$

或

$$gz + \frac{1}{\rho}p + \frac{1}{2}v^2 = C \tag{2-68}$$

式中，C 为常数，此方程即为理想流体运动的伯努利方程，是瑞士物理与数学家伯努利在 1738 年提出的。

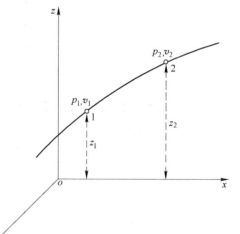

图 2-13　沿流线方向的伯努利积分

将式（2-68）乘以 ρ，因 $\gamma = \rho g$，则可得：

$$\rho gz + p + \frac{\rho}{2}v^2 = C \tag{2-69}$$

或

$$\gamma z + p + \frac{v^2}{2g}\gamma = C \tag{2-70}$$

也可将式（2-70）写成

$$z + \frac{p}{\gamma} + \frac{v^2}{2g} = C \tag{2-71}$$

2.5.2.2 伯努利方程积分式的讨论

A 方程的适用条件

式（2-67）~式（2-71）为伯努利方程的积分式，它们说明同一问题，只是表达形式不同。它们的适用条件是一致的，即为理想流体、稳定流动、不可压缩流体、沿流线方向的积分表达式，以后若不特别指出，均指此条件。对可压缩流体，因 $\rho \neq$ 常数，故不能应用这些积分式，这将在本书第 5 章流体的流出中专门讨论。

B 伯努利方程积分式中各项的含义

对式（2-68）而言，gz 表示单位质量流体的位能，p/ρ 表示单位质量流体的静压能，$\frac{1}{2}v^2$ 表示单位质量流体的动能，单位均为 J/kg。

对式（2-69）而言，ρgz 表示单位体积流体的位能，p 表示单位体积流体的静压能，$\frac{\rho}{2}v^2$ 表示单位体积流体的动能，单位均为 J/m^3。

式（2-71）各项的单位均为 m，可改写为 N·m/N=J/N，它们分别表示单位重量流体的位能、静压能和动能。

C 伯努利方程积分式是机械能守恒定律的具体体现

伯努利方程积分式说明，流线上任一点的位能、静压能、动能之和相等，即机械能守恒。各种形式的能量之间可以相互转换，其总和保持不变。但要注意，这只是对没有黏性的理想流体而言。黏性流体在流动过程中存在能量损失，称之为阻力损失。有关阻力损失问题，后面将专门介绍。

2.5.3 伯努利方程在管流中的应用

式（2-67）等仅适用于流体质点或微元体的运动情况。将其推广到管流中时，还要求流体在管内所有流线平行，且流经截面的速度均相等。工程上对流线平行的要求为缓变流即可，对流速相等的要求是不现实的，因此对动能要加以修正。

2.5.3.1 缓变流及其特性

缓变流也叫渐变流，它是指管流中流线之间的夹角很小、流线趋于平行，且流线的曲率很小、流线趋于直线的流动；或者认为，缓变流近似为平行直线运动。反之，称为急变流。图 2-14 所示的管流可认为是缓变流。在工程上，截面不变的管道（特别是圆管道）中的流体流动一般为缓变流；流体流经曲率很大的弯管、中心角较大的扩张管、截

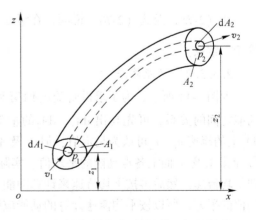

图 2-14　管流伯努利方程

面突然改变之处时，则为急变流。

缓变流具有两个特征：

（1）由于缓变流的曲率半径 r 很大，流体的向心加速度 $\left(\dfrac{v^2}{r}\right)$ 就很小，由此而引起的离心惯性力就很小。惯性力属于体积力（质量力）的范围，所以缓变流的体积力只有重力。即：

$$g_x = 0, \quad g_y = 0, \quad g_z = -g$$

（2）对于稳定的缓变流，若取 x 轴方向为流体的流动方向时，则 $v_x = v$，$v_y = 0$，$v_z = 0$。由连续性方程 $\dfrac{\partial v_x}{\partial x} + \dfrac{\partial v_y}{\partial y} + \dfrac{\partial v_z}{\partial z} = 0$ 可知，因为 $\dfrac{\partial v_y}{\partial y}$、$\dfrac{\partial v_z}{\partial z}$ 均等于零，所以 $\dfrac{\partial v_x}{\partial x} = 0$。又由于是稳定流动，故 $\dfrac{\partial v_x}{\partial \tau} = \dfrac{\partial v_y}{\partial \tau} = \dfrac{\partial v_z}{\partial \tau} = 0$。将上述结果代入 N-S 方程，得：

$$\mu\left(\frac{\partial^2 v_x}{\partial x^2} + \frac{\partial^2 v_x}{\partial y^2} + \frac{\partial^2 v_x}{\partial z^2}\right) - \frac{\partial p}{\partial x} = 0 \tag{2-72}$$

$$-\frac{\partial p}{\partial y} = 0 \tag{2-73}$$

$$-\rho g - \frac{\partial p}{\partial z} = 0 \tag{2-74}$$

当 x 轴方向垂直于某一截面（如图 2-14 中的 A_1 及 A_2 截面）时，流体压力在该截面上的变化由后两式决定，即将式（2-73）两边均乘以 $\mathrm{d}y$、式（2-74）两边均乘以 $\mathrm{d}z$，再相加可得：

$$-\rho g \mathrm{d}z - \frac{\partial p}{\partial y}\mathrm{d}y - \frac{\partial p}{\partial z}\mathrm{d}z = 0 \quad \text{或} \quad \rho g \mathrm{d}z + \mathrm{d}p = 0$$

积分后得：
$$\rho g z + p = C \tag{2-75}$$

或
$$z + \frac{p}{\gamma} = C \tag{2-76}$$

式（2-75）及式（2-76）说明，在缓变流管流中，某一截面上各点的 $z + \dfrac{p}{\gamma}$ 都相等，且等于一常数。

2.5.3.2 动能修正

如图 2-14 所示，为了求得管流的伯努利方程，即求出 A_1 及 A_2 截面的位能、静压能、动能之间的关系，可先写出 $\mathrm{d}A_1$、$\mathrm{d}A_2$ 的伯努利方程，而后沿 A_1 及 A_2 积分即可。在 $\mathrm{d}A_1$、$\mathrm{d}A_2$ 上的流速 v_1、v_2 可认为是定值，但 A_1 及 A_2 面上的流速分布是不均匀的，在计算动能时，应计算 A_1 及 A_2 面上各点动能的平均值。实际计算时，常用流量公式计算某截面 A 的流速，即平均流速，然后再按平均流速来计算动能。众所周知，各数值平方的平均值并不等于平均值的平方，所以按平均流速计算的动能应该加以修正。

设流过 $\mathrm{d}A$ 面流体的质量流量为 $\mathrm{d}q_m$，流体的密度为 ρ，$\mathrm{d}A$ 面上的流速为 v，按流量公

式得：

$$dq_m = \rho v dA \tag{2-77}$$

则 A 截面的动能为：

$$\int_A \frac{1}{2}\rho v dA)v^2 = \frac{\rho}{2}\int_A v^3 dA \tag{2-78}$$

如果用平均流速计算 A 截面的动能，则为：

$$\frac{1}{2}(\rho \bar{v} A)\bar{v}^2 = \frac{\rho}{2}\bar{v}^3 A \tag{2-79}$$

二者的比值称为动能修正系数，用 α 表示，即：

$$\alpha = \frac{\dfrac{\rho}{2}\displaystyle\int_A v^3 dA}{\dfrac{\rho}{2}\bar{v}^3 A} = \frac{\displaystyle\int_A v^3 dA}{\bar{v}^3 A} \tag{2-80}$$

对于一般整数，其立方的平均值大于平均值的立方，所以 α 大于 1。且流速越均匀，α 越趋近于 1。

2.5.3.3 管流的伯努利方程

管流伯努利方程亦称总流伯努利方程。参看图 2-14，列出 A_1 及 A_2 面的伯努利方程，得：

$$\int_{A_1}\left(z_1 + \frac{p_1}{\gamma} + \frac{v_1^2}{2g}\right)\gamma v_1 dA_1 = \int_{A_2}\left(z_2 + \frac{p_2}{\gamma} + \frac{v_2^2}{2g}\right)\gamma v_2 dA_2 \tag{2-81}$$

先看式 (2-81) 的左侧，

$$\int_{A_1}\left(z_1 + \frac{p_1}{\gamma} + \frac{v_1^2}{2g}\right)\gamma v_1 dA_1 = \int_{A_1}\left(z_1 + \frac{p_1}{\gamma}\right)\gamma v_1 dA_1 + \int_{A_1}\frac{v_1^2}{2g}\gamma v_1 dA_1 \tag{2-82}$$

对于缓变流，$z_1 + \dfrac{p_1}{\gamma}$ 为常量，所以式 (2-82) 等号右侧的第一项为：

$$\int_{A_1}\left(z_1 + \frac{p_1}{\gamma}\right)\gamma v_1 dA_1 = \left(z_1 + \frac{p_1}{\gamma}\right)\int_{A_1}\gamma v_1 dA_1 = \left(z_1 + \frac{p_1}{\gamma}\right)\gamma q_{V_1} \tag{2-83}$$

式中，$q_{V_1} = \displaystyle\int_{A_1} v_1 dA_1$ 为流体流经截面 A_1 的体积流量，m^3/s。

式 (2-82) 等号右侧的第二项为：

$$\int_{A_1}\frac{v_1^2}{2g}\gamma v_1 dA_1 = \int_{A_1}\frac{v_1^3}{2g}\gamma dA_1 = \alpha_1 \frac{\bar{v}_1^3}{2g}\gamma \int_{A_1} dA_1 = \alpha_1 \frac{\bar{v}_1^3}{2g}\gamma A_1 = \alpha_1 \frac{\bar{v}_1^2}{2g}\gamma q_{V_1} \tag{2-84}$$

式中，α_1 为截面 A_1 的动能修正系数；$\bar{v}_1$ 为截面 A_1 的平均流速；$q_{V_1} = \bar{v}_1 A_1$ 为流体流经截面 A_1 的体积流量，m^3/s。

所以，式 (2-81) 的左侧变为：

$$\int_{A_1} \left(z_1 + \frac{p_1}{\gamma} + \frac{v_1^2}{2g} \right) \gamma v_1 \mathrm{d}A_1 = \left(z_1 + \frac{p_1}{\gamma} + \alpha_1 \frac{\bar{v}_1^2}{2g} \right) \gamma q_{V_1} \tag{2-85}$$

同理，式（2-81）的右侧变为：

$$\int_{A_2} \left(z_2 + \frac{p_2}{\gamma} + \frac{v_2^2}{2g} \right) \gamma v_2 \mathrm{d}A_2 = \left(z_2 + \frac{p_2}{\gamma} + \alpha_2 \frac{\bar{v}_2^2}{2g} \right) \gamma q_{V_2} \tag{2-86}$$

式中，α_2 为截面 A_2 的动能修正系数；$\bar{v}_2$ 为截面 A_2 的平均流速；$q_{V_2} = \bar{v}_2 A_2$ 为流体流经截面 A_2 的体积流量。

将式（2-85）、式（2-86）代入式（2-81），考虑到 $q_{V_1} = q_{V_2}$（对不可压缩流体而言），则可得到（省去平均流速 v 字母上的平均符号）：

$$z_1 + \frac{p_1}{\gamma} + \alpha_1 \frac{v_1^2}{2g} = z_2 + \frac{p_2}{\gamma} + \alpha_2 \frac{v_2^2}{2g} \tag{2-87}$$

或

$$\rho g z_1 + p_1 + \alpha_1 \frac{\rho}{2} v_1^2 = \rho g z_2 + p_2 + \alpha_2 \frac{\rho}{2} v_2^2 \tag{2-88}$$

$$g z_1 + \frac{p_1}{\rho} + \alpha_1 \frac{v_1^2}{2} = g z_2 + \frac{p_2}{\rho} + \alpha_2 \frac{v_2^2}{2} \tag{2-89}$$

式（2-87）~式（2-89）就是管流的总流伯努利方程，它们是工程上应用最广的方程。

2.5.3.4 应用管流伯努利方程应注意的几个问题

（1）管流伯努利方程的适用条件，除了流体是沿流线方向稳定流动的理想、不可压缩流体外，还附加了一个条件，即缓变流。所以在列伯努利方程时，流经两截面的流体必为缓变流。若两缓变流之间有急变流时，则两缓变流截面仍可列伯努利方程，但缓变流与急变流截面绝不能列伯努利方程。例如，在管道转弯处（曲率比较大时）或在管道弯曲处为急变流，不能与管道水平截面列伯努利方程。

（2）动能修正系数 α_1、α_2 通常都大于 1。管道中流速越均匀，α_1、α_2 越趋近于 1。在工程上，大多数流动的流速都比较均匀，可取 $\alpha_1 = \alpha_2 = 1$。

（3）方程中的 p_1、p_2 可以是绝对压力，也可以是相对压力，但两者必须统一。

（4）方程中的 v_1、v_2 及 $\gamma(\rho)$ 是实际状态下的参数，一般情况下给出的是标准状态下的数值，在计算时要加以换算。

（5）方程中的 z_1、z_2，是指截面中心到基准面的垂直距离。基准面的选定是任意的，但是一经选定后就固定了。至于 z 值的正负，则根据基准面在截面的上、下方而定。若基准面在截面的下方，z 值为正；若基准面在截面的上方，z 值为负。

2.5.3.5 实际流体管流的伯努利方程

实际流体流动时，因黏性造成的能量损失，称为摩擦阻力损失。而由于流体流向及截面的突然改变，造成流体质点与管壁或固体表面的冲击而损失的能量，称为局部阻力损失。这些能量损失以热量形式增加流体的内能，或散失到环境而形成不可逆的能量损失。

对于实际流体应用伯努利方程时，沿流线方向首先确定初始截面 1 的各项能量；在列截面 2 的各项能量后，要加上由截面 1 到截面 2 的全部能量损失（常称阻力损失 h_L），方程才相等。即实际流体管流的伯努利方程为：

$$gz_1 + \frac{p_1}{\rho} + \frac{v_1^2}{2} = gz_2 + \frac{p_2}{\rho} + \frac{v_2^2}{2} + h_{L_{1\text{-}2}}$$ (2-90)

或 $$\rho gz_1 + p_1 + \frac{\rho}{2}v_1^2 = \rho gz_2 + p_2 + \frac{\rho}{2}v_2^2 + h_{L_{1\text{-}2}}$$ (2-91)

$$\gamma z_1 + p_1 + \frac{v_1^2}{2g}\gamma = \gamma z_2 + p_2 + \frac{v_2^2}{2g}\gamma + h_{L_{1\text{-}2}}$$ (2-92)

或 $$z_1 + \frac{p_1}{\gamma} + \frac{v_1^2}{2g} = z_2 + \frac{p_2}{\gamma} + \frac{v_2^2}{2g} + h_{L_{1\text{-}2}}$$ (2-93)

式中，$h_{L_{1\text{-}2}}$ 为从截面 1 到截面 2 的全部阻力损失，其单位与方程中其他各项一致，计算方法将在后面专门讨论。

2.5.3.6 伯努利方程的应用举例

例 2-2 设有不可压缩流体在管内流动，试说明下列几种流动情况的能量转换关系。

（1）黏性流体在水平管内流动；（2）理想流体在变截面水平管内流动（直径不同时）；（3）理想流体在有一定倾斜度的变截面管内流动。

解：（1）黏性流体在水平管内流动

参看图 2-15，对水平直管而言，$z_1 = z_2$；对不可压缩流体，当直径不变时，过流截面面积相等，因此 $v_1 = v_2$，此时的伯努利方程为：

$$p_1 = p_2 + h_L \quad \text{或} \quad p_1 - p_2 = h_L$$

结果表明，要保持从截面 1 到截面 2 的流动（以一定速度流动时），必须使 $p_1 > p_2$，其能量损失为 p_1 与 p_2 之差值，即能量损失由静压能的降低来补偿。要明确，静压能转换为阻力损失后，静压能不能再恢复到原来的数值，即静压能转换为阻力损失是不可逆的。

（2）理想流体在变截面水平管内流动

因为是水平管道，所以两截面的位能相等；又因为是理想流体，所以阻力损失 $h_L = 0$。此时，写出截面 1 与截面 2 的伯努利方程为：

$$p_1 + \frac{\rho}{2}v_1^2 = p_2 + \frac{\rho}{2}v_2^2$$

参看图 2-16，若流体由截面 1 向截面 2 流动，由于截面 2 大于截面 1，根据连续性方程，$v_1 > v_2$。根据上式可知，$p_2 > p_1$，这时动能逐渐转换成静压能。反之，若流体由截面 2

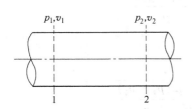

图 2-15 黏性流体在水平管内流动

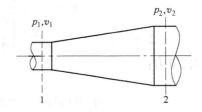

图 2-16 理想流体在变截面管中流动

向截面 1 流动，由于动能逐渐增加，静压能逐渐减小，这时静压能逐渐转换成动能。

（3）理想流体在具有一定倾斜度的变截面管中流动

参看图 2-17，此时存在着三种能量间的相互转换，即：

$$\rho g z_1 + p_1 + \frac{\rho}{2} v_1^2 = \rho g z_2 + p_2 + \frac{\rho}{2} v_2^2$$

流体自下向上流动时，其位能逐渐增加，而动能则因截面增大而逐渐减小。当位能增加量大于动能减小量时，则静压能要减小，即 $p_2 < p_1$，反之亦然。当两者变化量相等时，$p_2 = p_1$。

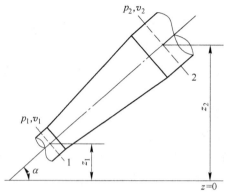

图 2-17　理想流体在倾斜的变截面管中流动

例 2-3　文丘里管测流量原理。

解：文丘里（Ventun）管是一个逐渐收缩，而后又逐渐扩张的管子，它装在管道上用来测流量，如图 2-18 所示。截面 1 为收缩前的截面；截面 2 为收缩后的截面，即最小截面，又称为喉部截面，这两个截面都可视为缓变流。忽略阻力损失，列出两截面的伯努利方程为：

$$p_1 + \frac{\rho}{2} v_1^2 = p_2 + \frac{\rho}{2} v_2^2 \quad (z_1 = z_2)$$

按连续性方程，对不可压缩流体，有：

$$v_1 A_1 = v_2 A_2$$

故　　　　　　$$v_1 = v_2 \frac{A_2}{A_1}$$

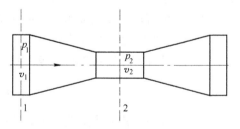

图 2-18　文丘里管测流量原理图

代入伯努利方程，整理得流速为：

$$v_2 = \frac{1}{\sqrt{1 - \left(\dfrac{A_2}{A_1}\right)^2}} \cdot \sqrt{\frac{2(p_1 - p_2)}{\rho}}$$

体积流量为：

$$q_V = v_2 A_2 = \frac{A_2}{\sqrt{1 - \left(\dfrac{A_2}{A_1}\right)^2}} \cdot \sqrt{\frac{2(p_1 - p_2)}{\rho}}$$

故测出压强差 (p_1-p_2) 后，当 A_1、A_2 及 ρ 已知时，即可算出管道内流体的流速及体积流量。

例 2-4 动压测定管（毕托管）原理。

解： 动压测定管为测量流体动压头的装置，见图 2-19。动压测定管也叫毕托（Pitot）管，目前已标准化。测出动压可进一步计算出流速及流量。

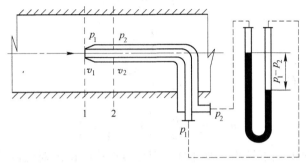

图 2-19 毕托管原理示意图

毕托管由外套管及内管组成。内管一端朝向流体，其压力为 p_1，外套管端部封死但其表面均匀开有若干小孔，接受压力为 p_2。v_1 及 v_2 分别为截面 1 及截面 2（外套管开孔处）的流速，因两截面相距很近，h_L 可以忽略。

流体在截面 1 处的流速 v_1 为零，流体在此点停滞后再向毕托管四周绕流，此点称为滞点。滞点流速为零是显而易见的，因为此点流线出现折线角，如果流速不为零，则在流线上滞点处会出现有两个切线速度的情况，这显然是不可能的。以中心线为基准面，列出不可压缩流体的伯努利方程为：

$$p_1 + \frac{\rho}{2}v_1^2 = p_2 + \frac{\rho}{2}v_2^2 \quad (z_1 = z_2)$$

因为 $v_1 = 0$，所以：

$$\frac{\rho}{2}v_2^2 = p_1 - p_2$$

其中，p_1、p_2 可由压差计直接读出，即 p_1-p_2 就是动压，所以称动压测定管。从上式可解出速度：

$$v_2 = \sqrt{\frac{2}{\rho}(p_1 - p_2)}$$

式中，p_1 为全压力，包括静压及动压，Pa；p_2 为静压力，Pa；ρ 为流体密度，kg/m^3。

值得注意的是，用毕托管所测的流速是一点的速度，一般为中心线处的最大流速。欲求流量时，必须求得平均流速。为了精确地测流速，可按一定方法在管道截面上进行多点测量，计算出平均流速。

例 2-5 节流装置测流量原理。

解： 图 2-20 为节流装置测流量的原理图。流体在直径为 d_1 的管道内流动（圆管），通过一孔径为 d_0 的孔板时，流体收缩。由于惯性关系，流股的最小截面在距

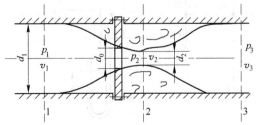

图 2-20 节流装置测流量原理图

孔板后一定距离的截面 2 处，设最小截面直径为 d_2。

暂不考虑阻力损失，列出截面 1 及截面 2 的伯努利方程为：

$$p_1 + \alpha_1 \frac{\rho}{2} v_1^2 = p_2 + \alpha_2 \frac{\rho}{2} v_2^2$$

取 $\alpha_1 = \alpha_2 = 1$ 得：

$$p_1 + \frac{\rho}{2} v_1^2 = p_2 + \frac{\rho}{2} v_2^2$$

或

$$p_1 - p_2 = \frac{\rho}{2} (v_2^2 - v_1^2)$$

按连续性方程，有：

$$v_1 = v_2 \frac{A_2}{A_1}$$

代入上式得：

$$p_1 - p_2 = \frac{\rho}{2} v_2^2 \left[1 - \left(\frac{A_2}{A_1} \right)^2 \right]$$

由于截面 2 的面积 A_2 不易测定及计算，而孔板小孔面积 A_0 对已设计好的孔板而言是已知的，即 $A_0 = \frac{\pi}{4} d_0^2$。

令 $\mu = A_2/A_0$，$m = A_0/A_1$，得 $\dfrac{A_2}{A_1} = \dfrac{A_2 A_0}{A_0 A_1} = m\mu$，所以：

$$p_1 - p_2 = \frac{\rho}{2} v_2^2 (1 - \mu^2 m^2)$$

由此得流速公式为：

$$v_2 = \frac{1}{\sqrt{1 - \mu^2 m^2}} \cdot \sqrt{\frac{2(p_1 - p_2)}{\rho}}$$

体积流量为：

$$q_V = v_2 A_2 = v_2 \cdot \mu A_0 = \frac{\mu A_0}{\sqrt{1 - \mu^2 m^2}} \sqrt{\frac{2(p_1 - p_2)}{\rho}} = \alpha A_0 \sqrt{\frac{2(p_1 - p_2)}{\rho}}$$

式中，α 为流量系数，其值可从专门文献中查出；A_0 为孔板小孔面积，m^2；p_1 为孔板前压力，Pa；p_2 为孔板后压力，Pa；ρ 为流体密度，kg/m^3。

流体流经孔板时要产生阻力损失 h_L，所以，在孔板后一定距离处（见图 2-20 中的截面 3 处），尽管流速 $v_3 = v_1$，但 $p_3 < p_1$，且 $h_L = p_1 - p_3$。根据研究，$p_1 - p_3$ 的大小与流量有关，故通过测 $p_1 - p_3$ 也可测流量，但因其数值较小，工程上很少采用。在有些情况下 h_L 要求不能太大时，则应选用其他形式的节流设备。

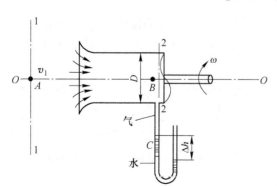

图 2-21　轴流式通风机的吸入管

例 2-6　图 2-21 所示为轴流式通风机的吸入管，已知管内径 $D = 0.3m$，空气密度 $\rho_a = 1.28 kg/m^3$，由装在管壁下侧的 U 形测压管测得 $\Delta h = 0.25m$，求此通风机的

风量 q_V。

解：选取水平基准面 O—O，过流断面 1—1、2—2，如图所示。由于吸入管不长，可忽略能量损失，并将空气视为不可压缩流体，列出 1—1、2—2 两断面间理想流体总流伯努利方程：

$$\rho g z_1 + p_1 + \alpha_1 \frac{\rho}{2} v_1^2 = \rho g z_2 + p_2 + \alpha_2 \frac{\rho}{2} v_2^2$$

根据已知条件，$z_1 = z_2 = 0$，$p_1 = p_A = p_a$，$p_2 = p_B = p_C = p_a - \rho_{H_2O} g \Delta h$，$v_1 \approx 0$，$\alpha_1 = \alpha_2 = 1$，因此

$$v_2 = \sqrt{\frac{2(p_1 - p_2)}{\rho_a}} = \sqrt{2 \frac{p_a - (p_a - \rho_{H_2O} g \Delta h)}{\rho_a}}$$

$$= \sqrt{\frac{2\rho_{H_2O} g \Delta h}{\rho_a}} = \sqrt{\frac{2 \times 1000 \times 9.81 \times 0.25}{1.28}}$$

$$= 61.9 \ \mathrm{m/s}$$

通风机风量：

$$q_V = v_2 A_2 = 61.9 \times \frac{\pi \times 0.3^2}{4} = 4.37 \ \mathrm{m^3/s}$$

伯努利方程在工程上应用极广，远不只上述几个例子。比如，不可压缩流体自小孔流出问题、流体输送设备的计算以及可压缩流体的流出问题等，都要涉及伯努利方程，这些问题将会在后面陆续介绍。

2.6 流体静压力平衡方程

静止的流体可以认为是流动着的流体的特殊状态。既然没有相对运动，则不存在对流动量传输及黏性动量传输。静止仅仅是重力与压力的平衡关系，而能量转换只有位能与静压能的相互转换。

2.6.1 静止流体的压力分布方程

静止流体的压力分布方程就是流体压力沿高度（z 方向）的分布规律，如图 2-22 所示。

流体静止时，根据伯努利方程简化可得：

$$p_1 + \rho g z_1 = p_2 + \rho g z_2 \qquad (2\text{-}94)$$

式中，z_1、z_2 分别表示两截面的高度；p_1、p_2 分别表示两截面对应高度上的压力。

对于任意截面，有：

$$p + \rho g z = C \qquad (2\text{-}95)$$

式（2-94）、式（2-95）就是静止流体的压力分布方程，其说明压力与重力之和为一常数。若取 $z = 0$ 为基准面，该常数值就是基准面上的压力 p_0。随高度增

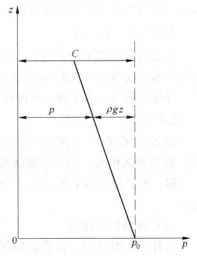

图 2-22　流体静压力沿高度的分布

加，流体重力增加，或称位能增加；而压力，或称静压能，不断降低，在任意高度上，两者之和为一常数。这表明在静止流体中，位能与静压能之间相互转换。

2.6.2 流体的静压力

2.6.2.1 流体静压力的表示方法

静压力的表示方法不同，是因为以不同的基准起点来计算压力值。可以用图解的方法表示于图 2-23 中，图中 p 表示绝对压力。从图中可以看出，静压力的表示方法可以是绝对压力（以绝对压力为零作基准点）、相对压力或表压力（以大气压为基准点）。相对压力可正可负，负压力常称之为真空度。它们之间的关系为：

$$\left.\begin{array}{l} p = p_a + p_M \\ p_v = p_a - p \end{array}\right\} \tag{2-96}$$

式中，p 为绝对压力；p_a 为大气压力；p_v 为真空度；p_M 为表压力。

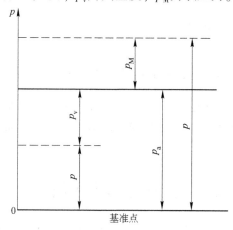

图 2-23   流体静压力表示方法

一般情况下，仪表所测得的压力为表压力，工程上习惯将表压力简称为压力。有的公式中，压力为绝对压力时必须加以注明，以免混淆。

2.6.2.2 等压面

在充满平衡流体的空间里，静压力相等的各点所组成的平面称为等压面。通过每一点的等压面必与该点所受质量力相互垂直。例如，只受重力的静止流体，其质量力竖直向下，等压面必为一水平面；两种互不相溶的流体，静止时它们的分界面必为等压面。

2.6.2.3 应用举例

例 2-7   设有两种密度不同的流体 A 和 B，试求出以下三种情况下的压力分布：（1）容器顶部相通；（2）容器底部相通；（3）容器中部相通。

解：根据静压力平衡方程，分别求出流体压力沿高度的分布规律，并给出其压力变化图。

（1）容器顶部相通

参看图 2-24（a），在容器顶部相通处，静压力相等，$p_{A_1} = p_{B_1}$，根据式（2-94），取 z_2 为基准面，即 $z_2 = 0$，得：

$$p_{A_1} + \rho_A gz_1 = p_{A_2} + \rho_A gz_2 = p_{A_2} \tag{1}$$

$$p_{B_1} + \rho_B gz_1 = p_{B_2} + \rho_B gz_2 = p_{B_2} \tag{2}$$

式(1)-式(2)，并考虑到 $p_{A_1} = p_{B_1}$ ，得：

$$p_{A_2} - p_{B_2} = (\rho_A - \rho_B)gz_1 \tag{3}$$

当 $\rho_A > \rho_B$ 时，则 $p_{A_2} > p_{B_2}$ ，如图2-24（a）所示。若 $\rho_A < \rho_B$ ，则 $p_{A_2} < p_{B_2}$ 。

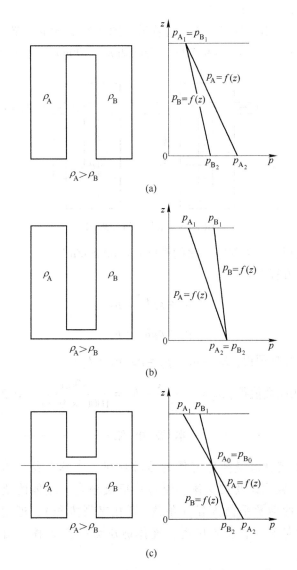

图2-24　两容器部分相通时静压力分布图

（a）容器顶部相通；（b）容器底部相通；（c）容器中部相通

（2）容器底部相通

容器底部相通时，底部压力相等，即 $p_{A_2} = p_{B_2}$ ，由图2-24（b）得：

$$p_{A_2} = p_{A_1} + \rho_A gz_1 \tag{4}$$

$$p_{B_2} = p_{B_1} + \rho_B g z_1 \tag{5}$$

式（4）-式（5）得：　　　　　　$p_{A_1} - p_{B_1} = (\rho_B - \rho_A) g z_1$

当 $\rho_A > \rho_B$ 时，$p_{A_1} < p_{B_1}$，如图 2-24（b）所示；反之亦然。

（3）容器中间相通

中间相通时，中间压力相等，即 $p_{A_0} = p_{B_0}$，用相同的方法可推知，若 $\rho_A > \rho_B$，则 $p_{A_1} < p_{B_1}$，而 $p_{A_2} > p_{B_2}$，见图 2-24（c）。

例 2-8　冶金工厂常用水封来封闭煤气管道，图 2-25 是水封装置原理图。要求煤气入口及出口的压力差 $\Delta p = p_1 - p_3 = 4905 \text{Pa}$，若已知 $h_1 = 200 \text{mm}$，求 h_2 的高度应为多少。

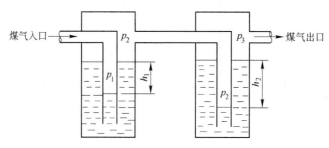

图 2-25　水封装置原理图

解：气体的密度很小，可忽略，水的密度 $\rho = 1000 \text{kg/m}^3$。

根据静压力分布方程，有：

$$p_1 = \rho g h_1 + p_2 \tag{1}$$

$$p_2 = \rho g h_2 + p_3 \tag{2}$$

式（1）+式（2），并整理得：$\Delta p = p_1 - p_3 = \rho g (h_1 + h_2)$

解出 h_2 并代入相应数值得：$h_2 = \dfrac{p_1 - p_3}{\rho g} - h_1 = \dfrac{4905}{1000 \times 9.81} - 0.2 = 0.3 \text{ m} = 300 \text{ mm}$

———————— **本 章 小 结** ————————

动量传输的基本定律就是研究流体的运动规律。本章介绍了流体流动的分类、流体流动的研究方法、微元体及控制体、流场特征及分类、流体的质量平衡方程（连续性方程）、黏性流体的动量平衡方程（纳维-斯托克斯方程）、理想流体的动量平衡方程（欧拉方程）、伯努利方程及其应用、流体静压力平衡方程。伯努利方程及其应用是本章的重点内容。

根据起因不同，流体流动有自然流动和强制流动之分，本章主要讨论强制流动。研究流体流动主要采用欧拉法，欧拉法着眼于同一瞬间全部流体质点的运动参量变化。运动参量不随时间变化的流动称为稳定流动；反之，则称不稳定流动。流线是同一瞬间不同位置上流体质点运动方向的总和，流线互不相交。由无数根流线所组成的、截面为一封闭曲线的管状表面为流管，流管内部的全部流体为流束，而管流的同一过流断面又由无数流管组成。因此，在工程计算中，管流流速一般采用平均流速。

流体流动过程要遵循质量守恒、动量守恒和能量守恒定律，在流场中取微元体建立的基本方程见表2-1。

表2-1 在流场中取微元体建立的基本方程

方程名称	方 程 含 义
连续性方程	流体的质量平衡方程
N-S方程	黏性流体的动量平衡方程
欧拉方程	理想流体的动量平衡方程
伯努利方程	理想流体、稳定流动、不可压缩流体的能量平衡方程
静压力平衡方程	静止流体的能量平衡方程

在应用这些方程时，应注意其适用条件，如微分形式的微元体范围，管流积分形式的稳定流动、缓变流等。

主要方程：

可压缩流体不稳定流动连续性方程：$\dfrac{\partial \rho}{\partial \tau}+\dfrac{\partial (\rho v_x)}{\partial x}+\dfrac{\partial (\rho v_y)}{\partial y}+\dfrac{\partial (\rho v_z)}{\partial z}=0$；

可压缩流体稳定流动连续性方程：$\dfrac{\partial (\rho v_x)}{\partial x}+\dfrac{\partial (\rho v_y)}{\partial y}+\dfrac{\partial (\rho v_z)}{\partial z}=0$；

不可压缩流体流动连续性方程：$\dfrac{\partial v_x}{\partial x}+\dfrac{\partial v_y}{\partial y}+\dfrac{\partial v_z}{\partial z}=0$；

不可压缩流体平面流动连续性方程：$\dfrac{\partial v_x}{\partial x}+\dfrac{\partial v_y}{\partial y}=0$；

可压缩流体稳定流动管流连续性方程：$\rho_1 v_1 A_1 = \rho_2 v_2 A_2 = q_m$；

不可压缩流体稳定流动管流连续性方程：$v_1 A_1 = v_2 A_2 = q_V$；

流体管流伯努利方程：$\rho g z_1 + p_1 + \dfrac{\rho}{2} v_1^2 = \rho g z_2 + p_2 + \dfrac{\rho}{2} v_2^2 + h_{L_{1-2}}$；

流体静力平衡方程：$p_1 + \rho g z_1 = p_2 + \rho g z_2$。

习题与工程案例思考题

习　题

2-1 根据起因的不同，流体流动可分为哪两类流动，各有何特点？

2-2 研究流体流动有哪些方法，有何不同，常用的方法是什么？

2-3 何为稳定流动和不稳定流动，各有何特点？

2-4 何为流线和迹线，在何种情况下两者重合？试举例说明。

2-5 连续性方程、N-S方程、伯努利方程、静压力平衡方程推导的前提条件、方程中各项的含义是什么，应用这些公式应注意什么，有何实际意义？

2-6　何为缓变流，缓变流具有哪些性质，对研究流体流动有何实际意义？

2-7　"流体只能从静压高处流向静压低处"的说法是否正确，为什么？

2-8　伯努利方程是否适用于可压缩流体及不稳定流动，为什么？

2-9　流体处于静止状态的必要条件是什么？

2-10　为什么说两种流体的交界面必为等压面，有何实际意义？

2-11　何为绝对压力、表压力及真空度，它们之间如何换算？

2-12　流体的密度 $\rho = 1000 \text{kg/m}^3$，运动黏度 $\nu = 0.007 \text{cm}^2/\text{s}$，在水平板上流动，当 $x = x_1$（即距板端的长度为 x_1）时，其速度分布式为 $v_x = 3y - y^3$，求：

　　（1）在 $x = x_1$ 处板面上的切应力；

　　（2）在 $x = x_1$，$y = 1 \text{mm}$ 处的切应力；

　　（3）在 $x = x_1$，$y = 1 \text{mm}$ 处，在 x 方向上是否存在动量通量？若有动量通量，试计算其数值。

2-13　试计算：

　　（1）$d = 150 \text{mm}$ 的水管，输水量为 $100 \text{m}^3/\text{h}$，求其平均流速。

　　（2）$300 \text{mm} \times 400 \text{mm}$ 的矩形风管，送风量 $q_V = 2700 \text{m}^3/\text{h}$，求平均风速；若出口风速为 25m/s，出口宽为 200mm，其高为多少？

2-14　一直径为 40mm 的管道，5min 的排水量为 400kg，试求通过管道的水流的质量流量、体积流量及断面平均流速。

2-15　如题图 2-1 所示，水箱中的水经过管道 AB、BC、CD 流入大气。水管直径分别为 $d_{AB} = 100 \text{mm}$，$d_{BC} = 50 \text{mm}$，$d_{CD} = 25 \text{mm}$；出口流速 $v = 10.00 \text{m/s}$，求 AB 及 BC 段内水的流速及管内水的体积流量。

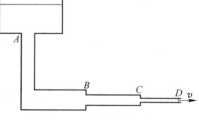

题图 2-1　水箱中水的流出

2-16　一渐缩管道，大截面处 $d_1 = 8 \text{cm}$，流速 $v_1 = 10 \text{m/s}$，小截面处 $d_2 = 3 \text{cm}$。若各截面处速度分布均匀，求流进该管道不可压缩流体的体积流量及小截面处的流速 v_2。

2-17　水沿垂直管道从上向下流动。管长为 5m，上部直径 $d_1 = 0.2 \text{m}$，该处流速 $v_1 = 3 \text{m/s}$，若上、下两处静压相等，不计阻力损失，求下部直径 d_2。

2-18　一变直径管道，如题图 2-2 所示，其中 $d_A = 0.2 \text{m}$，$d_B = 0.4 \text{m}$，高差 $H = 1.0 \text{m}$。现测得 $p_A = 68.6 \text{kPa}$，$p_B = 39.2 \text{kPa}$。若流体体积流量 $q_V = 0.2 \text{m}^3/\text{s}$，试判断流体在管道中的流向。

2-19　$D = 100 \text{mm}$ 的风管，在 $d = 50 \text{mm}$ 喉口处有一细管与下面水池相连，见题图 2-3。若高差 $H = 150 \text{mm}$，当水银压差计中 $\Delta h = 25 \text{mm}$ 时，水池中的水开始被吸入风管，试求空气的流量。

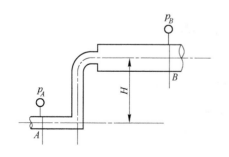

题图 2-2　判断流体流向

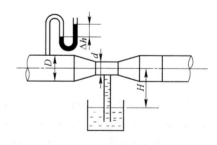

题图 2-3　求空气流量用图

2-20　直径 $d = 50 \text{mm}$ 的垂直管与盘状间隙相连，如题图 2-4 所示。当盘的半径 $R = 0.3 \text{m}$，盘的间距 $\delta =$

1.6mm，水在垂直管中的流速为3m/s时，求A、B、C、D各点的压力（已知H=1m，环隙D处为水喷口）。

2-21　如题图2-5所示，有一消防水枪，垂直喷射高度H=8m，水枪长度l=0.5m，出口直径$d_1=10$mm，进口直径$d_2=50$mm，若不考虑阻力损失，不计空气阻力，试求消防水枪喷出口的水量及进口压力。

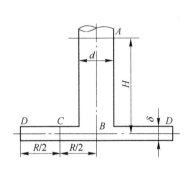

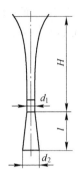

题图2-4　圆盘形喷口　　　　　　　　　题图2-5　消防水枪

2-22　已知蒸汽锅炉水面上的蒸汽压力$p_0=1.013×10^6$Pa，此时水的密度$\rho=887$kg/m³，求水面下深2.5m处的压力为多少？

2-23　如题图2-6所示，容器内液体密度为ρ_1，容器左侧及底部各接有测压管，测压管内液体密度为ρ_2，试问A—A、B—B、C—C是不是等压面，为什么？

2-24　如题图2-7所示，密度不同的两种液体置于同一容器中，试问1、2两管内哪个液面高，1、2两管中的液面是否与容器液面相平，为什么（容器液面压力为p_0，1、2两管液面距两液体分界面的高度分别为H、h）？

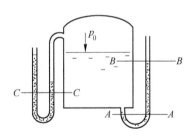

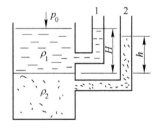

题图2-6　确定等压面用图　　　　　　题图2-7　判断两管液面高低

工程案例思考题

案例2-1　音乐喷泉的流动

案例内容：

（1）音乐喷泉的类型；

（2）音乐喷泉的工作原理；

（3）影响喷泉喷射高度的主要因素；

（4）控制音乐喷泉流动的途径。

基本要求：选择某音乐喷泉，根据案例内容进行归纳总结。

案例 2-2　金属熔体的流动

案例内容：

（1）金属熔体的分类；

（2）金属熔体流动的类型及特点；

（3）影响流动速度的主要因素；

（4）增强或减弱流动的措施。

基本要求：选择某金属熔体，根据案例内容进行归纳总结。

管 流 流 动

本章课件

本章学习概要： 主要介绍流体流动状态及管流阻力损失计算。要求掌握层流与紊流基本概念和雷诺数的表达式及物理意义，了解阻力的概念及计算通式，掌握管流摩阻与局部阻力计算方法及减少管流系统阻力损失的途径。

实际流体由于存在黏性，在流动过程中就会产生能量损失，也称阻力损失，这就是实际流体机械能平衡方程中的 h_L。实际流体在管道中流动是工程上最常见、最简单的一种流动。

3.1 流体流动状态

英国物理学家雷诺（Reynolds）通过实验研究，于1883年的报告中指出，自然界的流体流动有两种不同的流态，即层流和紊流。

雷诺实验装置如图 3-1 所示，水不断由进水管 A 注入水箱，靠溢流保持水位不变，水从玻管 D 的一端 E 流出水箱。小容器 B 内装有密度与水相同，但与水互不相溶的红色液体，C 及 K 为调节阀门。实验时，微开 K 阀，水以极低速度流入玻管，再开 C 阀使红色液体流入玻管，此时水流中有一红色直线流不与周围的水相混，如图 3-1（a）所示。这表示所有水的质点只做沿玻管轴线的直线运动而无横向运动，这种流动称为层流。慢慢开大 K 阀，流速逐渐增加，当流速增加到一定数值时，红色直线开始呈波纹状，如图 3-1（b）所示。这表明层流已开始破坏，流体质点产生了脉动，即流体质点除轴向运动外，还有横向运动。如果继续增大流速，红色线流将更剧烈地波动，直至断裂，红液充满全管并把管中

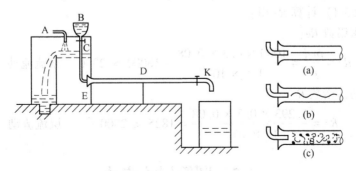

图 3-1　雷诺实验装置
A—进水管；B—小容器；C，K—调节阀；D—玻管；E—玻管进口

水染成红色，如图 3-1（c）所示。这表示管内水的质点处于完全不规则的运动状态，这种流动称为紊流或湍流。显然，从层流到紊流存在一个过渡区。同样，在紊流状态下逐渐关小 K 阀，最后也会恢复到层流状态，当然也存在一个过渡区。

雷诺实验同时还指出，流体密度越大，黏性越小，管道直径越大，越有利于紊流的形成。这是由于流体在流动过程中的力平衡关系所致。流体质点在流动过程中同时受到惯性力与黏性力的作用。惯性力容易促使流体质点产生不规则运动，流速越大，密度越大，则惯性力越大，所以易于形成紊流。黏性力有抑制流体质点产生不规则运动的作用，所以黏性越大，越有利于保持层流状态。由于管壁与流体接触处存在摩擦力（或称阻力），这种阻力对流体质点的不规则运动同样产生牵制作用，所以当管道直径增大时，管壁与流体的接触面积相对减少，这种牵制作用也减小，对形成紊流有利。

在实验基础上，雷诺提出了确定两种流动状态相互转变的条件，这就是有名的雷诺数，它是由几个物理量组成的无量纲数，用 Re 表示。

$$Re = \frac{\rho vd}{\mu} = \frac{vd}{\nu} = \frac{惯性力}{黏性力} \tag{3-1}$$

式中，v 为流体在管内的平均速度，m/s；ρ 为流体的密度，kg/m^3；μ 为流体的动力黏度，Pa·s；ν 为流体的运动黏度，m^2/s；d 为管道直径，m。

流体在流动时，从一种状态转变为另一种状态的雷诺数称为临界雷诺数。从层流转变为紊流的临界雷诺数称为上临界雷诺数 Re'_c；反之，称为下临界雷诺数 Re_c，故有：$Re<Re_c$ 时，为层流状态；$Re>Re'_c$ 时，为紊流状态；$Re_c<Re<Re'_c$ 时，为过渡状态。

过渡状态是层流还是紊流取决于雷诺数的变化。如果开始流动时 Re 较小，流动处于层流状态，那么 Re 逐渐增大到大于 Re_c 且小于 Re'_c 时，其层流状态仍可保持。如果开始流动时 Re 较大，流动处于紊流状态，那么 Re 逐渐减小到小于 Re'_c 且大于 Re_c 时，其紊流状态仍可保持。但是这两种状态都是不稳定的，任何微小的扰动都能使之破坏。

对于光滑圆管的流动，Re'_c 没有一个定值，它往往取决于实验的条件。所以，在实际计算中，当 $Re>Re_c$ 时，就按紊流处理。对光滑圆管的实验结果为 $Re_c = 2320$，一般按 2300 计算。

例 3-1 设水及空气分别在内径 $d=80$mm 的管中流过，两者的平均流速相同，均为 $v=0.3$m/s，已知水及空气的动力黏度各为 $\mu_{水}=1.5\times10^{-3}$Pa·s，$\mu_{空气}=17\times10^{-6}$Pa·s；又知水及空气的密度各为 $\rho_{水}=1000$kg/m^3，$\rho_{空气}=1.293$kg/m^3，试判断两种流体的流动状态。

解：按式（3-1）计算 Re 得：

（1）水的雷诺数 Re：

$$Re = \frac{\rho vd}{\mu} = \frac{1000\times0.3\times0.08}{1.5\times10^{-3}} = 16000 > 2300 \quad 紊流流动$$

（2）空气的雷诺数 Re：

$$Re = \frac{1.293\times0.3\times0.08}{17\times10^{-6}} = 1825 < 2300 \quad 层流流动$$

3.2　圆管层流流动

处于层流流动的流体，把速度不等的平行流层作为基本单元，则可认为平行流层之间的法线方向（圆管内则为径向）仅存在黏性动量传输；而在流体流动方向上则仅存在质点的对流动量传输。

3.2.1 微分方程的建立

设有一垂直圆管，长度为 L，半径为 R，从其中取出一厚度为 Δr 的同心圆薄层，薄层内半径为 r，作用在薄层两端面上的压力分别为 p_1、p_2，如图 3-2 所示。现根据上述简化概念，对该薄层进行动量平衡分析，进而确定其速度分布。

通过薄层内表面（C）传入的黏性动量为：$2\pi rL\tau_r$；

通过薄层外表面（D）传出的黏性动量为：$2\pi(r+\Delta r)L(\tau_r+\Delta\tau_r)$；

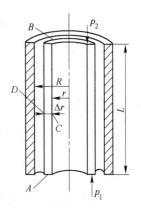

作用在薄层上的重力为：$2\pi r\Delta rL\rho g$；

作用在 A 面（$z=0$）上的总压力为：$2\pi r\Delta rp_1$；

作用在 B 面（$z=L$）上的总压力为：$2\pi r\Delta rp_2$。

图 3-2 圆管层流流动

在稳定流动下，对不可压缩流体而言，薄层内无动量蓄积，流速不变（因截面积不变），所以对流动量收支差量为零（z 方向）。在此情况下做薄层的动量平衡得：

$$2\pi L[r\tau_r - (r+\Delta r)(\tau_r+\Delta\tau_r)] + 2\pi rL\Delta r\rho g + 2\pi r\Delta r(p_1-p_2) = 0 \tag{3-2}$$

将式（3-2）展开后，各项除以 $2\pi L\Delta r$，而后取极限（$\Delta r\to0$），得下述微分方程：

$$\frac{\mathrm{d}}{\mathrm{d}r}(r\tau_r) = \left(\frac{p_1-p_2}{L}+\rho g\right)r \tag{3-3}$$

式（3-3）即为圆管层流流动的常微分方程。

3.2.2 截面速度分布

积分式(3-3)得：

$$r\tau_r = \left(\frac{p_1-p_2}{L}+\rho g\right)\frac{r^2}{2}+C_1 \tag{3-4}$$

或

$$\tau_r = \left(\frac{p_1-p_2}{L}+\rho g\right)\frac{r}{2}+\frac{C_1}{r} \tag{3-5}$$

式中，C_1 为常数。

因管内流动为轴对称流动，轴心上的速度梯度为零，即：

$$\frac{\mathrm{d}v_z}{\mathrm{d}r}\bigg|_{r=0} = 0 \quad 及 \quad \tau_r\big|_{r=0} = 0$$

据此，由式（3-4）可得 C_1 为零，则：

$$\tau_r = \left(\frac{p_1-p_2}{L}+\rho g\right)\frac{r}{2} \tag{3-6}$$

再将 $\tau_r = -\mu\dfrac{\mathrm{d}v_z}{\mathrm{d}r}$ 代入式（3-6），分离变量后，在 $r=R$，$v_z=0$ 的边界条件下积分，即得圆管层流下的速度分布式为：

$$v_z = \frac{1}{4\mu}\left(\frac{p_1-p_2}{L}+\rho g\right)R^2\left[1-\left(\frac{r}{R}\right)^2\right] \tag{3-7}$$

当流体流过水平圆管时，重力的影响可以忽略，则：

$$v_r = \frac{1}{4\mu} \cdot \frac{p_1 - p_2}{L}(R^2 - r^2) \tag{3-8}$$

式中，v_z 为流体在流动方向上，径向任一点的流速；v_r 为流体在水平管道内，沿径向上任一点的流速；R 为圆管半径。

式（3-8）说明，层流速度分布（沿径向）为抛物线规律，如图 3-3（a）所示。

3.2.3　截面平均速度

当 $r = 0$ 时，流速为轴心上的最大流速，用 v_{max} 表示：

$$v_{max} = \frac{1}{4\mu} \cdot \frac{p_1 - p_2}{L}R^2 \tag{3-9}$$

又，截面上的平均流速为：

$$\bar{v} = \frac{\int_0^R 2\pi r v_r \, \mathrm{d}r}{\pi R^2} \tag{3-10}$$

将式（3-8）代入式（3-10）得截面平均流速计算式为：

$$\bar{v} = \frac{1}{8\mu} \cdot \frac{p_1 - p_2}{L}R^2 \tag{3-11}$$

比较式（3-9）及式（3-11）可知，截面平均流速为中心最大流速的一半，这说明圆管层流流动速度分布很不均匀。根据式（2-80），可求得层流流动时，动能修正系数 $\alpha = 2.0$。

3.3　圆管紊流流动

工程实际中的流体流动大多属于紊流流动。与层流流动相比，紊流流动时黏性力处于次要地位，但由于流体的黏性及流体与管壁间的阻力，在靠近管壁处仍有一薄层流体呈层流状态，称为层流底层。层流底层以外的区域称为紊流核心区。紊流核心区流体质点除具有主流轴向速度外，还有横向速度，且流场中各质点速度随时间而变，从而呈现出不稳定脉动的特点。由于脉动及横向速度的存在而使质点相互渗混，造成截面速度分布比较均匀，如图 3-3（b）所示。紊流流动十分复杂，不能像分析层流流动那样采用理论方法推导

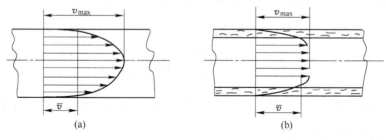

图 3-3　管内流速分布

（a）圆管层流；（b）圆管紊流

出管内速度分布，只能在实验的基础上提出一定的假设，得到一些半理论、半经验的结果。根据大量实验数据证实，光滑圆管紊流流动的速度分布与 Re 有关，可用式（3-12）表示：

$$v_r = v_{max} \left(1 - \frac{r}{R} \right)^{\frac{1}{n}}$$

(3-12)

式中，n 为与 Re 有关的数，见表 3-1。

表 3-1 Re 与 n 及 $\bar{v}/v_{max}$ 的关系

Re	1×10^3	1.1×10^5	1.1×10^6	2×10^6	3.2×10^6
n	6	7	8	9	10
$\bar{v}/v_{max}$	0.791	0.813	0.852	0.853	0.865

由于截面上速度分布随 Re 而变，则平均流速也与 Re 有关，其计算结果见表 3-1。

从表 3-1 可以看出：

$$\bar{v} = (0.791 \sim 0.865) v_{max}$$

(3-13)

这说明圆管紊流流动速度分布较均匀。同理，根据式（2-80）可得，紊流流动时，动能修正系数 $\alpha = 1.05 \sim 1.10$。

3.4 管 流 阻 力

实际流体在流动过程中，由于流体的黏性作用而产生阻力，这种阻力称为摩擦阻力。摩擦阻力实质上就是一种能量损失，所以摩擦阻力又称为摩擦阻力损失，简称摩阻，用 h_f 表示。由于流体流动方向或流速的突然变化，造成流体分子之间或分子与器壁之间冲击、碰撞而产生能量损失，这些能量损失在管流系统中统称为局部阻力损失，用 h_r 表示。

无论哪种阻力损失，都是由于流体流动才产生的，而且阻力的大小与流速（即动能）有关。为计算方便，将阻力损失表示为一通式，即：

$$h_L = k \frac{\rho}{2} v^2$$

(3-14)

式中，h_L 为阻力损失，Pa；v 为流体的流速，m/s；ρ 为流体的密度，kg/m^3；k 为阻力系数。

从式（3-14）可以看出，计算 h_L 的关键在于求出阻力系数 k。k 可从理论上推导，也可用实验方法求出，后者用得较多。但应明确，阻力是用动能的倍数来表示和计算的，但损失的却是静压能。

3.4.1 圆管层流摩阻

从能量转换关系得知，流体在等截面管中流动时，摩阻由静压能（力）的降低来补偿。由式（3-11）看出，静压力降低值为 $p_1 - p_2$，则摩阻 h_f 为（去掉流速的平均值符号）：

$$h_f = p_1 - p_2 = \frac{8 \mu L v}{R^2}$$

(3-15)

以直径 d 代替半径 R，用雷诺数 $Re = \dfrac{\rho vd}{\mu}$ 代入式（3-15）得：

$$h_{\mathrm{f}} = \frac{64}{Re} \cdot \frac{L}{d} \cdot \frac{\rho}{2}v^2 = \xi \frac{L}{d} \cdot \frac{\rho}{2}v^2 = k_{\mathrm{f}}\frac{\rho}{2}v^2 \qquad (3\text{-}16)$$

式中，v 为平均流速，m/s；L 为计算管段的长度，m；d 为圆管直径，m；ρ 为流体密度，kg/m³；k_{f} 为摩擦阻力系数，$k_{\mathrm{f}} = \xi \dfrac{L}{d}$；$\xi = \dfrac{64}{Re}$，为圆管层流摩擦系数。

式（3-16）即为流体力学中著名的达西（Darcy）公式。此式表明，圆管层流摩阻 h_{f} 与流速 v 的一次方成正比。

3.4.2 圆管紊流摩阻

圆管紊流摩阻比较复杂。流体在紊流流动过程中除黏性力外，还存在着由紊流脉动引起的附加应力，这里仅介绍工程上常用的公式及有关图表。

3.4.2.1 光滑圆管紊流摩阻

圆管紊流摩阻计算式与式（3-16）类似，只是摩擦系数的大小及计算方法不同，用式（3-17）（达西公式）表示：

$$h_{\mathrm{f}} = \xi \frac{L}{d} \cdot \frac{\rho}{2}v^2 \qquad (3\text{-}17)$$

式中，ξ 为圆管紊流摩擦系数，可按式（3-18）计算：

$$\frac{1}{\sqrt{\xi}} = 2.03\lg(Re\sqrt{\xi}) - 1.02 \qquad (3\text{-}18)$$

尼古拉兹（Nikuradse）根据实验资料对式（3-18）修正为：

$$\frac{1}{\sqrt{\xi}} = 2\lg(Re\sqrt{\xi}) - 0.8 \qquad (3\text{-}19)$$

式（3-19）在 $Re = 3 \times 10^3 \sim 1 \times 10^8$ 范围内适用。用这个公式计算 ξ 时，应先假设一个 ξ 的近似值，再进行迭代运算，最后计算出 ξ 的值。

布拉修斯（Blasius）根据紊流的七分之一次方速度分布，导出如下公式：

$$\xi = \frac{0.3164}{Re^{0.25}} \qquad (3\text{-}20)$$

式（3-20）的适用范围为 $Re < 10^5$。将式（3-20）代入式（3-17）可知，在此 Re 范围内，光滑圆管紊流摩阻 h_{f} 与流速 v 的 1.75 次方成正比。

3.4.2.2 粗糙圆管紊流摩阻

工程上使用的任何一个管道，由于管道的材料、加工方法、使用条件及锈蚀等因素的影响，管壁内表面总是凸凹不平的粗糙管道。粗糙管道的 ξ 不仅与 Re 有关，而且与管道粗糙度有关。管道的粗糙度用管壁内表面凸凹不平的平均尺寸 Δ 来表示，相对粗糙度用 $\overline{\Delta}$ 表示，且 $\overline{\Delta} = \dfrac{\Delta}{d}$（$d$ 为圆管直径）。

尼古拉兹于 1933 年在直径不同的圆管内敷上粒度均匀的沙子，制成了 6 种不同粗糙度的圆管，并对这 6 根圆管进行阻力实验，实验结果绘成曲线图，如图 3-4 所示。分析实验曲线可以看出，ξ 的变化在不同的 Re 范围内是不同的。

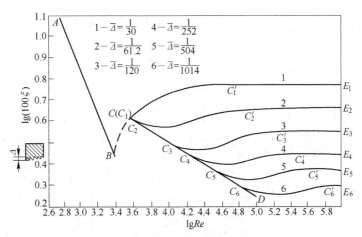

图 3-4　尼古拉兹实验曲线图

AB 段：层流区，即在 $Re<2300$ 的范围内，6 条曲线重合，ξ 与 $\overline{\Delta}$ 无关，只与 Re 有关；且 $\xi=\dfrac{64}{Re}$。

BC 段：层流向紊流过渡的区域，ξ 的变化不确定，一般按光滑区处理。

CD 段：紊流光滑管区，*CD* 线接近一直线，说明 ξ 与 $\overline{\Delta}$ 无关，只与 Re 有关，且 *CD* 线的斜率为 $-1/4$，即表示 ξ 与 Re 的 0.25 次方成反比。当 $Re<10^5$ 时，ξ 的计算式为式（3-20）；当 $Re>10^5$ 时则为式（3-19）。

CE 段：自 *C* 点以后，不同粗糙度的管道从 *CD* 线上的 C_1、C_2、$\cdots$、C_6 处分开，呈图中 6 条 *CE* 曲线。此时，ξ 不仅与 Re 有关，而且与 $\overline{\Delta}$ 有关，且 $\overline{\Delta}$ 越大，ξ 值也越大。进一步分析还可以看出，*CE* 线又分为两段，其中 *CC'* 段，ξ 与 Re 及 $\overline{\Delta}$ 均有关，称为紊流粗糙管区；而 *C'E* 段（*C'* 点以后），ξ 却仅与 $\overline{\Delta}$ 有关而与 Re 无关（近似呈一条水平线），因此流动阻力与流速的平方成正比，称为阻力平方区。

对紊流粗糙管区，ξ 可由阔尔布鲁克（Colebrook）公式求得：

$$\frac{1}{\sqrt{\xi}} = -2\lg\left(\frac{2.51}{Re\sqrt{\xi}} + \frac{\overline{\Delta}}{3.7}\right) \tag{3-21}$$

对阻力平方区，ξ 可由尼古拉兹计算式求得：

$$\frac{1}{\sqrt{\xi}} = 2\lg\frac{1}{2\overline{\Delta}} + 1.74 \tag{3-22}$$

尼古拉兹找出了粗糙管道中，摩擦阻力与 Re 及 $\overline{\Delta}$ 的关系。但尼古拉兹阻力实验是在人为制造的粗糙度均匀的管内进行的，但在工程上，粗糙管道的粗糙度并非均匀一致。很多研究者对工程实际管道做了大量实验研究，得出许多经验公式及计算图表，其中以根据阔尔布鲁克实验数据整理的莫迪（Moody）图应用最广，如图 3-5 所示。实际计算时，可由图 3-5 直接查得 ξ 值。

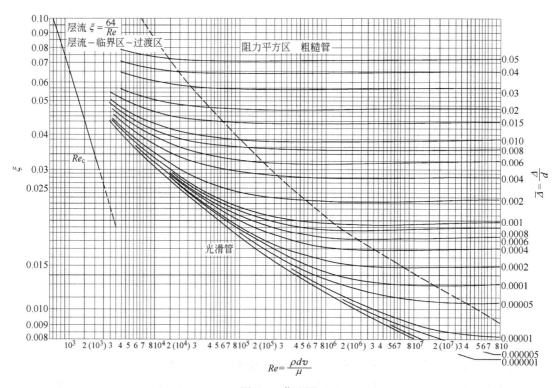

图 3-5　莫迪图

对于紊流（$Re>2300$），在工程计算中还可采用经验公式（3-23）：

$$\xi = 0.11\left(\frac{\Delta}{d} + \frac{68}{Re}\right)^{0.25} \tag{3-23}$$

因 Re 超过一定数值后，紊流粗糙管道的 ξ 值基本不变。所以，工程计算中也常采用如下经验数值：

金属光滑管，$\xi = 0.025$；金属生锈管，$\xi = 0.045$；砖砌管道，$\xi = 0.050$。

3.4.3　非圆形管道的摩阻

对于非圆形管道，摩阻的计算式仍采用式（3-16），只是式中的直径 d 用当量直径 d_k 来替代。d_k 的定义式为：

$$d_k = \frac{4A}{S} \tag{3-24}$$

式中，A 为管道的截面积，m^2；S 为管道的周长，m。

例如，矩形管道的当量直径为：

$$d_k = \frac{4ab}{2(a+b)} = \frac{2ab}{a+b} \tag{3-25}$$

式中，a 为管道截面长，m；b 为管道截面宽，m。

例 3-2 直径 $d = 200\text{mm}$、长度 $L = 300\text{m}$、管壁粗糙度 $\Delta = 0.19\text{mm}$ 的钢管，输送流量 $q_m = 25\text{kg/s}$ 的重油，若重油的运动黏度 $\nu = 0.355 \times 10^{-4}\,\text{m}^2/\text{s}$，密度 $\rho = 900\text{kg/m}^3$，试求钢管内摩擦阻力损失。

解：

重油的流速

$$v = \frac{q_m}{\rho A} = \frac{4 \times 25}{900 \times \pi \times 0.2^2} = 0.885 \text{ m/s}$$

雷诺数

$$Re = \frac{vd}{\nu} = \frac{0.885 \times 0.2}{0.355 \times 10^{-4}} = 4986 (\text{紊流})$$

由 $\overline{\Delta} = \dfrac{\Delta}{d} = \dfrac{0.19}{200} = 0.00095$ 及 $Re = 4986$，查莫迪图得 $\xi = 0.038$，因此钢管内摩擦阻力损失为：

$$h_f = \xi \frac{L}{d} \cdot \frac{\rho}{2} v^2 = 0.038 \times \frac{300}{0.2} \times \frac{900}{2} \times 0.885^2 = 2.01 \times 10^4 \text{ Pa}$$

例 3-3 有一矩形截面（$1.0\text{m} \times 1.5\text{m}$）砖砌烟道，通过 600℃、$35000\text{m}^3/\text{h}$ 的烟气，烟道长 $L = 10\text{m}$，粗糙度 $\Delta = 5\text{mm}$，烟气的运动黏度 $\nu = 0.9 \times 10^{-4}\,\text{m}^2/\text{s}$，烟气密度 $\rho_0 = 1.29\text{kg/m}^3$，试求烟道内摩擦阻力损失。

解：

烟气流速 $v = \dfrac{35000}{1.0 \times 1.5 \times 3600} = 6.49\text{m/s}$，烟气密度 $\rho = \dfrac{1.29}{1 + \dfrac{600}{273}} = 0.4025 \text{ kg/m}^3$

当量直径 $d_k = \dfrac{4 \times 1.0 \times 1.5}{2 \times (1.0 + 1.5)} = 1.2\text{m}$，雷诺数 $Re = \dfrac{6.49 \times 1.2}{0.9 \times 10^{-4}} = 86500$（紊流）

相对粗糙度 $\overline{\Delta} = \dfrac{5}{1200} = 0.00417$

由 $\overline{\Delta}$ 及 Re 值查莫迪图得 $\xi = 0.03$。
因此烟道内摩擦阻力损失为：

$$h_f = \xi \frac{L}{d_k} \cdot \frac{\rho}{2} v^2 = 0.03 \times \frac{10}{1.2} \times \frac{0.4025}{2} \times 6.49^2 = 2.12 \text{ Pa}$$

3.4.4 管流局部阻力损失

管流的局部阻力损失是由于流向转变及流速变化所引起的能量损失，流体在管道中流过弯管、接头、闸阀、三通等，均会产生一定的局部阻力损失。由于造成局部阻力损失的原因很复杂，除个别情况（如管道截面突然扩大）可以从理论上解析外，大多由实验方法来确定局部阻力系数 k_r 值。

3.4.4.1 管道截面突然扩大时的局部阻力损失

如图 3-6 所示，流体在一个突然扩大的管道中流动。将 1、2 两截面因速度不等而造成流体内部质点的碰撞、流体与器壁间的冲击、旋涡所产生的能量损失，一并用截面突然扩大局部阻力损失 h_r 来表示，而且把它们归纳到 k_r 值中去。

据此，写出 1、2 两截面的伯努利方程：

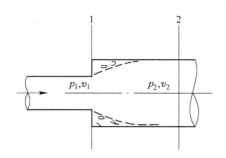

图 3-6　截面突然扩大时的局部阻力损失

$$p_1 + \frac{\rho}{2}v_1^2 = p_2 + \frac{\rho}{2}v_2^2 + h_r \qquad (3\text{-}26)$$

所以
$$h_r = p_1 - p_2 + \frac{\rho}{2}(v_1^2 - v_2^2) \qquad (3\text{-}27)$$

在稳定流动条件下对 1、2 两截面做动量平衡：
$$(\rho v_1 v_1 A_1 - \rho v_2 v_2 A_2) + (p_1 - p_2)A_2 = 0 \qquad (3\text{-}28)$$

将连续性方程 $v_1 A_1 = v_2 A_2$ 代入式（3-28）得：
$$p_1 - p_2 = \rho(v_2^2 - v_1 v_2) = \frac{\rho}{2}(2v_2^2 - 2v_1 v_2) \qquad (3\text{-}29)$$

式（3-29）代入式（3-27）得：

$$h_r = \frac{\rho}{2}(v_1^2 - 2v_1 v_2 + v_2^2) = \frac{\rho}{2}(v_1 - v_2)^2 \qquad (3\text{-}30)$$

比较式（3-14）及式（3-30），当式（3-14）中 v 用 v_1 计算时，有：

$$k_r = \frac{(v_1 - v_2)^2}{v_1^2} = \left(1 - \frac{v_2}{v_1}\right)^2 \qquad (3\text{-}31)$$

若用 v_2 计算时，则：
$$k_r = \left(\frac{v_1}{v_2} - 1\right)^2 \qquad (3\text{-}32)$$

可将上两式改写为：

$$k_r = \left(1 - \frac{A_1}{A_2}\right)^2 \qquad (3\text{-}33)$$

$$k_r = \left(\frac{A_2}{A_1} - 1\right)^2 \qquad (3\text{-}34)$$

从 k_r 值的计算可以看出，当计算 h_r 时，所采用的速度不同，则计算出的 k_r 值不同，这一点在计算 h_r 时要特别注意。另外，k_r 值仅与 A_1/A_2 或 A_2/A_1 有关，而与管内流体流动性质，即与 Re 无关。

3.4.4.2 改变流向时的局部阻力损失

流体在改变流向时与管壁有正面冲击损失、回流区的扰动损失、流体转向及收缩时的内部损失等。典型代表为急转 90° 的局部损失，如图 3-7 所示。由实验得知，k_r 值与转向角 α、Re、d/ρ（d 为管径，ρ 为转向曲率半径）及管道是否粗糙等因素有关。表 3-2 为 k_r 与 α 及粗糙度的关系，表 3-3 为 k_r 与 d/ρ 的关系。

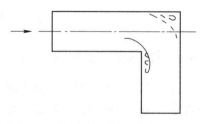

图 3-7　改变流向时的局部阻力损失

表 3-2 k_r 值与 α 及粗糙度的关系

k_r ＼ α	5	10	15	30	45	60	90	120
管壁光滑	0.02	0.03	0.04	0.13	0.24	0.47	1.13	1.80
管壁粗糙	0.03	0.04	0.06	0.17	0.32	0.58	1.2	—

表 3-3　k_r 值与 d/ρ 的关系

d/ρ	0.25	0.4	0.6	0.8	1.0	1.2	1.4
k_r	0.131	0.14	0.16	0.206	0.294	0.44	0.66

分析以上两表可以看出，粗糙管道的 k_r 值比光滑管道大；转向角 α 越大，k_r 值也越大；转向曲率半径 ρ 越大，k_r 值越小。实验还表明，在转向角较大的情况下，设置圆转弯的导向叶片可以大大降低局部阻力损失，k_r 值大约降低 40%～50% 左右。

各种情况下的局部阻力系数 k_r 值有很多实验数据，此处不一一介绍，请查相关手册。

3.4.5　管流系统阻力损失

流体在管路系统输送过程中，存在着摩擦阻力损失 h_f 及局部阻力损失 h_r 两种阻力损失。管流系统的阻力损失就是管路各段这两种阻力损失的总和，即 $h_L = h_f + h_r$。

设计管道系统时，首先，根据两种阻力产生的原因和特点，力求减小系统的阻力损失，以消耗较少的能量输送较多的流体；其次，根据工艺要求设计管路的连接方式并进行阻力损失计算，确定相应的流体输送量。

3.4.5.1　减少管流系统阻力损失的途径

影响阻力损失的因素很多，下面对减小阻力损失的方法做一些原则上的介绍。

（1）管道直径及"经济流速"的选择。由式（3-14）可知，h_L 与流速平方成正比。所以从减小 h_L 出发，希望流速越小越好。另外，从连续性方程式可知，要保持一定流量，流速越低，则管道截面积或直径就越大，这样消耗的材料也就越多。为了解决这个矛盾就要综合两方面因素，采用经济流速来确定管道的合理直径。经济流速依流体种类及工作条件的不同而不同，请查相关手册。

（2）降低局部阻力损失。为了减少局部阻力损失，可将突然扩大或突然收缩的管道改变为逐渐扩大或逐渐收缩的管道；将 90° 转弯的管道改为圆转弯或两个 45° 转弯管道；在可能条件下，增大圆转弯的曲率半径；在布置管道时，尽量减少转弯或截面变化。

（3）降低摩擦阻力损失。减少摩阻的方法除了减低流速外，就是布置管道系统时尽量减短管道的长度，并在可能条件下尽量选择光滑管道。

3.4.5.2　管流系统阻力损失计算

（1）串联管路计算。串联管路就是将多根管径或粗糙度不同的管道相串联的管路。其特点是各管段流量相同，而总阻力损失等于各管段的 h_f 及 h_r 之和。

（2）并联管路计算。并联管路是由若干支管路并联而成，如图 3-8 所示。其特点是各支管路的阻力损失相等，而总管内流量等于各支管流量之和。即：

$$\left.\begin{array}{l} \sum h_L = h_{L_1} = h_{L_2} = h_{L_3} = \cdots \\ \sum q_v = q_{v_1} + q_{v_2} + q_{v_3} + \cdots \end{array}\right\} \tag{3-35}$$

并联管路存在流量分配问题，根据阻力计算公式，得：

$$\left(\xi_1 \frac{L_1}{d_1} + k_{r1}\right)\frac{\rho}{2} v_1^2 = \left(\xi_2 \frac{L_2}{d_2} + k_{r2}\right)\frac{\rho}{2} v_2^2 = \left(\xi_3 \frac{L_3}{d_3} + k_{r3}\right)\frac{\rho}{2} v_3^2 \tag{3-36}$$

$$q_{V_1} = v_1 A_1 \qquad v_1 = \frac{4q_{V_1}}{\pi d_1^2}$$

$$q_{V_2} = v_2 A_2 \qquad v_2 = \frac{4q_{V_2}}{\pi d_2^2}$$

$$q_{V_3} = v_3 A_3 \qquad v_3 = \frac{4q_{V_3}}{\pi d_3^2}$$

代入式（3-36），得：

$$\left(\xi_1 \frac{L_1}{d_1} + k_{r1}\right)\frac{8\rho q_{V_1}^2}{\pi^2 d_1^4} = \left(\xi_2 \frac{L_2}{d_2} + k_{r2}\right)\frac{8\rho q_{V_2}^2}{\pi^2 d_2^4} = \left(\xi_3 \frac{L_3}{d_3} + k_{r3}\right)\frac{8\rho q_{V_3}^2}{\pi^2 d_3^4} \qquad (3\text{-}37)$$

由式（3-37）分析可以看出，如果并联管路各支管道的直径、管长、粗糙度和使用情况相同，则各支管道上的流量相等。若各支管道的上述参数不同，则流量不相等。在管径相同的情况下，阻力系数小的支管道流量大。在阻力系数相同的情况下，直径大的支管道流量大。

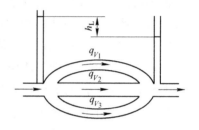

图 3-8　并联管路示意图

例 3-4　鼓风机供给高炉车间的风量为 2000m³/min，空气温度 $t = 20℃$，运动黏度 $\nu = 0.157 \times 10^{-4}$ m²/s，风管全长 $L = 120$m，其上有曲率半径 $\rho_1 = 2.6$m 的 90°弯头 5 个，曲率半径 $\rho_2 = 1.3$m 的 90°弯头 4 个，阻力系数 $k_r = 2.5$ 的闸阀两个，风管粗糙度 $\Delta = 0.5$mm。若风管内空气流速为 25m/s，热风炉进口处表压力为 157kPa，求风管直径及风机出口处的表压力。

解：风管直径 $d = \sqrt{\dfrac{4}{\pi} \cdot \dfrac{q_V}{v}} = \sqrt{\dfrac{4 \times 2000}{60 \times 3.14 \times 25}} = 1.3$ m

如图 3-9 所示，为求风机出口处的表压力 p_1，首先列风机出口处 1 截面与热风炉进口处 2 截面的伯努利方程。因空气的密度很小，位能可忽略不计，又因是等管径流动，所以两截面动能相等，据此得：$p_1 = p_2 + h_L$（p_2 为热风炉进口处的表压力）。

已知 $p_2 = 157$kPa，计算出 h_L 就可求出 p_1。

（1）计算 ξ

先求雷诺数：

$$Re = \frac{vd}{\nu} = \frac{25 \times 1.3}{0.157 \times 10^{-4}} = 2.07 \times 10^6$$

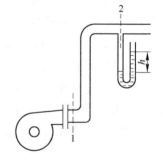

图 3-9　管流阻力损失计算示意图

再求相对粗糙度：$\overline{\Delta} = \dfrac{\Delta}{d} = \dfrac{0.5}{1300} = 0.000384$，根据莫迪图，查出 $\xi = 0.0156$。

（2）计算 $\sum k_r$

由表 3-3 查出： $\dfrac{d}{\rho_1} = \dfrac{1.3}{2.6} = 0.5$ 时， $k_{r1} = 0.145$ ； $\dfrac{d}{\rho_2} = \dfrac{1.3}{1.3} = 1$ 时， $k_{r2} = 0.294$ 。

局部阻力系数的总和为 $\quad \sum k_r = 2 \times 2.5 + 5 \times 0.145 + 4 \times 0.294 = 6.889$

（3）计算空气的密度

按气体状态方程式 $\rho = \dfrac{p}{RT}$ ，由附录 3 查得 $R = 287 \mathrm{J/(kg \cdot K)}$

则
$$\rho = \dfrac{98.1 \times 10^3 + 157 \times 10^3}{287 \times (273 + 20)} = 3.03 \ \mathrm{kg/m^3}$$

（4）求 h_L

h_L 包括 h_f 及 h_r ，根据式（3-14）及串联管路的特点可得：

$$h_L = \left(\xi \dfrac{L}{d} + \sum k_r \right) \dfrac{\rho}{2} v^2$$

将所求参数代入上式得：

$$h_L = \left(0.0156 \times \dfrac{120}{1.3} + 6.889 \right) \times \dfrac{3.03}{2} \times 25^2 = 7887 \ \mathrm{Pa}$$

（5）风机出口处的表压力为： $p_1 = 157 \times 10^3 + 7887 = 164.9 \mathrm{kPa}$

空气密度的相对变化近似表述为：

$$\dfrac{\Delta \rho}{\rho} = \dfrac{\Delta p}{p} = \dfrac{7887}{157 \times 10^3} \times 100\% = 5\%$$

从此例计算可以看出，风机出口处的表压力比热风炉入口处的表压力大 7887Pa，它用来克服管流系统的阻力损失。若风机出口处压力低于 164.9kPa，则热风炉入口处压力必然低于 157kPa，因为流动过程同样要消耗 7887Pa 的能量。在工程上， p_2 往往是根据工艺要求而确定的，所以，计算管流系统阻力损失为选择输送设备（鼓风机）提供了重要依据。

———————— 本 章 小 结 ————————

实际流体在流动过程中要产生能量损失，亦称阻力损失。本章介绍了流体流动的两种状态，阻力损失的分类及阻力系数，不可压缩流体管流摩阻，管流局部阻力，管流阻力计算。管流阻力计算是本章的重点内容。

流体流动有层流和紊流两种状态，且用雷诺数 Re 来判断，管流临界雷诺数 $Re_c = 2300$ 。管流层流流动的速度分布为抛物线，紊流流动速度分布与 Re 有关，但较层流流动平坦。

实际流体在流动过程中产生的阻力损失，有摩擦阻力损失和局部阻力损失，其计算通式为 $h_L = k \dfrac{\rho}{2} v^2$ ，计算 h_L 的关键在于求出各种流动情况下的阻力系数 k 。求 k 的方法有理论推导和实验方法，多数采用实验方法。因此，在计算阻力系数 k 时，一定要注意公式的适用条件。

不可压缩流体的管流摩擦阻力系数 $k_f = \xi \dfrac{L}{d}$ ， ξ 为管流摩擦系数。层流情况下， $\xi =$

$\dfrac{64}{Re}$；紊流情况下，ξ 不仅与 Re 有关，而且与管道相对粗糙度 $\overline{\Delta}$ 有关，如莫迪图所示；工程实际中一般采用经验公式或经验数值。管流局部阻力系数 k_r 值大多由实验方法确定。管流系统的阻力损失就是管路各段的摩擦阻力损失 h_f 和局部阻力损失 h_r 之和，设计管路系统时，应根据两种阻力产生的原因和特点，力求减小系统的阻力损失 h_L。

主要公式：

雷诺数：$Re = \dfrac{\rho vd}{\mu} = \dfrac{vd}{\nu}$，$Re \leqslant 2300$，层流流动；$Re > 2300$，紊流流动；

管流层流速度分布：$v_r = \dfrac{1}{4\mu}\dfrac{p_1 - p_2}{L}\left(R^2 - r^2\right)$，$v_r = v_{\max}\left(1 - \left(\dfrac{r}{R}\right)^2\right)$；$\overline{v} = \dfrac{1}{8\mu}\dfrac{p_1 - p_2}{L}R^2$，$\overline{v} = 0.5 v_{\max}$；

管流紊流速度分布：$v_r = v_{\max}\left(1 - \dfrac{r}{R}\right)^{\frac{1}{n}}$，$\overline{v} = (0.791 \sim 0.865)v_{\max}$；

管流阻力损失：$h_L = \left(\xi\dfrac{L}{d} + k_r\right)\dfrac{\rho}{2}v^2$；

串联管路：$\left.\begin{array}{l}\sum h_L = h_{L_1} + h_{L_2} + h_{L_3} + \cdots \\ \sum q_V = q_{V_1} = q_{V_2} = q_{V_3} = \cdots\end{array}\right\}$；

并联管路：$\left.\begin{array}{l}\sum h_L = h_{L_1} = h_{L_2} = h_{L_3} = \cdots \\ \sum q_V = q_{V_1} + q_{V_2} + q_{V_3} + \cdots\end{array}\right\}$。

习题与工程案例思考题

习　题

3-1　层流与紊流有何区别，其判断标准是什么，如何判断？

3-2　何为摩擦阻力损失和局部阻力损失，两者存在的条件是什么？

3-3　何为阻力系数 k，为什么说计算阻力损失的关键在于求出 k？

3-4　求阻力系数 k 有哪些方法，各有何特点？

3-5　不可压缩流体的管流摩擦阻力系数与管流摩擦系数是两个不同的概念吗，为什么？

3-6　对粗糙管道而言，为什么层流时摩擦系数 ξ 仅与 Re 有关，而紊流时 ξ 不仅与 Re 有关，而且与管道相对粗糙度 $\overline{\Delta}$ 有关？

3-7　何为当量直径 d_k，有何实际意义？

3-8　两个局部阻力串联后的阻力是否等于原来两个局部阻力之和，为什么？

3-9　设计管路系统时，如何减小系统的阻力损失？

3-10　判断下列管流条件下流体的流动性质。

（1）$\rho = 1000\text{kg/m}^3$，$\mu = 1.00 \times 10^{-3}\text{Pa} \cdot \text{s}$，$v = 60\text{m/s}$，$d = 0.04\text{m}$。

（2）$\nu = 1.568 \times 10^{-5}\text{m}^2/\text{s}$，$v = 1\text{m/s}$，$d = 3\text{cm}$。

（3）$\nu = 1.568 \times 10^{-5}\text{m}^2/\text{s}$，$v = 2.5\text{m/s}$，$d = 20\text{mm}$。

3-11　高黏度流体在重力作用下沿斜管向下流动，求稳定层流时：

（1）当 $\Delta p = 0$ 时的流动微分方程式；

（2）速度方程；

（3）黏度和流体流量的关系。

3-12 试计算下列两管道的当量直径。

（1）横截面为边长等于 a 的正六边形。

（2）内、外直径分别为 d_1 及 d_2 的同心圆环套管。

3-13 大气压下 20℃的水及空气分别流过同一光滑管道，若通水、通气时的阻力系数相等，即 $k_{H_2O} = k_g$，求在压差相等的条件下，空气与水的流量比。

3-14 断面积相等的圆管及方管，长度相等，沿程阻力也相等，流动均处于与 Re 无关的紊流区，问两种管输送流体的能力相差多少？

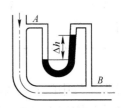

3-15 如题图 3-1 所示，测 90°弯管局部阻力系数时，在 A、B 两断面接测压管，已知管道直径 $d = 50\text{mm}$，AB 管段长 $l = 10\text{m}$，水流量 $q_V = 2.74 \times 10^{-3} \text{ m}^3/\text{s}$，摩擦系数 $\xi = 0.03$，AB 间压差 $\Delta p = 6 \times 10^3 \text{Pa}$，试求该直角弯头的局部阻力系数 k_r。

3-16 某通风管道的直径 $d = 150\text{mm}$，风速 $v = 10\text{m/s}$，试求管长 $L = 1000\text{m}$ 时的摩擦阻力损失 h_f。已知空气的运动黏度 $\nu = 1.76 \times 10^{-5}\text{m}^2/\text{s}$，密度 $\rho = 1.11\text{kg/m}^3$。

题图 3-1 求弯管局部
阻力系数

工程案例思考题

案例 3-1 民用供水系统阻力

案例内容：

（1）民用供水系统的流动特点；

（2）民用供水系统的阻力类型；

（3）供水系统的阻力计算方法；

（4）减少系统阻力的途径。

基本要求：针对某用户的供水系统，完成案例内容。

案例 3-2 高炉鼓风系统阻力

案例内容：

（1）高炉鼓风系统的流动特点；

（2）高炉鼓风系统的阻力类型；

（3）鼓风系统的阻力计算；

（4）鼓风机的类型及选择。

基本要求：针对实际生产中的某高炉鼓风系统，完成案例内容。

4　边 界 层 流 动

本章课件

本章学习概要： 主要介绍边界层及边界层方程和流体绕流摩阻的计算。要求掌握边界层概念及意义，理解边界层微分方程和积分方程的建立方法及求解思路，掌握平板和球体绕流阻力计算。

实际工程中的大多数流动问题，是流体在固体容器或管道限制的区域内的流动，这种流动除靠近固体表面的一薄层流体速度变化较大外，其余的大部分区域内，速度的变化很小，通常将具有这样特点的流动称为边界层流动，其控制方程可以简化。在传输原理中，边界层概念不仅对流体动力学产生巨大的影响，而且和热量传输、质量传输有密切关系。

4.1　边界层概念

普朗特（Prandtl）于 1904 年首先提出边界层的概念。具有黏性的流体流过固体表面时，由于流体黏性的作用，在固体表面附近形成了一个具有速度梯度的流体薄层，这个流体薄层就是边界层，边界层又叫附面层。边界层很薄，但速度梯度很大，即便黏性力很小也不能忽略，可利用边界层特点，把控制方程在边界层内简化后求解。边界层以外的区域称为主流区，在主流区黏性力可以忽略，视为理想流体，可用欧拉方程或伯努利方程求解。

4.1.1　平板边界层

如图 4-1 所示，流体以大小相等、方向一致的流速 v_0 流向平板，称为来流。由于流体的黏性附着作用，在固体表面处速度为零（$y=0$，$v=0$）。在固体表面以外（$y>0$），流速 v_x 沿 y 方向逐渐增大到来流速度 v_0。具有速度梯度的流层就是边界层，且越接近固体表面，速度梯度越大。

按定义，边界层的厚度应从速度等于零到速度等于来流速度 v_0 为止，即有速度梯度的这一流层的厚度，用 δ 表示。然而，在流速沿 y 方向增加时，速度变化越来越小，因此，一般规定当 $v_x=0.99v_0$ 时，流层的厚度为边界层的厚度。边界层的厚度远小于平板长度。

由图 4-1 看出，来流开始进入平板表面时，边界层厚度较小，初始的扰动尚未发展，黏性力起主导作用，边界层呈层流状态，称为层流区。随着进流长度的增大，边界层厚度增加，初始扰动逐渐发展，惯性力作用加强，流动由层流向紊流过渡，称为过渡区。随着进流长度的再增大，边界层厚度迅速增加，初始扰动充分发展，惯性力起主导作用，边界

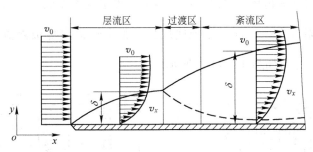

图 4-1　平板边界层定义模型

层发展为紊流区。在紊流区，靠近平板表面的流体层，其黏性力仍起主导作用，保持为层流状态，称层流底层。与管流类似，层流向紊流的转变也由雷诺数来判别，即：

$$Re = \frac{\rho v_0 x}{\mu} = \frac{v_0 x}{\nu} \tag{4-1}$$

式中，v_0 为来流速度；x 为流体从板端流入的距离。

　　实验指出，边界层从层流转变为紊流的临界雷诺数 Re_c，与来流的扰动情况有关。来流扰动较小时，可达 3×10^6；来流扰动大或壁面较粗糙时，临界雷诺数降低，层流提前转变为紊流。一般情况下取 $Re_c = 5 \times 10^5$。另外，层流区的长短还与来流速度有关。扰动大、来流速度大时，边界层很快进入紊流区，层流区则很短；反之，扰动小、来流速度也小时，则层流区很长。图 4-2 为三种不同速度的来流所形成的边界层。

　　在边界层以外的主流区内，为流速相等的平行流动。实际流体尽管存在黏性，但这种黏性只有存在速度梯度时才能显示其作用，显然主流区可视为无黏性区域。根据边界层的这些特性，在处理动量传输问题时，

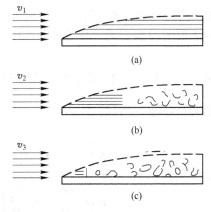

图 4-2　来流速度不同时的边界层
(a) 层流边界层；(b) 混合边界层；(c) 紊流边界层

可使问题简化。比如，速度较大的流体流过一平面时，除靠近表面很薄的一层边界层外，整个流场可按理想流体来处理。此外，由边界层的概念，可解析流体流动阻力等问题，特别是在流体流动条件下的传热及传质的解析，均与边界层的概念有关。

4.1.2　管流边界层

　　具有均匀来流速度 v_0 的流体流入圆管时，管内流体的边界层发展及流速分布如图 4-3 所示。当 Re 低于临界值时，如图 4-3 (a) 所示，靠近管壁的层流边界层厚度，在流入一定距离 L 后将发展到轴心，以后在整个截面上均保持层流流动，截面速度分布呈抛物线。L 段称为起始段，$\frac{L}{d} = 0.05Re$，L 以后区域内的流体流动称为充分发展了的管流流动。当 Re 超过临界值以后，流动由层流向紊流转变，在层流边界层还未发展到轴心时，边界层

就已从层流边界层向紊流边界层过渡，以后紊流边界层逐渐发展，最后紊流边界层厚度发展到轴心，除管壁附近有一极薄的层流底层外，整个管道内部被紊流核心所占据，$\dfrac{L}{d}=25\sim40$。其截面速度分布如图 4-3（b）所示。

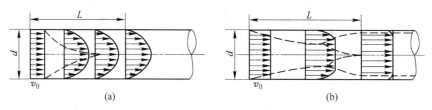

图 4-3　管流边界层

（a）层流；（b）紊流

4.2　边界层微分方程

4.2.1　边界层微分方程的建立

由前所述可知，连续性方程与纳维-斯托克斯方程（N-S 方程）是流体层流流动过程中普遍适用的控制方程，下面应用边界层概念及特点，把该方程在边界层内部简化并求解。

对于二维平面不可压缩流体的层流稳定流动，在直角坐标系下满足的控制方程为：

连续性方程
$$\frac{\partial v_x}{\partial x} + \frac{\partial v_y}{\partial y} = 0 \tag{4-2}$$

N-S 方程
$$\left.\begin{aligned}\rho\left(v_x\frac{\partial v_x}{\partial x} + v_y\frac{\partial v_x}{\partial y}\right) &= \mu\left(\frac{\partial^2 v_x}{\partial x^2} + \frac{\partial^2 v_x}{\partial y^2}\right) - \frac{\partial p}{\partial x}\\[2mm]\rho\left(v_x\frac{\partial v_y}{\partial x} + v_y\frac{\partial v_y}{\partial y}\right) &= \mu\left(\frac{\partial^2 v_y}{\partial x^2} + \frac{\partial^2 v_y}{\partial y^2}\right) - \frac{\partial p}{\partial y}\end{aligned}\right\} \tag{4-3}$$

式（4-3）中已去掉了质量力，这主要考虑到对于二维平面的不压缩流体，质量力对流动状态产生的影响很小。为了在边界层内简化该方程，可从数量级上来分析各项在方程中的作用。

根据边界层的特点，规定流体在流动方向上的长度及速度数量级为 [1]，边界层在 y 方向上的厚度及速度与流体在流动方向上的长度及速度相比是一个微小的量，故规定其数量级为 [δ]。对方程中各项进行数量级分析比较，并按照数量级 [δ]、[δ^2] 相对于数量级 [1] 可以忽略的原则，式（4-3）可简化为（$\nu=\dfrac{\mu}{\rho}$）：

$$\left.\begin{aligned}v_x\frac{\partial v_x}{\partial x} + v_y\frac{\partial v_x}{\partial y} &= \nu\frac{\partial^2 v_x}{\partial y^2} - \frac{1}{\rho}\cdot\frac{\partial p}{\partial x}\\[2mm]\frac{\partial p}{\partial y} &- 0\end{aligned}\right\} \tag{4-4}$$

因为 $\partial p/\partial y = 0$，故 x 方向动量方程中的 $\partial p/\partial x$ 可以写为全微分 $\mathrm{d}p/\mathrm{d}x$。应用上述方程

组去求解边界层内流动问题时，特别是式中 $\partial p / \partial x$ 成为全微分后，其值可由主流区的动力方程求得。对主流区同一 y 值，不同 x 值的伯努利方程可写为：

$$p + \frac{\rho v_0^2}{2} = C \tag{4-5}$$

由于 ρ 与 v_0 为常量，故 p 也为常量，即 $\mathrm{d}p/\mathrm{d}x = 0$，所以式（4-4）可进一步简化为：

$$v_x \frac{\partial v_x}{\partial x} + v_y \frac{\partial v_x}{\partial y} = \nu \frac{\partial^2 v_x}{\partial y^2} \tag{4-6}$$

方程式（4-6）称为普朗特边界层微分方程，它与连续性方程构成了求解边界层内流体流动的控制方程组，即：

$$\left. \begin{array}{c} \dfrac{\partial v_x}{\partial x} + \dfrac{\partial v_y}{\partial y} = 0 \\[3mm] v_x \dfrac{\partial v_x}{\partial x} + v_y \dfrac{\partial v_x}{\partial y} = \nu \dfrac{\partial^2 v_x}{\partial y^2} \end{array} \right\} \tag{4-7}$$

再加上如下的边界条件，就构成了完备的定解问题。边界条件为：

$$\left. \begin{array}{l} y = 0 \text{ 时}, \quad v_x = 0, \quad v_y = 0 \\[2mm] y = \delta \text{ 时}, \quad v_x = v_0 \end{array} \right\} \tag{4-8}$$

4.2.2　边界层微分方程的解

普朗特边界层微分方程的解是由布拉修斯（Blasius）给出的，所以通常称为布拉修斯解。布拉修斯首先假设边界层内沿 x 轴各截面的速度分布均相似，再引入流函数的概念，将上述偏微分方程简化为常微分方程，最后求得边界层微分方程的解为一无穷级数：

$$\begin{aligned} f(\eta) &= \frac{A_2}{2!}\eta^2 - \frac{1}{2} \cdot \frac{A_2^2}{5!}\eta^5 + \frac{11}{4} \cdot \frac{A_2^3}{8!}\eta^8 - \frac{375}{8} \cdot \frac{A_2^4}{11!}\eta^{11} + \cdots \\ &= \sum_{n=0}^{\infty} \left(-\frac{1}{2}\right)^n \frac{A_2^{n+1}}{(3n+2)!} C_n \eta^{3n+2} \end{aligned} \tag{4-9}$$

$$\eta = y\sqrt{\frac{v_0}{\nu x}}$$

式中，η 为无量纲坐标；C_n 为二项式的系数；A_2 为系数，由边界条件确定，经计算得 $A_2 = 0.332$。

由式（4-9）求得的边界层厚度 δ 与距离 x 及流速 v_0 的关系为：

$$\delta = 5.0\sqrt{\frac{\nu x}{v_0}} \tag{4-10}$$

或

$$\frac{\delta}{x} = \frac{5.0}{\sqrt{Re_x}} \tag{4-11}$$

式中，$Re_x = \dfrac{v_0 x}{\nu}$。

由式（4-10）可以看出，边界层厚度 δ 与流入距离 x 呈抛物线关系。

4.3　边界层积分方程

普朗特从边界层理论出发，将不可压缩流体的 N-S 方程简化为普朗特边界层方程，方程的形式大大简化，求解的困难也大大减小。尽管如此，普朗特边界层方程的求解过程还是比较麻烦，所得的布拉修斯解是一个无穷级数，使用起来也不方便。此外，布拉修斯解只能用于平板层流边界层，其应用也受到了很大的限制。因此，这里引入应用较为广泛的边界层近似积分解法，这种方法是由冯·卡门（Von Karman）最早提出的。此法的关键是避开复杂的 N-S 方程，直接从动量守恒定律出发，取控制体建立边界层内的动量守恒方程，即冯·卡门动量积分方程，并对其求解。它是求解不同流动状态和不同几何形状等复杂边界层流动问题的重要途径，方法较简单，还可推广应用于对流传热及对流传质过程的解析计算。

4.3.1　边界层积分方程的建立

以二维平面流动为例来导出边界层积分方程，如图 4-4 所示。在边界层上取控制体 $ABCD$，高为 l，宽为 Δx，厚度为单位厚度。如前所述，边界层流向上的压力梯度为零，对于不可压缩流体的稳定流动，并在忽略质量力的条件下，控制体的动量平衡关系如下：

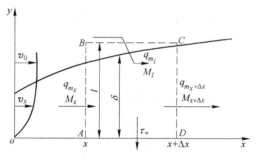

图 4-4　平面流动及控制体

$$单位时间控制体的动量收支差量 = 0$$

即
$$M_x + M_l - M_{x+\Delta x} - \tau_{\text{w}} \cdot \Delta x = 0 \tag{4-12}$$

式中，M_x 为流体从 AB 面传入的动量；$M_{x+\Delta x}$ 为流体从 CD 面传出的动量；M_l 为流体从 BC 面传入的动量；τ_{w} 为 AD 面上的黏性动量通量。

（1）流体从 AB 面传入的动量 M_x。从 AB 面单位时间流入的质量为：

$$q_{m_x} = \int_0^l \rho v_x \mathrm{d}y$$

所以
$$M_x = \int_0^l \rho v_x v_x \mathrm{d}y = \int_0^l \rho v_x^2 \mathrm{d}y \tag{4-13}$$

（2）流体从 CD 面传出的动量 $M_{x+\Delta x}$。从 CD 面单位时间流出的质量为：

$$q_{m_{x+\Delta x}} = \int_0^l \rho v_x \mathrm{d}y + \frac{\mathrm{d}}{\mathrm{d}x}\left[\int_0^l \rho v_x \mathrm{d}y\right]\Delta x$$

所以
$$M_{x+\Delta x} = \int_0^l \rho v_x^2 \mathrm{d}y + \frac{\mathrm{d}}{\mathrm{d}x}\left[\int_0^l \rho v_x^2 \mathrm{d}y\right]\Delta x \tag{4-14}$$

（3）流体从 BC 面传入的动量 M_l。由质量守恒可知，因 AD 面没有流体的流入或流出，则 BC 面单位时间流入的质量必等于流经 CD 面及 AB 面流体的质量之差，即：

$$q_{m_l} = q_{m_{x+\Delta x}} - q_{m_x} = \frac{\mathrm{d}}{\mathrm{d}x} \left[\int_0^l \rho v_x \mathrm{d}y \right] \Delta x$$

又因 BC 面取在边界层之外，所以流体的流速近似于 v_0，则传入的动量为：

$$M_l = q_{m_l} v_0 = v_0 \frac{\mathrm{d}}{\mathrm{d}x} \left[\int_0^l \rho v_x \mathrm{d}y \right] \Delta x \tag{4-15}$$

（4）AD 面上的动量。AD 面是固体表面，无流体流入或流出，仅存在黏性动量通量 τ_w，则动量传输量为 $\tau_w \Delta x$。

将式（4-13）~式（4-15）代入式（4-12），整理得：

$$\frac{\mathrm{d}}{\mathrm{d}x} \left[\int_0^l \rho (v_0 - v_x) v_x \mathrm{d}y \right] = \tau_w \tag{4-16}$$

按 $\int_0^l = \int_0^\delta + \int_\delta^l$ 简化式（4-16），并注意到在 $\delta \sim l$ 区域，$v_x = v_0$，得：

$$\frac{\mathrm{d}}{\mathrm{d}x} \left[\int_0^\delta \rho (v_0 - v_x) v_x \mathrm{d}y \right] = \tau_w \tag{4-17}$$

式（4-17）称为冯·卡门边界层动量积分方程。

应该说明的是，在推导冯·卡门动量积分方程时，没有对边界层内的流动状态加任何限制，所以这个方程可适用于不同流动状态，只要是不可压缩流体即可。冯·卡门动量积分方程是由一个小的有限控制体而推导出来的，故仅是一种近似求解方案，也称冯·卡门近似积分法。

4.3.2 层流边界层积分方程的解

最早解出冯·卡门动量积分方程解的人是波尔豪森。波尔豪森分析了冯·卡门动量积分方程的特点，并假设在层流情况下，速度 v_x 是 y 的三次方函数，即：

$$v_x = a + by + cy^2 + dy^3 \tag{4-18}$$

式中，a，b，c，d 是一些待定常数，可由边界层边界条件来确定。这些边界条件是：

（1）$y = 0$ 时，$v_x = 0$；

（2）$y = \delta$ 时，$v_x = v_0$；

（3）$y = \delta$ 时，$\dfrac{\partial v_x}{\partial y} = 0$；

（4）$y = 0$ 时，$\dfrac{\partial^2 v_x}{\partial y^2} = 0$。

前三个边界条件是显然的，而第四个边界条件的得出是因为当 $y = 0$ 时，$v_x = v_y = 0$，再根据普朗特微分方程 $v_x \dfrac{\partial v_x}{\partial x} + v_y \dfrac{\partial v_x}{\partial y} = \nu \dfrac{\partial^2 v_x}{\partial y^2}$ 而得到。

利用上述边界条件确定的系数为：

$$a = 0, \quad b = \frac{3v_0}{2\delta}, \quad c = 0, \quad d = -\frac{v_0}{2\delta^3}$$

因此速度分布可表示为：

$$\frac{v_x}{v_0} = \frac{3}{2}\left(\frac{y}{\delta}\right) - \frac{1}{2}\left(\frac{y}{\delta}\right)^3 \tag{4-19}$$

式（4-19）为速度分布与边界层厚度之间的关系式，将其代入式（4-17），可求出边界层速度分布和边界层厚度。在层流条件下，式（4-17）中的 τ_w 为平板表面上的黏性力，即黏性动量通量，其表达式为：

$$\tau_w = \mu\left(\frac{\partial v_x}{\partial y}\right)_{y=0} \tag{4-20}$$

则式（4-17）可写为：

$$\frac{\mathrm{d}}{\mathrm{d}x}\left[\int_0^\delta \rho(v_0 - v_x)v_x \mathrm{d}y\right] = \mu\left(\frac{\partial v_x}{\partial y}\right)_{y=0} \tag{4-21}$$

将式（4-19）代入式（4-21）求解得：

$$\delta = 4.64\sqrt{\frac{\nu x}{v_0}} \tag{4-22}$$

或

$$\frac{\delta}{x} = \frac{4.64}{\sqrt{Re_x}} \tag{4-23}$$

比较式（4-22）与式（4-10）可见，冯·卡门近似积分法的结果与微分解法基本相符。

4.3.3 紊流边界层积分方程的解

流体流入平板表面以后，当 Re_x 数达一定值时，边界层由层流状态转入紊流状态，即进入紊流边界层区。紊流情况下，也可根据边界层动量积分方程进行解析，但在紊流边界层内，由于脉动附加应力的复杂特征，紊流边界层比层流边界层要复杂得多。为定量研究，普朗特提出如下假设：

（1）将平板边界层内的稳定紊流流动与管内充分发展的紊流流动相类比，认为管内紊流也是一种边界层流动，速度分布和切应力分布规律与平板边界层内一致。管中心的最大速度 v_{max} 相当于平板的来流速度 v_0，圆管的半径 R 相当于边界层的厚度 δ。

（2）为简化计算，假设边界层从平板前缘开始（$x=0$）就是紊流，即 $x=0$ 时，$\delta=0$。

前已介绍，圆管内充分发展紊流的速度分布近似遵循指数规律，在雷诺数 Re_x 为 1×10^5 附近，可采用：

$$v = v_{max}\left(\frac{y}{R}\right)^{1/7} \tag{4-24}$$

由 $\Delta p = \xi\frac{L}{d}\cdot\frac{\rho}{2}v^2$ 及 $\tau_w \pi dL = \frac{\pi}{4}d^2\Delta p$ 可得，圆管壁面处切应力为：

$$\tau_w = \frac{\xi}{8}\rho v^2 \tag{4-25}$$

式中，v 为管截面上的平均流速，ξ 为管流紊流摩擦系数。在雷诺数 Re_x 为 1×10^5 附近时，ξ 可用布拉修斯公式（3-20）计算，即：

$$\xi = \frac{0.3164}{Re^{0.25}} = \frac{0.3164}{(vd/\nu)^{0.25}} = \frac{0.2660}{(vR/\nu)^{0.25}} \tag{4-26}$$

将式（4-26）代入式（4-25），同时考虑到在雷诺数 Re_x 为 1×10^5 附近时，平均流速 v 约等于 $0.8v_{max}$，则得到圆管内紊流充分发展段内壁面切应力分布为：

$$\tau_w = 0.0225\rho v_{max}^2 \left(\frac{\nu}{v_{max}R}\right)^{0.25} \tag{4-27}$$

借助于式（4-24）和式（4-27），采用普朗特假设，可得紊流边界层速度分布和切应力分布关系式为：

$$v_x = v_0 \left(\frac{y}{\delta}\right)^{1/7} \tag{4-28}$$

$$\tau_w = 0.0225\rho v_0^2 \left(\frac{\nu}{v_0\delta}\right)^{0.25} \tag{4-29}$$

将式（4-29）代入式（4-17），得边界层厚度为：

$$\frac{\delta}{x} = \frac{0.370}{Re_x^{1/5}} \tag{4-30}$$

比较式（4-30）和式（4-23）可以看出，紊流边界层厚度 $\delta \propto x^{4/5}$，层流边界层厚度 $\delta \propto x^{1/2}$，紊流边界层的厚度随 x 的增加较层流边界层的厚度快。这也是紊流边界层区别于层流边界层的一个显著特点。

布拉修斯给出的紊流边界层层流底层的厚度 δ_b 为：

$$\frac{\delta_b}{x} = \frac{72.4}{Re_x^{0.9}} \tag{4-31}$$

4.4 流体绕流摩阻

流体流过并淹没物体表面的流动过程称为绕流。按被淹没物体的几何状态不同，绕流有平板绕流、圆柱体绕流、球体绕流及其他物体绕流等绕流过程。不同的绕流过程有不同的解析式。

4.4.1 平板层流绕流摩阻

由边界层理论可知，平板对流体单位时间、单位面积上所施加的力 τ_w，即为平板表面上的切应力（黏性动量通量）τ_{yx}，其值为：

$$\tau_{yx} \Big|_{y=0} = \mu \left(\frac{\partial v_x}{\partial y}\right)_{y=0} \tag{4-32}$$

从式（4-32）看出，如果知道流体在边界层内的速度分布，平板对流体的作用力就可以方便地求出。

4.4.1.1 平板层流边界层微分解

根据边界层微分方程的解可得：

$$\left(\frac{\partial v_x}{\partial y}\right)_{y=0} = 0.332 \sqrt{\frac{v_0^3}{\nu x}} \tag{4-33}$$

故
$$\tau_{yx}\Big|_{y=0} = 0.332\mu\sqrt{\frac{v_0^3}{\nu x}} = 0.332\sqrt{\frac{\mu\rho v_0^3}{x}} \tag{4-34}$$

对长度为 L、宽度为 B 的平板，一面上的总摩阻为：

$$H_f = \int_0^B\int_0^L \tau_{yx}\Big|_{y=0} \mathrm{d}x\mathrm{d}z = 0.332\sqrt{\mu\rho v_0^3}\int_0^B\int_0^L x^{-\frac{1}{2}}\mathrm{d}x\mathrm{d}z = 0.664\sqrt{\mu\rho v_0^3 B^2 L} \tag{4-35}$$

按式 （3-14） 确定的平板绕流摩阻为：

$$H_f = h_f \cdot L \cdot B = k_f\frac{\rho}{2}v_0^2 LB \tag{4-36}$$

比较式 （4-35） 与式 （4-36），求得平板层流绕流摩阻系数为：

$$k_f = 1.328\sqrt{\frac{\mu}{\rho v_0 L}} = \frac{1.328}{\sqrt{Re_L}} \tag{4-37}$$

式中，$Re_L = \dfrac{v_0 L}{\nu}$。

4.4.1.2　平板层流边界层近似积分解

由边界层积分方程的解，也可计算平板层流绕流摩阻。这时只要应用层流下边界层积分方程的解，即：

$$\frac{v_x}{v_0} = \frac{3}{2}\left(\frac{y}{\delta}\right) - \frac{1}{2}\left(\frac{y}{\delta}\right)^3, \quad \delta = 4.64\sqrt{\frac{\nu x}{v_0}}$$

可得
$$\tau_{yx}\Big|_{y=0} = \mu\left(\frac{\partial v_x}{\partial y}\right)_{y=0} = \frac{3}{2}\mu v_0\left(\frac{1}{\delta}\right)$$

所以
$$H_f = \int_0^B\int_0^L \tau_{yx}\Big|_{y=0} \mathrm{d}x\mathrm{d}z = 0.646\sqrt{\mu\rho v_0^3 B^2 L} \tag{4-38}$$

用此法求得的平板层流绕流摩阻系数为：

$$k_f = 1.292\sqrt{\frac{\mu}{\rho v_0 L}} = \frac{1.292}{\sqrt{Re_L}} \tag{4-39}$$

比较式 （4-39） 与式 （4-37） 可见，冯·卡门近似积分解法的结果与微分解法相当接近。

4.4.2　平板紊流绕流摩阻

在紊流条件下，一般采用实验归纳法。应用实验归纳出的指数速度分布式所确定的平板绕流摩擦阻力系数计算式为：

$$k_f = 0.074 Re_L^{-\frac{1}{5}} \quad Re_L = \frac{v_0 L}{\nu} \tag{4-40}$$

适用范围为 $Re_L = 5\times10^5 \sim 1\times10^7$。

应用对数分布式所确定的摩擦阻力系数计算式为：

$$k_f = 0.455(\lg Re_L)^{-2.58} \tag{4-41}$$

适用范围为 $Re_L = 1\times10^7 \sim 1\times10^9$。

例 4-1　设空气从宽为 40cm 的平板表面流过，空气的流动速度 $v_0 = 2.6\mathrm{m/s}$，空气的运动黏度 $\nu = 1.47\times10^{-5}\mathrm{m^2/s}$，密度 $\rho = 1.293\mathrm{kg/m^3}$。试求流入长度 $x = 30\mathrm{cm}$ 处的边界层厚度，

以及距板面高 $y = 4.0\text{mm}$ 处的空气流速及板面上的总阻力。

解：（1） $Re_x(x = 30\text{cm})$ ：

$$Re_x = \frac{v_0 x}{\nu} = \frac{2.6 \times 0.3}{1.47 \times 10^{-5}} = 0.53 \times 10^5$$

（2）边界层厚度（ $Re_x < 5 \times 10^5$ 为层流区），则：

$$\delta = \frac{4.64x}{\sqrt{Re_x}} = \frac{4.64 \times 0.3}{\sqrt{0.53 \times 10^5}} = 6.05 \times 10^{-3}\text{ m} = 6.05\text{ mm}$$

（3） $y = 4.0\text{mm}$ 处的流速为 v_x ，则按边界层内的速度分布式：

$$\frac{v_x}{v_0} = \frac{3}{2}\left(\frac{y}{\delta}\right) - \frac{1}{2}\left(\frac{y}{\delta}\right)^3 = \frac{3}{2}\left(\frac{4.0}{6.05}\right) - \frac{1}{2}\left(\frac{4.0}{6.05}\right)^3 = 0.846$$

$$v_x = 0.846 \times 2.6 = 2.2\text{ m/s}$$

（4）平板上的总阻力 H_f ，按式（4-38）确定：

$$H_f = 0.646\sqrt{\mu\rho v_0^3 B^2 L} = 0.646\sqrt{\nu\rho^2 v_0^3 B^2 L}$$

$$= 0.646 \times \sqrt{1.47 \times 10^{-5} \times 1.293^2 \times 2.6^3 \times 0.4^2 \times 0.3}$$

$$= 2.94 \times 10^{-3}\text{ N}$$

4.4.3 平板混合边界层绕流摩阻

一般情况下，当流体绕流平板时，在平板的起始段为层流边界层，经过一个过渡区发展为紊流边界层，即为平板混合边界层。若来流扰动很大，壁面粗糙度大，层流边界层的长度相对于紊流边界层很小，可以近似地认为整个边界层都是紊流边界层，可按 4.4.2 节的方法计算。但当层流边界层和紊流边界层的长度相当，二者均不可忽略时，应按混合边界层计算。经推导，当临界雷诺数 $Re_c = 5 \times 10^5$ 时，平板混合边界层摩擦阻力系数为：

$$k_f = \frac{0.074}{Re_L^{0.2}} - \frac{1700}{Re_L} \tag{4-42}$$

适用范围为 $Re_L = 5 \times 10^5 \sim 1 \times 10^7$ 。

$$k_f = \frac{0.455}{(\lg Re_L)^{2.58}} - \frac{1700}{Re_L} \tag{4-43}$$

适用范围为 $Re_L = 1 \times 10^7 \sim 1 \times 10^9$ 。

例 4-2 一块宽为 1.5m、长为 4.5m 的平板，在空气中以 3m/s 的速度运动，空气的运动黏度为 $1.5 \times 10^{-5}\text{m}^2/\text{s}$ ，密度为 1.2kg/m^3 ，试求平板向前运动所需的拖力。

解： 取临界雷诺数 $Re_c = 5 \times 10^5$ ，则层流边界层的长度为：

$$x_c = \frac{Re_c \nu}{v_0} = \frac{5 \times 10^5 \times 1.5 \times 10^{-5}}{3} = 2.5\text{ m}$$

由于平板长度 $L > x_c$ ，则平板边界层为混合边界层。

$$Re_L = \frac{v_0 L}{\nu} = \frac{3 \times 4.5}{1.5 \times 10^{-5}} = 9 \times 10^5$$

采用式（4-42），边界层摩擦阻力系数为：

$$k_f = \frac{0.074}{Re_L^{0.2}} - \frac{1700}{Re_L} = \frac{0.074}{(9 \times 10^5)^{0.2}} - \frac{1700}{9 \times 10^5} = 2.88 \times 10^{-3}$$

因此，平板两面总的摩擦阻力，即对平板所需的拖力为：

$$F_f = 2h_f \cdot L \cdot B = 2k_f \frac{\rho}{2} v_0^2 LB = 2 \times 2.88 \times 10^{-3} \times \frac{1}{2} \times 1.2 \times 3^2 \times 1.5 \times 4.5 = 0.21 \text{ N}$$

4.4.4　球体绕流摩阻

球体绕流较平板绕流复杂，流体对球体表面除了存在由流体黏性构成的切应力外，还存在表面的法向应力。此外，由于球体边界层的分离使流场中产生旋涡流动，还构成了复杂的形状阻力。因此，除 Re 数很小的球体绕流可由理论解析确定绕流摩阻外，较复杂的绕流多是由实验方法确定其阻力系数的。

对半径为 R 的球体，按式（3-14）确定的球体绕流摩阻为：

$$H_f = h_f \cdot \pi R^2 = k_f \frac{\rho}{2} v_0^2 \pi R^2 \tag{4-44}$$

其中，球体绕流摩阻系数 k_f 由下式确定：

当 $Re_d < 1$ 时，$k_f = \dfrac{24}{Re_d}$； $\tag{4-45}$

当 $1 \leqslant Re_d < 10^3$ 时，$k_f = 18.5 Re_d^{-0.6}$； $\tag{4-46}$

当 $10^3 \leqslant Re_d \leqslant 2 \times 10^5$ 时，$k_f = 0.44$。 $\tag{4-47}$

式中，$Re_d = \dfrac{\rho v_0 d}{\mu}$，球体直径 $d = 2R$，截面积 πR^2 一般称为"迎风面积"，单位为 m^2。

将式（4-45）代入式（4-44），则得：

$$H_f = 3\pi \mu d v_0 \tag{4-48}$$

这就是著名的斯托克斯公式，斯托克斯于 1851 年通过解纳维-斯托克斯方程得到这一结果。式（4-48）的一个重要应用，是计算颗粒的沉降（或上升）速度。

在实际的流体流动过程中，边界层分离现象以及旋涡区的产生是很常见的现象。例如，管道的突然扩张、突然收缩、转弯等，或在流动中遇到障碍物，如闸阀、三通等。由于在边界层分离产生的旋涡区中存在着许多大小尺度的涡体，它们在运动、破裂、形成的过程中，经常从流体中吸取一部分机械能，通过摩擦和碰撞的方式转化为能量损失，即在前面提及的局部阻力损失。因此，在工程实际中，通常会采取措施来减小边界层的分离区，即减小旋涡区，以降低管流的局部阻力损失和绕流物体的形状阻力。如管道的入口段，变截面管道的内型，汽车、飞机、舰船的外形，都要设计成流线型，其目的就是为了减少边界层的分离。

———————— 本 章 小 结 ————————

黏性流体靠近固体表面的流动称边界层流动。本章介绍了平板边界层和管流边界层、边界层微分方程和积分方程、流体绕流摩阻。流体绕流摩阻计算是本章的重点内容。

流体流过表面，由于流体的黏性作用，靠近表面形成具有速度梯度的流体薄层称为边界层。边界层有层流边界层和紊流边界层之分，用雷诺数 Re_x 来判断，其临界雷诺数 $Re_c = 5×10^5$。由边界层概念及特点简化 N-S 方程，可得到边界层微分方程，求解微分方程可得到边界层速度分布及厚度，此法较麻烦。对边界层问题，一般采用冯·卡门近似积分法，即在边界层内取控制体建立动量积分方程，并对其求解，以获得边界层速度分布及厚度，此法较简单，应用也最为广泛。

平板层流绕流摩阻系数 k_f 可由边界层微分解法和近似积分法求得，近似积分法应用较为广泛。平板紊流绕流和球体绕流摩阻系数 k_f 一般采用实验方法求得。

主要公式：

雷诺数： $Re = \dfrac{\rho v_0 x}{\mu} = \dfrac{v_0 x}{\nu}$，$Re \leqslant 5×10^5$，层流边界层；$Re > 5×10^5$，紊流边界层；

层流边界层厚度： $\dfrac{\delta}{x} = \dfrac{4.64}{\sqrt{Re_x}}$；

紊流边界层厚度： $\dfrac{\delta}{x} = \dfrac{0.370}{Re_x^{1/5}}$；

平板绕流摩阻： $H_f = h_f \cdot L \cdot B = k_f \dfrac{\rho}{2} v_0^2 LB$；

层流边界层流动： $k_f = 1.292 \sqrt{\dfrac{\mu}{\rho v_0 L}} = \dfrac{1.292}{\sqrt{Re_L}}$，$Re_L < 5×10^5$；

混合边界层流动： $k_f = \dfrac{0.074}{Re_L^{0.2}} - \dfrac{1700}{Re_L}$，$Re_L = 5×10^5 \sim 10^7$；

斯托克斯公式： $H_f = 3\pi\mu d v_0$，$Re_d < 1$。

习题与工程案例思考题

习　题

4-1　何为边界层，平板边界层和管流边界层有何不同？

4-2　边界层的概念对研究平板表面流动和管流流动有何实际意义？

4-3　层流边界层和紊流边界层的判断标准是什么，如何判断？

4-4　边界层的微分解法与近似积分解法有何不同，哪种方法应用较为广泛，为什么？

4-5　在求解平板层流绕流摩阻系数 k_f 时，采用的边界层微分解法和近似积分法有何异同？

4-6　为什么说球体绕流较平板绕流复杂？

4-7　流体平行流过平板，试确定板端距离不同处边界层的性质。

　　（1）$v_0 = 120 \text{m/min}$，$\nu = 2.00×10^{-5} \text{m}^2/\text{s}$，$x = 0.1 \text{m}$、$0.5 \text{m}$、$1 \text{m}$。

　　（2）$v_0 = 20 \text{m/s}$，$\nu = 1.00×10^{-5} \text{m}^2/\text{s}$，$x = 1.0 \text{m}$、$2.0 \text{m}$、$3.0 \text{m}$。

4-8　速度为 4m/s 的油平行流过一块长 2m 的平板，油的运动黏度为 $1.00×10^{-5} \text{m}^2/\text{s}$，密度为 850kg/m³，求 0.5m、1m、1.5m 处的边界层厚度和壁面切应力。

4-9　光滑平板宽 1.2m、长 3m，潜没在静止水中，以 1.2m/s 的速度水平拖动，水温为 10℃，临界雷诺数 $Re_c = 5×10^5$，试求：

(1) 层流边界层的长度；

(2) 平板末端边界层的厚度；

(3) 所受水平拖力。

4-10 40℃的空气在长为6m、宽为2m的平板两侧以60m/s的速度流过，试计算平板的摩擦阻力。

工程案例思考题

案例4-1 卡门涡街流量计

案例内容：

(1) 卡门涡街流量计的结构特点；

(2) 卡门涡街流量计的工作原理；

(3) 卡门涡街流量计的应用场合；

(4) 选择涡街流量计的原则。

基本要求：针对冶金生产中的某流体流量测量，完成案例内容。

案例4-2 飞机或汽车的外形设计

案例内容：

(1) 飞机或汽车的外形特点；

(2) 飞机飞行或汽车运动过程中的阻力类型；

(3) 飞机飞行或汽车运动过程中的阻力计算；

(4) 减少飞行或运动阻力的措施。

基本要求：针对某飞行器飞行或交通工具运动过程，完成案例内容。

5 流 体 的 流 出

本章课件

本章学习概要：主要介绍不可压缩流体和可压缩流体的流出问题。要求掌握不可压缩流体自孔口流出的特点，学会液体自盛桶下部孔口的流出、不可压缩气体自孔口及管嘴的流出计算，掌握可压缩气体的流出特点和获得超声速的条件，学会喷嘴的设计与校核计算。

在冶金生产过程中，有很多流体流出问题需要解决。例如，液体钢水从钢包内流出，煤气、燃油及空气从燃烧器向外流出，气体或液体通过小孔或管嘴流出，流体通过节流孔流出，溢流等问题。这些可以根据动量传输的基本定律，对一定条件下流体的流出过程进行解析，从而确定流速、流量、截面积等有关参数。

5.1 不可压缩流体自孔口的流出

液体自小孔流出时，一般可视为不可压缩流体；气体则应视为可压缩流体，但在小孔流出过程中差压变化很小，以致所引起的密度变化也很小，可视为不可压缩流体，从而使问题的解析得以简化。

不可压缩流体自孔口的流出问题主要是计算流速及流量。

5.1.1 流体经薄壁孔口的流出

所谓薄壁，是指壁的厚度不影响流体流出后流束的形状，如图 5-1 所示。

设容器内部、外部压力分别为 p_1、p_2，且 $p_1 > p_2$。流体从面积为 A_0 的小孔流出。不计浮力作用，则流束呈水平流动。由于惯性作用，使流束断面收缩为 A_2 后再慢慢扩张。

写出截面 1 及截面 2 的伯努利方程式（设动能修正系数 $\alpha_1 = \alpha_2 = 1$）：

$$p_1 + \rho g z_1 + \frac{\rho}{2} v_1^2 = p_2 + \rho g z_2 + \frac{\rho}{2} v_2^2 + h_L \quad (5\text{-}1)$$

因为是水平流动，所以 $z_1 = z_2$，则

$$p_1 - p_2 = \frac{\rho}{2} v_2^2 - \frac{\rho}{2} v_1^2 + h_L \quad (5\text{-}2)$$

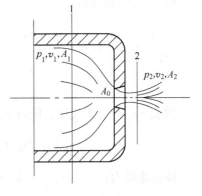

图 5-1　薄壁孔口流出

由于是薄壁，h_L 中不计摩阻，只计算局部阻力，所以有 $h_L = k\dfrac{\rho}{2}v_2^2$，将其代入 (5-2)，因 $v_1 \approx 0$，整理后得：

$$p_1 - p_2 = (1 + k)\frac{\rho}{2}v_2^2 \qquad (5\text{-}3)$$

由式 (5-3) 可得速度公式：

$$v_2 = \varphi\sqrt{\frac{2}{\rho}(p_1 - p_2)} \qquad (5\text{-}4)$$

式中，p_1、p_2 分别为容器内、外压力，Pa；ρ 为流体密度，kg/m^3；φ 为速度系数，$\varphi = 1/\sqrt{1+k}$。

由式 (5-4) 可求出体积流量为：

$$q_V = v_2 A_2 = \varphi A_2\sqrt{\frac{2}{\rho}(p_1 - p_2)} \qquad (5\text{-}5)$$

因 A_2 面积不易确定，常以 A_0 代替，令 $\varepsilon = A_2/A_0$，代入式 (5-5) 得：

$$q_V = \varepsilon\varphi A_0\sqrt{\frac{2}{\rho}(p_1 - p_2)} = \mu A_0\sqrt{\frac{2}{\rho}(p_1 - p_2)} \qquad (5\text{-}6)$$

式中，μ 为流量系数，$\mu = \varepsilon\varphi$；ε 为流股收缩系数，$\varepsilon = A_2/A_0$。μ 及 ε 均由实验确定。

液体自容器小孔流出时，如图 5-2 所示。此时流体的流出是由高度为 H 的位能所造成的，若为稳定流动，则 H 应保持不变。以 o'—o' 为基准面，写出 o—o、c—c 截面的伯努利方程式（设 $\alpha_1 = \alpha_2 = 1$）：

$$p_0 + \rho gH + \frac{\rho}{2}v_1^2 = p_2 + (1 + k)\frac{\rho}{2}v_2^2 \qquad (5\text{-}7)$$

因 $v_1 \approx 0$，整理后得：

$$v_2 = \frac{1}{\sqrt{1+k}}\sqrt{2(gH + \frac{p_0 - p_2}{\rho})} = \varphi\sqrt{2(gH + \frac{p_0 - p_2}{\rho})}$$

$$\qquad (5\text{-}8)$$

因 $p_0 = p_2$ 皆为大气压，所以 $p_0 - p_2 = 0$。则：

$$v_2 = \varphi\sqrt{2gH} \qquad (5\text{-}9)$$

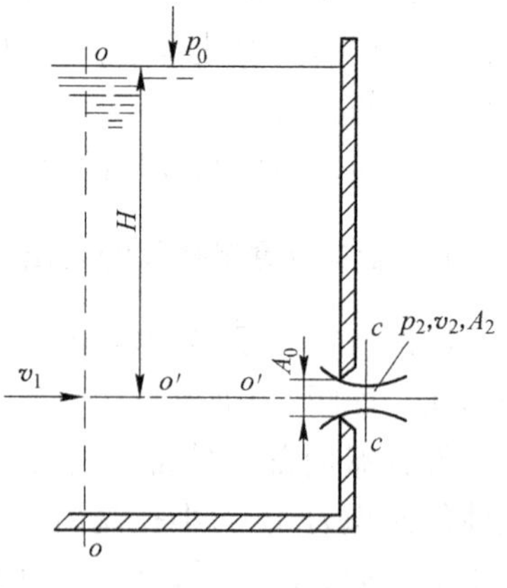

图 5-2 液体自容器小孔流出

体积流量为： $\qquad q_V = \varepsilon\varphi A_0\sqrt{2gH} = \mu A_0\sqrt{2gH} \qquad (5\text{-}10)$

经上述讨论可以看出，在水平流动时，气体自小孔的流出速度与容器内、外压力差的平方根成正比，计算时采用式 (5-4)；液体自小孔流出时，流速与容器内液面到小孔的垂直高度的平方根成正比，计算时采用式 (5-9)；两者均忽略了流体在容器内的流速以及通过小孔的摩擦损失。流量则由式 (5-6)，式 (5-10) 确定。速度系数 φ、收缩系数 ε、流量系数 μ 则由实验确定，参看表 5-1。

5.1.2 流体经管嘴的流出

最普通的管嘴是圆柱形管嘴，如图 5-3 所示。在器壁上直径为 d 的圆孔处，连接一段长度为 $l=(3\sim4)d$ 的圆柱形短管，称圆管嘴。流体经圆柱形管嘴流出时，先在圆管内收缩为最小截面，而后逐渐扩张充满全管后流出，在出口处不再收缩。在管嘴内，摩擦阻力系数为 $\xi\dfrac{l}{d}$，入口处的局部阻力系数用 k 表示，以 $o'-o'$ 为基准面写出伯努利方程式为（设 $\alpha_1=\alpha_2=1$）：

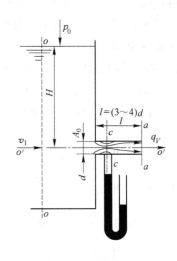

$$p_0 + \rho gH + \frac{\rho}{2}v_1^2 = p_2 + \left(1 + k + \xi\frac{l}{d}\right)\frac{\rho}{2}v_2^2$$

(5-11)

图 5-3　流体经圆柱形管嘴流出

经过与上述方法同样处理后得：

$$v_2 = \varphi\sqrt{2gH}$$

(5-12)

式中，φ 为速度系数，且 $\varphi = \dfrac{1}{\sqrt{1 + k + \xi\dfrac{l}{d}}}$。

同理，体积流量为：

$$q_V = \varepsilon\varphi A_0\sqrt{2gH} = \mu A_0\sqrt{2gH}$$

(5-13)

由此可见，式（5-12）、式（5-13）与式（5-9）、式（5-10）的不同点仅在于 ε、φ 的不同。各种常见管嘴的 ε、φ 及 μ 值见表 5-1。

表 5-1　几种常见管嘴的 ε、φ、μ 值

孔口类型	薄壁圆孔口	圆柱形外管嘴	圆柱形内管嘴	圆锥形扩张管嘴	圆锥形收缩管嘴	流线形管嘴
图示				$\theta=5°\sim7°$	$\theta=13°24'$	
ε	0.64	1.0	1.0	1.0	0.98	1.0
φ	0.97	0.82	0.71	0.45～0.50	0.96	0.98
μ	0.62	0.82	0.71	0.45～0.50	0.94	0.98

从表 5-1 可以看出，圆柱形管嘴的 μ 比薄壁小孔的 μ 值大，因此在相同条件下，圆柱形管嘴流量要大些。如图 5-3 所示，这是因为，圆柱形管嘴流出时与大气相通的截面是 $a-a$，截面 $c-c$ 处呈负压状态，使得管嘴如同水泵一样，对容器内液体产生抽吸作用，使流量增大。管嘴长度 l 为管径 d 的 3～4 倍为宜，过长则阻力损失加大，过短则流体不能充满管嘴而使流量减小。

厚壁小孔的流出问题，近似于管嘴的流出。如果壁厚为小孔直径的 3～4 倍，则流体

在壁内收缩、扩张，类似于管嘴。

例 5-1 如图 5-4 所示，某燃油烧嘴的耗油量为 $q_m = 100\text{kg/h}$，燃烧所需空气量 $L = 8.7\text{m}^3/\text{kg}$，若喷嘴前的油压 $p_1 = 2.45 \times 10^5\text{Pa}$，空气压力 $p_1' = 1962\text{Pa}$，油的密度 $\rho = 850\text{kg/m}^3$，空气的密度 $\rho' = 1.2\text{kg/m}^3$，设 $\mu = 0.82$，求燃油喷口及空气喷口的面积。

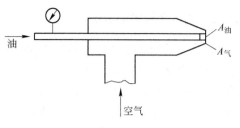

图 5-4　燃油喷嘴示意图

解：燃油及空气皆为水平流动，故采用式（5-6）。由于燃油及空气喷向炉膛，炉膛内为大气压，则：$q_V = \mu A_0 \sqrt{\dfrac{2p_1}{\rho}}$，$\quad q_V' = \mu A_0' \sqrt{\dfrac{2p_1'}{\rho'}}$。

又知质量流量为 $q_m = \rho q_V$，所以燃油喷出口面积为：

$$A_{油} = \frac{q_m}{\rho\mu\sqrt{\dfrac{2p_1}{\rho}}} = \frac{100}{850 \times 3600 \times 0.82 \sqrt{\dfrac{2 \times 2.45 \times 10^5}{850}}} = 1.66 \ \text{mm}^2$$

空气喷出口面积为：

$$A_{气}' = \frac{q_V'}{\mu\sqrt{2\dfrac{p_1'}{\rho'}}} = \frac{100 \times 8.7}{3600 \times 0.82\sqrt{2 \times 1962/1.2}} = 5160 \ \text{mm}^2$$

5.2　液体自容器底部孔口的流出

液体可视为不可压缩流体。在冶金生产过程中，经常遇到浇注时液体金属从钢包底部小孔流出的问题。这类问题需要求解的是，液面高度不变时小孔的流出速度问题；一定量液体金属的流空时间问题。

5.2.1　液面高度不变时的流出速度

液体自容器底部小孔流出，容器内液体不断补充以保持 H 不变，见图 5-5。在此条件下求解底部小孔的流出速度，与通过管嘴的流出有类似的解法。为此，写出截面 1、2 的伯努利方程（设动能修正系数分别为 α_1、α_2）：

$$p_1 + \rho g z_1 + \alpha_1 \frac{\rho}{2} v_1^2 = p_2 + \rho g z_2 + \alpha_2 \frac{\rho}{2} v_2^2 + h_L$$

（5-14）

从图中看出，$p_1 = p_2$，$v_1 \ll v_2$，可视为 $v_1 \approx 0$，$z_1 - z_2 = H$。式（5-14）可简化为：

$$\alpha_2 \frac{\rho}{2} v_2^2 + h_L = \rho g H \qquad (5\text{-}15)$$

式（5-15）中，h_L 主要来源于流出口的突然收缩、回流及摩擦阻力，用式（5-16）表示：

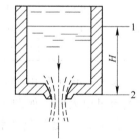

图 5-5　液体自容器底部
小孔的流出

$$h_L = k \frac{\rho}{2} v_2^2 \tag{5-16}$$

将式（5-16）代入式（5-15）整理后得：

$$v_2 = \frac{1}{\sqrt{\alpha_2 + k}} \sqrt{2gH} = C_D \sqrt{2gH} \tag{5-17}$$

式中，v_2 为出口平均流速；H 为液面高度；C_D 为流出系数，$C_D = 1/\sqrt{\alpha_2 + k}$。

5.2.2　定量液体的流空时间

液体流过截面积为 A_2 的小孔的质量流量为：

$$q_m = \rho v_2 A_2 \tag{5-18}$$

式中，v_2 为液体流出过程中液面高度为 H 时的瞬时流出速度，在流出过程中 H 为变量，将式（5-17）代入式（5-18），得：

$$q_m = \rho A_2 C_D \sqrt{2gH} \tag{5-19}$$

当流出质量为 dm，容器截面积为 A_1，液面的高度变化为 dH 时，则：

$$dm = -\rho A_1 dH = q_m d\tau \tag{5-20}$$

将式（5-19）代入式（5-20），分离变量得：

$$d\tau = -\frac{A_1}{A_2 C_D \sqrt{2g}} H^{-1/2} dH \tag{5-21}$$

将式（5-21）积分，注意到 $\tau = 0$ 时，$H = H_0$（H_0 为液面原始高度）；τ 为某一时刻，对应的 H 为瞬时高度；$H = 0$ 时，τ 即为流空时间，则：

$$\tau = \frac{2A_1}{A_2 C_D} \sqrt{\frac{H_0}{2g}} \tag{5-22}$$

若容器及小孔均为圆形，其直径分别为 D 及 d 时，式（5-22）变为：

$$\tau = \frac{2D^2}{d^2 C_D} \sqrt{\frac{H_0}{2g}} \tag{5-23}$$

5.3　可压缩流体自孔口的流出

可压缩流体的流出问题与不可压缩流体相比有很多不同的特性，主要是因为流体在流动过程中密度随压力的变化不容忽视。这种流出往往是在容器内流体（主要是气体）压力比较高的条件下的流出过程，所以可压缩气体的流出过程又常称为高压气体流出。

气体压缩性对流动的影响，是用气流速度接近声速的程度来决定的，这就涉及声速和马赫数两个概念。

5.3.1　声速和马赫数

5.3.1.1　声速

微小扰动在介质中的传播速度称为声速。例如，弹拨琴弦，振动了空气，空气的压力、密度等参数发生了微弱的变化，这种状态变化在空气中形成一种不平衡的扰动，扰动又以波的形式迅速传播，其传播速度就是声速。根据波动理论，微弱扰动波在介质中的传播速度，即声速为：

$$v_s = \sqrt{\frac{\mathrm{d}p}{\mathrm{d}\rho}} \tag{5-24}$$

由式（5-24）可知，声速 v_s 的大小与扰动过程中压力变化量同密度变化量的比值有关，介质越容易压缩，则声速就越小，反之越大。因此，水中声速要比空气中大，特别是对于不可压缩流体这一极限情况，即当 ρ 为常数、$\mathrm{d}\rho = 0$ 时，$v_s \rightarrow \infty$。

因为微弱扰动波的传播速度很快，所引起的气体的压力、温度和密度等参数的变化也很微小，因此可以假设此过程为绝热过程，于是利用绝热状态方程：

$$pv^k = \frac{p}{\rho^k} = C \tag{5-25}$$

可得

$$p = C\rho^k \tag{5-26}$$

对式（5-26）求导数，则：

$$\frac{\mathrm{d}p}{\mathrm{d}\rho} = Ck\rho^{k-1} = k\frac{p}{\rho} \tag{5-27}$$

又根据理想气体的状态方程：

$$pv = \frac{p}{\rho} = RT \tag{5-28}$$

得

$$\frac{\mathrm{d}p}{\mathrm{d}\rho} = kRT \tag{5-29}$$

于是声速的表达式又可写为：

$$v_s = \sqrt{\frac{\mathrm{d}p}{\mathrm{d}\rho}} = \sqrt{k\frac{p}{\rho}} = \sqrt{kRT} \tag{5-30}$$

式中，T 为气体介质绝对温度，K；R 为气体常数，J/（kg·K）；k 为绝热指数。

式（5-30）说明，介质中的声速不仅取决于介质的种类，而且与介质所处的当地温度有关。对同种介质，不同位置的介质温度不同，其声速也就不同。

5.3.1.2 马赫数

式（5-30）表明，一定气体介质的声速，决定于它的绝对温度。在可压缩气体流动过程中，常以当地条件下的声速作为标准来表示气体流出的相对速度，该比值称为马赫数，用 Ma 表示，Ma 的定义式为：

$$Ma = \frac{v}{v_s} \tag{5-31}$$

式中，v 为可压缩气体流出的实际速度，m/s；v_s 为相同条件下气体介质中的声速，m/s。

由此可知，若 $Ma<1$，即气流速度小于当地声速，称为亚声速流动；若 $Ma=1$，即气流速度等于当地声速，称为声速流动；若 $Ma>1$，即气流速度大于当地声速，称为超声速流动。

5.3.2 流速基本公式

参看图5-6，设容器内气体压力为 p_1，外部介质压力为 p_0。气体自孔口流出后，流股

压力由 p_1 降到 p_0 的过程中为一变值，设其为 p，相应的流速为 v，密度为 ρ，截面积 A 也为变值。

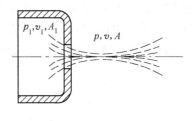

在不计流出过程阻力损失的情况下，可压缩气体的能量平衡方程式已如前述，即：

$$g\mathrm{d}z + \frac{1}{\rho}\mathrm{d}p + v\mathrm{d}v = 0 \qquad (5\text{-}32)$$

图 5-6　高压气体的流出

对于水平流动，$\mathrm{d}z = 0$，式（5-32）变为：

$$\frac{1}{\rho}\mathrm{d}p + v\mathrm{d}v = 0 \qquad (5\text{-}33)$$

对式（5-33）在流出条件下积分：

$$\int_{v_1}^{v_2} v\mathrm{d}v = -\int_{p_1}^{p_2} \frac{1}{\rho}\mathrm{d}p \qquad (5\text{-}34)$$

由于流出速度很高，流股来不及与周围介质进行热交换，故视为绝热过程。绝热过程中，气体的压力与密度有如下关系：

$$p\left(\frac{1}{\rho}\right)^k = p_1\left(\frac{1}{\rho_1}\right)^k$$

或

$$\rho = \rho_1\left(\frac{p}{p_1}\right)^{1/k} \qquad (5\text{-}35)$$

将式（5-35）代入式（5-34），积分得：

$$v = \sqrt{v_1^2 + \frac{2k}{k-1}\cdot\frac{p_1}{\rho_1}\left[1 - \left(\frac{p}{p_1}\right)^{\frac{k-1}{k}}\right]} \qquad (5\text{-}36)$$

用状态方程 $\dfrac{p_1}{\rho_1} = RT_1$，代入式（5-36）得：

$$v = \sqrt{v_1^2 + \frac{2k}{k-1}RT_1\left[1 - \left(\frac{p}{p_1}\right)^{\frac{k-1}{k}}\right]} \qquad (5\text{-}37)$$

对于容器截面远远大于流股截面的情况，又由于流股流速 v 很高，因此可以认为 $v_1 \approx 0$，则流速为：

$$v = \sqrt{\frac{2k}{k-1}\cdot\frac{p_1}{\rho_1}\left[1 - \left(\frac{p}{p_1}\right)^{\frac{k-1}{k}}\right]} \qquad (5\text{-}38)$$

$$v = \sqrt{\frac{2k}{k-1}RT_1\left[1 - \left(\frac{p}{p_1}\right)^{\frac{k-1}{k}}\right]} \qquad (5\text{-}39)$$

式中，p_1 为气体的原始压力，Pa；p 为流股任一截面处气体的压力，Pa；ρ_1 为气体的原始密度，kg/m^3；T_1 为气体的原始绝对温度，K。

从速度公式可以看出，气体的流出速度随其本身压力的不断下降而增加，如果在流出后不受介质或其他因素的干扰，流股压力则会一直下降到与外界压力 p_0 相平衡为止。

例 5-2　已知燃烧煤气的空气高压喷嘴内，空气的压力为 $p_1 = 0.121\times10^6\mathrm{Pa}$，喷嘴外介质的压力为 $p_0 = 0.101\times10^6\mathrm{Pa}$，空气在喷出前温度为 $t = 27℃$，空气的 $R = 287.03\mathrm{J/(kg\cdot K)}$，

绝热指数 $k=1.4$，忽略空气在喷嘴内的流速，试求：（1）题设条件下空气流出后的流速；（2）p_1 提高到 0.203×10^6Pa 时的流速。

解：（1）按式（5-39）求题设条件下的流速：

$$v = \sqrt{\frac{2 \times 1.4}{1.4-1} \times 287.03 \times 300 \times \left[1 - \left(\frac{0.101 \times 10^6}{0.121 \times 10^6}\right)^{\frac{1.4-1}{1.4}}\right]} = 174.1 \text{ m/s}$$

（2）$p_1 = 0.203 \times 10^6$Pa 时的流速为：

$$v = \sqrt{\frac{2 \times 1.4}{1.4-1} \times 287.03 \times 300 \times \left[1 - \left(\frac{0.101 \times 10^6}{0.203 \times 10^6}\right)^{\frac{1.4-1}{1.4}}\right]} = 330.14 \text{ m/s}$$

此例说明，气体的流速随原始压力的升高而增加。

5.3.3 可压缩气体流出的临界值

在稳定流动条件下，可压缩气体的连续性方程为：

$$q_m = \rho_1 v_1 A_1 = \rho_x v_x A_x \tag{5-40}$$

则

$$A_x = \frac{q_m}{\rho_x v_x} \tag{5-41}$$

式中，q_m 为质量流量（为定值），kg/s；A_x 为气体流出后，在流向任一坐标点 x 处流股的截面积，m^2；v_x 为气体在 A_x 面上的流速，m/s；ρ_x 为气体在 A_x 面上的密度，kg/m^3。

又因

$$\rho_x = \rho_1 \left(\frac{p_x}{p_1}\right)^{\frac{1}{k}}$$

式中，p_x 为气体在 A_x 面上的压力，Pa。

将速度公式（5-38）及 ρ_x 代入式（5-41）得：

$$A_x = \frac{q_m}{\sqrt{\frac{2k}{k-1}p_1\rho_1\left[\left(\frac{p_x}{p_1}\right)^{\frac{2}{k}} - \left(\frac{p_x}{p_1}\right)^{\frac{k+1}{k}}\right]}} \tag{5-42}$$

由式（5-42）可知，当 q_m、p_1、ρ_1 为定值时，则 A_x 的大小取决于根号下中括号内数值的大小，若该项有极大值，则 A_x 将有极小值。

设 $F(p_x) = \left(\frac{p_x}{p_1}\right)^{\frac{2}{k}} - \left(\frac{p_x}{p_1}\right)^{\frac{k+1}{k}}$，$y = \frac{p_x}{p_1}$，对 $F(p_x)$ 求极值：

$$\frac{dF(p_x)}{dy} = \frac{d(y^{\frac{2}{k}} - y^{\frac{k+1}{k}})}{dy} = 0 \tag{5-43}$$

解之得：

$$y = \left(\frac{2}{k+1}\right)^{\frac{k}{k-1}} \tag{5-44}$$

即

$$p_x = p_1 \left(\frac{2}{k+1}\right)^{\frac{k}{k-1}} \tag{5-45}$$

根据式（5-43），由 $F(p_x)$ 的二阶导数验证 A_x 有极小值，即流股有最小面积。最小截面上的压力与原始压力的关系由式（5-45）确定。这个流股最小截面积称为可压缩气体流出的临界截面积，用 A_{kp} 表示。A_{kp} 处的压力、密度、流速，分别用 P_{kp}、ρ_{kp}、v_{kp} 来表示。

按式（5-45）可求出临界压力的计算式：

$$p_{kp} = p_1 \left(\frac{2}{k+1} \right)^{\frac{k}{k-1}} \tag{5-46}$$

将式（5-46）代入式（5-38）、式（5-39），可得：

$$v_{kp} = \sqrt{\frac{2k}{k+1} \cdot \frac{p_1}{\rho_1}} \tag{5-47}$$

$$v_{kp} = \sqrt{\frac{2k}{k+1} RT_1} \tag{5-48}$$

根据绝热状态方程 $p \left(\dfrac{1}{\rho} \right)^k = p_1 \left(\dfrac{1}{\rho_1} \right)^k$，在临界条件下有：

$$\frac{p_{kp}}{p_1} = \left(\frac{\rho_{kp}}{\rho_1} \right)^k \tag{5-49}$$

由式（5-46）可知：

$$p_1 = \frac{p_{kp}}{\left(\dfrac{2}{k+1} \right)^{\frac{k}{k-1}}} \tag{5-50}$$

将式（5-50）代入式（5-49）得：

$$\rho_1 = \left[\left(\frac{2}{k+1} \right)^{-\frac{1}{k-1}} \right] \rho_{kp} \tag{5-51}$$

将式（5-50）、式（5-51）代入式（5-47）得：

$$v_{kp} = \sqrt{\frac{2k}{k+1} \left[\left(\frac{2}{k+1} \right)^{\frac{1}{k-1}} p_{kp} \middle/ \left(\frac{2}{k+1} \right)^{\frac{k}{k-1}} \rho_{kp} \right]} = \sqrt{kp_{kp}/\rho_{kp}} = \sqrt{kRT_{kp}} \tag{5-52}$$

式中，T_{kp} 为临界温度，K。

式（5-52）为绝热过程的声速式。由此可见，可压缩气体流出的临界速度就是临界条件下的声速。

绝热过程的临界温度用式（5-53）计算：

$$T_{kp} = T_1 \left(\frac{p_{kp}}{p_1} \right)^{\frac{k-1}{k}} = \frac{v_{kp}^2}{kR} \tag{5-53}$$

例 5-3 氧气在高压容器内自孔口流出，已知容器内温度 $t_1 = 27℃$，$k = 1.4$，$R = 259.83 \ J/(kg \cdot K)$，试求：（1）氧气流出的临界速度；（2）声速下的临界温度。

解：（1）按式（5-48）计算临界速度：

$$v_{kp} = \sqrt{\frac{2k}{k+1} RT_1} = \sqrt{\frac{2 \times 1.4}{1.4 + 1} \times 259.83 \times (273 + 27)} = 301.56 \ m/s$$

（2）按式（5-53）求 T_{kp}

$$T_{kp} = \frac{v_{kp}^2}{kR} = \frac{301.56^2}{1.4 \times 259.83} = 250 \ K$$

计算结果说明，在题设条件下，气体流出后在临界面上的流速为 301.56m/s，这个速度就是临界条件下的声速。临界温度为 250K，即气流温度降低了 50K。

5.3.4 超声速流动及拉瓦尔管

5.3.4.1 超声速流股断面的特征

根据波动理论及马赫数的概念，按稳定流动条件下的连续性方程及一维流动的伯努利方程，可推导出式（5-54）：

$$\frac{dv}{v}(Ma^2 - 1) = \frac{dA}{A} \tag{5-54}$$

式（5-54）表明：

$Ma < 1$ 时，$(Ma^2 - 1) < 0$，则 $\frac{dv}{v}$ 与 $\frac{dA}{A}$ 异号，即流动流速增加，流股面积减小，称为亚声速流动的收缩段。

$Ma > 1$ 时，$(Ma^2 - 1) > 0$，则 $\frac{dv}{v}$ 与 $\frac{dA}{A}$ 同号，即流动速度增加，流股面积也增加，称为超声速流动的扩张段。

$Ma = 1$ 时，$(Ma^2 - 1) = 0$，$\frac{dA}{A} = 0$，A 为极点，此时流股面积为从收缩到扩张的转变点，即临界截面。

由上分析可知，超声速流股断面是先收缩后扩张的，且从收缩到扩张有一临界截面。

5.3.4.2 获得超声速流动的条件

获得超声速的压力条件为，原始压力 p_1 应大于容器外介质压力 p_0 的两倍，而且流股截面先是收缩的，在最小截面处（即临界截面处）可获得临界条件下的声速。从能量观点看，如果 $p_1 > 2p_0$，则在临界截面处获得声速的同时还有剩余压力存在，这部分剩余压力在一定条件下可以使流速继续增加，直到与介质压力相等时为止，从而获得超声速。

在可压缩气体的流出过程中，随着能量的转换还伴随着体积的膨胀。根据绝热膨胀的特点，在临界截面前，气体密度下降较慢，流速增加较快，因此从连续性方程式可知，在临界截面以前流股收缩。在临界截面以后，为了使剩余压力进一步转化为动能，就要在保证提高流速的同时扩大截面，使流股有膨胀的条件（因为这时流速增加较慢而密度下降较快），否则就会破坏流动。所以，为了获得超声速，应按流股断面特征将管嘴做成先收缩后扩张的形状，这种形状的管嘴称为拉瓦尔管，即获得超声速的几何条件。

因此，欲获得超声速，必须同时满足两个条件，即压力条件（$p_1 > 2p_0$）和几何条件（管嘴为先收缩后扩张的拉瓦尔管）。

5.3.4.3 出口马赫数

在拉瓦尔管出口处，流出气体的压力与介质压力相平衡，即当 $p = p_0$ 时，此时的马赫数可用式（5-55）计算：

$$Ma_0 = \sqrt{\frac{2}{k-1}\left[\left(\frac{p_1}{p_0}\right)^{\frac{k-1}{k}} - 1\right]} \tag{5-55}$$

5.3.5 可压缩气体流出的综合分析

根据上述讨论，对可压缩气体流出的特点综合归纳如下：

（1）气体流出后，其流速随本身压力的不断下降而增加。在不受介质干扰的情况下，这种能量转换过程直到流股压力与介质压力平衡为止。所谓不受介质干扰，就是指按流股的收缩及扩张形状做成喷嘴。

（2）流出气体的流股截面有极小值，即有临界截面存在。临界截面上的压力、温度、速度等，分别称为临界压力、临界温度、临界速度等。临界速度是临界条件下的声速。获得临界条件下声速的条件为 $p_1 = 2p_0$。

（3）欲获得超声速必须同时具备压力条件及几何条件，即 $p_1 > 2p_0$，使临界截面达到声速后仍有剩余压力；喷嘴必须为先收缩后扩张的拉瓦尔管。

5.3.6 可压缩气体流出的计算

可压缩气体流出的计算可归纳为：根据需求的流量及流速确定应具有的原始压力；按所给定的条件确定喷嘴尺寸；已知原始压力及喷嘴尺寸判定流速等。

实际应用计算中，是按所要求的喷出速度来确定气体喷出前的原始压力，而气体的喷出速度又常用出口马赫数 Ma_0 来表示，所以气体的原始压力可按式（5-55）导出：

$$\left(\frac{p_1}{p_0}\right)^{\frac{k-1}{k}} = \frac{k-1}{2}Ma_0^2 + 1 \tag{5-56}$$

喷嘴尺寸的计算主要是根据流量、流速及原始压力来计算临界面积（常称喉口面积）与喷出面积。喷嘴各部分的尺寸见图5-7。

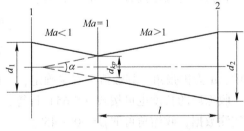

图 5-7 喷嘴结构尺寸示意图

在喉口处，气体的质量流量为：

$$q_{m_{kp}} = \rho_{kp} v_{kp} A_{kp} \tag{5-57}$$

由式（5-51）可得：

$$\rho_{kp} = \rho_1 \left(\frac{2}{k+1}\right)^{\frac{1}{k-1}} \tag{5-58}$$

将速度公式（5-47）及式（5-58）代入式（5-57）得：

$$q_{m_{kp}} = A_{kp} \sqrt{k \left(\frac{2}{k+1}\right)^{\frac{k+1}{k-1}} p_1 \rho_1} \tag{5-59}$$

喷嘴出口处气体的质量流量为：

$$q_{m_2} = \rho_2 v_2 A_2 \tag{5-60}$$

由 $p_2 / p_1 = (\rho_2 / \rho_1)^k$ 得：

$$\rho_2 = \rho_1 \left(\frac{p_2}{p_1}\right)^{\frac{1}{k}} \tag{5-61}$$

将式（5-38）中的 p 代换为 p_2，则可求出 v_2，再将 v_2 及式（5-61）一并代入式

（5-60），得

$$q_{m_2} = A_2 \sqrt{\frac{2k}{k-1} p_1 \rho_1 \left[1 - \left(\frac{p_2}{p_1} \right)^{\frac{k-1}{k}} \right]} \cdot \left(\frac{p_2}{p_1} \right)^{\frac{1}{k}} \qquad (5-62)$$

由稳定流动下的连续性方程可知：

$$q_{m_1} = q_{m_{kp}} = q_{m_2} \qquad (5-63)$$

将式（5-59）及式（5-62）代入式（5-63），则求出喉口面积与出口面积之比为：

$$\frac{A_{kp}}{A_2} = \sqrt{\frac{\frac{2k}{k-1} p_1 \rho_1 \left[1 - \left(\frac{p_2}{p_1} \right)^{\frac{k-1}{k}} \right]}{k \left(\frac{2}{k+1} \right)^{\frac{k+1}{k-1}} p_1 \rho_1}} \cdot \left(\frac{p_2}{p_1} \right)^{\frac{1}{k}} = \sqrt{\frac{2}{k-1} \left(\frac{k+1}{2} \right)^{\frac{k+1}{k-1}} \left[\left(\frac{p_2}{p_1} \right)^{\frac{2}{k}} - \left(\frac{p_2}{p_1} \right)^{\frac{k+1}{k}} \right]}$$

或

$$\frac{A_{kp}}{A_2} = \sqrt{\left[\left(\frac{p_2}{p_1} \right)^{\frac{2}{k}} - \left(\frac{p_2}{p_1} \right)^{\frac{k+1}{k}} \right] \bigg/ \left[\frac{k-1}{k+1} \left(\frac{2}{k+1} \right)^{\frac{2}{k-1}} \right]}$$

气体出口处，$p_2 = p_0$，则上式可写为：

$$\frac{A_{kp}}{A_2} = \sqrt{\left[\left(\frac{p_0}{p_1} \right)^{\frac{2}{k}} - \left(\frac{p_0}{p_1} \right)^{\frac{k+1}{k}} \right] \bigg/ \left[\frac{k-1}{k+1} \left(\frac{2}{k+1} \right)^{\frac{2}{k-1}} \right]} \qquad (5-64)$$

当气体流量及原始压力已知时，则可先按式（5-59）求出 A_{kp}，再按式（5-64）求出 A_{kp}/A_2，进而求出 A_2。对圆管而言，已知 A，即可方便地求出直径 d。

扩张段的长度按式（5-65）计算：

$$l = \frac{d_2 - d_{kp}}{2 \tan \dfrac{\alpha}{2}} \qquad (5-65)$$

式中，α 为扩张角。其数值由实验确定，一般取 $\alpha = 6° \sim 8°$ 为宜。

收缩段的长度也可按式（5-65）计算，不过式中的 d_2 应改为 d_1，α 改为收缩角 β，根据实测数据，收缩角可取 $\beta = 30° \sim 45°$。

在喷嘴结构尺寸已定的条件下，则可根据所能提供的原始压力 p_1 来判定流速范围。

当 $p_1 < 2p_0$ 时为亚声速流动，$p_1 > 2p_0$ 时为超声速流动，其流速可按式（5-38）计算。在超声速范围内，公式中的 p 用 p_0 代替即可，临界速度则用式（5-47）计算。

气体的质量流量按式（5-62）计算，此时 p_2 即为 p_0，经整理后得：

$$q_{m_2} = A_2 \sqrt{\frac{2k}{k-1} p_1 \rho_1 \left[\left(\frac{p_0}{p_1} \right)^{\frac{2}{k}} - \left(\frac{p_0}{p_1} \right)^{\frac{k+1}{k}} \right]} \qquad (5-66)$$

质量流量也可根据 A_{kp}，由式（5-59）算出。

例 5-4 已知一高压重油雾化器的生产率为 2t/h（0.555kg/s）；利用温度为 50℃，压力 $p_1 = 7.095 \times 10^5$ Pa 的压缩空气为雾化剂，用量为 $q_m = 0.278$ kg/s，$R = 287.03$ J/(kg · K)；按上述条件确定油喷嘴的基本尺寸。

解： 油喷嘴出口处的压力为 1atm，即 $p_0 = 1.014 \times 10^5$ Pa。

因为 $p_1 > 2p_0$，所以油喷嘴的几何形状应为拉瓦尔形，见图 5-8。

空气的 $k=1.4$，按式（5-46）求临界压力：

$$p_{kp} = p_1\left(\frac{2}{k+1}\right)^{\frac{k}{k-1}} = 0.528p_1 = 0.528 \times 7.095 \times 10^5 = 3.748 \times 10^5 \, \text{Pa}$$

临界面积按式（5-59）计算，由于 $k=1.4$，所以：

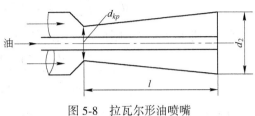

图 5-8　拉瓦尔形油喷嘴

$$A_{kp} = \frac{q_m}{0.6847\sqrt{p_1\rho_1}}$$

先求空气的密度，依状态方程式有：

$$\rho_1 = \frac{p_1}{RT_1} = \frac{7.095 \times 10^5}{287.03 \times 323} = 7.65 \, \text{kg/m}^3$$

故可求出临界面积：

$$A_{kp} = \frac{0.278}{0.6847 \times \sqrt{7.095 \times 7.65 \times 10^5}} = 0.174 \times 10^{-3}\text{m}^2 = 174 \, \text{mm}^2$$

临界速度按式（5-47）计算，得：

$$v_{kp} = \sqrt{\frac{2 \times 1.4}{1.4+1}\frac{p_1}{\rho_1}} = \sqrt{1.166 \times \frac{7.095 \times 10^5}{7.65}} = 329 \, \text{m/s}$$

喷出口的流速按式（5-38）计算：

$$v = \sqrt{\frac{2k}{k-1} \cdot \frac{p_1}{\rho_1}\left[1-\left(\frac{p_0}{p_1}\right)^{\frac{k-1}{k}}\right]}$$

$$= \sqrt{\frac{2 \times 1.4}{1.4-1} \times \frac{7.095 \times 10^5}{7.65} \times \left[1-\left(\frac{1.014 \times 10^5}{7.095 \times 10^5}\right)^{\frac{1.4-1}{1.4}}\right]}$$

$$= 526 \, \text{m/s}$$

再按式（5-64）求得：

$$\frac{A_{kp}}{A_2} = \sqrt{\left[\left(\frac{p_0}{p_1}\right)^{\frac{2}{k}} - \left(\frac{p_0}{p_1}\right)^{\frac{k+1}{k}}\right]\bigg/\left[\frac{k-1}{k+1}\left(\frac{2}{k+1}\right)^{\frac{2}{k-1}}\right]}$$

$$= \sqrt{\left[\left(\frac{1.014 \times 10^5}{7.095 \times 10^5}\right)^{\frac{2}{1.4}} - \left(\frac{1.014 \times 10^5}{7.095 \times 10^5}\right)^{\frac{2.4}{1.4}}\right]\bigg/\left[\frac{0.4}{2.4} \times \left(\frac{2}{2.4}\right)^{\frac{2}{0.4}}\right]}$$

$$= \sqrt{(0.0621 - 0.0356)/0.06698}$$

$$= 0.629$$

所以 $\qquad A_2 = \dfrac{A_{kp}}{0.629} = \dfrac{174}{0.629} = 276 \, \text{mm}^2$

从图 5-8 看出，油管要占据空气通道的一部分面积。重油在油管内流速取 10m/s，重油的秒流量为 0.555/0.9＝0.617L/s；这样计算出重油管径约为 9mm，加上壁厚，油管外径为 11mm，即油管所占的面积为 95mm²。所以拉瓦尔管的总截面积分别为：

$$A_{kp} = 174 + 95 = 269 \, \text{mm}^2 \qquad A_2 = 276 + 95 = 371 \, \text{mm}^2$$

最后求出拉瓦尔管的直径：

$$d_{kp} = \sqrt{\frac{4}{\pi} \times 269} = 18.5 \ \text{mm} \quad (\text{喉口直径})$$

$$d_2 = \sqrt{\frac{4}{\pi} \times 371} = 21.73 \ \text{mm} \quad (\text{出口直径})$$

若取扩张角 $\alpha = 7°$，则扩张管段之长为：

$$l = \frac{d_2 - d_{kp}}{2\tan\frac{\alpha}{2}} = \frac{21.73 - 18.5}{2\tan\frac{7}{2}} = 26.4 \ \text{mm}$$

例 5-5　已知转炉使用的吹氧喷枪出口直径 $d_2 = 5\text{cm}$，枪内供氧压力为 $p_1 = 1.014 \times 10^6\text{Pa}$，温度 $T_1 = 300\text{K}$，炉膛内介质的压力为 $p_0 = 1.014 \times 10^5\text{Pa}$，$R = 259.83\text{J}/(\text{kg} \cdot \text{K})$。试求：（1）喷枪出口的马赫数；（2）氧气流量。

解：（1）求出口马赫数。已知氧气的 $k = 1.4$，按式（5-55）得：

$$Ma_0 = \sqrt{\frac{2}{k-1}\left[\left(\frac{p_1}{p_0}\right)^{\frac{k-1}{k}} - 1\right]} = \sqrt{\frac{2}{0.4} \times \left[\left(\frac{1.014 \times 10^6}{1.014 \times 10^5}\right)^{\frac{0.4}{1.4}} - 1\right]} = 2.16$$

（2）求氧气流量。按式（5-66）计算质量流量：

$$q_{m_2} = A_2\sqrt{\frac{2k}{k-1}p_1\rho_1\left[\left(\frac{p_0}{p_1}\right)^{\frac{2}{k}} - \left(\frac{p_0}{p_1}\right)^{\frac{k+1}{k}}\right]}$$

分别求出：

$$A_2 = \frac{\pi}{4}d^2 = \frac{\pi}{4} \times 5^2 = 19.64 \ \text{cm}^2 = 0.001964\text{m}^2, \quad \frac{2k}{k-1} = \frac{2.8}{0.4} = 7$$

$$p_1\rho_1 = p_1\frac{p_1}{RT_1} = \frac{(1.014 \times 10^6)^2}{259.83 \times 300} = 1.3190 \times 10^7$$

$$\left(\frac{p_0}{p_1}\right)^{\frac{2}{k}} = \left(\frac{1.014 \times 10^5}{1.014 \times 10^6}\right)^{\frac{2}{1.4}} = 0.037, \quad \left(\frac{p_0}{p_1}\right)^{\frac{k+1}{k}} = \left(\frac{1.014 \times 10^5}{1.014 \times 10^6}\right)^{\frac{2.4}{1.4}} = 0.019$$

$$\left(\frac{p_0}{p_1}\right)^{\frac{1}{k}} - \left(\frac{p_0}{p_1}\right)^{\frac{k+1}{k}} = 0.037 - 0.019 = 0.018$$

将计算结果代入公式（5-66），得质量流量：

$$q_{m_2} = 0.001964 \times \sqrt{7 \times 1.3190 \times 10^7 \times 0.018} = 2.53 \ \text{kg/s}$$

标准状态下氧气的体积流量为：

$$q_V = \frac{q_{m_2}}{\rho} = \frac{2.53}{1.429} = 1.77 \ \text{m}^3/\text{s}$$

————————**本 章 小 结**————————

在实际生产过程中，有很多流体流出问题。本章介绍了液体自盛桶下部孔口的流出、不可压缩气体自孔口及管嘴的流出、压缩性气体自孔口的流出。流体流出计算是本章的重点内容。

流体的流出问题主要是利用伯努利方程确定流速 v、流量 q_V 及其他相关参数。不可压缩气体自孔口的流出速度 $v_2 \propto \sqrt{p_1 - p_2}$ ，液体自孔口的流出速度 $v_2 \propto \sqrt{H}$ ，速度系数 φ 和流量系数 μ 的大小主要取决于 Re 和孔口的形状。

可压缩气体自孔口的流出速度 $v = f\left(\dfrac{p}{p_1}\right)$ ，流速 v 随流股本身压力 p 的不断下降而增加，在不受介质干扰的情况下，流股压力将与介质压力 p_0 平衡。流出气体的流股截面有极小值，即有临界截面存在，临界截面上的速度就是临界条件下的声速，即马赫数 $Ma = 1$ 。 $Ma > 1$ 的流动为超声速流动，超声速流股断面是先收缩后扩张的。因此，欲获得超声速，必须同时满足压力条件（ $p_1 > 2p_0$ ）和几何条件（管嘴为先收缩后扩张的拉瓦尔管）。

设计喷嘴时，可先由出口马赫数 Ma_0 求出气体的原始压力 p_1 ；其次，由临界压力 p_{kp} 计算出喉口面积 A_{kp} ；再由 A_{kp}/A_2 的比值计算出出口面积 A_2 ；最后由经验公式计算扩张段和收缩段的长度。

主要公式：

不可压缩气体流出： $q_V = \varepsilon\varphi A_0 \sqrt{\dfrac{2}{\rho}(p_1 - p_2)} = \mu A_0 \sqrt{\dfrac{2}{\rho}(p_1 - p_2)}$ ；

液体流出： $q_V = \varepsilon\varphi A_0 \sqrt{2gH} = \mu A_0 \sqrt{2gH}$ ；

液体流空时间： $\tau = \dfrac{2A_1}{A_2 C_D}\sqrt{\dfrac{H_0}{2g}}$ ；

声速： $v_s = \sqrt{\dfrac{\mathrm{d}p}{\mathrm{d}\rho}} = \sqrt{k\dfrac{p}{\rho}} = \sqrt{kRT}$ ；

马赫数： $Ma = \dfrac{v}{v_s}$ ， $Ma < 1$ ，亚声速流动； $Ma = 1$ ，声速流动； $Ma > 1$ ，超声速流动；

临界压力： $p_{kp} = p_1\left(\dfrac{2}{k+1}\right)^{\frac{k}{k-1}}$ ；

临界流速： $v_{kp} = \sqrt{\dfrac{2k}{k+1}RT_1} = \sqrt{kRT_{kp}}$ ；

出口马赫数： $Ma_0 = \sqrt{\dfrac{2}{k-1}\left[\left(\dfrac{p_1}{p_0}\right)^{\frac{k-1}{k}} - 1\right]}$ 。

习题与工程案例思考题

习　题

5-1　实际生产过程中的流体流出问题有何共性？试举例说明。

5-2　不可压缩气体自孔口流出的特点是什么？

5-3　定量液体自孔口流出有何特点，其流空时间受哪些因素的影响？

5-4　何为薄壁孔口和厚壁孔口，其速度系数 φ 和流量系数 μ 的大小有何不同，为什么？

5-5 在小孔口上安装一段圆柱形管嘴后，流动阻力增加了，为什么流量反而增大？是否管嘴越长，流量越大？

5-6 何为声速，同种介质的声速都是一样的吗，为什么？

5-7 可压缩气体自孔口流出的特点是什么？

5-8 何为超声速流动，超声速流动时流股断面有何特点？

5-9 为什么超声速流动时，速度随截面的扩大而增加；亚声速流动时，速度随截面的扩大而降低？

5-10 什么是临界压力，有何实际意义？

5-11 获得超声速的条件是什么，满足压力条件（$p_1 > 2p_0$）的收缩管能否获得超声速？

5-12 喷嘴的设计计算和校核计算有何不同，其计算步骤是什么？

5-13 正方形水箱的底部孔口 $d = 30\text{mm}$，流量系数 $\mu = 0.61$，空水箱开始时以 $q_V = 2 \times 10^{-3} \text{m}^3/\text{s}$ 的流量注水，求稳定状态时水箱中水的深度 H。

5-14 试计算题 5-13 中，水箱水位达到高度 H 所需的时间 τ。

5-15 如题图 5-1 所示，水箱下部开口面积为 A_0，当水位恒定时，试计算流出水流截面 A 与 x 的关系（不计阻损）。

5-16 试计算：
(1) 45℃时氢气中的声速；
(2) 在 20000m 高空中飞行的飞机，航速为 2400km/h，该处气温为 -56.5℃，求飞机飞行时的马赫数。

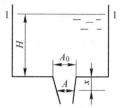

题图 5-1　液体自底部小孔流出计算

5-17 某氧气转炉氧枪内的氧压为 $p_1 = 1.06 \times 10^6 \text{Pa}$，$T_1 = 313\text{K}$，$\rho_1 = 13.2\text{kg/}\text{m}^3$；炉内压力 $p_0 = 9.81 \times 10^4 \text{Pa}$，氧气质量流量 $q_m = 4\text{kg/s}$，试求氧枪的临界直径、氧气出口速度及氧枪出口直径。

5-18 某压缩空气以超声速从喷管流出，已知喷管喉部直径 $d = 25\text{mm}$，喉部压力 $p = 0.05 \times 10^6 \text{Pa}$，喉部温度 $t = -20℃$，试求喷管的质量流量。

工程案例思考题

案例 5-1　金属熔体的浇注

案例内容：
(1) 金属熔体浇注的特点；
(2) 金属熔体浇注速度的计算；
(3) 金属熔体浇注时间的计算；
(4) 控制浇注时间的方法。
基本要求：针对某实际金属熔体的浇注过程，完成案例内容。

案例 5-2　转炉氧枪设计

案例内容：
(1) 转炉氧枪的类型；
(2) 转炉氧枪设计的步骤；
(3) 转炉氧枪喷嘴的计算；
(4) 转炉氧枪喷嘴的加工。
基本要求：针对某实际转炉的氧枪，完成案例内容。

本章课件

本章学习概要：主要介绍射流的特性。要求掌握自由射流、旋转射流、限制射流的基本特性，理解射流的相互作用及在冶金中的实际应用。

射流是指流体经由喷嘴流出到一个足够大的空间，不再受固体边界限制而继续扩散的一种流动。冶金与材料制备及加工工业中，如各种气体、液体燃料的燃烧，材料的喷射沉积，转炉吹氧炼钢，连铸二冷喷水，炉外精炼，高炉喷吹以及由水射流冲击的带钢冷却等问题均属于射流过程。射流就其机理而言，主要分为自由射流、半限制射流、限制射流及旋转射流等。

6.1 自由射流

当流体自喷嘴流入无限大的自由空间中称为自由射流。形成自由射流必须具备两个条件：一是周围介质的物理性质（如温度及密度等）与射流流体相同；二是周围介质静止不动，且不受任何固体或液体表面的限制。绝大多数射流均属紊流射流，在射流内流体质点有不规则的脉动。

6.1.1 自由射流的基本特性

根据对射流流场的显像及探测，了解到自由射流的基本特性，如图 6-1 所示。

流体自直径为 d_0 的喷嘴以初速度 v_0 流出，在 x 方向上流动。由于紊流质点的脉动扩散和分子的黏性扩散作用，使得流出介质质点与周围静止介质质点发生碰撞，进行动量交

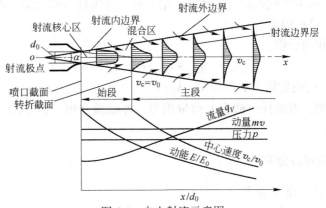

图 6-1 自由射流示意图

换。喷出流体把自身的一部分动量传递给相邻的介质，从而带动周围介质向前流动，形成一个射流流股（简称流股）。所以自由射流的实质就是，喷出介质与周围静止介质进行动量及质量传输的过程，即混合过程。被带动的周围介质在流动过程中逐渐向中心扩散，流股断面不断扩大，被引射的介质量逐渐增多。

通常把速度等于零的边界称为射流外边界，速度保持初速度 v_0 的边界称为射流内边界，射流内、外边界之间的区域称为射流边界层。从图 6-1 看出，射流边界层沿 x 方向逐渐扩宽，在某一处边界层扩展到轴心处，只有射流中心一点处的流速还保持着初始速度 v_0，射流的这一截面称为转折截面。在转折截面以前，射流的轴心速度还保持着初始速度；而在转折截面之后，则射流中心流速逐渐下降。自由射流可分为几个主要区域：

（1）初始段。初始段简称始段，又称首段。它是指从喷出口截面到转折截面之间的区域。这一区域的特点是射流中心速度 v_c 等于初始速度 v_0。

（2）主段。主段也称基本段。转折截面以后的区域称为主段。主段内，射流中心速度 v_c 沿流动方向不断降低。这一区域被射流边界层所占据。

（3）射流核心区。在射流始段中，具有初始速度的区域称为射流核心区。对于圆形喷嘴流出的轴对称射流，其射流核心区为一等速圆锥区，在这个区域以外至射流外边界的区域称为混合区。

（4）射流极点。射流外边界逆向延长线的交点 o，称为射流极点，张角 $\alpha = 18° \sim 26°$。o 点可理解为圆形喷嘴缩小为一点（扁形喷嘴为一条缝），流体的动量全从这一点（或一条缝）喷出，所以射流极点又称为射流源。

6.1.2　自由射流的动量守恒

自由射流中，喷射介质与周围静止介质之间的动量交换可视为非弹性体的自由碰撞，即静止介质质点被运动着的流体质点碰撞后，随即获得了动量而开始运动。从自由射流的能量平衡可得出（假定不存在克服反压力所做的功）：

$$\frac{q_{m_0} v_0^2}{2} = (q_{m_0} + q_{m_0'}) \frac{v_1^2}{2} + q_{m_0} \frac{(v_0 - v_1)^2}{2} + q_{m_0'} \frac{v_1^2}{2} \qquad (6-1)$$

式中，q_{m_0} 为喷射介质的质量，kg/s；$q_{m_0'}$ 为吸入介质的质量，kg/s；v_0 为射流喷出口截面的平均流速，m/s；v_1 为截面的平均流速，m/s。

等号右侧第一项为某截面射流的动能；第二项为冲击损失的能量；第三项为吸入介质运动所需的能量，单位均为 N·m/s。

将式（6-1）化简后得：

$$q_{m_0} v_0 = (q_{m_0} + q_{m_0'}) v_1 = q_{m_1} v_1 = C \qquad (6-2)$$

式中，q_{m_1} 为单位时间内射流流股的质量，kg/s。

式（6-2）表明，射流任一截面上动量相等，即动量守恒。由于动量相等，各截面上压力也将保持不变。

6.1.3　自由射流的速度分布

6.1.3.1　截面上速度分布

理论推导和实验证明，自由射流主段不同截面上的速度场相似，即无量纲坐标所表示的速度分布曲线是相同的。其关系式为：

$$\frac{v}{v_c} = \left[1 - \left(\frac{y}{b} \right)^{1.5} \right]^2 \tag{6-3}$$

式中，v 为射流截面上某点距射流中心 y 处的流速；v_c 为射流同一截面的中心流速；b 为射流的半宽度。对圆形射流，射流的半宽度即为圆形截面半径 r，由实验数据得：

$$\frac{r}{r_0} = 3.4 \left(\frac{ax}{r_0} + 0.29 \right) \tag{6-4}$$

扁平射流为

$$\frac{b}{b_0} = 2.44 \left(\frac{ax}{b_0} + 0.41 \right) \tag{6-5}$$

式中，a 为实验常数，对圆形射流，$a = 0.07 \sim 0.08$；对扁平射流，$a = 0.10 \sim 0.11$；x 为从喷口截面到观察截面之间的距离；r_0 为圆形射流喷口半径；b_0 为扁平射流喷口高度的一半。

6.1.3.2 射流中心流速分布

射流中心流速在主段是逐渐衰减的，如以射流中心速度 v_c 与出口初速度 v_0 之比为纵坐标，以射流沿程距离 x 与喷口直径 d_0 之比 x/d_0 为横坐标，将不同条件下的实验数据进行整理后，这些数据都落在同一根曲线上，如图 6-2 所示。这表明不同条件下，自由射流中心流速沿程衰减规律是一致的。

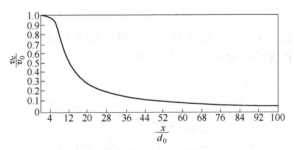

图 6-2 射流中心流速沿射程距离的变化规律

根据阿勃拉莫维奇的研究，紊流条件下圆形射流中心速度的衰减规律为：

$$\frac{v_c}{v_0} = \frac{0.97}{\dfrac{ax}{r_0} + 0.29} \tag{6-6}$$

扁平射流为：

$$\frac{v_c}{v_0} = \frac{1.2}{\sqrt{\dfrac{ax}{b_0} + 0.41}} \tag{6-7}$$

6.1.3.3 截面平均流速及流量

根据自由射流截面速度分布及平均流速的定义式，可得圆形射流观察截面平均流速为：

$$\frac{\bar{v}_x}{v_0} = \frac{0.19}{\dfrac{ax}{r_0} + 0.29} \tag{6-8}$$

扁平射流为：
$$\frac{\bar{v}_x}{v_0} = \frac{0.492}{\sqrt{\dfrac{ax}{b_0} + 0.41}}$$
(6-9)

再应用流量公式求出该截面的流量 q_x，对圆形射流，$q_x = \pi r^2 \bar{v}_x$，喷射介质的体积流量 $q_0 = \pi r_0^2 v_0$，则圆形射流的流量公式为：

$$\frac{q_x}{q_0} = 2.20 \left(\frac{ax}{r_0} + 0.29 \right)$$
(6-10)

扁平射流为：
$$\frac{q_x}{q_0} = 1.18 \sqrt{\frac{ax}{b_0} + 0.41}$$
(6-11)

6.2 半限制射流

流体自喷嘴流出后，有一部分受到固体表面的限制，称为半限制射流。半限制射流实际上是边界层和射流的混合流动。半限制射流比自由射流要复杂得多，进行理论分析十分困难，目前主要靠实验测定。

6.2.1 贴壁射流

射流自喷嘴流出时，流股的一面遇到一个与喷口轴线平行的平壁，使得射流沿平面壁流动扩展，这种流动称为贴壁射流，如图 6-3 所示。

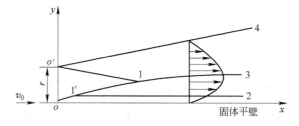

图 6-3 贴壁射流示意图

沿平壁流动的射流与自由射流不同，它与周围介质的接触面减少，卷吸周围介质的量也就减少，吸入介质的制动作用也随之减少，其射程比自由射流的射程长。射流顺着平面流动时，只有靠平壁的一侧发生变形，似乎是顺着平壁逸散的。与平壁接触处，射流变扁，射流在平壁上铺开的张角增大，一般为 30°（自由射流为 18°~20°），这就是射流的铺展性。

图 6-3 为贴壁射流速度分布示意图。$o1$ 和 $o'1$ 是射流内边界线，$o13$ 是射流边界层边界线，$o'2$ 是层流底层边界线，$o'4$ 是射流外边界线。由此看出，贴壁射流可分为四个区域：

（1）$oo'1$ 区域相当于射流核心区。在这里，流速保持着射流出口处的流速 v_0，并且均匀分布。

（2）$o'2$ 线以下区域是层流底层区。与平壁接触处的边界上，速度为零，其厚度极薄。

（3）$o'13$ 以下区域是紊流边界层区。此区域的特点是速度按指数规律分布。

（4）在 $o'4$ 线和 $o'13$ 线之间的区域为混合区。由于气流的动量传输，形成对周围介质的卷吸作用，使射流逐渐扩展形成一个张角。在 $o'4$ 线上（射流外边界），速度为零，在 $o'13$ 线上速度最大。

6.2.2 冲击射流

当流体自喷嘴流出形成射流后，在射流流动方向遇到一个与轴线成一定角度的平面，即形成冲击射流。实验表明，在射流与平面以任意交角相遇时，射流的方向即发生改变。流体喷出后，在没有遇到平面以前为自由射流，一旦与平面相遇，则射流在平面附近变得扁些、宽些。射流在平面上铺开的张角 $\alpha_1 = 30° + 3\alpha$（α 为射流与平面的交角），这也称为铺展现象。在射流两侧边缘上有一些流体分子分离出去，与平面相遇后，射流的截面上流速分布也发生变化，流速最大处移向平面附近，此点与贴壁射流相似。射流与水平面的交角越大，则射流朝垂直于其轴线方向逸散得越剧烈。射流在冲击点后的射程随着交角的增加而缩短。

根据上述分析，冲击射流基本上可分为五个区域，见图 6-4。

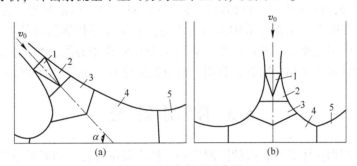

图 6-4 冲击射流示意图

（a）射流与平面的交角为 α；（b）射流垂直冲击平面

（1）射流核心区 1。保持流体自喷口流出时的流速 v_0 不变的三角形地带。

（2）混合区 2。在此区域内，射流卷吸周围介质，在射流的外边界，速度为零，内边界为 v_0。

（3）自模化区 3。射流卷吸外围介质进行紊流扩散，而产生质量及动量交换，其速度分布规律是相似的，且不受固体壁的影响。

（4）过渡区 4。射流在此区域内，由于受到固体壁的作用，流动很复杂，其流动情况与射流和固体壁的交角 α 密切相关。

（5）贴壁射流区 5。本区域的流动情况与贴壁射流相似。

射流对平面的冲击力 $R = q_{m_0} v_0 \sin\alpha = \rho A_0 v_0^2 \sin\alpha$。因此，射流垂直冲击平面的冲击力最大。

6.2.3 附壁效应（柯安达效应）

当射流从喷口流出后遇到不对称的边界条件时，射流偏向固体壁侧流动，这种现象称为附壁效应，亦即柯安达（Coanda）效应。图 6-5 绘出了射流流出时，遇到直角边界、斜面边界、圆弧边界所产生附壁效应的示意图。

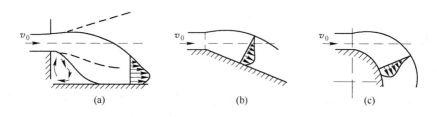

图 6-5　附壁效应示意图

（a）直角边界；（b）斜面边界；（c）圆弧边界

　　产生附壁效应的原因可做如下解释：由于射流对周围介质的卷吸作用，使射流周围介质从静止状态变为运动状态，其静压力也因而下降，所以射流外缘的压力相对较高，也就是说，在射流流股附近形成低压区。在靠近固体壁一侧，周围介质被卷吸走后，没有流体补充，其压力将比另一侧更低，在此压差作用下，使射流流股弯曲而贴向壁面。此压差一旦形成，附壁作用就一直保持下去。

　　除固体壁以外，遇到其他不对称的边界条件，如与另一射流相遇，也会产生附壁效应，使两射流互相贴近。工程上采用多股射流时，必须注意相邻射流的相互影响。例如，转炉炼钢用氧枪的多孔喷头，其所产生的射流夹角比喷孔中心线夹角小，属于附壁效应。在加热炉上广泛应用的平焰烧嘴就是利用了射流的附壁效应而形成的贴壁火焰。

6.3　限　制　射　流

　　射流射向被四周固体壁所包围的限制空间，称为限制射流。如果射流喷口截面比空间截面小很多，四周壁对流股起不到限制作用，则可看成是自由射流。若喷口面积很大，限制空间截面相对较小，则喷出流体立刻全部充满空间，就成为管流了。下面所要讨论的是介于两者之间的流动，即流股又受到壁面限制、又不充满空间的限制射流。

6.3.1　限制射流的基本特点

　　如图 6-6 所示，限制空间内的射流流动可分为三个区域，即射流本身的区域（射流区）Ⅰ、射流周围的循环区（回流区）Ⅱ及限制空间的死角处因空间的局部变形而产生的局部循环区（旋涡区）Ⅲ。

　　以水平方向分速度 $v_x = 0$ 作为射流区与回流区的分界面。从喷口喷出的射流截面沿 x 方向逐渐扩大，但没有自由射流那么显著；最后，由于流量减小使截面不再扩大，一直到流出该空间都不与壁面接触，似乎是穿透了整个限制空间。在射流从喷出口流出不远的一段区域内，射流自回流区带入流体，流量增加使周

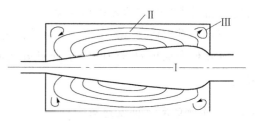

图 6-6　限制射流示意图

边速度降低，速度沿 x 方向趋于不均匀化，与自由射流相似。其后段区域内，由于从周围带入的流体介质受到限制，特别是在最后段，射流还要分出一部分流体而使流量减少，故速度趋于均匀化，与自由射流速度分布显然不同。实验表明，射流本身张角只有 2.5° 左右，射流与壁面之间回流区的大小和旋转速度主要取决于射流和壁面之间的距离及射流的流速。

6.3.2 限制空间内的流体循环

限制空间内流体的循环，是由于射流的惯性力、沿程的压力变化及阻力所引起的，它直接影响到气流的方向及速度。当沿射流方向压力逐渐升高时，则在压差作用下有使气流减速或倒流的趋势。射流中心的速度大、惯性力大，只能减速，难以倒流；射流边界的惯性力小，则边界上和边界以外的流体在反压作用下向相反的方向流动产生回流，从而形成了气体循环。

根据实验，气流循环强烈与否主要取决于以下因素：

（1）限制空间的大小。主要是空间断面与喷口断面之比。显然，该比值过大则近似于自由射流，过小则近似于管流，都不会形成强烈循环。只有两者在一适当比值下，才会造成强烈的循环。

（2）射流喷入口与排出口的相对位置。喷出口与排出口同侧时，将使循环加剧，因为此时回流循环路程上的阻力最小。从图 6-7 看出，在空间中心形成较大而强烈的循环区。这种循环有利于混合；当流体温度不均匀时，有利于温度的均匀化。

当排出口在喷入口对侧时，见图 6-8，循环发生在射流主流两侧，回流区较小，由于阻力较大使循环减弱。射流主流部分仅在限制空间末端才偏离开始方向。

（3）射流的喷出动能及射流与壁面交角的影响。显然，动能越大，循环越强烈。射流与壁面的交角越大，则射流与壁面碰撞后较早脱离壁面，而且改变方向形成倒流回流区，位置前移而缩小。

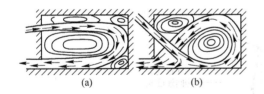　　　　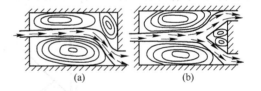

图 6-7　出入口同侧限制空间射流　　　　图 6-8　出入口异侧限制空间射流

（a）出入口水平同侧；（b）出入口交叉同侧　　（a）出入口单流异侧；（b）出入口分流异侧

6.3.3 限制空间内的旋涡区

当流体遇到障碍物或通道突然变形（扩张、拐弯等）时，流体将脱离表面而产生旋涡。在限制空间死角处，一般都产生旋涡，形成局部回流区。旋涡产生的原因与循环相似，但旋涡的流动方向是不规则的。

在高温炉内，产生局部旋涡会恶化传热，造成沉渣及阻力。所以，恰当地设计高温炉内形、避免或减少漩涡区是必要的。

6.4　旋　转　射　流

旋转射流是指流体喷出前就被强烈旋转，喷出后脱离了固体壁面的约束，在无限大空间内处于静止的介质中继续流动。这种射流在流动时除了有非旋转的轴向和径向速度分量外，还具有切向速度分量。旋转射流虽然也是一种对称射流，但比轴对称自由射流流场的结构要复杂得多。

6.4.1　旋转射流的特性

由于旋转射流的复杂性，目前都通过实验来确定旋转射流的特性。图 6-9 所示为一旋转射流从旋流器喷出后，在 $x/d=0.2$ 及 1.0 两个截面上的速度分布。图中 x 表示纵向距离，d 为旋流器出口直径，R 为出口半径，r 表示径向尺寸。

旋转射流具有轴向速度、切向速度、径向速度三个分速度，其中径向速度与轴向速度、切向速度相比是比较小的。图 6-9 中的实线表示轴向速度 v_x，虚线为切向速度 v_θ。在轴心处，$v_x<0$，存在一个回流区，回流区一直发展到 $x/d=2.1$ 处才结束。回流区边界上 $v_x=0$，射流边界上与自由射流一样，$v_x=0$，在两边界之间 v_x 有最大值 $v_{x\max}$。随着射流的前进，$v_{x\max}$ 逐渐下降，轴向速度分布趋向均匀，回流区变小直到消失，旋转射流的横向尺寸则越来越大，这点与自由射流相似。切向速度 v_θ 在射流中心处为零，越向外越大，在某一半径处达到最大值 $v_{\theta\max}$，而后又逐渐下降，直到射流边界外 v_θ 为零为止。随着旋转射流向前推进，$v_{\theta\max}$ 下降，切向速度也趋于均匀化。

由图 6-10 可见，旋转射流的径向速度 v_r 的分布是很复杂的，不仅数值不同，而且方向也改变。在轴心处，$v_r=0$；在回流区 a-b 区域，$v_r>0$；在回流区 b-c 区域，$v_r<0$，这是为了保证回流区继续流动，向回流区补充流体而存在流向中心的径向速度；在回流区与射流边界之间的 c-d 区，v_r 为正值并有一最大值，这是整个旋转射流向四周扩散的结果；在 d 处以后，由于射流卷吸介质，v_r 又呈现负值。

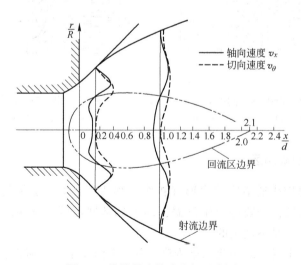

图 6-9　旋转射流的速度场示意图

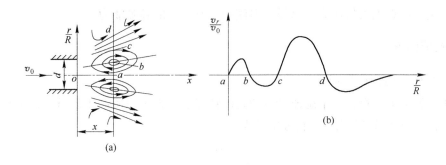

图 6-10　旋转射流径向速度分布示意图

（a）流动示意图；（b）径向速度分布示意图

　　图 6-11 绘出了旋转射流沿流动方向的分速度及轴心速度（v_m）的变化规律。图中绘出的速度都是无量纲速度值，v_0 为旋流器喷出口截面上的平均速度。由图 6-11 可见，各速度沿程衰减是很快的，特别是 v_r 下降得最快。当 $x/d > 5$ 时，v_r、v_θ 基本上消失，只存在轴向速度 v_x，相当于轴对称圆形自由射流。v_m/v_0 则是轴心速度的变化规律。当 $x/d \leqslant 2$ 时，$v_m < 0$，是回流区。$x/d > 2$ 以后，回流区消失，而且 v_m/v_0 与 v_x/v_0 相重合，这种情况也很像轴对称自由射流。

　　图 6-12 给出了旋转射流沿程无量纲压力变化曲线。无量纲压力由式（6-12）表示：

$$\bar{p} = \frac{p_a - p}{\frac{\rho}{2}v_0^2} \tag{6-12}$$

式中，$\bar{p}$ 为无量纲压力；p_a 为大气压力；p 为射流轴线上的静压力；v_0 为射流喷出口处的平均流速。

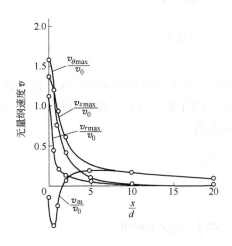

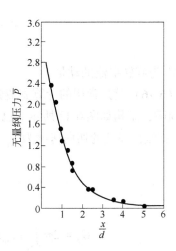

图 6-11　旋转射流沿程无量纲速度　　　　　图 6-12　旋转射流静压力分布

由图 6-12 可见，旋流器出口的旋转射流中心压力低于大气压力，随着射流向前流动，沿程静压越来越趋近大气压力，这说明射流中心有很强的卷吸能力。

6.4.2 旋流强度

6.4.2.1 旋流强度的定义及计算

对于旋转射流，存在一个旋流设备的几何特征数，来表明所产生旋转射流的特性。这个几何特征数称为旋流强度 s，它被定义为：

$$s = \frac{G_\varphi}{G_x R} \tag{6-13}$$

式中，G_φ 为旋转射流的角动量矩；G_x 为旋转射流的轴向推力；R 为定形尺寸，此处取喷出口半径。

根据数学推导及论证，在旋转射流的任一截面 x，且半径为 r 的地方，静压力和动压力乘以面积后积分，得到总前冲力（轴向推力）G_x，其数值沿 x 轴方向各截面保持不变，是一个常数，即：

$$\int_0^\infty (p + \rho v_x^2) 2\pi r \mathrm{d}r = G_x = C \tag{6-14}$$

同理，沿 x 轴方向单位时间的角动量矩在各截面上不变，也是一个常数。即：

$$\int_0^\infty 2\pi r^2 \mathrm{d}r \rho v_x v_\theta = G_\varphi = C \tag{6-15}$$

从式（6-13）看出，s 是以 G_x、G_φ 为基础所组成的一个无量纲的数，它是几何相似的旋流器所产生旋转射流的一个重要的相似特征数。

由式（6-14）和式（6-15）可看出，要计算 G_x、G_φ，进而求出 s，必须获得旋转射流横截面的静压力及速度分布规律，这往往是很困难的。一般常以旋流器进口数据来计算旋流强度，用 s' 表示。如果忽略压力项，试验证明不会引起很大的误差，所以，可认为 $s = s'$。

$$s = s' = \frac{G_\varphi}{G_x' R} = \frac{\int_0^\infty 2\pi \rho v_x v_\theta r^2 \mathrm{d}r}{R \int_0^\infty 2\pi \rho v_x^2 r \mathrm{d}r} \tag{6-16}$$

式中，G_x' 为旋转射流的动量。

式（6-16）就是常用的计算旋流强度的公式，现举一例说明 s 的计算过程。有一叶片式旋流喷嘴，结构如图 6-13 所示。已知环形通道的外半径为 r_2，内半径为 r_1，叶片的旋转角为 θ，旋流出口处的切向速度为 v_{θ_0}，轴向速度为 v_{x_0}。

因

$$\tan\theta \approx \frac{v_{\theta_0}}{v_{x_0}}$$

故

$$G_\varphi = 2\pi \int_{r_1}^{r_2} \rho v_{x_0} v_{\theta_0} r^2 \mathrm{d}r = 2\pi \int_{r_1}^{r_2} \rho v_{x_0}^2 r^2 \tan\theta \mathrm{d}r$$

$$= 2\pi \rho v_{x_0}^2 \tan\theta \int_{r_1}^{r_2} r^2 \mathrm{d}r = \frac{2}{3}\pi \rho v_{x_0}^2 \tan\theta (r_2^3 - r_1^3)$$

$$G_x' = 2\pi \int_{r_1}^{r_2} \rho v_{x_0}^2 r \mathrm{d}r = 2\pi \rho v_{x_0}^2 \int_{r_1}^{r_2} r \mathrm{d}r = \pi \rho v_{x_0}^2 (r_2^2 - r_1^2)$$

则
$$s = \frac{G_\varphi}{G_x' r_2} = \frac{\frac{2}{3}\pi \rho v_{x_0}^2 \tan\theta (r_2^3 - r_1^3)}{\pi \rho v_{x_0}^2 (r_2^2 - r_1^2) r_2} = \frac{2}{3}\left[\frac{1 - (r_1/r_2)^3}{1 - (r_1/r_2)^2}\right]\tan\theta \tag{6-17}$$

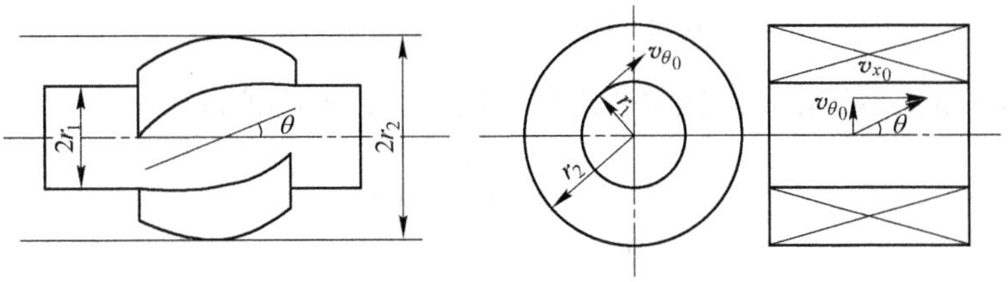

图 6-13　叶片式旋流器结构示意图

由式（6-17）看出，喷嘴的旋流强度只与旋流器的几何尺寸有关，喷嘴结构一经确定后，该喷嘴的旋流强度也就确定了。所以说旋流强度是喷嘴某些重要结构参数的无量纲综合量。

在工程实际中常常遇到双股旋转射流的问题，如煤气平焰烧嘴。此时，双旋流的旋流强度概念也与单旋流一样，只是计算时要考虑到煤气及空气两股旋流的混合问题，旋流强度为：

$$s_m = \frac{G_{\varphi m}}{RG_{xm}'} \tag{6-18}$$

式中，$G_{\varphi m}$ 为双旋流混合角动量矩轴向通量，$G_{\varphi m} = G_g + G_a$；$G_{xm}'$ 为双旋流混合动量轴向通量，$G_{xm}' = G_{xg}' + G_{xa}'$。

根据煤气及空气旋流器的几何结构，分别计算出煤气旋流角动量矩 G_g、空气旋流角动量矩 G_a、煤气旋流动量 G_{xg}' 及空气旋流动量 G_{xa}'，即可算出 s_m。

6.4.2.2　旋流强度对气流结构的影响

首先，旋流强度对旋转射流速度场有影响。旋转射流卷吸周围介质的数量将随 s 的增强而增加，这点可由经验公式（6-19）看出。

$$\frac{q_{m_x}}{q_{m_0}} = 1 + 0.5s + 0.207(1 + s)\frac{x}{d} \tag{6-19}$$

式中，q_{m_x} 为离喷口 x/d 处被卷吸入射流的周围介质的质量流量；q_{m_0} 为从喷口喷出的原始质量流量。

卷吸的气体量越多，紊流扩散越强，消耗的能量就越大，速度衰减也就越快。根据这一特性，可用改变 s 大小的方法来改变气流的速度分布，并调节火焰长度以满足工艺要求。

其次，s 对回流区尺寸也有影响，见图 6-14。从图中可以看出，s 越大，回流区的尺寸也越大。这说明改变射流旋流强度，能有效改变射流的速度场和压力场，从而改变射流内部回流区的特征。工程实践中，常借助于此方法来稳定火焰和改善气流间的混合。

最后，s 与旋流器的效率有关。所谓旋流器效率（η_s），是指流体通过旋流器每秒输出

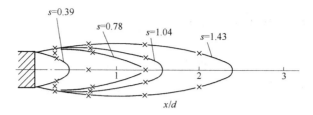

图 6-14 回流区与旋流强度的关系

的动能与流体在旋流器进出口之间每秒降压功之比。其表达式为：

$$\eta_s = \frac{\dfrac{q_{m_0}}{2}v_0^2(1-\delta_s)}{\dfrac{q_{m_0}}{\rho}(p_i-p_0)}$$ （6-20）

式中，q_{m_0} 为单位时间内喷出流体的质量，kg/s；v_0 为喷出流体的平均流速，m/s；p_i、p_0 分别为流体进出旋流器的压力，Pa；ρ 为流体密度，kg/m³；δ_s 为决定于旋流特性及旋流器进出口直径比（r_i/r_0）的系数。不同结构旋流器的 η_s 随 s 的变化规律不一样。比如，轴向叶片旋流器在高 s 值时，η_s 就很低；安装不同角度适应不同 s 的径向旋流器，在高 s 值下，η_s 可以大大提高。

　　如上所述，s 是旋转射流的一个重要参数，它与喷嘴结构参数有关，也可用来控制射流结构以满足工艺要求。所以，常以 s 来区分旋转射流的状态。一般认为：$s=0$，属于无旋流，与自由射流相同；$s<0.6$，属于弱旋流，轴向压力梯度不足以产生回流区；$s>0.6$，属于强旋流，喷口附近出现回流区，s 越大，回流区的范围越大。

───── **本 章 小 结** ─────

　　射流是流体由喷嘴流出后继续扩散的一种流动。本章介绍了射流的定义及分类，自由射流、旋转射流、半限制射流的基本特点，射流的相互作用。自由射流和旋转射流是本章的重点内容。

　　射流就其机理而言，主要分为自由射流、半限制射流、限制射流及旋转射流等。自由射流是流体由喷嘴流出，进入一个足够大的静止空间后，不再受固体边界限制的流动。自由射流可分为初始段、基本段、射流核心区、射流极点四个主要区域，射流各截面上动量相等，压力也保持不变。基本段不同截面上的速度分布相似，中心流速沿流动方向逐渐衰减，流量不断增大。

　　流体自喷嘴流出后，有一部分受到固体表面的限制，称为半限制射流，如贴壁射流和冲击射流。半限制射流比自由射流要复杂得多，主要靠实验方法测定。限制射流是射流流向被四周固体壁面所包围的限制空间的流动，可以分为射流区、回流区和旋涡区三个区域。回流区有利于混合和温度的均匀化，而旋涡区是不利的。

　　旋转射流是流体喷出前就被强制旋转，喷出后在无限大静止空间中的继续流动。具有存在一个回流区、速度沿程衰减快、射流中心有很强的卷吸力等特性。旋流强度 s 是表示旋流设备所产生旋转射流特性的几何特征数，取决于旋流设备的结构。根据旋流强度对速度分布和回流区尺寸的影响，可将其作为调节火焰长度和稳定火焰的手段。

主要公式：

圆形射流的速度：$\dfrac{v_c}{v_0} = \dfrac{0.97}{\dfrac{ax}{r_0} + 0.29}$，$\dfrac{\bar{v}_x}{v_0} = \dfrac{0.19}{\dfrac{ax}{r_0} + 0.29}$；

圆形射流的流量：$\dfrac{q_x}{q_0} = 2.20\left(\dfrac{ax}{r_0} + 0.29\right)$；

旋流强度：$s = \dfrac{2}{3}\left[\dfrac{1 - (r_1/r_2)^3}{1 - (r_1/r_2)^2}\right]\tan\theta$；

旋转射流的流量：$\dfrac{q_{m_x}}{q_{m_0}} = 1 + 0.5s + 0.207(1 + s)\dfrac{x}{d}$。

习题与工程案例思考题

习 题

6-1 何为自由射流，有何特点？

6-2 自由射流基本段不同截面上的速度分布有何特点，对研究其速度分布有何意义？

6-3 自由射流中心流速沿流动方向逐渐衰减，为什么流量反而不断增大？

6-4 何为半限制射流，贴壁射流和冲击射流各有何特点？

6-5 何为限制射流，有何特点？

6-6 为什么说回流区有利于混合和温度的均匀化，而旋涡区是不利的，有何实际意义？

6-7 何为旋转射流，其基本特性是什么？

6-8 何为旋流强度，其物理意义是什么，有何实际意义？

6-9 圆形轴对称射流 $v_0 = 50\text{m/s}$，在某处测得 $v_x = 5\text{m/s}$，求该截面处气体流量为初始流量的几倍。

6-10 天然气喷嘴，其空气采用叶片式旋流器供风。已知圆形通道的外半径 $r_2 = 200\text{mm}$，内半径 $r_1 = 30\text{mm}$，叶片旋转角 $\theta = 30°$，问该旋流器的旋流强度是多少？

工程案例思考题

案例 6-1　转炉氧气射流

案例内容：

（1）转炉氧气射流的形成；

（2）转炉氧气射流的特征；

（3）转炉氧气射流的计算；

（4）转炉氧气射流的作用。

基本要求：针对某实际转炉的吹氧，完成案例内容。

案例 6-2　煤气烧嘴射流

案例内容：

（1）煤气烧嘴的类型；

（2）煤气烧嘴射流的特征；

（3）煤气烧嘴射流的计算；

（4）强化煤气燃烧的措施。

基本要求：针对某实际煤气的燃烧，完成案例内容。

冶金与材料制备及加工中的动量传输

本章课件

本章学习概要：主要介绍两相流动和热气体流动。要求理解气体喷向液体表面、气体喷入液体内部的流动特征，掌握埃根方程及其应用，了解气动输送过程及计算，掌握热气体的流动特点、压头的概念及变化规律、双流体伯努利方程及应用。

在冶金与材料制备及加工中，都存在着特殊的流体流动。例如，炼铁高炉中的气固两相流动、炼钢转炉中的气液两相流动、炼铜的埋吹、钢包底吹、金属液精炼过程中夹杂物颗粒的上浮、泡沫材料制备及复合材料压力渗透工艺中的流体通过填料层的流动、材料加工中的热气体流动等。

7.1　气液两相流动

7.1.1　气体流过液体表面的流动

气体流过液体表面时，流动着的液体流向可能与气体射流同向或反向。一股初速度为 v_0 的气体射入静止液体表面、与气体逆向的液体表面、与气体同向的液体表面的情况，分别如图 7-1（a）、图 7-1（b）和图 7-1（c）所示，液体的流速为 v_L。气体流过液体表面时的特性与前述半限制射流的情况有很多共同点，当射流速度不大时，形成具有一定厚度的层流射流边界层；当流动速度增大，雷诺数增加并超过某一临界值时，将出现紊流边界层。雷诺数的临界值与来流的扰动情况有关，一般认为，当 $Re > 7.0 \times 10^4$ 时就形成紊流边界层。工程实际中遇到的都是紊流情况，且射流边界层内无压力变化，射流截面上速度分布相似，截面上动量保持不变。

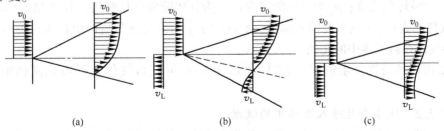

图 7-1　气体射流掠过液体表面

（a）静止；（b）逆向；（c）同向

7.1.2　气体喷入液体中的流动

7.1.2.1　气体水平喷入液体中的流动

当气体自直径为 d_0 的喷口以速度 v_0 喷入液体中时，由于气体流股本身具有较大速度而产生前冲力，与此同时，气体又受到液体的浮力作用。所以，气流喷入液体一定深度后（即射流的穿透深度）将转向，其运动轨迹 oo' 将与水平线呈一角度 θ，如图 7-2 所示。θ 值由气体的原始动量和所受液体浮力的比值所确定，即：

$$\tan\theta = \frac{浮力(F)}{原始动量(M_0)}$$

显然
$$\frac{\mathrm{d}(\tan\theta)}{\mathrm{d}x} = \frac{1}{M_0} \cdot \frac{\mathrm{d}F}{\mathrm{d}x} \tag{7-1}$$

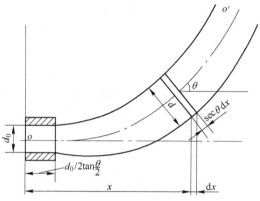

图 7-2　气体水平喷入液体的运动轨迹

式（7-1）即为描述运动轨迹 oo' 的基本公式，解之得微分方程。

当喷口水平布置时：

$$\frac{\mathrm{d}^2Y}{\mathrm{d}X^2} = 4\left[\frac{(\rho_1 - \rho_g)gd_0}{\rho_1 v_0^2}\tan^2\left(\frac{\theta_c}{2}\right)\right]\left[1 + \left(\frac{\mathrm{d}Y}{\mathrm{d}X}\right)^2\right]^{\frac{1}{2}}x^2c \tag{7-2}$$

当喷口与水平线呈 θ_0 角布置时：

$$\frac{\mathrm{d}^2Y}{\mathrm{d}X^2} = 4\left[\frac{(\rho_1 - \rho_g)gd_0}{\rho_1 v_0^2}\right]\left[\frac{\tan^2\left(\frac{\theta_c}{2}\right)}{\cos\theta_0}\right]\left[1 + \left(\frac{\mathrm{d}Y}{\mathrm{d}X}\right)^2\right]^{\frac{1}{2}}x^2c \tag{7-3}$$

式中，ρ_1 为液体的密度；ρ_g 为气体的密度；θ_c 为气体流股出口张角；$\mathrm{d}x$ 为微元体的深度；d 为微元体的直径；x 为气流喷入深度，$X = x/d_0$；y 为微元体与喷口中心线的距离，$Y = y/d_0$；c 为气体在微元体中的比例。

若给出边界条件，求解式（7-2）和式（7-3）可获得气体水平喷入液体中的流动规律。

7.1.2.2　气体垂直喷入液体中的流动

气体流股从容器底部垂直喷入液体介质中的流动特征，如图 7-3 所示。气体流股喷入容器后即形成大量气泡，上浮的气泡驱动液体随其向上流动，形成上升的气泡柱，这个区

域的液体被加速，常称为力作用区（图中 A 区）。被
加速的液滴离开力作用区，像射流那样喷射到系统的
其余部分区域，一般称为射流区（图中 B 区）。当射
流冲击容器壁或自由表面时就会产生折射，并取壁面
或自由表面的方向。在器壁处射流再次折射向下移
动。为了加速力作用区的液体，必须把力作用区以外
的液体引入力作用区的液体中。对于封闭体系来说，
这部分液体仅来自非射流区，这个区域称作回流区
（图中 C 区）。对流循环的流股和整个容器内的紊流扩
散，使得容器内的液体可以进行迅速地混合。

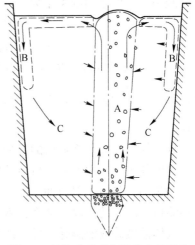

图 7-3　气体垂直喷入液体中的流动
A—力作用区；B—射流区；C—回流区

　　气流从容器底部垂直喷入液体内部时，需要确定
所需的最低压力，否则无法形成气柱。喷入所需的最
低压力与液体密度及深度有关，可用式（7-4）计算：

$$p_c = \rho_1 g H \tag{7-4}$$

式中，p_c 为喷入所需的最低压力，Pa；ρ_1 为液体密度，kg/m³；H 为液体深度，m。

7.1.3　气体垂直喷向液体表面的流动

　　图 7-4 所示为气体以超声速从喷嘴流出后的射流。气流喷出后，一部分气流流速降到
声速或亚声速，但还存在一个超声速核心，如图中①所示。超声速核心在与喷嘴相距一定
距离处消失，此后整个射流都为声速及亚声速。在超声速核心区，射流沿高度几乎不扩
张，达到衰变点后，射流就以一定的夹角扩张，而且马赫数越大，扩张角越小。超声速射
流中心线处的冲击压力实际上全部为动压力，随马赫数的增加而增加；而且，该动压力随
着距喷口距离的增加而急剧下降，但其下降程度与马赫数无关。

　　当超声速气流从初速度 v_0 喷向液体表面时，则形成如图 7-5 所示的凹坑，显然，射流
特性对凹坑的形状有决定性影响。图 7-5 中，v_c 表示射流断面速度，H_c 表示射流穿透深
度。实验表明，随着动量的增加，穿透深度增加；随着喷口距液面距离的增加，穿透深度

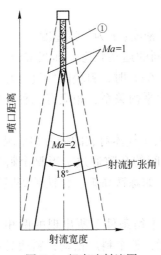

图 7-4　超声速射流图

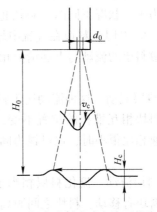

图 7-5　超声速射流喷向液面的流动

急剧减小，它们之间的关系为：

$$\frac{H_c}{H_0}\left(\frac{H_0+H_c}{H_0}\right)^2 = \frac{154M_0}{2\pi g\rho_1 H_0^3} \tag{7-5}$$

式中，H_c 为穿透深度；H_0 为喷嘴距静止液面的距离；M_0 为单位时间通过喷口截面的动量，且 $M_0 = \frac{\pi}{4}d_0^2\rho_g v_0^2$；$\rho_1$ 为液体的密度；ρ_g 为气体的密度；d_0 为喷口直径；v_0 为气体喷出初速度。

据空气射流向水面喷射的模型实验证实，水沿着凹坑表面上升，经凹坑凸缘后，沿凹坑周边的外表面流向器壁，再沿器壁向下产生循环流，在器壁附近形成涡流。容器内液体的这种运动，是由于射流冲击凹坑表面气流的摩擦力引起的。若在增加射流速度的同时，减小喷口离液面的距离，那么，就有促进在凹坑表面上产生冲击波的趋势。在冲击波作用下，液体被破碎成液滴并呈抛物线状飞散，这就是所谓的喷溅现象。

7.2 气固两相流动

气固两相流动存在着不同的形式，这里的固相是指粒状的固体料块和由料块堆集的散料层而言。因此，气固两相流动实际上是气体与固体料块的混合流动过程。如将固体料块或由料块堆积的散料层作为气体的流动对象，则气固两相流动一般可视为气体通过料块或散料层的流动。

料块在气体中的沉降或浮升，决定于料块在气体中的下降力，还有料块在下降（或浮升）的相对运动中，气体对料块的作用力及阻力（拖力）的平衡关系。

设有处于静止状态的一个球形料块，气体自下向上从其周围流过，淹没于气流中的料块下降力为：

$$G = (\rho_s - \rho)g\frac{\pi}{6}d_s^3 \tag{7-6}$$

气体对料块的拖力为：

$$F = k\frac{v^2}{2}\rho\frac{\pi}{4}d_s^2 \tag{7-7}$$

式中，ρ_s 为料块的密度；d_s 为料块的直径；ρ 为气体的密度；v 为气流速度。

在两作用力平衡状况不同时，料块也随之处于不同的运动状态。即当 $G>F$ 时，料块在气流中下降；$G=F$ 时，料块在气流中悬浮（不动）；$G<F$ 时，料块随气流上升。

气体通过散料层的流动与上述情形相类似。根据力平衡关系，相应有三种不同流动状态，即：

（1）固定料层流动。这种流动属于料层的下降力大于气体对它的拖力的情况。在气体流过料层时，料块相互堆积的位置不变，气体从料块间的孔隙通过。当整个料层下降很慢，与气体流速相比很小时，也可视为固定料层流动，如炼铁高炉、化铁炉等竖炉就属于此种情况。

（2）流化料层流动。流化料层相当于两种作用力平衡条件下所出现的两相流动。此时，料层中的料块有移动，料块之间脱离固定接触位置，整个料层松动，料块悬浮于气流中而不被气流带走，从而形成沸腾状态的料层，如流态化干燥过程。

（3）气动输送过程。若气流对料层的作用力超过料层的下降力时，则流动状态由流态化转入气动输送状态。此时，料层中的料块与气流混合，固体料块被带出料层而与气体一起流动。如喷粉脱硫、粉煤喷吹等气动输送的管道系统，即为气固两相混合流的输送过程。

7.2.1 固定料层流动

7.2.1.1 气体流过固定料层时的压力降及埃根方程

气流流过散料层时因阻力而消耗能量。对气体而言，阻力表现为通过散料层而产生的压力降。求解散料层阻力损失的典型方法称为"管束理论"。这种方法是将气体所通过的料层中不规则的孔隙通道，看成由平行导管并联而成的管束，先按管束过流情况从理论上确定阻力损失或气流压降，再按料层特性因素由实验方法给以补正，确定出实际料层的压降公式。

在工程计算中，通常以气体的体积流量和料层的总截面积（即容器的总截面积）来定义流速，按流量公式有：

$$v_0 = \frac{q_V}{A_0} \tag{7-8}$$

式中，q_V 为气体的体积流量，m^3/s；A_0 为料层的总截面积，m^2。

而气流在孔隙中的流速，也可按流量公式定义为：

$$v = \frac{q_V}{A} \tag{7-9}$$

式中，A 为孔隙通道的总截面积，m^2。

由式（7-8）及式（7-9）有：

$$\frac{v_0}{v} = \frac{A}{A_0} \tag{7-10}$$

将料层中孔隙的总体积（V_b）与料层总体积（V_a）之比定义为孔隙率，以 ω 表示，则有：

$$\omega = \frac{V_b}{V_a} = \frac{LA}{LA_0} = \frac{A}{A_0} \tag{7-11}$$

式中，L 为料层高度。

料层中孔隙的当量直径按式（7-12）计算：

$$D_k = \frac{4V_b}{A_b} \tag{7-12}$$

式中，D_k 为料层中孔隙的当量直径；A_b 为料层中孔隙的总表面积。

料块的总体积为 V_s，且 $V_s = V_a - V_b$，则由式（7-11）得：

$$V_s = V_a - \omega V_a = (1 - \omega)V_a \tag{7-13}$$

将单位体积料块所具有的表面积定义为比表面积，以 S_0 表示，则：

$$A_b = S_0 V_s = S_0(1 - \omega)V_a \tag{7-14}$$

将式（7-11）及式（7-14）代入式（7-12）得：

$$D_k = \frac{4\omega V_a}{S_0(1-\omega)V_a} = \frac{4\omega}{S_0(1-\omega)} \tag{7-15}$$

根据管束摩阻公式推得，气体通过散料层的压降公式为：

$$\frac{\Delta p}{H} = \frac{4.2\mu S_0^2(1-\omega)^2 v_0}{\omega^3} + \frac{0.292\rho S_0(1-\omega)v_0^2}{\omega^3} \tag{7-16}$$

式中，Δp 为散料层的压降；H 为散料层的长度（高度）；μ 为气体的黏度；v_0 为定义流速；ρ 为气体密度；ω 为孔隙率；S_0 为比表面积。

式（7-16）称为埃根（Ergun）方程。方程等号右侧第一项为黏性项，第二项为惯性项。若 $Re<2$，则可忽略惯性项而只计算黏性项；当 $Re>100$ 时，则可忽略黏性项而只计算惯性项；$Re = \dfrac{\rho v_0}{\mu S_0(1-\omega)}$。

若料块为均匀球形料块，则：

$$\frac{\Delta p}{H} = \frac{150\mu(1-\omega)^2 v_0}{d^2\omega^3} + \frac{1.75\rho(1-\omega)v_0^2}{d\omega^3} \tag{7-17}$$

式中，d 为球形料块直径。

7.2.1.2　料层特性及压降公式修正

散料层的特性是指料层的孔隙率及比表面积。若按式（7-16）进行计算时，首先需要确定 ω 及 S_0；若按式（7-17）进行计算时，则应按料层的特性来修正。

A　料层孔隙率

按前述定义：

$$\omega = \frac{V_b}{V_a} = \frac{V_b}{V_b + V_s} \tag{7-18}$$

以及

$$1 - \omega = 1 - \frac{V_b}{V_b + V_s} = \frac{V_s}{V_a} \tag{7-19}$$

对不规则的料块，V_s 及 V_b 很难计算，此时 ω 可按下述方法确定。设料层、流体、料块的质量分别为 m_a、m、m_s，则有如下关系存在：

$$m_a = m + m_s \quad \text{或} \quad \frac{m_a}{V_a} = \frac{m}{V_a} + \frac{m_s}{V_a}$$

已知 $V_a = \dfrac{V_b}{\omega} = \dfrac{V_s}{1-\omega}$，代入上式可得：

$$\bar{\rho} = \frac{m_a}{V_a} = \frac{m\omega}{V_b} + \frac{m_s(1-\omega)}{V_s} = \rho\omega + \rho_s(1-\omega) \tag{7-20}$$

式中，$\bar{\rho}$ 为料层平均密度，由料层的质量和体积确定；ρ 为流体的密度；ρ_s 为料块的密度。

显然，当已知 ρ 和 ρ_s 时，则可由式（7-20）确定 ω。一般 ω 均由实验方法确定。对大多数粒状物料的固定床，其孔隙率 ω 在 0.3~0.5 之间。

B　料块比表面积

料块比表面积 S_0 与料块的形状有关。例如，直径为 d 的球体变为边长为 a 的立方体时，由于体积未变，则有 $a^3 = \dfrac{\pi}{6}d^3$，即 $a \approx 0.8d$，而表面积却由 πd^2 变为 $6a^2$，即增加了 24%。这个比表面积的增加倍数叫放大倍数。由于放大倍数与料块形状有关，故常称为形状系数，以 λ 表示。表 7-1 列出了一些规则料块的形状系数值。

表 7-1　几种规则料块的形状系数值

料块形状	料块的特性尺寸 d_p[①]	d_p 与同体积球体直径 d 的关系	按同体积球体直径 d 表示的面积	形状系数 λ
球　体	直径，$d_p = d$		$A = \pi d^2$	1.0
立方体	边长，$d_p = a$	$d_p = a = 0.8d$	$3.9d^2$	1.24
圆柱体	d（直径）$= h$（高），$d_p = h$	$d_p = h = 0.87d$	$3.6d^2$	1.15
圆柱体	$d = h/10$，$d_p = d$	$d_p = d = 0.4d$	$5.16d^2$	1.64
方柱体	边长 a，高 $10a$，$d_p = a$	$d_p = a = 0.37d$	$5.88d^2$	1.87
圆　盘	b（厚）$= d/10$，$d_p = b$	$d_p = b = 0.188d$	$6.88d^2$	2.12
方　盘	$b = a/10$，$d_p = b$	$d_p = b = 0.174d$	$7.28d^2$	2.32

① 料块的特性尺寸 d_p，指料块计算时有代表性的尺寸。

当料层料块为大小均匀的球体时，比表面积为：

$$S_0 = \frac{\pi d^2}{\dfrac{\pi}{6}d^3} = \frac{6}{d} \tag{7-21}$$

式中，d 为球体直径。

对于均匀的非球形料块，比表面积应以形状系数修正，式（7-21）将变为：

$$S_0 = \frac{6\lambda}{d_p} \tag{7-22}$$

式中，d_p 为换算直径。

对于粒度大小不等的球形料块，则以平均筛分直径 $\bar{d}$ 代替式（7-21）中的球体直径 d 来计算 S_0。若料块粒度不等且为非球形，则 $\bar{d}$ 还应以形状系数修正，比表面积为：

$$S_0 = \frac{6\lambda}{\bar{d}} \tag{7-23}$$

将式（7-23）代入式（7-16）后，得到经修正后的埃根方程为：

$$\frac{\Delta p}{H} = \frac{150\mu\lambda^2(1-\omega)^2 v_0}{\bar{d}^2\omega^3} + \frac{1.75\rho\lambda(1-\omega)v_0^2}{\bar{d}\omega^3} \tag{7-24}$$

埃根方程中，将料层的孔隙率 ω 作为常数考虑，但实际上并非如此。在充满散料层的容器内，靠近器壁处料层的 ω 大于内部的 ω，这种孔隙率分布不均匀的现象称为围壁效应，它直接影响气流的分布及压降。实验表明，容器直径 D 与料块直径 d 的比值 D/d 越小时，围壁效应越显著；在 $Re = 2 \sim 150$ 范围内，用埃根方程计算压降时，当 $D/d > 20$ 时，误差在 10% 左右；要完全消除围壁效应，D/d 则应大于 50。

7.2.1.3　埃根方程的应用

埃根方程除了计算散料层的压降外，还可以计算气体通过散料层的流量、确定散料层的透气性指数、分析气体压力对散料层压降的影响。

A 气体通过散料层的流量

气体通过散料层时，一般处于紊流状态，可将式（7-16）简化为：

$$\frac{\Delta p}{H} = 0.292\rho S_0 \left(\frac{1-\omega}{\omega^3}\right) v_0^2 \tag{7-25}$$

得

$$v_0 = \left[\frac{\omega^3}{0.292\rho S_0(1-\omega)}\right]^{1/2} \left(\frac{\Delta p}{H}\right)^{1/2} \tag{7-26}$$

当料层结构一定时，ρ、ω、S_0 的组合为一常数，令 $\dfrac{\omega^3}{0.292\rho S_0(1-\omega)} = k_D$，则式 （7-26）变为：

$$v_0 = (k_D)^{1/2} \left(\frac{\Delta p}{H}\right)^{1/2} \tag{7-27}$$

当料层的总截面积为 A_0 时，气体的体积流量为：

$$q_V = A_0 v_0 = (k_D)^{1/2} A_0 \left(\frac{\Delta p}{H}\right)^{1/2} \tag{7-28}$$

式中，k_D 为料层渗透系数，由实验确定。

B 散料层的透气性指数

散料层的气体流量与压降的关系，称为散料层的透气性指数。在紊流情况下，由式 （7-24）得：

$$\frac{v_0^2}{\Delta p} = \frac{\bar{d}}{1.75\rho\lambda H}\left(\frac{\omega^3}{1-\omega}\right) \quad \text{或} \quad \frac{q_V^2}{\Delta p} = \frac{\bar{d}A_0^2}{1.75\rho\lambda H}\left(\frac{\omega^3}{1-\omega}\right) \tag{7-29}$$

当 ρ、λ、A_0 一定时，令 $\dfrac{\bar{d}A_0^2}{1.75\rho\lambda H} = k$，由式（7-29）变为：

$$\frac{q_V^2}{\Delta p} = k\left(\frac{\omega^3}{1-\omega}\right) \tag{7-30}$$

式中，$\dfrac{q_V^2}{\Delta p}$ 为散料层的透气性指数。

显然，k 一定时，透气性指数与 ω 有关。ω 除供料条件外，与操作制度有关。所以，透气性指数是高炉操作的重要参数。

C 气体压力对散料层压降的影响

当气体在较高压力下流过散料层时，气体的密度不为常数，它随压力的增加而增加。根据推导，在较高压力下，气体流过散料层时所产生的压力降由式（7-31）计算：

$$\Delta p = p_1 - p_2 = \sqrt{2k'H + p_2^2} - p_2 \tag{7-31}$$

式中，p_1 为气体通过散料层前的压力；p_2 为气体通过散料层后的压力；H 为散料层的高度；k' 为系数，且 $k' = k\rho_0 p_0 v_0^2 = \dfrac{0.292 S_0(1-\omega)}{\omega^3}\rho_0 v_0^2 p_0$，$\rho_0$、$p_0$ 为标准状态下的密度及压力。

由此分析可知，当料层结构一定、气体流量不变时，随着 p_2 的增大，气体流过散料层的压力降减小；当料层结构一定，气体流过散料层的压力降一定时，随着 p_2 的增大，气体流量增大。

例 7-1 在实验中做空气通过散料层的压降试验。已知容器直径 0.2m，料层高度 1.5m，料块直径 0.01m，$\lambda = 1.176$，$\omega = 0.45$，空气的流量 $q_V = 0.04\text{m}^3/\text{s}$，黏度 $\mu = 1.85 \times 10^{-5}\text{Pa} \cdot \text{s}$，$\rho = 1.21\text{kg/m}^3$，试计算空气通过散料层的压力降。

解：首先计算流速：$\quad v_0 = \dfrac{q_V}{A_0} = \dfrac{0.04}{\dfrac{\pi}{4} \times 0.2^2} = 1.27 \text{ m/s}$

再按式（7-24）计算压力降：

$$\Delta p = H \left[\frac{150\mu\lambda^2 (1-\omega)^2 v_0}{d^2\omega^3} + \frac{1.75\rho\lambda(1-\omega)v_0^2}{d\omega^3} \right]$$

$$= 1.5 \times \left[\frac{150 \times 1.85 \times 10^{-5} \times 1.176^2 \times (1-0.45)^2 \times 1.27}{0.01^2 \times 0.45^3} + \right.$$

$$\left. \frac{1.75 \times 1.21 \times 1.176 \times (1-0.45) \times 1.27^2}{0.01 \times 0.45^3} \right]$$

$$= 3.88 \times 10^3 \text{ Pa}$$

例 7-2 已知一散料层高 $H = 20\text{m}$，料层截面直径 $D_0 = 2.0\text{m}$，料层的孔隙率 $\omega = 0.4$，比表面积 $S_0 = 1200\text{m}^2/\text{m}^3$，测出料层的压降为 $\Delta p = 9800\text{Pa}$，流过气体的密度 $\rho = 1.24\text{kg/m}^3$，气体的黏度 $\mu = 1.80 \times 10^{-5}\text{Pa} \cdot \text{s}$，试求：（1）流过气体的平均流速 v_0 及流量 q_V；（2）当流量增加一倍时，料层的压降增加多少。

解：（1）求流速及流量

依式（7-27）及式（7-28）先计算 k_D：

$$k_D = \frac{\omega^3}{0.292\rho S_0 (1-\omega)} = \frac{0.4^3}{0.292 \times 1.24 \times 1200 \times (1-0.4)} = 2.45 \times 10^{-4}$$

再求流速：$v_0 = (k_D)^{1/2} \left(\dfrac{\Delta p}{H} \right)^{1/2} = (2.45 \times 10^{-4})^{1/2} \times \left(\dfrac{9800}{20} \right)^{1/2} = 0.346 \text{ m/s}$

再算流量：$A_0 = \dfrac{\pi}{4}D_0^2 = \dfrac{\pi}{4} \times 2.0^2 = 3.142\text{m}^2$，$q_V = v_0 A_0 = 0.346 \times 3.142 = 1.087 \text{ m}^3/\text{s}$

核算雷诺数：$Re = \dfrac{\rho v_0}{\mu S_0 (1-\omega)} = \dfrac{1.24 \times 0.346}{1.80 \times 10^{-5} \times 1200 \times (1-0.4)} = 33.1$

显然，$Re = 33.1 > 2$，即为紊流区。所以上述计算有效，否则应用式（7-16）计算。

（2）计算流量增加一倍时的压降

流量 q_V 增加一倍，流速 v_0 也增加一倍，故 $v_0 = 2 \times 0.346\text{m/s}$，此时进入更强烈的紊流区，故可用式（7-27）来确定压降，即：

$$\Delta p = \frac{H}{k_D}v_0^2 = \frac{20}{2.45 \times 10^{-4}} \times (2 \times 0.346)^2 = 39090 \text{ Pa}$$

可见，流速增加一倍，压降则增加四倍。

7.2.2 气动输送过程

7.2.2.1 气动输送过程的实现

气体通过散料层时，气体的速度与料层的
压降关系示于图 7-6。从图中可以看出，气体的
流速与压降之间的关系共分四个区域，即：

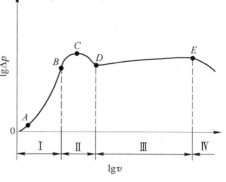

（1）区域 I（0B 段）。此段为固定料层的
区域。其中，A 点以前为层流区，压降的变化比
较小，与速度呈线性。A 点以后，压降变化比较
大，与流速呈二次方关系，此段为紊流区域。

图 7-6　料层流化速度与压降的关系

（2）区域 II（BCD 段）。此段为从固定料层进入流态化状态的过渡区域，又称料层的
膨胀段。当流速增加到 B 点时，压降与单位截面上料层的下降力相等，是料块开始松动的
临界点。超过 B 点，料块开始重新排列，即料层开始松动，ω 开始增大，但此时料块尚未
脱离接触。从 B 点到 D 点，在料块重新排列、消耗能量，致使压降 Δp 增加的同时，存在
着由于 ω 的增加使阻力降低的相反作用，故有最高点 C 的出现。到达 D 点时，料块重新
排列完毕，料层孔隙率 ω 达到料块接触条件下的最大值，料层压降与 B 点相近似。

（3）区域 III（DE 段）。此段为流态化阶段。超过 D 点后，料块间脱离接触，散布于
气流之中，称之为沸腾状态。气流在流过沸腾状态的气固混合区时仍有一定阻力，但同时
料层孔隙率 ω 也在增加，故料层压降的增加并不明显。

（4）区域 IV（E 点以后）。到达 E 点时，气流速度已达到料块的自由沉降速度值，此
时料块有被气流带走的趋势。超过 E 点，料块将被气流带走，即进入气动输送过程。

7.2.2.2 气动输送的速度

从上述分析得知，到达 E 点时的速度为气动输送时气流的最小速度，它应等于料块的
自由沉降速度。根据推导，在 $\omega = 1$ 时，球形料块的自由沉降速度为：

$$v_c = \sqrt{\frac{4}{3} \cdot \frac{d(\rho_s - \rho)g}{\rho k_f}} \tag{7-32}$$

式中，v_c 为极限速度，m/s；ρ_s 为料块密度，kg/m³；ρ 为气流密度，kg/m³；d 为料块直
径，非球形料块取决于特性尺寸或平均筛分直径，m；k_f 为取决于雷诺数 Re_d 的球体绕流
摩阻，见第 4 章。

对于垂直向上气流中的单个料块，料块对地面或基准面的绝对速度为 v_s，设气流速度
为 v，则 v、v_c、v_s 三者之间的关系为：

$$v = v_c + v_s \quad \text{或} \quad v_s = v - v_c \tag{7-33}$$

也就是说，当气流速度等于料块自由沉降速度时，料块的绝对速度为零，即料块在气流
中不动。料块如以一定速度随气流向上运动，则气流速度应等于料块的绝对速度加上自由沉
降速度。在料块群的气动输送过程中，除了料块的下降力与气流对料块的拖力外，还存在气
固相流中的阻力，因此，实际气动输送的速度较单个料块的理想速度要大。对球形料块做力
平衡分析可导出：

$$v = v_s + \sqrt{\frac{4}{3} \cdot \frac{d(\rho_s - \rho)g}{\rho k_f}} \cdot \sqrt{\left(1 + \frac{\xi_s}{d'} \cdot \frac{v_s^2}{2g}\right)\omega^{4.7}} \tag{7-34}$$

式中，v 为气流对基准面的绝对速度，m/s；v_s 为料块对基准面的绝对速度，m/s；d 为球形料块直径，m；d' 为输送管道直径，m；ρ_s 为料块密度，kg/m³；ρ 为气体密度，kg/m³；ω 为料层孔隙率；ξ_s 为料块摩擦系数，取经验值。

水平输送管道的气动输送过程比垂直管道更复杂些。要使料块在气流中悬浮流动，必须克服气流中旋涡产生的向上分力、料块与器壁相撞后可能将水平动量分解为一部分的垂直动量、不规则料块受气流作用所产生的向上运动，以及转动中的料块受气流作用可能产生的垂直向上运动等。因此，水平管道内的气动输送速度将大大超过料块的沉降速度，即理想输送速度。

实验发现，在气体流量与固体流量之比为 20~80 的条件下，为了防止物料的沉积，各种物料的气动输送存在一个最小安全速度，在气动输送时，气流速度应大于最小安全速度。一些材料的最小安全速度值可参考表 7-2。

表 7-2　气动输送的安全值

物　料	平均堆积密度 /kg·m⁻³	近似粒径 /μm	气流最小安全速度 /m·s⁻¹		流动时最大安全密度 /g·cm⁻³	
			水　平	垂　直	水　平	垂　直
煤	0.72×10³	<1.27×10³	15.3	12.2	0.012	0.016
		<6.35×10³	12.2	9.2	0.016	0.024
麦	0.75×10³	<4.76×10³	12.2	9.2	0.024	0.032
水　泥	(1.04~1.44)×10³	95%<88	7.6	1.5	0.16	0.96
煤　粉	0.56×10³	100%<380 且 75%<76	4.6	1.5	0.11	0.32
粉　尘	0.72×10³	90%<150	4.6	1.5	0.16	0.48
膨润土	(0.77~1.04)×10³	95%<76	7.6	1.5	0.16	0.48
石英粉	(0.80~0.96)×10³	95%<105	6.1	1.5	0.08	0.32
磷酸石	1.28×10³	90%<152	9.2	3.1	0.11	0.32
食　盐	1.36×10³	5%<152	9.2	3.1	0.08	0.24
苏打粉（稀）	0.56×10³	66%<105	9.2	3.1	0.08	0.24
苏打粉（浓）	1.04×10³	50%<177	12.2	3.1	0.048	0.16
硫酸钠	(1.28~1.44)×10³	100%<500 且 50%<105	12.2	3.1	0.08	0.24
铁矾土粉	1.44×10³	100%<105	7.6	1.5	0.13	0.64
铝　粉	0.93×10³	100%<105	7.6	1.5	0.096	0.48
菱镁土	1.60×10³	90%<76	9.2	3.1	0.16	0.48
二氧化铀	3.52×10³	100%<152 且 50%<76	18.3	6.1	0.16	0.096

7.2.2.3　气动输送过程中的阻力阻失

为了确定气动输送系统的气源供气压力，需根据输送条件计算输送管系的阻力。总阻力，即总压降损失包括下列三项：

（1）气体单相流动的压降 Δp_1。此项损失存在于固体加料器前的气体管流系统，按管流系统的阻力损失计算方法计算。

（2）加速物料的压降阻失 Δp_2。散料由加料器进入气固相管流中时，将由气体将料块加速到 v_s 所需的能量作为阻力损失来考虑，由下式确定：

$$\Delta p_2 = (C + R_s) \frac{v_s^2}{2} \rho \qquad (7\text{-}35)$$

式中，C 为由供料方式确定的系数，1~10；R_s 为气固混合比。

（3）料块流动的压降损失 Δp_3。这部分能量消耗有两种不同的计算方法。

1）对直管

$$\Delta p_3 = \xi \frac{L}{d'} \cdot \frac{v^2}{2} \rho a \qquad (7\text{-}36)$$

式中，ξ 为单位气流的摩擦阻力系数；L 为管道的长；d' 为管道的直径；a 为与气体流速及气固混合比有关的系数，按经验式计算。

对水平管：

$$a = \sqrt{\frac{30}{v}} + 0.2 v_s \qquad (7\text{-}37)$$

对垂直管：

$$a = \frac{250}{v^{1.5}} + 0.15 v_s \qquad (7\text{-}38)$$

2）对弯管

$$\Delta p_3 = \xi'_s R_s \frac{v^2}{2} \rho \qquad (7\text{-}39)$$

式中，ξ'_s 为与转弯曲率半径 ρ 有关的系数，其经验值见表 7-3。

表 7-3　ξ'_s 的经验值

ρ/d'	2	4	6	7
ξ'_s	1.5	0.75	0.5	0.38

管路系统总压降为各段压降之和，即

$$\Delta p = \Delta p_1 + \Delta p_2 + \Delta p_3 \qquad (7\text{-}40)$$

例 7-3　用空气输送煤粉的一个上升管，管径 $d = 0.5\text{m}$；煤粉输送量为 $q_{m_s} = 50\text{kg/s}$；煤粉颗粒直径 $d_s = 5 \times 10^{-4}\text{m}$，煤粉密度 $\rho_s = 1.4 \times 10^3 \text{kg/m}^3$；空气的密度 $\rho = 1.0 \text{kg/m}^3$；料层孔隙率 $\omega = 0.99$。试求：煤粉输送速度 v_s 及所需的空气流速 v。

解：计算 v_s：

$$v_s = \frac{q_{m_s}}{\rho_s (1 - \omega) \frac{\pi}{4} d^2} = \frac{50}{(1.4 \times 10^3) \times (1 - 0.99) \times \left(\frac{\pi}{4}\right) \times (0.5)^2} = 18.2 \text{ m/s}$$

按式（7-34）计算校正系数 k 和气体流速 v：

$$k = \sqrt{\left(1 + \frac{\xi_s}{d} \cdot \frac{v_s^2}{2g}\right) \omega^{4.7}}$$

$$= \left[\left(1 + \frac{0.005}{0.5} \times \frac{18.2^2}{2 \times 9.81} \right) \times 0.99^{4.7} \right]^{1/2} = 1.056 \quad (\text{取} \, \xi_s = 0.005)$$

$$v_c = \sqrt{\frac{4}{3} \cdot \frac{d(\rho_s - \rho)g}{\rho k_f}} = \left[\frac{4}{3} \times \frac{5 \times 10^{-4} \times (1.4 \times 10^3 - 1.0) \times 9.81}{1.0 \times 0.5} \right]^{1/2}$$

$$= \left[\frac{4}{3} \times \frac{5 \times 10^{-4} \times 1.4 \times 10^3 \times 9.81}{1.0 \times 0.5} \right]^{1/2} = 4.28 \text{ m/s} \quad (\text{取} \, k_f = 0.5)$$

由 $v = v_s + v_c k$ 得： $\qquad v = 18.2 + 4.28 \times 1.056 = 22.72$ m/s

7.3   热气体的流动

炉内的气体流动与一般流体的流动相比较，具有两个显著的特征，即：

（1）炉内气体为热气体。所谓热气体，是指炉内气体的温度高于周围大气的温度。

（2）炉内热气体总是与大气相通的，而且炉内热气体的密度小于周围大气的密度，所以炉内气体的流动受大气的影响很大，不像液体在大气中流动那样可以忽略周围大气的影响。

动量传输中的基本方程，在分析炉内气体流动及进行有关计算时大都要使用到，但是要结合热气体这个特点来加以应用。

7.3.1   热气体的压头

伯努利方程指出，流体在流动过程中，单位体积流体所具有的位能（也称位压）$\rho g z$，单位体积的静压能（也称静压）p，单位体积的动能（也称动压）$\frac{\rho}{2} v^2$，三者之和为总能量，可以相互转换。在不考虑阻力损失情况下，其总能量不变。

热气体在炉内流动过程中，同样具有这三种能量，但是周围大气对其流动具有影响，所以这三种能量就用相对值来表示。也就是说，单位体积热气体所具有的能量与外界同一平面上单位体积大气所具有的能量之差，称为压头。与位能、静压能和动能相对应的分别为位压头、静压头和动压头。

7.3.1.1   热气体的位压头

单位体积热气体所具有的位能与外界同一平面上单位体积大气所具有的位能之差，称为热气体的位压头，用 h_g 表示。如图 7-7 所示，热气体的密度为 ρ_g，大气的密度为 ρ_a 且 $\rho_g < \rho_a$（因热气体温度较大气温度高），$\rho_g - \rho_a < 0$，有效重力为负，方向向上，故热气体在大气中有自动上升的趋势。

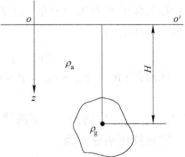

图 7-7   位压头示意图

取 o—o' 为基准面，则热气体所具有的位压头为（热气体距基准面的高度为 H）：

$$h_g = \rho_g g H - \rho_a g H = (\rho_g - \rho_a) g H \qquad (7\text{-}41)$$

由于基准面在上方，高度向下量度时为正，所以式（7-41）中的 H 为负值，故：

$$h_g = -(\rho_g - \rho_a)gH = (\rho_a - \rho_g)gH \tag{7-42}$$

对热气体而言，基准面取在上方时，由于热气体自动上浮，则下方热气体的位压头大于上方热气体的位压头，且位压头沿高度方向上的分布是线性的，这就是热气体沿高度方向上位压头的分布规律。由于热气体有自动上升趋势，所以热气体由下向上流动时，位压头是流动的动力；反之，热气体由上向下流动时，要克服位压头后才能流动，从这个意义上讲，热气体自上向下流动时，位压头应作为阻力来对待。

7.3.1.2　热气体的静压头

单位体积热气体所具有的静压能与外界同一平面上单位体积大气所具有的静压能之差，称为热气体的静压头，用 h_s 表示。参看图 7-8（a），若容器内充满热气体，其密度为 ρ_g，容器外为大气，其密度为 ρ_a，取 1—1 截面为基准面（基准面取在上方）。

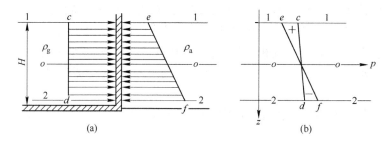

图 7-8　热气体的压力分布
（a）绝对压力分布；（b）表压力分布

按静压力平衡方程，热气体的绝对压力为：

$$p_g = p_{g_1} + \rho_g gH \tag{7-43}$$

式中，p_{g_1}、p_g 分别为上、下部热气体的绝对压力，Pa；H 为两截面之间的距离，m。

外面大气的绝对压力为：

$$p_a = p_{a_1} + \rho_a gH \tag{7-44}$$

式中，p_{a_1}、p_a 分别为上、下部外面大气的绝对压力，Pa。

上两式表明，无论是大气或热气体，底部的绝对压力均大于上部。图 7-8（a）中，cd 表示热气体的绝对压力分布；ef 表示大气的绝对压力分布。式（7-43）减去式（7-44）得气体的表压力为：

$$p_M = p_g - p_a = (p_{g_1} - p_{a_1}) + (\rho_g - \rho_a)gH \tag{7-45}$$

注意到：$p_{g_1} - p_{a_1} = p_{M_1}$，$\rho_g < \rho_a$，则式（7-45）变为：

$$p_M = p_{M_1} - (\rho_a - \rho_g)gH \tag{7-46}$$

式中，p_{M_1}、p_M 分别为上、下部热气体的表压力，Pa。

写成静压头形式为：

$$h_s = h_{s_1} - (\rho_a - \rho_g)gH \tag{7-47}$$

显然，容器内热气体的表压力或静压头是上大下小，这与热气体的绝对压力分布规律正好相反。如图 7-8（b）所示，图中的 o—o 面称为零压面。在零压面以上，热气体的表压力为正，称为正压区，这意味着 $p_g > p_a$，若容器与大气相通，比如有炉门或有缝隙，则热气体将外逸；反之，零压面以下，热气体的表压力为负，称为负压区，冷空气会被吸入。零压面上热气体的压力与外界大气压力相等。在炉子的操作过程中，常将零压面控制在炉底上，使炉膛呈正压区而烟道则为负压区。

7.3.1.3 热气体的动压头

单位体积热气体所具有的动能与外界同一平面上单位体积大气所具有的动能之差，称为热气体的动压头，用 h_d 表示。通常情况下，大气的流速比热气体的流速小得多，可以忽略不计，所以热气体的动压头也就是热气体本身所具有的动能，即：

$$h_d = \frac{\rho_g}{2} v^2 \tag{7-48}$$

7.3.2 热气体静力平衡方程

热气体静力平衡方程，是研究热气体在静止状态下的重要方程。图 7-9 为充满热气体的容器，容器内热气体的密度为 ρ_g，外界大气的密度为 ρ_a，o—o' 为基准面，因为是热气体，所以基准面取在上方。

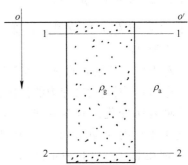

图 7-9 充满热气体的容器

根据表压力分布规律得 1—1 面及 2—2 面上的表压力分别为：

$$p_{M_1} = p_{M_0} - (\rho_a - \rho_g) g H_1 \tag{7-49}$$

式中，p_{M_1}、p_{M_0} 分别为 1—1 截面和基准面上的表压力，Pa；H_1 为 1—1 面和基准面之间的距离。

$$p_{M_2} = p_{M_0} - (\rho_a - \rho_g) g H_2 \tag{7-50}$$

式中，p_{M_2} 为 2—2 面上的表压力，Pa；H_2 为 2—2 面和基准面之间的距离，m。

由上两式可得：

$$p_{M_1} + (\rho_a - \rho_g) g H_1 = p_{M_2} + (\rho_a - \rho_g) g H_2 \tag{7-51}$$

式（7-51）就是热气体的静力平衡方程，它也可以写成压头的形式：

$$h_{g_1} + h_{s_1} = h_{g_2} + h_{s_2} \tag{7-52}$$

它表明热气体在任何截面上（高度上）的静压头与位压头的和是一个常数。从能量守恒来看，热气体上方静压头大都是由位压头转换而来的。

例 7-4 某炉膛内炉气的平均温度 $t_g = 1200℃$，炉气的密度 $\rho_{g_0} = 1.30 \text{kg/m}^3$，炉外大气的平均温度 $t_a = 25℃$，空气的密度 $\rho_{a_0} = 1.29 \text{kg/m}^3$，若炉门中心线处表压力为零，求距离中心线高 1m 处，炉膛的表压力是多少？

解：炉内热气体和炉外大气的密度为：

$$\rho_g = \frac{\rho_{g_0}}{1 + \beta t_g} = \frac{1.30}{1 + \dfrac{1200}{273}} = 0.241 \text{ kg/m}^3$$

$$\rho_a = \frac{\rho_{a_0}}{1 + \beta t_a} = \frac{1.29}{1 + \dfrac{25}{273}} = 1.182 \text{ kg/m}^3$$

取距离炉门中心线高 1m 处为基准面，由式（7-51）有：

$$p_{\mathrm{M}} = p_{\mathrm{M_0}} + (\rho_{\mathrm{a}} - \rho_{\mathrm{g}})gH = 0 + (1.182 - 0.241) \times 9.81 \times 1 = 9.23 \text{ Pa}$$

可见，炉膛内热气体表压力沿高度方向增加。

7.3.3　热气体管流伯努利方程

实际流体管流伯努利方程前面已导出，即：

$$\rho g z_1 + p_1 + \frac{\rho}{2} v_1^2 = \rho g z_2 + p_2 + \frac{\rho}{2} v_2^2 + h_{L_{1-2}}$$

式中，$\rho g z$ 为位压；p 为静压；$\frac{\rho}{2} v^2$ 为动压；$h_{L_{1-2}}$ 为从 1—1 截面流到 2—2 截面的阻力损失，各项的单位均为 Pa。

对于与大气相通的热气体管流而言（例如炉子烟道等），因受大气浮力的作用，伯努利方程的形式将有所变化，但能量守恒的原则不会改变。热气体在管内流动时如图 7-10 所示，将基准面 o—o′ 取在上方，则 1—1 截面及 2—2 截面上的伯努利方程应写为压头形式，即：

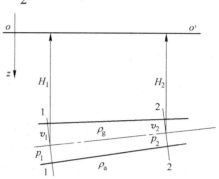

图 7-10　热气体管流伯努利方程示意图

$$(\rho_{\mathrm{a}} - \rho_{\mathrm{g}})gH_1 + p_{\mathrm{M_1}} + \frac{\rho_{\mathrm{g}}}{2} v_1^2 = (\rho_{\mathrm{a}} - \rho_{\mathrm{g}})gH_2 + p_{\mathrm{M_2}} + \frac{\rho_{\mathrm{g}}}{2} v_2^2 + h_{L_{1-2}} \tag{7-53}$$

或写成压头的形式为：

$$h_{g_1} + h_{s_1} + h_{d_1} = h_{g_2} + h_{s_2} + h_{d_2} + h_{L_{1-2}} \tag{7-54}$$

式中，h_{g} 为位压头，且 $h_{\mathrm{g}} = (\rho_{\mathrm{a}} - \rho_{\mathrm{g}})gH$；$h_{\mathrm{s}}$ 为静压头，且 $h_{\mathrm{s}} = p_{\mathrm{M}}$，即静压头等于表压力；$h_{\mathrm{d}}$ 为动压头，且 $h_{\mathrm{d}} = \frac{\rho_{\mathrm{g}}}{2} v^2$；$h_{L_{1-2}}$ 为从 1—1 截面到 2—2 截面的压头损失；各项的单位均为 Pa。

式（7-53）和式（7-54）就是热气体相对于大气在管内流动时的伯努利方程，因为涉及热气体及大气两种气体，故也称为双流体的伯努利方程。双流体伯努利方程也是能量守恒的体现，它表示热气体在管内流动时，位压头、静压头、动压头可以互相转换。对理想流体而言，其总和不变；对实际流体而言，则有压头损失存在，压头损失是流动造成的，而且是不可逆的，但损失的是静压头。

7.3.4　热气体管流阻力损失计算

热气体在管道中的流动阻力损失计算，最常见于烟气（高温气体状态的燃烧产物）在烟道及烟囱内流动时的阻力损失计算。其计算公式为：

$$h_{\mathrm{L}} = k \frac{\rho}{2} v^2 = k \frac{\rho_0}{2} v_0^2 (1 + \beta t) \tag{7-55}$$

式中，h_{L} 为阻力损失，Pa；v 为热气体的实际流速，m/s；ρ 为热气体的实际密度，kg/m³；k 为阻力系数；v_0 为热气体的标态流速，m/s；ρ_0 为热气体的标态密度，kg/m³；t 为热气体的温度，℃；β 为气体的膨胀系数，$\beta = 1/273$。

下面就计算中的特点加以说明：

（1）计算摩擦阻力损失 h_f 时，$k_f = \xi \dfrac{L}{d}$。ξ 的选择按圆管内紊流摩阻计算式计算，但工程上常用经验值，比如，对砖砌烟道 $\xi = 0.05$。L 为计算段的长度，d 为当量直径。在计算 h_f 时，v_0 取经济流速，对砖砌烟道一般取 $v_0 = 1.5 \sim 2\text{m/s}$。温度 t 取计算段的平均值，砖砌烟道时，由于热气体向外散热而温度逐渐下降。当已知入口处温度时，可根据每米长烟道的温度下降经验值来求出口温度，进而求得平均温度。对砖砌烟囱，取每米温降为 $1 \sim 1.5℃/\text{m}$，铁烟囱取 $3 \sim 4℃/\text{m}$。

（2）计算局部阻力损失 h_r 时，局部阻力系数可查相关手册。v_0 按标态流量计算，温度则取对应于 v 的温度。

（3）热气体自上而下流动时，则将位压头作为阻力损失考虑；反之，热气体自下向上流动时，位压头从阻力损失中减去。

（4）两截面上的压头损失等于两截面上表压力之差。

7.3.5 热气体管流伯努利方程的应用

燃料燃烧后所产生的高温燃烧产物，简称烟气，只有烟气连续不断地从炉尾顺利地排至大气中，炉子才能正常地工作。最常见的排烟设备就是烟囱。

如图 7-11 所示，以 3—3 为基准面，列出气体在流动时 2—2 截面及 3—3 截面的伯努利方程：

$$(\rho_a - \rho_g)gH + p_{M_2} + \frac{\rho_g}{2}v_2^2 = \frac{\rho_g}{2}v_3^2 + h_{L_{2-3}} \qquad (7\text{-}56)$$

移项得：

$$-p_{M_2} = (\rho_a - \rho_g)gH - \frac{\rho_g}{2}(v_3^2 - v_2^2) - h_{L_{2-3}} \qquad (7\text{-}57)$$

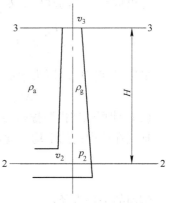

图 7-11 烟囱

此式表明，2—2 截面处为负压（内部压力小于周围大气压力），所以称为抽力或吸力。令实际抽力 $h_V = -p_{M_2}$，$\dfrac{\rho_g}{2}(v_3^2 - v_2^2) = \Delta h_d$，则：

$$h_V = (\rho_a - \rho_g)gH - \Delta h_d - h_{L_{2-3}} \qquad (7\text{-}58)$$

如果说烟囱的实际抽力 h_V 能克服从炉尾到烟囱底部的阻力损失，则烟气可以从炉尾顺利地流至烟囱底部，再经过烟囱排至大气。

例 7-5 已知某炉子排烟系统的阻力损失为 265Pa，烟气流量 $q_{V_0} = 1.8\text{m}^3/\text{s}$，烟气密度 $\rho_{g0} = 1.3\text{kg/m}^3$，烟囱底部烟气的温度 $t_2 = 750℃$，空气平均温度 $t_a = 20℃$，试计算烟囱的高度及直径。

解：

（1）计算烟囱底部之抽力 h_V。取备用抽力为 20%，已知 $\sum h_L = 265\text{Pa}$，则可得：

$$h_V = 1.2\sum h_L = 1.2 \times 265 = 317.8\ \text{Pa}$$

（2）计算烟囱中动压头增量 Δh_d。取出口流速 v_{0_3} 为 2m/s，则出口断面积为：

$$A_3 = \frac{q_{V_0}}{v_{0_3}} = \frac{1.8}{2} = 0.9\ \text{m}^2$$

出口直径为:

$$d_3 = \sqrt{\frac{4}{\pi} A_3} = \sqrt{\frac{4}{\pi} \times 0.9} = 1.12 \text{ m}$$

烟囱底部直径为:

$$d_2 = 1.5 d_3 = 1.5 \times 1.12 = 1.68 \text{ m}$$

设烟囱高度为 $H' = 40\text{m}$ （约 $25d_2$），取烟囱内温降为 1.5℃/m，则烟囱出口处温度 t_3 为:

$$t_3 = t_2 - 1.5H' = 750 - 1.5 \times 40 = 690 \text{ ℃}$$

算出烟囱顶部的动压头 h_{d_3} 为:

$$h_{d_3} = \frac{\rho_{g_0}}{2} v_{03}^2 \left(1 + \frac{t_3}{273}\right) = \frac{1.3}{2} \times 2^2 \times \left(1 + \frac{690}{273}\right) = 9.27 \text{ Pa}$$

烟囱底部的断面积 A_2 为:

$$A_2 = \frac{\pi}{4} d_2^2 = \frac{\pi}{4} \times 1.68^2 = 2.22 \text{ m}^2$$

则流速应为:

$$v_{0_2} = \frac{q_{V_0}}{A_2} = \frac{1.8}{2.22} = 0.813 \text{ m/s}$$

算出烟囱底部的动压头 h_{d_2} 为:

$$h_{d_2} = \frac{\rho_{g_0}}{2} v_{0_2}^2 \left(1 + \frac{t_2}{273}\right) = \frac{1.3}{2} \times 0.813^2 \times \left(1 + \frac{750}{273}\right) = 1.62 \text{ Pa}$$

最后得烟囱内动压头增量:

$$\Delta h_d = h_{d_3} - h_{d_2} = 9.27 - 1.62 = 7.65 \text{ Pa}$$

（3）计算烟囱内摩擦阻力损失 $h_{L_{2-3}}$

烟气在烟囱内的平均温度:

$$t_m = \frac{t_2 + t_3}{2} = \frac{750 + 690}{2} = 720 \text{ ℃}$$

烟囱的平均直径:

$$d_m = \frac{d_1 + d_2}{2} = \frac{1.12 + 1.68}{2} = 1.4 \text{ m}$$

据此可算出烟气在烟囱内的平均流速 v_{0_m} 为:

$$v_{0_m} = \frac{4q_{V_0}}{\pi d_m^2} = \frac{4 \times 1.8}{\pi \times 1.4^2} = 1.64 \text{ m/s}$$

则摩擦阻力损失为:

$$h_{L_{2-3}} = \xi \frac{H'}{d_m} \cdot \frac{\rho_{g_0}}{2} v_{0_m}^2 (1 + \beta t_m) = 0.05 \times \frac{40}{1.4} \times \frac{1.3}{2} \times 1.64^2 \times \left(1 + \frac{720}{273}\right) = 9.07 \text{ Pa}$$

（4）根据式（7-58）计算烟囱高度为:

$$H = \frac{1}{(\rho_a - \rho_g)g}(h_V + \Delta h_2 + h_{L_{2-3}})$$

$$= \frac{1}{\left(\dfrac{1.29}{1 + 20/273} - \dfrac{1.3}{1 + 720/273}\right) \times 9.81} \times (317.8 + 7.65 + 9.07)$$

$$= 40.46 \text{ m}$$

式中，H 与 H' 相符，不必重新计算，取 $H = 40\text{m}$。查工业用烟囱系列得知，出口直径 d_3 取 1m。

————————— 本 章 小 结 —————————

在冶金与材料制备及加工中存在着特殊的流体流动。本章介绍了气液两相流动、气固两相流动、热气体的流动特征及其对生产过程的影响。气固两相流动是本章的重点内容。

气液两相流动主要有气体流过液体表面、气体喷向液体表面、气体喷入液体内部等流动形式，其流动特征对冶炼过程有很大影响。根据力平衡关系，气固两相流动有固定料层流动、流化料层流动和气动输送过程三种形式。气体流过固定料层时的压力降、料层的透气性指数可通过埃根方程求得。气流速度超过料块的自由沉降速度时，料块被气流带走，即进入气动输送过程。

热气体具有其温度高于周围大气温度和与大气相通两个显著特征，由此导致其位压头沿高度的分布规律是"下大上小"。所以，当热气体由下向上流动时，位压头是流动的动力；反之，成为流动的阻力。静压头沿高度的分布规律是"上大下小"，其间有一表压力为零的面，称为零压面。在零压面以上，炉内表压力为正；在零压面以下，炉内表压力为负。在炉子的操作过程中，常将零压面控制在炉门槛稍上位置，使炉膛内保持微正压，避免外界冷气吸入炉膛。热气体管流伯努利方程式与单一流体的伯努利方程式的应用区别在于，其各项能量分别用对应的压头来表示。

主要公式及方程：

料层特性：料层孔隙率 ω 及料块比表面积 S_0；

埃根方程：$\dfrac{\Delta p}{H} = \dfrac{4.2\mu S_0^2 (1 - \omega)^2 v_0}{\omega^3} + \dfrac{0.292\rho S_0 (1 - \omega) v_0^2}{\omega^3}$；

料层透气性指数：$\dfrac{q_v^2}{\Delta p} = k\left(\dfrac{\omega^3}{1 - \omega}\right)$；

料块沉降速度：$v_c = \sqrt{\dfrac{4}{3} \dfrac{d(\rho_s - \rho)g}{\rho k_f}}$；

热气体位压头：$h_g = -(\rho_g - \rho_a)gH = (\rho_a - \rho_g)gH$；

热气体静压头：$h_s = h_{s_1} - (\rho_a - \rho_g)gH$；

热气体动压头：$h_d = \dfrac{\rho_g}{2}v^2$；

热气体静力平衡方程：$p_{M_1} + (\rho_a - \rho_g)gH_1 = p_{M_2} + (\rho_a - \rho_g)gH_2$；

热气体管流伯努利方程：$(\rho_a - \rho_g)gH_1 + p_{M_1} + \dfrac{\rho_g}{2}v_1^2 = (\rho_a - \rho_g)gH_2 + p_{M_2} + \dfrac{\rho_g}{2}v_2^2 + h_{L_{1\text{-}2}}$；

热气体管流阻力损失：$h_L = k\dfrac{\rho}{2}v^2 = k\dfrac{\rho_0}{2}v_0^2(1 + \beta t)$。

习题与工程案例思考题

习　　题

7-1　气液两相流动主要有哪些形式，各有何特点？

7-2　氧气顶吹转炉的冲击深度取决于哪些因素，对冶金过程有何影响？

7-3　气流从容器底部吹入液体内部时，其流动特征如何？

7-4　气固两相流动有哪几种形式，各有何特点？

7-5　埃根方程说明什么问题，有何作用？

7-6　为什么要根据散料层的特性对埃根方程进行修正，如何修正？

7-7　高炉内的气体流动有何特点，如何使高炉内气流分布均匀？

7-8　何为料层的透气性指数，有何实际意义？

7-9　气体压力对散料层压降有何影响，对实际生产有何指导意义？

7-10　气动输送的最低气流速度如何确定，主要受哪些因素的影响？

7-11　热气体的压头有几种，其分布规律如何，有何实际意义？

7-12　热气体管流伯努利方程式与单一气体的管流伯努利方程式有何不同，各适用于什么情况？

7-13　试推导高为 H、宽为 B 的方形炉门溢气量和吸气量公式。

7-14　铁矿粉烧结机的料层厚度 $H = 305\times10^{-3}$ m，料层的孔隙率 $\omega = 0.39$，单位体积料层的料块总表面积 $S = 8100$ m²/m³；点火前通过料层的空气流速 $v_0 = 0.25$ m/s，流过空气的密度 $\rho = 1.23$ kg/m³，空气的黏度 $\mu = 1.78\times10^{-5}$ Pa·s，求空气流过料层的压降。

7-15　某高温炉炉膛如题图 7-1 所示。已知炉气温度 $t_g = 1327℃$，炉气密度 $\rho_{g_0} = 1.3$ kg/m³；炉外大气温度 $t_a = 20℃$，其密度 $\rho_{a_0} = 1.293$ kg/m³，试求：

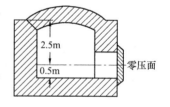

题图 7-1　高温炉炉膛

　　（1）在同一图上，绘出两种气体压力随高度变化的示意图；

　　（2）导出 $p_g - p_a$ 随炉膛高度 H 的变化规律，并据此算出炉顶及炉底处的 $p_g - p_a$ 值；

　　（3）在本图条件下，炉门若打开，炉内、外气体将如何流动？

7-16　已知烟气的平均温度 $t_g = 600℃$，烟气密度 $\rho_{g_0} = 1.29$ kg/m³，若烟囱底部要求的负压为 8.5 mmH₂O 柱，周围空气温度 $t_a = 30℃$，空气密度 $\rho_{a_0} = 1.29$ kg/m³。按静力学问题处理，求烟囱的高度。

7-17　直径 $d = 1$ m 的烟囱，排烟量 $q_{V_0} = 5400$ m³/h，烟囱中烟气的平均温度为 $427℃$，且 $\rho_{g_0} = 1.29$ kg/m³。当外界空气温度为 $30℃$ 时，需要多高的烟囱才能保证烟囱的有效抽力不小于 196 Pa。（取 $\xi = 0.05$）

工程案例思考题

案例 7-1　高炉炼铁过程的动量传输

案例内容：

　　（1）高炉炼铁的气固两相流动特点；

　　（2）高炉炼铁的强化冶炼措施；

（3）高炉强化冶炼的理论依据；

（4）高炉强化冶炼的实现。

基本要求：针对某炼铁高炉的强化冶炼，完成案例内容。

案例7-2 转炉炼钢过程的动量传输

案例内容：

（1）转炉炼钢的气液两相流动特点；

（2）转炉顶吹氧气射流与熔池的相互作用；

（3）转炉底吹气体对熔池的搅拌作用；

（4）转炉顶底复合吹炼对炼钢过程的影响。

基本要求：针对某复合吹炼转炉的喷吹，完成案例内容。

案例7-3 铜锍吹炼过程的动量传输

案例内容：

（1）铜锍吹炼的气液两相流动特点；

（2）喷吹气体在熔池内的运动特征；

（3）喷吹气体对熔池的搅拌作用；

（4）缩短吹炼时间的措施。

基本要求：针对某铜锍吹炼转炉的喷吹，完成案例内容。

案例7-4 加热炉内的气体流动

案例内容：

（1）加热炉的作用及类型；

（2）加热炉内气体流动的特点；

（3）炉内气体流动对钢坯加热的影响；

（4）控制炉内气体流动的途径。

基本要求：针对某钢坯加热炉的气体流动，完成案例内容。

8 相似原理与量纲分析

本章课件

本章学习概要：主要介绍相似原理和量纲分析法及模型实验方法。要求掌握物理现象相似的特点及相似条件，相似特征数的概念、确定方法及物理意义，掌握相似三定理的内容及实际意义，了解模型实验方法及应用。

对物理过程的研究方法通常有理论分析法、直接实验法和模型实验法。理论分析法是从物理概念出发进行数学分析，建立起物理过程的数学方程式并在一定条件下求解，揭示各有关物理量之间的联系，这种方法仅适用于比较简单的过程。直接实验法则是对某一具体的物理过程以实验测试为手段，直接对过程中有关物理量进行测定，根据测定结果找出各相关物理量之间的联系及变化规律，显然，直接实验法受限于测试条件。然而，对于复杂过程的研究，以相似原理为基础的模型实验法已被广泛采用。

模型实验法不是直接在实物中研究现象或过程本身，而是用与实物相似的模型来进行研究。即是用相似转换法或量纲分析法导出相似特征数，在模型上通过实验求得相似特征数之间的关系式，再将这些关系式推广到与之相似的实物、现象及过程中去，从而揭示这些现象和过程的规律。实践证明，模型实验法已成为研究流体流动的有效方法之一。

8.1 相似的概念

8.1.1 几何相似

相似的概念首先来自于几何学。如图 8-1 所示，三角形 $A'B'C'$ 和三角形 $A''B''C''$为两个相似三角形，各自的边长分别为 l'_1、l'_2、l'_3 和 l''_1、l''_2、l''_3，若以 C_l 表示各对应边的比值，则有：

$$\frac{l''_1}{l'_1} = \frac{l''_2}{l'_2} = \frac{l''_3}{l'_3} = C_l \qquad (8-1)$$

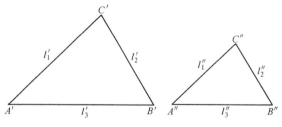

图 8-1　相似三角形

式中，C_l 称为几何相似常数或几何相似倍数。由于相似常数是同类量的比值，因此相似常数无量纲。

再有，两相似三角形对应角相等。三角形相似的这些性质称为相似性质。反之，两三角形相似需满足的条件，则称为三角形相似的相似条件。

推而广之，相似性质是指彼此相似的现象（或过程）具有的性质；相似条件是指现象（或过程）彼此相似需满足的条件。显然，物理现象（或过程）的相似比几何图形的相似要复杂得多。

8.1.2 物理相似

物理相似是指在几何相似的前提下，在相对应的点或部位上，在相对应的时间内，所有用来说明两现象的一切物理量都对应成比例，即有相似常数存在。如时间相似常数 C_τ、速度相似常数 C_v、温度相似常数 C_t 等，则：

$$\frac{\tau''_1}{\tau'_1} = \frac{\tau''_2}{\tau'_2} = \cdots = \frac{\mathrm{d}\tau''}{\mathrm{d}\tau'} = C_\tau \tag{8-2}$$

$$\frac{v''_1}{v'_1} = \frac{v''_2}{v'_2} = \cdots = \frac{\mathrm{d}v''}{\mathrm{d}v'} = C_v \tag{8-3}$$

$$\frac{t''_1}{t'_1} = \frac{t''_2}{t'_2} = \cdots = \frac{\mathrm{d}t''}{\mathrm{d}t'} = C_t \tag{8-4}$$

此外，还有压力、密度、浓度等的相似。物理现象相似必须是这些物理量均相似，可见比几何相似要复杂得多。

8.1.3 单值条件相似

由微分方程组描述的一类现象应是这一类现象的共有特征。比如，前述的 N-S 方程描述的是普遍的流体流动现象，包括地球表面大气层中大气的流动、海洋中海水的流动、管道中流体的流动、钢水在熔池中的流动等，而不是某一具体流体的流动现象。要对某一具体流动现象求解，还必须给出单值条件。因此，单值条件是反映具有普遍共性的各具体现象的特殊个性，也可以说，单值条件是把同一类现象的许多具体现象区别开来的标志。单值条件包括：

（1）几何条件。所有具体现象都发生在一定的几何空间内，因此，参与过程的物体几何形状和大小是应给出的单值条件。例如，流体在管内流动应给出管径 d 及管长 l 的具体数值；又如，气体在炉内流动应给出炉子尺寸。

（2）物理条件。所有具体物理现象都是由具有一定性质的介质参与进行的，因此参与过程的介质的物理性质也是单值条件。例如，黏性不可压缩流体的等温流动过程，应给出介质的密度 ρ 及黏度 μ 的具体数值；又如，不等温可压缩流体的流动过程，则应给出状态方程式及物理参数随温度变化的规律，即：

$$\frac{p}{\rho} = RT, \quad \mu = f(t), \quad c_p = f(t)$$

（3）边界条件。所有具体现象都必然受到与其直接相邻的周围情况的影响，因此发生在边界的情况也是单值条件。例如，管道内的流动现象直接受入口、出口及壁面处流速大小及其分布的影响，因此应给出进、出口处流速的平均值及其分布，壁面处流速为零不必专门给出；对于不等温流体的流动，还应给出进、出口处温度的平均值及其分布规律，以及壁面处流体的温度（一般为壁温）。

（4）开始条件。开始条件又称初始条件。任何过程的发展都直接受初始状态的影响，即流速、温度等物性于开始时刻在整个系统内的分布直接影响以后的过程。因此，初始条件也属于单值条件。对于稳定过程则不存在初始条件。应该指出，当流体各点的流速及物理参数决定后，各点的压力分布（指任意两点的压力差）即被决定，因此研究流体压力差时，边界处及初始时刻的压力值不属于单值条件。

当上述单值条件给定后，流体流动过程中的速度场、流动状态、压力分布也就被确定了。单值条件相似是现象相似的必要条件。

8.1.4 相似特征数

物理现象相似，则各对应时刻上各对应点的一切物理量均对应成比例，比值为相似常数。任何物理现象都有很多物理量的变化，这些物理量的相似常数不是任意的，而存在一定约束关系。现以两质点运动的相似为例加以说明。

图 8-2 所示为质点 A、B 沿着几何相似的路径做相似运动的情况。A、B 两质点都具有不同的、但是相似的变速度。既然 A、B 两质点运动相似，则在几何相似路径的相对应点 0、1、2、…上，其速度一定对应成比例，故有：

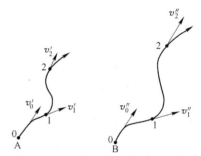

图 8-2 质点运动相似

$$\frac{v_0''}{v_0'} = \frac{v_1''}{v_1'} = \frac{v_2''}{v_2'} = \cdots = \frac{v''}{v'} = C_v \qquad (8\text{-}5)$$

A、B 两质点由 0 点至 1 点所需时间 τ_1' 与 τ_1'' 及 1 点至 2 点等所需时间也对应成比例，即：

$$\frac{\tau_1''}{\tau_1'} = \frac{\tau_2''}{\tau_2'} = \cdots = \frac{\tau''}{\tau'} = C_\tau \qquad (8\text{-}6)$$

任何质点的运动，其瞬时速度均可用微分方程来描述，即：

$$v = \frac{\mathrm{d}l}{\mathrm{d}\tau} \qquad (8\text{-}7)$$

对于质点 A、B，其运动方程分别为：

$$v' = \frac{\mathrm{d}l'}{\mathrm{d}\tau'} \qquad (8\text{-}8)$$

$$v'' = \frac{\mathrm{d}l''}{\mathrm{d}\tau''} \qquad (8\text{-}9)$$

既然两质点运动相似，就有 $v'' = C_v v'$，$\tau'' = C_\tau \tau'$，$l'' = C_l l'$，代入式（8-9）可得：

$$C_v v' = \frac{C_l \mathrm{d}l'}{C_\tau \mathrm{d}\tau'} \quad 或 \quad \frac{C_v C_\tau}{C_l} v' = \frac{\mathrm{d}l'}{\mathrm{d}\tau'} \qquad (8\text{-}10)$$

显然，只有相似常数之间符合式（8-11）：

$$\frac{C_v C_\tau}{C_l} = 1 \qquad (8\text{-}11)$$

此时，描述第二个现象的方程才与描述第一个现象的方程完全一致。这就表明，各相似常数不是任意的，而是被式（8-11）所约束。这一关系就是质点 A、B 运动相似的必然结果。这个相似常数之间的关系式（8-11）称为相似指示数。因此可以得出结论，若现象相似，则其相似指示数为 1。

上述这种关系还可以表示成另外一种形式。将 v、τ、l 的相似关系式（8-5）、式（8-6）等代入式（8-11），得：

$$\frac{v''}{v'} \cdot \frac{\tau''}{\tau'} \bigg/ \frac{l''}{l'} = 1 \quad \text{或} \quad \frac{v'\tau'}{l'} = \frac{v''\tau''}{l''} \tag{8-12}$$

这就是说，在运动相似的两系统 A、B 中，表示不同类物理量之间的关系 $v'\tau'/l'$ 及 $v''\tau''/l''$ 等，在系统相应点上必然数值相等，即彼此相似的运动现象必然存在着 $v\tau/l$ 数值相同的综合量，这个综合量称相似特征数。运动相似，$v\tau/l$ 称为均时数，用 H_0 表示：

$$H_0 = \frac{v\tau}{l} \tag{8-13}$$

显然，当两运动现象相似时，其开始条件，即运动开始情况时的均时数 $v_0\tau_0/l_0$ 必然具有同一数值，这就是初始条件相似。在考虑系统 A、B 运动的单值条件时，我们只研究运动的情况，不涉及质点受力与运动的关系，因此描述这一运动现象的物理量只有 v、τ、l 三个，与质点的大小及质量无关。因此，单值条件为几何条件 l，时间条件 τ 及质点的运动速度 v。这三个量就完全描述了一个质点的运动情况，也就是这个现象区别于其他现象的特征。质点的几何形状及质量不是单值条件。

可以看出，相似特征数是相似物理现象中相关物理量的无量纲组合，反映了某一方面的物理本质。各类不同的相似现象有不同的相似特征数，以后会陆续遇到。

8.2　相似三定理

8.2.1　相似第一定理

相似第一定理说明彼此相似的现象具有的性质，即相似现象的性质。如果现象相似，它们应具有如下的性质：

（1）由于相似现象都属于同一类现象，因此，它们都为相同的方程组（包括描述现象及单值条件的方程组）所描述。

（2）用来表示这些现象的一切物理量，在空间中相对应的各点以及在时间上相对应的各瞬间各自互成一定比例关系（相似常数）。

（3）相似的现象必然发生在几何相似的对象中，这实际上是第（2）点的一个特例，即边界上几何相似。

（4）相似现象中各相似常数不是任意的，而是彼此约束，即相似指示数为 1。

（5）彼此相似的现象具有相同数值的无量纲物理量群，即相似特征数。简单的相似现象有一个相似特征数，复杂的相似现象有多个相似特征数。

上述性质通常称为相似第一定理或相似正定理。它可概括地表述为：彼此相似的现象必定具有数值相等的相似特征数。

这个定理回答了实验研究中的第一个问题，即在实验中应测定哪些物理量，并指出，所需测定的物理量总是包括在有关相似特征数之中，只把相似特征数中的物理量作为变量，在实验中加以观察和测定即可。

8.2.2 相似第二定理

相似第二定理说明现象应具备什么条件才相似，即现象相似的条件。现象相似的条件有：

（1）被同一方程组所描述的现象。

（2）单值条件相似。

（3）由单值条件的物理量所组成的相似特征数在数值上相等。

所以，相似条件可表述为：凡同一类现象，当单值条件相似，而且由单值条件所组成的相似特征数在数值上相等时，则这些现象必定相似。这就是通常所说的相似第二定理，也称相似逆定理。

这个定理回答了在实验研究中，实验的结果可应用到哪些现象中去。这一定理的意义还在于，允许将某些设备内的复杂现象用小的模型进行模型化实验，进而把模型中测定的实验结果推广到实际设备中去，所以也可以说，相似第二定理是模型化的条件。

8.2.3 相似第三定理

相似第三定理可表述为：描述一组相似现象的各个变量之间的关系，可以表示为相似特征数之间的函数关系。这种相似特征数之间的关系叫做特征数方程。

$$f(\pi_1, \pi_2, \cdots, \pi_n) = 0 \tag{8-14}$$

式中，π_1、π_2、$\cdots$、π_n 为相似特征数。

这一定理回答了实验研究中如何整理所得数据的问题。对于所有彼此相似的现象，相似特征数都保持同样的数值，所以它们的相似特征数关系式也是相等的。为此，如果把某现象的实验结果整理成相似特征数关系式，就可以使实验数据的整理大为简化，而得到的这个相似特征数关系又可以推广到与其相似的现象中去。

还应指出，相似不仅存在于同类现象中，而且也存在于不同类的现象之中。前者称为同类相似，简称相似；后者称为异类相似，简称类似。自然界各现象的微分方程式有惊人的类似之处，例如，同一微分方程式：

$$\frac{\partial^2 \varphi}{\partial x^2} + \frac{\partial^2 \varphi}{\partial y^2} + \frac{\partial^2 \varphi}{\partial z^2} = 0 \tag{8-15}$$

就适合于不同类的现象。如 φ 是温度，则方程式（8-15）表示固体内部的温度场；如 φ 为电势，则表示导体中的电场；若 φ 是重力，则表示重力场等。前述的相似原理也适用于相类似的现象，这就是模型实验研究可推广到异类现象之中的原因。比如，可以用电场来模拟温度变化，用导热现象来模拟扩散等。

8.3 相似转换及特征数方程

相似原理应用的一个重要方面是，对描述物理过程的微分方程进行相似转换，解出相似特征数，并以实验为基础确定出物理过程的特征数方程，进而求得物理过程的解析式，即微分方程在一定边界条件下的解。现以黏性流体求解摩阻为例，来说明其求解过程。

8.3.1   相似转换

8.3.1.1   黏性流体的动量方程

黏性流体的动量方程，即 N-S 方程（x 方向）为：

$$\frac{\partial v_x}{\partial \tau} + v_x \frac{\partial v_x}{\partial x} + v_y \frac{\partial v_x}{\partial y} + v_z \frac{\partial v_x}{\partial z} = \nu \left(\frac{\partial^2 v_x}{\partial x^2} + \frac{\partial^2 v_x}{\partial y^2} + \frac{\partial^2 v_x}{\partial z^2} \right) - \frac{1}{\rho} \cdot \frac{\partial p}{\partial x} + g_x \qquad (8-16)$$

8.3.1.2   相似转换求相似特征数

对两个相似的流动系统，式（8-16）分别为：

$$\frac{\partial v_x'}{\partial \tau'} + v_x' \frac{\partial v_x'}{\partial x'} + v_y' \frac{\partial v_x'}{\partial y'} + v_z' \frac{\partial v_x'}{\partial z'} = \nu' \left(\frac{\partial^2 v_x'}{\partial x'^2} + \frac{\partial^2 v_x'}{\partial y'^2} + \frac{\partial^2 v_x'}{\partial z'^2} \right) - \frac{1}{\rho'} \cdot \frac{\partial p'}{\partial x'} + g_x' \qquad (8-17)$$

$$\frac{\partial v_x''}{\partial \tau''} + v_x'' \frac{\partial v_x''}{\partial x''} + v_y'' \frac{\partial v_x''}{\partial y''} + v_z'' \frac{\partial v_x''}{\partial z''} = \nu'' \left(\frac{\partial^2 v_x''}{\partial x''^2} + \frac{\partial^2 v_x''}{\partial y''^2} + \frac{\partial^2 v_x''}{\partial z''^2} \right) - \frac{1}{\rho''} \cdot \frac{\partial p''}{\partial x''} + g_x'' \qquad (8-18)$$

按相似性质，两现象相似则各物理量对应成比例，存在相似常数，即有几何相似常数 C_l、时间相似常数 C_τ、速度相似常数 C_v、压力相似常数 C_p、密度相似常数 C_ρ、黏度相似常数 C_μ 及加速度相似常数 C_g。

按前述两质点运动相似的同样方法，进行相似转换，则可得黏性流体流动中的各相似特征数，有：$\dfrac{v\tau}{l} = H_0$，$\dfrac{\rho v l}{\mu} = Re$，$\dfrac{p}{\rho v^2} = Eu$，$\dfrac{gl}{v^2} = Fr$。各相似特征数有一定名称（常用科学家的名字命名），它们都是无量纲量，且具有一定的物理意义。

H_0 称均时数。$H_0 = \dfrac{v\tau}{l} = \dfrac{\tau}{l/v}$，$\dfrac{l}{v}$ 可理解为，速度为 v 的流体质点通过系统某一定性尺寸 l 距离所需的时间；而 τ 可理解为，整个系统流动过程所进行的时间，二者之比为无量纲时间。若两个不稳定流动的 H_0 数相等，则它们的速度场随时间改变的特性是相似的。

Re 称雷诺数。$Re = \dfrac{\rho v^2}{\mu v/l}$，它表示流体流动过程中的惯性力与黏性力的比值。也可写为 $Re = \dfrac{v}{\nu/l}$，其分子、分母都是速度量纲，所以 Re 也可认为是无纲量速度。如果两现象的 Re 相等，则速度分布、运动状态是相似的。

Eu 称欧拉数。$Eu = \dfrac{p}{\rho v^2}$（或 $\dfrac{\Delta p}{\rho v^2}$），它表示流体的压力（或压差）与惯性力的比值。分子、分母都是压力量纲，所以 Eu 数是无量纲压力。若两现象的 Eu 数相等，则它们的压力场是相似的。

Fr 称弗劳德数。$Fr = \dfrac{gl}{v^2} = \dfrac{\rho g l}{\rho v^2}$，分子为单位体积的位能，分母为单位体积动能的两倍。所以，Fr 数表示位能与动能的比值，也表示重力与惯性力的比值。

对相似现象微分方程进行相似转换时，相似特征数的形式是可以改变的，但独立的相似特征数个数却是不变的。比如，黏性流体流动的独立相似特征数就是上述四个。但为了运算上的方便，可以对相似特征数进行形式上的变换。例如：

$$Fr \cdot Re^2 = \frac{gl}{v^2} \left(\frac{\rho vl}{\mu} \right)^2 = \frac{g\rho^2 l^3}{\mu^2} = Ga \tag{8-19}$$

Ga 称伽利略（Galileo）数，它表示重力与黏性力之比。

$$Ga \left(\frac{\rho - \rho_0}{\rho} \right) = \frac{gl^3}{v^2} \cdot \frac{\rho - \rho_0}{\rho} = Ar \tag{8-20}$$

Ar 称阿基米德（Archimedes）数，它表示由于流体密度差引起的浮力与黏性力之比。

若密度差取决于温度差 Δt，β 表示气体温度膨胀系数，则 $\dfrac{\rho - \rho_0}{\rho} = \beta \Delta t$，代入式 (8-20) 得：

$$\frac{gl^3}{v^2} \beta \Delta t = Gr \tag{8-21}$$

Gr 称格拉晓夫（Grashof）数，它表示气体上升力与黏性力的比值。

Ga、Ar、Gr 不是独立的，而是派生的，所以常称为派生特征数。

8.3.2　确定特征数方程

对黏性流体的流动，其特征数方程为：

$$f(H_0, \ Re, \ Eu, \ Fr) = 0 \tag{8-22}$$

在各相似特征数中，包含主要研究对象的那个物理量称为被决定性特征数。例如，在研究阻力损失问题时，流体流动的压力变化为主要参数，而压力变化 Δp 却包含在 Eu 数中，所以 Eu 数为被决定性特征数，这时，式 (8-22) 改写为：

$$Eu = f(H_0, \ Re, \ Fr) \tag{8-23}$$

根据所研究的对象，可将函数式简化。例如，流体在管内做稳定流动时，可不考虑 H_0；在强制流动条件下，重力及浮力的相对作用较小，Fr 也可不考虑。此时有：

$$Eu = f(Re) \tag{8-24}$$

至于函数的具体形式，则由实验来决定。以求摩擦损失为例，其实验条件见图 8-3。将特征数方程写为指数式：

$$Eu = CRe^n \tag{8-25}$$

式中，C 及 n 为待定系数，由实验决定。为了便于整理实验结果，将式 (8-25) 改写为对数式，即：

$$\lg Eu = \lg C + n\lg Re \tag{8-26}$$

对于双对数坐标而言，式 (8-26) 为一直线方程，式中 $\lg C$ 为截距，n 为斜率，且 $n = \tan\alpha$（α 为直线斜角）。

由实验分别测定 $Eu = \dfrac{p}{\rho v^2}$ 及 $Re = \dfrac{\rho vd}{\mu}$ 中的各物理量。当流体密度 ρ、黏度 μ、管道直径 d 一定时，实际测定的物理量就只有 Δp 及 v。根据测定的对应物理量，就可算出相应的 Eu 及 Re。在双对数坐标纸上，可以定出相应的 $\lg Eu$ 及 $\lg Re$ 的坐标点 a、b、c、$\cdots$各点，见图 8-4。由实验各点连成的直线，即式 (8-26) 的曲线，在图上可直接量出 $\lg C$ 及 α 值，进而求出 C 及 n，这就得到了 Eu 及 Re 的特征数方程。

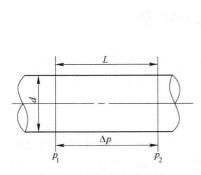

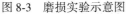

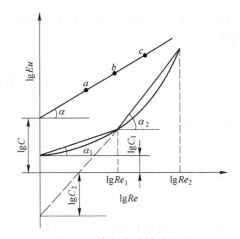

图 8-3   磨损实验示意图   图 8-4   磨损实验结果整理

当实验各点不能连成一条直线时，则可连成图 8-4 的曲线，再将曲线改为折线。此时，可在不同的 Re 值范围内求出不同的 C 及 n 值，对应着不同的特征数方程。如：

$$0 \sim Re_1, \quad C = C_1, \quad n_1 = \tan\alpha_1, \quad Eu = C_1 Re^{n_1}$$

$$Re_1 \sim Re_2, \quad C = C_2, \quad n_2 = \tan\alpha_2, \quad Eu = C_2 Re^{n_2}$$

$$\vdots$$

如果实验点在坐标上不规则分布，则要用数据处理的方法进行加工，确定出近似的曲线及方程。

8.3.3   由特征数方程确定经验公式

将各有关物理量代回到特征数方程，则求得所研究物理过程的实验式，一般称为物理方程的经验公式。

例如，测定流体在管内做层流流动时的摩阻，实验结果为 $C = 32\dfrac{L}{d}$，$n = -1$，则特征数方程为：

$$Eu = 32\frac{L}{d}Re^{-1} \tag{8-27}$$

将 Eu 及 Re 的各有关物理量代入式（8-27），整理后得：

$$\Delta p = \frac{64}{Re} \cdot \frac{L}{d} \cdot \frac{\rho}{2}v^2 = k_{\mathrm{f}}\frac{\rho}{2}v^2 \tag{8-28}$$

式（8-28）与从理论上求解的摩阻公式（3-16）完全一致。在双对数坐标图上，式（8-28）为随 Re 递减的直线方程，与图 3-4 的 AB 段相吻合。

同样方法可求出紊流条件下的摩擦阻力系数为：

$$k_{\mathrm{f}} = \frac{A}{Re^m} \cdot \frac{L}{d}$$

式中，A 及 m 为实验所确定的系数及幂数。

以上就是以实验为基础，通过相似转换求解微分变量的基本步骤。其捷径就在于用相似转换的手段将微分变量与常量做相似比拟，在不做更多假定的条件下，使微分方程有求解的可能性。

8.4 量纲分析及 π 定理

对物理过程求解相似特征数的另外一种方法，称为量纲分析法。量纲分析法对于较为复杂的过程，特别是不易以微分方程描述的过程，是一种确定相似特征数的简单方法。

8.4.1 量纲及量纲和谐原理

任何一个物理量都有两个方面的含义。一是它的物理意义，如速度、加速度、作用力、质量等；二是它的量的概念。量的大小是以其对测量单位比值的大小来表示的，如长度以 m、cm 等表示，时间以 s、h 等表示，速度以 m/s、m/h 等表示，质量以 kg 等表示等等。

物理量（测量）单位的种类称为量纲。例如，m、cm、mm 等是不同的测量单位，但这些单位同属于同一种类，皆为长度的单位，将同属于长度的同种类单位用 [L] 表示，则 [L] 就称为长度的量纲。可以看出，量纲也同样表示了某物理量的物理意义。

在自然界中，物质的质量、空间上的长度、温度及时间等是最常用的物理量，自然也是构成常用物理量的基本量纲，分别用 [M]、[L]、[t] 及 [T] 表示。其他物理量的量纲则为导出量纲，例如，速度为 [LT^{-1}]、加速度为 [LT^{-2}] 等。

根据量纲的概念及基本量纲和导出量纲的关系，提出一个重要原理，即量纲和谐原理。量纲和谐原理指出："物理方程中各项的量纲必须相等，这是一个完整物理方程所必须具有的特性"。例如，根据牛顿第二定律，作用力 $F=ma$，在以 [M]、[L]、[T] 作为基本量纲时，则等式中质量（m）的量纲为 [M]，加速度（a）的量纲为 [LT^{-2}]，则作用力（F）的量纲必须是 [M]·[LT^{-2}]＝[MLT^{-2}]，等式左右的量纲相等，即量纲和谐。

8.4.2 量纲分析法确定相似特征数

现以流体流动为例，来说明用量纲分析法求相似特征数的过程。已知流体的流动过程与速度 v、运动空间的长度 l、压差 Δp、密度 ρ、黏度 μ、重力加速度 g 等因素有关。由这些物理量组合成物理方程时，它们有一定的函数关系。现以一般函数关系表示如下：

$$\varphi(v,\ l,\ \Delta p,\ \rho,\ \mu,\ g) = 0 \tag{8-29}$$

假定一些无量纲量群可表示为：

$$\pi = v^a l^b \Delta p^c \rho^d \mu^e g^f \tag{8-30}$$

式中，π 为无量纲数；$a\sim f$ 为待定指数。

已知式（8-30）中各物理量的量纲分别为：$[v]=[\text{LT}^{-1}]$、$[l]=[\text{L}]$、$[\Delta p]=[\text{ML}^{-1}\text{T}^{-2}]$、$[\rho]=[\text{ML}^{-3}]$、$[\mu]=[\text{ML}^{-1}\text{T}^{-1}]$、$[g]=[\text{LT}^{-2}]$。而 π 为无量纲数，即 $[\pi]^0$，代入式（8-30）得：

$$[\pi]^0 = [\text{LT}^{-1}]^a [\text{L}]^b [\text{ML}^{-1}\text{T}^{-2}]^c [\text{ML}^{-3}]^d [\text{ML}^{-1}\text{T}^{-1}]^e [\text{LT}^{-2}]^f \tag{8-31}$$

根据量纲和谐原理，式（8-31）等号左右的量纲必须相等，也就是基本量纲应相等或基本量纲的幂相同，则得到下列三个指数方程：

对量纲［M］	$c+d+e=0$	(8-32)
对量纲［L］	$a+b-c-3d-e+f=0$	(8-33)
对量纲［T］	$-a-2c-e-2f=0$	(8-34)

上述 3 个方程中有 6 个未知数，若令其中 3 个未知数为某一定数，则可获得不同的解，但独立解只有 3 个。

令 $c=0$、$e=-1$、$f=0$ 时，解得 $a=1$、$b=1$、$d=1$，一并代入式（8-30）得：

$$\pi_1 = \frac{\rho v l}{\mu}, \ \text{即} \ Re \ \text{数} \tag{8-35}$$

令 $c=0$，$e=0$，$f=-1$ 时，解得 $a=2$，$b=-1$，$d=0$，一并代入式（8-30）得：

$$\pi_2 = \frac{v^2}{gl}, \ \text{即} \ 1/Fr \ \text{数} \tag{8-36}$$

令 $c=1$，$e=0$，$f=0$ 时，解得 $a=-2$，$b=0$，$d=-1$，一并代入式（8-30）得：

$$\pi_3 = \frac{\Delta p}{\rho v^2}, \ \text{即} \ Eu \ \text{数} \tag{8-37}$$

上述三个特征数与微分方程相似转换所得的相似特征数相同。

显然，量纲分析法比相似转换法简单，它可以不建立微分方程，而根据可能存在的物理量直接求出相似特征数。但量纲分析法也有不足之处，首先，不能区别量纲相同而物理含义不同的物理量；其次，在量纲分析法确定相似特征数的过程中，未显示出该物理过程中各物理量之间的关系；最后，也是最重要的一点，所确定出的相似特征数有一定的任意性，甚至不能完全代表所研究的过程。

8.4.3 π 定理

在上述求 π_1、π_2、π_3 的过程中，是在假定了 c、e、f 三个指数情况下的结果，若再假设其他指数还会获得新的特征数。事实上并非如此，Re、Fr、Eu 是上例中的三个基本特征数，由其他指数值再确定出的相似特征数只不过是三个基本特征数的派生特征数而已。

例如，假设 $a=b=c=3$，解得 $d=2$，$e=-5$，$f=-2$，代入式（8-30）得：

$$\pi_4 = \frac{v^3 l^3 \Delta p^3 \rho^2}{\mu^5 g^2} = \left(\frac{\rho v l}{\mu}\right)^5 \cdot \left(\frac{\Delta p}{\rho v^2}\right)^3 \cdot \left(\frac{v^2}{gl}\right)^2 = \pi_1^5 \cdot \pi_2^3 \cdot \pi_3^2 \tag{8-38}$$

由此看出，π_4 不是独立特征数，只是 π_1、π_2、π_3 的派生特征数。

π 定理指出，当一个物理过程由 n 个物理量的函数关系所组成时，若物理量的基本量纲为 m 个，则所存在的独立相似特征数为 $n-m$ 个，数学表达式为：

$$\pi = n - m \tag{8-39}$$

式中，π 为独立相似特征数。

上例中 $m=3$，$n=6$，所以独立的相似特征数只有 $6-3=3$ 个。

例 8-1 已知管中流体层流流动与紊流流动的临界流速 v_c 与流体的动力黏度 μ、密度 ρ 以及管径 d 有关，试用量纲分析法确定 v_c 的关系式。

解：将 v_c 写成 ρ、μ、d 的函数关系式，则：

$$v_c = f(\rho, \ \mu, \ d)$$

将此函数写成幂指数方程，得：

$$v_c = k\rho^a \mu^b d^c$$

上式两端的量纲关系为：

$$[LT^{-1}] = [ML^{-3}]^a [ML^{-1}T^{-1}]^b [L]^c$$

根据量纲和谐原理，得：

[M]: $\qquad\qquad 0 = a + b$

[L]: $\qquad\qquad 1 = -3a - b + c$

[T]: $\qquad\qquad -1 = -b$

解上述方程组得到，$a = -1$，$b = 1$，$c = -1$，因此：

$$v_c = k \frac{\mu}{\rho d}$$

将比例常数 k 用 Re_c 表示，则得临界雷诺数 Re_c 为：

$$Re_c = \frac{\rho v_c d}{\mu}$$

实验测得 ρ、μ、d 及临界流速 v_c，根据上式即可求得临界雷诺数 Re_c 的具体数值。

8.5　模型实验法

相似模型法就是在相似的模型中，在相似的条件下，对实际物理过程进行实验研究的方法。

8.5.1　模型实验的相似条件

模型实验的关键是保证模型与实物（或过程）相似。依据相似理论，模型实验应具备下述相似条件：

（1）几何相似。一般而言，模型比实际设备小，要保证模型各部分尺寸与实际设备相应各部分尺寸的比例为一常数，即几何相似。

（2）物理相似。在模型与实际设备中所进行的过程应为同类过程，即以相同的数学方程描述具有相同物理量的过程。相应的相似特征数在数值上应相等。

（3）开始条件及边界条件相似。开始条件是指过程开始进行时，入口的几何条件及物理状态的初始条件。边界条件是进行物理过程的系统边界上的几何及物理特征。

对实物或过程进行模型研究时，要完全遵守上述条件是很困难的。比如以空气为介质的模型，要保证模型中各点的 ρ、μ 值与实际设备中 ρ、μ 的分布完全相似是很困难的。因此，往往进行近似模型实验，即近似模型法。

8.5.2　近似模型法

近似模型法就是在进行模型实验时，考虑主要的、起决定性的因素，忽略次要的、非决定性的因素。使模型实验易于进行，但又不会导致严重偏差。

近似模型法之所以可以实现，是因为流体在流动过程中具有稳定性及自模化性。

（1）稳定性。黏性流体在管中流动时，其速度分布的相似性取决于 Re 数、管道的形状、流体进入管道后的一段长度。但是，不论管道入口处的速度分布如何，流体在流经管道一定距离后，速度分布总是按一定曲线稳定下来而保持不变，它与入口条件无关。这个特性称为稳定性。

因此，在进行模型实验时，可不考虑入口处速度分布，只要保证入口处几何相似，就可以保证一段距离后速度分布相似。

（2）自模化性。黏性流体在受迫运动条件下，Re 数是对流动状态起决定作用的因素。但是黏性流体在流动过程中，当 Re 数处在某一区域内时，Re 的影响不十分明显甚至消失，这个特性称之为自模化性，这个区域称为自模化区。

实验表明，流动只要处在层流区，断面的速度分布总是呈抛物线分布，与流速无关，即与 Re 数无关。所以层流区为自模化区，称为第一自模化区，使流动保持层流状态的临界值称为第一临界值。

当 Re 数大于第一临界值后，流动呈紊流状态，随着 Re 数的增加，流体的紊乱程度及速度分布在开始时变化很大，而后逐渐减小。当 Re 数达到另一临界值后（常称第二临界值），截面速度分布与流速，即与 Re 数无关。当 Re 大于第二临界值后，流动又进入自模化区，称为第二自模化区。因此，模型的 Re 数与实际设备内的 Re 数并不一定相等，只要两者都处在自模化区，就能保证流体动力相似。进入第二自模化区的标志是，流动的阻力系数不再变化。不同的设备有不同的临界值，具体数值由实验决定。

（3）等温近似模拟。在热设备中，流体的温度和相应的特性是变化的，在设备中分布也是不均匀的。在做模型实验时，要使温度场相似很困难。实践证明，在以空气或水作介质的模型实验中，用近似等温模拟不会造成显著的误差。

8.5.3 模型设计

（1）介质的选择。目前广泛采用空气作为介质，因为用空气作介质容易得到比较准确、可靠的测量结果，模型结构也比较简单。

由于室温下水的运动黏度比空气小得多，在保证 $Re = \dfrac{vl}{\nu}$ 相同的情况下，水速不大，便于观察，在只需定性了解流动状况时，采用水作介质较好。

（2）模型尺寸。决定模型尺寸时，应考虑到能保证研究区段空气速度不低于可靠测量的允许值，一般不宜低于 2m/s；但也不能太大，否则导致增加风机的容量。模型的总尺寸以 $1\sim2\text{m}$ 为宜。

（3）定形尺寸。在计算 Re 数时，式中 l 的尺寸依情况不同，选取定形尺寸的方法也不同。圆管中以直径为定形尺寸；非圆管道以当量直径为定形尺寸；在流经管束时，定形尺寸又不一样。定形尺寸的选取以方便为准，但选定以后就不能更改。

（4）定性温度。Re、Eu 中各物理量与温度有关，所取温度不同，其数值也不同。一般选取研究区段的介质平均温度为定性温度，也可用管壁温度作为定性温度。

（5）自模区的确定。对于所研究的对象，Re 数第二临界值有多大，只有模型建立后通过实验才可得知。但设计模型时，又要根据风机能力及 Re 的第二临界值来确定模型尺寸。一般情况下，只能参照类似设备近似地估计一临界值，建立模型后再通过实验来验证。进入自模化区的标志是：流量改变时速度分布不再变化，Re 数增加时 Eu 不变。实验表明，通道越复杂、当量直径越小，Re 第二临界值也越小。

8.5.4 模型比例方程

进行模化实验时，需要经过计算来确定模型的尺寸。模型尺寸的相似比例与实验介质的物性相互制约，它取决于所模拟过程的相似特征数。对仅有一个决定性特征数的模拟对象，模型的比例方程比较简单。例如，流体受迫运动，决定性特征数只有一个，即 Re 数，因此模型内的 Re'' 与实际设备的 Re' 应相等，即：

$$Re'' = Re' \quad \text{或} \quad \frac{v'' l''}{\nu''} = \frac{v' l'}{\nu'}$$

由上式可得比例方程：

$$\frac{v'}{v''} = \frac{l''}{l'} \cdot \frac{\nu'}{\nu''}$$

如果以相似常数来表示，则可写为：

$$C_v = \frac{C_\nu}{C_l} = \frac{C_\mu}{C_\rho C_l} \tag{8-40}$$

在实验介质选定的条件下，即 C_ν 或 C_μ、C_ρ 已知，则可综合考虑相似过程的实验流速及模型尺寸。若模型介质与实际设备中介质相同，即 $C_\nu = 1$（$C_\mu = 1$，$C_\rho = 1$），则 $C_v = \dfrac{1}{C_l}$。

这就表示，如果模型尺寸为实际设备尺寸的 $\dfrac{1}{n}$，模型中的流速应为实物流速的 n 倍，则 $Re'' = Re'$，两者动力相似。实际上，模型中的流速只要达到第二自模化区就可以了。

当所研究的过程除考虑 Re 数外，还需考虑 Fr 数时，模型尺寸的比例方程就要复杂得多，它有下列限制条件：

对 Re 数有：

$$C_v = \frac{C_\mu}{C_\rho C_l} = \frac{C_\nu}{C_l} \tag{8-41}$$

对 Fr 数有：

$$C_v = \sqrt{C_g C_l} \tag{8-42}$$

当 $C_g = 1$ 时，简化为：

$$C_v = \sqrt{C_l} \tag{8-43}$$

对相似过程中，Re、Fr 两者全要保证时，如果用相同的介质，则从式（8-41）看出，要保证 $Re'' = Re'$，当 $C_l = \dfrac{1}{n}$ 时，模型中的流速要增加为实际设备中流速的 n 倍；而要保证 $Fr'' = Fr'$，同一模型就要求流速减小为实际设备的 $\sqrt{\dfrac{1}{n}}$ 倍，这两者显然是相互矛盾的。除非找到一种介质能同时满足式（8-41）及式（8-42）的要求，即 $C_\nu / C_l = \sqrt{C_l}$，或 $C_\nu = \sqrt{C_l^3}$。如果 $C_l = \dfrac{1}{10}$，则 $C_\nu = \dfrac{1}{31.6}$。这表示，为保证 $Re'' = Re'$ 及 $Fr'' = Fr'$，则模型中介质的运动黏度 ν 应为实际介质的 1/31.6，但实际上是几乎办不到的。

上述分析表明，有两个决定性特征数时，模型尺寸比例要受介质的影响；如果决定性特征数有三个，则限制条件更多。所以在做模型实验时，应采用近似法，尽量忽略次要因素以减少决定性特征数的个数。

8.5.5 模型实验方法

现以简单的流动阻力问题为例，说明模型实验的方法。

以水作为模型实验介质，对气体流过某一设备的阻力损失进行模型实验，其装置见图 8-5。

在强制流动情况下，与阻力损失有关的相似特征数为 Re 及 Eu 数，与此两数有关的比例方程为：

对 Re 数：

$$C_v = \frac{C_\nu}{C_l}$$

对 Eu 数：

$$C_{\Delta p} = C_\rho C_v^2$$

由以上两式有：

$$C_{\Delta p} = C_\rho \left(\frac{C_\nu}{C_l} \right)^2 = \frac{C_\rho C_\nu^2}{C_l^2} = \frac{C_\mu^2}{C_\rho C_l}$$

设 C_{q_V} 为模型与实物流量的流量比，则：

$$C_{q_V} = C_v C_l^2 \qquad (q_V = vA \approx vl^2)$$

$$= C_\nu C_l \qquad (C_v = C_\nu / C_l)$$

显然，当模型尺寸（C_l）和实验介质（C_ρ、C_μ，或 C_v）一定时，则可确定模型与实物相应的流量或流速（C_{q_V} 或 C_v）和相应的压降（$C_{\Delta p}$），从模型中测出流量与压降的关系即可推断出实际设备中流量与压降的关系。从图 8-5 中看出，可调节阀 6 控制流量，而由流量计及压力计上分别读出流量及压降（阻损）。

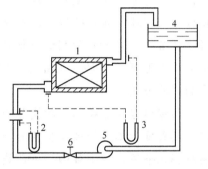

图 8-5 流动阻力相似模型实验
1—模型；2—流量计；3—压力计；
4—高位槽；5—循环泵；6—调节阀

例 8-2 管径 $d = 50$mm 的一根输水管，为确定摩擦阻力损失，在安装前用空气做实验。在 $t_a = 20℃$ 情况下，空气的运动黏度 $\nu_a = 15.6 \times 10^{-6}$ m^2/s，水的运动黏度 $\nu_{H_2O} = 1.1 \times 10^{-6}$ m^2/s，空气的密度 $\rho_a = 1.205$kg/m^3，水的密度 $\rho_{H_2O} = 1000$kg/m^3。试求：（1）若水管内水流速 $v_{H_2O} = 2.5$m/s，在实验时为保证相似，空气的流速应为多少？（2）在用空气做实验时，测得阻力损失为 $\Delta p_a = 8.14 \times 10^{-3}$MPa，问输水管在 $v_{H_2O} = 2.5$m/s 下流动，阻力损失为多大？

解：（1）动力相似，则 $Re_a = Re_{H_2O}$，即 $\dfrac{v_{H_2O} d_{H_2O}}{\nu_{H_2O}} = \dfrac{v_a d_a}{\nu_a}$

$$v_a = \frac{d_{H_2O}}{d_a} \cdot \frac{\nu_a}{\nu_{H_2O}} v_{H_2O} = \frac{0.05}{0.05} \times \frac{15.6 \times 10^{-6}}{1.1 \times 10^{-6}} \times 2.5 = 35.5 \text{ m/s}$$

（2）压力相似，则 $Eu_a = Eu_{H_2O}$，即 $\dfrac{\Delta p_{H_2O}}{\rho_{H_2O} v_{H_2O}^2} = \dfrac{\Delta p_a}{\rho_a v_a^2}$

$$\Delta p_{H_2O} = \Delta p_a \frac{\rho_{H_2O}}{\rho_a} \cdot \frac{v_{H_2O}^2}{v_a^2} = 8.14 \times 10^{-3} \times \frac{1000}{1.205} \times \frac{2.5^2}{35.5^2} = 0.034 \text{ MPa}$$

————————本 章 小 结————————

相似理论-模型实验法是研究复杂物理过程较为广泛的方法。本章介绍了相似理论基础、相似转换、量纲分析及 π 定理、相似模型法及特征数方程的确定。相似特征数及模型实验法是本章的重点内容。

物理现象相似的必要条件，有同类物理现象相似和单值条件相似，即几何条件相似、物理条件相似、开始条件相似和边界条件相似；相似的充分条件是相似特征数相等。相似特征数是相似物理现象中相关物理量的无量纲组合，反映了某一方面的物理本质。描述流体流动的相似特征数，主要有均时数 H_0、欧拉数 Eu、雷诺数 Re、弗劳德数 Fr、格拉晓夫数 Gr，它们可通过相似转换法和量纲分析法求得。

相似第一定理，即相似现象的性质，说明模型实验中应测定哪些物理量的问题；相似第二定理，即现象相似的条件，说明模型实验的条件及实验结果的应用条件问题；相似第三定理，即实验数据的处理方法，说明如何整理模型实验所得数据的问题，即将物理量的关系表示为相似特征数方程形式。例如，流体在稳定流动情况下，其管流阻力损失可表示为 $Eu = CRe^n$，通过实验可确定 C、n 值，此方程即为计算管流阻力损失的经验公式。

相似模型法是在相似的模型中，在相似的条件下，对实际过程进行实验研究的方法，其关键是如何保证模型实验与所模拟的实际过程相似。在进行模型实验时，完全满足相似条件是很困难的，一般进行近似模型实验。由于流体流动过程具有稳定性和自模化特征，所以近似模型法不会导致严重偏差。模型实验时，应注意实验介质的选取和模型尺寸的确定。

主要相似特征数：

均时数：$\dfrac{v\tau}{l} = H_0$，速度场随时间改变，不稳定流动；

欧拉数：$\left(\dfrac{\Delta p}{\rho v^2}\right)\dfrac{p}{\rho v^2} = Eu$，（压差）压力与惯性力的比值，阻力损失；

雷诺数：$\dfrac{\rho vl}{\mu} = Re$，惯性力与黏性力的比值，强制流动；

弗劳德数：$\dfrac{gl}{v^2} = Fr$，重力与惯性力的比值，垂直流动；

格拉晓夫数：$\dfrac{gl^3}{v^2}\beta\Delta t = Gr$，浮升力与黏性力的比值，自然流动；

独立相似特征数：$\pi = n - m$；

流动相似（Re 数相等）：$C_v = \dfrac{C_v}{C_l}$；

压力相似（Eu 数相等）：$C_{\Delta p} = C_\rho C_v^2$。

习题与工程案例思考题

习　题

8-1　何为相似条件和相似性质，物理现象的相似条件是什么？

8-2　何为相似特征数，其物理意义是什么？

8-3　相似特征数的求法有哪些，各适用于什么场合？

8-4　相似转换法求相似特征数的步骤如何，其关键点在哪？

8-5　量纲分析法求相似特征数的步骤如何，其关键点在哪？

8-6　描述黏性流体流动的相似特征数有哪些，其物理意义如何？

8-7　相似三定理的内容是什么，分别说明模型实验中的什么问题？

8-8　物理量的关系表示为相似特征数方程形式有哪些好处？试举例说明。

8-9　模型实验的条件是什么，应用经验公式时应注意哪些问题？

8-10　为什么说近似模型实验法不会产生大的偏差？试举例说明。

8-11　以理想流体的伯努利方程式，用相似转换法导出欧拉数 Eu 和弗劳德数 Fr。

8-12　用量纲分析法推导在静压头 Δp 作用下，孔口出流流速 v 的计算公式。设 v 与孔口直径 d、流体密度 ρ、黏度 μ 及 Δp 有关。

8-13　直径 600mm 的光滑风管，平均流速为 10m/s，现用直径 50mm 的光滑水管做模型实验，为保证动力相似，水管中水的流速应为多少？若测得水管内压差为 4.905kPa，问风管中压差为多少（设水及空气温度均为 20℃）？

8-14　在实验室中建立一个研究生产设备摩擦损失的模型，该设备内流体为压力 1.0132×10^5Pa、温度 1000℃的空气，流速为 3m/s。模型拟采用常压、20℃的空气，实验风机所能提供的出口风速为 90m/s，求模型比例。

工程案例思考题

案例 8-1　风洞实验

案例内容：

（1）风洞实验的分类；

（2）风洞实验的基本原理；

（3）风洞实验的设计及方法；

（4）风洞实验的具体应用。

基本要求：针对某飞行器或交通工具的运动模拟，完成案例内容。

案例 8-2　金属熔体流动模拟

案例内容：

（1）金属熔体流动模拟的意义；

（2）金属熔体流动模拟的方法；

（3）金属熔体流动模拟的实现；

（4）金属熔体流动模拟的应用。

基本要求：针对某铁水、钢水、铝液、粗铜等金属熔体的流动模拟，完成案例内容。

第2篇

热 量 传 输

按照热力学第二定律，凡是有温度差的地方，就有热量自发地从高温物体向低温物体传递或从物体内部高温部分向低温部分传递，这种由于温度差引起的热量传递过程称为热量传输，简称传热。

传热学在各个工业部门应用广泛。就冶金工业来讲，从烧结、炼铁、炼钢、轧钢到热处理等都与传热现象密切相关，深入理解和掌握传热理论对于提高生产率和产品质量、降低消耗指标及节能都具有重要的影响。

热量传输有三种基本方式，即传导传热、对流传热和辐射传热。在实际生产过程中，往往是几种传热方式同时存在，同时起作用。

热量传输和动量传输以及第三篇的质量传输之间具有极为显著的类似关系，它们不仅具有相同的描述现象的微分方程式，而且在本质上也有共同之处。因此可以把动量传输中的一些规律推论到热量传输中来，从而更好地理解和掌握热量传输规律。

9 热量传输的基本概念 及基本定律

本章课件

本章学习概要：主要介绍热量传输的基本概念和基本定律。要求掌握温度场、热阻和导热系数的物理意义及影响因素，掌握傅里叶-克希荷夫能量微分方程的物理意义和适用条件。

9.1 热量传输的基本概念

9.1.1 热量传输的基本方式

工程上传热现象是相当复杂的。对于各种复杂的传热现象，按照其物理本质可以分为三种不同的基本传热方式，即传导传热、对流传热和辐射传热。下面我们将分别对这三种基本的传热方式进行简要的分析和讨论，其详细的研究将在以后的各章中具体介绍。

9.1.1.1　传导传热

传导传热是指物体内部不同温度的各个部分之间，或不同温度的物体相接触时发生的热量传输现象，简称导热。其显著特点为，导热物体各部分之间不发生相对位移。无论是气体、液体和固体，只要在其内部存在温差就会发生导热现象。例如，把铁棒的一端放在火中，由于铁棒具有良好的导热性能，另一端很快被加热；又如，冬天用手摸冷的东西感到凉，这就是手的热能传给冷的物体的结果。

从微观角度看，导热可以归纳为，借助于物质微观粒子的无序热运动而实现的热量传递过程。但气体、液体、导电固体和非导电固体的导热机理是不同的。气体的导热是依靠气体分子做不规则热运动时相互碰撞实现的，能量水平高的分子与能量水平低的分子相互碰撞，热量就由高温处传到了低温处。金属导体中的导热，主要依靠自由电子的运动来完成。在非导电的固体中，导热是通过晶格结构的振动来实现的。液体中的导热机理有一种观点认为，其导热机理类似于气体，只是分子间（距离近）作用力的影响比气体大；另一种观点认为，其导热机理类似于非导电固体，即晶格的振动。近年来，一些研究结果支持后一种观点，但总的来说，导热的微观机理尚不十分清楚，在热传导的学习中，我们主要研究导热的宏观规律。

对于如图 9-1 所示的两个表面分别维持均匀温度 t_{w1} 和 t_{w2} 的平壁导热问题，法国学者傅里叶（Fourier）在总结固体导热实践经验的基础上指出：如果平壁两侧表面的温度差为 Δt，厚度为 δ，平壁面积为 A，平壁导热系数为 λ，则单位时间内通过平壁传导的热量为：

图 9-1　平壁导热

$$\Phi = \lambda A \frac{\Delta t}{\delta} \qquad (9\text{-}1)$$

式中，Φ 为热流量，W；λ 为导热系数或热导率，W/(m·℃)；A 为传热面积，m²；Δt 为温度差，℃；δ 为壁厚，m。

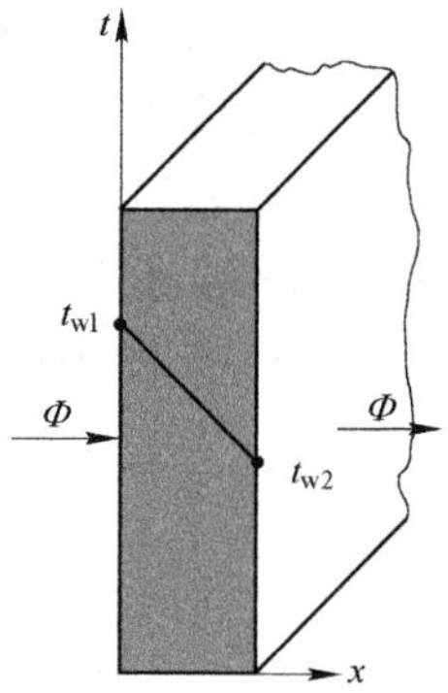

9.1.1.2　对流传热

流体中温度不同的各部分流体，由于发生宏观的相对运动而把热量由一处转移到另一处的传热现象，称为对流传热，也称对流换热或对流。如果单位时间内通过单位面积的质量通量为 n 的流体，由温度 t_1 处流到温度 t_2 处，则以热对流方式传递的热量为：

$$\Phi = nc_p(t_1 - t_2)A \qquad (9\text{-}2)$$

式中，Φ 为对流传热传递的热量，W；c_p 为比定压热容，J/(kg·℃)；n 为质量通量，kg/(m²·s)；t_1、t_2 为流体在两个不同温度位置处的温度，℃。

工程上遇到的往往不是这种单纯的对流方式（流体内部），而是流体流过与其温度不同的固体壁面时所发生的热量传递过程，这种过程称为对流换热。对流换热是一个复杂的换热过程，对流换热中包含有导热。对流换热可视为流动条件下的导热，两者可用同一方程式描述。

对流换热的基本计算公式是牛顿（Newton）冷却公式，即：

$$\Phi = h(t_w - t_f)A = h\Delta t A \qquad (9\text{-}3)$$

式中，Φ 为对流换热传递的热量，W；h 为对流换热系数，W/(m²·℃)；t_f 为流体平均温度（假设 $t_w > t_f$），℃；t_w 为壁面平均温度，℃；A 为与流体接触的壁面面积，m²。

9.1.1.3 辐射传热

辐射传热是指物体之间通过相互辐射和吸收进行的热量传输过程，也称辐射换热或热辐射。物体会因各种原因发射辐射能，我们把物体由于自身温度引起的发射辐射能的现象称为热辐射。热辐射的本质与对流和导热有本质的差别，它不需要物体作传热媒介，而是依靠电磁波的发射和吸收来实现热量传递的。

物体一方面在不停地向外发射辐射能，同时也不断吸收其他物体投射来的辐射能，物体相互辐射和吸收的综合结果是，高温物体失去热量，而低温物体得到热量，这种传热方式即为辐射传热。当物体间温度相同时，它们之间的辐射换热量为零，但它们的辐射和吸收过程仍在进行。

物体间通过热辐射传递热量时，伴随有能量形式的转换，即从热能转换为辐射能，或从辐射能转换成热能。

在辐射传热过程中，物体间的几何因素及物体表面的辐射特性对传热速率有很大影响，其传热规律与前两者截然不同。

黑体的辐射服从斯忒藩（Stefan）-玻耳兹曼（Boltzmann）定律。

$$E_b = \sigma_0 T^4 \tag{9-4}$$

式中，E_b 为黑体的辐射力，W/m²；T 为黑体的绝对温度，K；σ_0 为斯忒藩-玻耳兹曼常数，$\sigma_0 = 5.67 \times 10^{-8}$ W/(m²·K⁴)。

实际物体发射的辐射能，可以用辐射四次方定律的经验修正来计算，即：

$$E = \varepsilon C_0 \left(\frac{T}{100} \right)^4 \tag{9-5}$$

式中，E 为实际物体的辐射力，W/m²；ε 为物体的黑度（又称发射率），其数值小于 1；C_0 为黑体的辐射常数，$C_0 = 5.67$ W/(m²·K⁴)。

总之，导热、对流及热辐射是热量传递的三种基本形式。在实际问题中，这三种传递方式常常同时起作用，只是为了教学上的方便才分别予以讨论。

9.1.2 温度场

当发生热量传递时，物体或传热空间各点的温度是不同的，而且随着时间的变化而变化。温度随空间及时间的变化特征，称为温度场。在直角坐标系中，其数学表达式为：

$$t = f(x, y, z, \tau) \tag{9-6}$$

式中，t 为温度；x、y、z 为空间坐标；τ 为时间。

在研究热量传输时，如同研究动量传输一样，通常也是从宏观出发，把所研究的对象看成是连续介质。因此式（9-6）是一连续函数，温度的全微分方程为：

$$dt = \frac{\partial t}{\partial \tau} d\tau + \frac{\partial t}{\partial x} dx + \frac{\partial t}{\partial y} dy + \frac{\partial t}{\partial z} dz \tag{9-7}$$

温度场可分为稳定温度场和不稳定温度场。如果温度场随时间而变化，即 $\frac{\partial t}{\partial \tau} \neq 0$，称为不稳定温度场。发生在不稳定温度场中的传热，称为不稳定传热或不定态传热。反之，如果温度场不随时间而变化，即 $\frac{\partial t}{\partial \tau}=0$，称为稳定温度场，其传热称为稳定传热或定态传热。

物体内部温度分布可以是三个坐标、两个坐标或一个坐标的函数，这样的温度场分别称为三维、二维或一维温度场。例如，$t=f(x,y,\tau)$ 称为二维不稳定温度场；$t=f(x)$ 称为一维稳定温度场。实际上，绝对的稳定温度场是不存在的，但当所研究的时间间隔内温度相对稳定时，可近似的当作稳定温度场。由于温度不是矢量，因此温度场也不是矢量场。

9.1.3　等温面及等温线

在温度场内，某一瞬间所有温度相同的点连接构成的面，称为等温面。不同等温面与任一平面相交，则在此平面上构成一簇曲线，称为等温线。

在温度场中，同一时刻任何一点不可能具有一个以上的不同温度，因此不同温度的等温面（或等温线）不会相交。根据此性质，可以用几何作图的方法来表示温度场，即用一组（束）等温面（线）来表示一个温度场。此外，如温度场是连续的，则等温面（线）也必须连续。

因为温度差是热量传递的推动力，而在同一等温面上各点温度相同，所以在同一等温面上不会发生热量传输。热量只有穿过等温面方向，从高温等温面向低温等温面传递。

9.1.4　温度梯度

如图 9-2 所示，温度场中有三个等温面，其温度分别为 $t-\Delta t$、t、$t+\Delta t$。自等温面的某点 P 出发，沿不同方向到达另一等温面时，单位距离上的温度变化将不相同，其中以法线方向距离最短，故该方向温度变化最显著。我们把两等温面之间的温度差 Δt 与 P 点法线方向距离 Δn 的比值的极限，称为 P 点的温度梯度，记为 grad$t$，即：

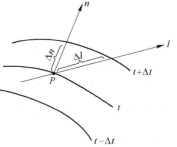

$$\mathrm{grad}t = \lim_{\Delta n \to 0} \frac{\Delta t}{\Delta n} = \frac{\partial t}{\partial n} \qquad (9\text{-}8)$$

直角坐标系中

$$\mathrm{grad}t = \frac{\partial t}{\partial x}\boldsymbol{i} + \frac{\partial t}{\partial y}\boldsymbol{j} + \frac{\partial t}{\partial z}\boldsymbol{k} \qquad (9\text{-}9)$$

图 9-2　温度梯度
n—等温面上在 P 点的法线方向；
l—等温面上在 P 点的任意方向

式中，$\boldsymbol{i}$、$\boldsymbol{j}$、$\boldsymbol{k}$ 表示三个坐标轴上的单位向量。

实际上，温度梯度就是最大的温度变化率。温度梯度是向量，习惯上规定由低温指向高温的方向为正方向；而热流方向与此相反，由高温指向低温的方向为正。

9.1.5　热通量、热流量和总热量

单位时间内通过单位面积传递的热量称为热通量，又称热流密度，用 q 表示，单位为 $\mathrm{W/m^2}$。

单位时间内通过某一给定截面积 A 所传递的热量称为热流量，用 $\varPhi$ 表示，单位为 W。

在 τ 时间内通过面积 A 所传递的热量称为总热量，用 Q 表示，单位为 J。

在稳定导热的情况下，当面积为 A 的面上传热均匀时，总热量、热流量和热通量之间的关系为：

$$Q = \Phi\tau = qA\tau \tag{9-10}$$

热流方向由高温指向低温。

9.1.6　热阻的概念

热量传输是自然界中的一种能量传递过程，它与自然界中其他传递过程，如电量传递、动量传递、质量传递有着类似之处。如将式（9-1）、式（9-3）分别改写为：

导热 $$\Phi = \lambda A\frac{\Delta t}{\delta} = \frac{\Delta t}{\delta/\lambda A} = \frac{\Delta t}{R_\lambda} \tag{9-11}$$

对流 $$\Phi = hA\Delta t = \frac{\Delta t}{1/hA} = \frac{\Delta t}{R_h} \tag{9-12}$$

电路 $$I = \frac{U}{R} \tag{9-13}$$

可以看出，其形式与直流电路中的欧姆定律相似。所以，式中 R_λ、R_h 分别称为导热热阻、对流换热热阻，℃/W。

如采用热通量，则：

导热 $$q = \frac{\Delta t}{\delta/\lambda} = \frac{\Delta t}{r_\lambda} \tag{9-14}$$

对流 $$q = \frac{\Delta t}{1/h} = \frac{\Delta t}{r_h} \tag{9-15}$$

式中，r_λ、r_h 分别为单位面积的导热热阻、对流换热热阻，$m^2 \cdot$ ℃/W。

热阻的概念同样可用于辐射换热，关于辐射换热热阻的表述，将在第 13 章中讨论。

热阻是传热学中的一个基本概念，运用热阻概念来分析传热问题时，可以使传热计算变得简单，同时又能使我们抓住过程的主要矛盾。

9.2　热量传输的基本定律

9.2.1　傅里叶导热定律

9.2.1.1　傅里叶导热定律

1882 年，法国数学家、物理学家傅里叶（Fourier）在实验的基础上，总结了均质固体中导热规律后指出：单位时间内通过单位截面积的导热量与温度梯度成正比，即：

$$q = \frac{\Phi}{A} = -\lambda\,\mathrm{grad}\,t = -\lambda\frac{\partial t}{\partial n} \tag{9-16}$$

式中，λ 为导热系数或热导率，W/（m·℃）；"–"表示导热的方向与温度梯度的方向相反。

在直角坐标系中，热通量可表示为：

$$q = q_x\boldsymbol{i} + q_y\boldsymbol{j} + q_z\boldsymbol{k} \tag{9-17}$$

$$q_x = -\lambda\frac{\partial t}{\partial x}, \quad q_y = -\lambda\frac{\partial t}{\partial y}, \quad q_z = -\lambda\frac{\partial t}{\partial z} \tag{9-18}$$

采用热流量的傅里叶定律可表示为：

$$\Phi = -\lambda\frac{\partial t}{\partial n}A \tag{9-19}$$

式中，A 为垂直于导热方向的传热面积，m^2。

由式（9-16）可知，如已知物体内部的温度分布，便可求出温度梯度，再由傅里叶定律计算物体内任一点的导热速率。

9.2.1.2 导热系数

导热系数是傅里叶定律表达式中的比例系数，也称热导率。根据式（9-17）得：

$$\lambda = \frac{q}{-(\partial t/\partial n)} \tag{9-20}$$

由式（9-20）可见，导热系数等于沿导热方向的单位长度上，温度降低 1℃ 时，单位时间内通过单位面积的导热量。导热系数反映了物体导热能力的大小，它是物质的一个热物性参数，是物质的固有属性之一。其值与材料几何形状无关，主要决定于材料的成分、内部结构、密度、温度、压力和含水率等。

对同一种类型的材料来讲，影响导热系数的因素主要是温度和压力。在一般工程应用的压力范围内，可以认为导热系数仅与温度有关。在比较广阔的温度区间内的实用计算中，大多数材料的导热系数允许采用线性近似关系，即：

$$\lambda = \lambda_0(1 + bt) \tag{9-21}$$

$$\lambda = \lambda_0 + at \tag{9-22}$$

式中，λ 为温度为 t 时的导热系数，$W/(m\cdot℃)$；λ_0 为温度为 0℃ 时的导热系数，$W/(m\cdot℃)$；a、b 为实验确定的常数。

工程材料采用的导热系数一般都由实验测得，各类物质的导热系数范围见图 9-3。

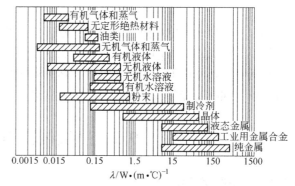

图 9-3 各类物质的导热系数范围

各种物质的导热系数有较大的差异。一般来说，固体的导热系数大于液体，气体则最小。

A 气体的导热系数

气体的导热系数约为 0.006~0.6W/(m·℃)。气体的导热，是由于气体分子不规则的热运动和相互碰撞时所发生的能量传递。气体的相对分子质量越小，温度越高，其导热系数越大。一般可以认为，气体的导热系数不随压力的变化而变化。图 9-4 为常见的几种气体的导热系数随温度变化的关系。

B　液体的导热系数

液体的导热系数一般为 $0.07 \sim 0.7 W/(m \cdot ℃)$。液体的导热主要靠晶格的振动来实现。除了水和甘油外，大多数液体的导热系数随温度升高而降低。图9-5为几种液体的导热系数随温度变化的关系。

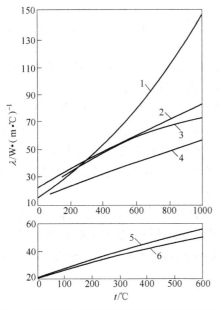

图9-4　某些气体的导热系数随温度变化的关系
1—水蒸气；2—二氧化碳；3—空气；4—氩气；
5—氧气；6—氮气

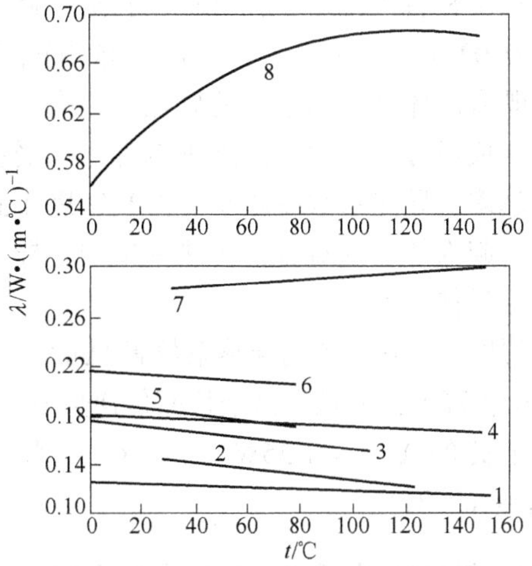

图9-5　几种液体的导热系数随温度变化的关系
1—凡士林油；2—苯；3—丙酮；4—蓖麻油；
5—乙醇；6—甲醇；7—甘油；8—水

液体金属的导热系数比其他液体高得多，大约为 $1.75 \sim 87 W/(m \cdot ℃)$。这可能是由于液体金属中有自由电子传递热量。表9-1给出了某些液体金属和熔渣的导热系数值。

表 9-1　某些液体金属和熔渣的导热系数

物　　质	温度/℃	导热系数 $\lambda / W \cdot (m \cdot ℃)^{-1}$
纯　铁	1600	40
纯　铝	700	100
钢　液	液相线附近	$22 \sim 25$
炼钢炉渣		$2.3 \sim 3.5$
渣（CaO35%-$SiO_2$45%-$Al_2O_3$20%）	$1000 \sim 1500$	$0.7 \sim 0.8$
渣（CaO50%-$SiO_2$35%-$Al_2O_3$15%）	$1000 \sim 1500$	0.5

C　固体的导热系数

固体中的导热，依靠晶格振动和自由电子的迁移方式来完成。金属中有大量的自由电子，导热能力强。各种金属的导热系数一般为 $2.2 \sim 420 W/(m \cdot ℃)$。纯金属的导热系数与电导率成正比，因此，好的电导体必然是好的热导体。大多数金属的导热系数随温度的升高而降低，因为温度升高，晶格振动加剧，妨碍了自由电子的运动，使导热系数下降。

金属中掺入任何杂质，都将破坏晶格的完整性，干扰自由电子的运动，使得导热系数减小，故碳钢和铸铁的导热系数都小于纯铁。此外，金属加工过程中也造成晶格缺陷，所以化学成分相同的金属，导热系数也会因加工情况的不同而有所差异。

大部分合金材料的导热系数随温度的升高而增加，例如不锈钢就是如此。

D　绝热或保温材料

在建筑、热能、冶金工业中，经常使用绝热或保温材料。工程上把导热系数小于 $0.2W/(m \cdot \mathcal{C})$ 的材料称为隔热材料或绝热材料。

这类材料大都是多孔材料，孔隙中储有导热能力很差的空气。常温下，空气的导热系数为 $0.025W/(m \cdot \mathcal{C})$，所以能起到隔热和保温的作用。另外，它们都是不连续体，热量传递既有固体骨架和空气的导热，还有空气的热对流甚至辐射作用。材料的导热系数除受材料组成成分、压力、温度影响外，还受材料密度和含水率的影响。密度越小，材料内小孔隙越多，导热系数就越小。但当密度小到一定程度时，说明内部孔隙增大或者已互相连通，引起内部空气对流，传热率增加，导热系数反而增加。因此，对于每一种保温材料都存在着最佳密度。

湿度对多孔材料的导热系数影响最大。由于水分的掺入，替代了相当一部分空气，而且水分会由高温区向低温区迁移而传递热量，因此，湿材料的导热系数比干材料和水都大。例如，干砖的 $\lambda_{干砖} = 0.35W/(m \cdot \mathcal{C})$，水的 $\lambda_{水} = 0.6W/(m \cdot \mathcal{C})$，而湿砖的 $\lambda_{湿砖}$ 可高达 $1.0W/(m \cdot \mathcal{C})$。

9.2.2　傅里叶-克希荷夫能量微分方程

傅里叶-克希荷夫能量微分方程，是描述导热物体内部各点温度和空间与时间内在联系的数学表达式。它是根据傅里叶定律和能量守恒定律建立起来的。推导方法如同动量传输一样，采用微元体分析法。

9.2.2.1　直角坐标系中的能量微分方程

设有一各向同性且均质的物体，物体中的内热源是均匀分布的，导热体的物性参数（导热系数 λ、密度 ρ、比定压热容 c_p）为常数。

在导热体内部，取边长分别为 dx、dy、dz 的六面体作微元体，流体的速度在三个方向的分量分别为 v_x、v_y、v_z，如图 9-6 所示。以单位时间为准，对该微元体进行能量平衡，则

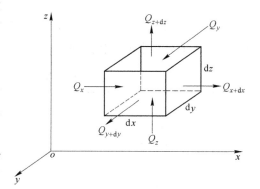

图 9-6　微元体热平衡

输入微元体的热量−输出微元体的热量+微元体内热源生成的热量 = 微元体内能的增量

$$(9-23)$$

A　单位时间内输入微元体的热量

在流体流动情况下，热传输量为导热热传输量和对流热传输量两部分之和，所以，单位时间内在 x、y、z 方向输入微元体的热量分别为：

x 方向　　　　　　　　$Q_x = q_x dydz + \rho c_p t v_x dydz$　　　　　　　$(9-24)$

y 方向 $\qquad Q_y = q_y \mathrm{d}x\mathrm{d}z + \rho c_p t v_y \mathrm{d}x\mathrm{d}z \qquad (9\text{-}25)$

z 方向 $\qquad Q_z = q_z \mathrm{d}x\mathrm{d}y + \rho c_p t v_z \mathrm{d}x\mathrm{d}y \qquad (9\text{-}26)$

B　单位时间内输出微元体的热量

同样，单位时间内在 x、y、z 方向输出微元体的热量分别为：

x 方向 $\qquad Q_{x+\Delta x} = \left(q_x + \frac{\partial q_x}{\partial x}\mathrm{d}x\right)\mathrm{d}y\mathrm{d}z + \rho c_p\left(t + \frac{\partial t}{\partial x}\mathrm{d}x\right)\left(v_x + \frac{\partial v_x}{\partial x}\mathrm{d}x\right)\mathrm{d}y\mathrm{d}z \qquad (9\text{-}27)$

y 方向 $\qquad Q_{y+\Delta y} = \left(q_y + \frac{\partial q_y}{\partial y}\mathrm{d}y\right)\mathrm{d}x\mathrm{d}z + \rho c_p\left(t + \frac{\partial t}{\partial y}\mathrm{d}y\right)\left(v_y + \frac{\partial v_y}{\partial y}\mathrm{d}y\right)\mathrm{d}x\mathrm{d}z \qquad (9\text{-}28)$

z 方向 $\qquad Q_{z+\Delta z} = \left(q_z + \frac{\partial q_z}{\partial z}\mathrm{d}z\right)\mathrm{d}x\mathrm{d}y + \rho c_p\left(t + \frac{\partial t}{\partial z}\mathrm{d}z\right)\left(v_z + \frac{\partial v_z}{\partial z}\mathrm{d}z\right)\mathrm{d}x\mathrm{d}y \qquad (9\text{-}29)$

C　单位时间内微元体热量收支差量

单位时间内输入微元体的热量与输出微元体的热量之差，即单位时间内微元体热量收支差量的计算如下。

式（9-24）+式（9-25）+式（9-26）−式（9-27）−式（9-28）−式（9-29），忽略高阶无穷小，得：

$$\Delta Q = -\left(\frac{\partial q_x}{\partial x} + \frac{\partial q_y}{\partial y} + \frac{\partial q_z}{\partial z}\right)\mathrm{d}x\mathrm{d}y\mathrm{d}z - \rho c_p\left[\left(v_x\frac{\partial t}{\partial x} + v_y\frac{\partial t}{\partial y} + v_z\frac{\partial t}{\partial z}\right) + \right.$$

$$\left. t\left(\frac{\partial v_x}{\partial x} + \frac{\partial v_y}{\partial y} + \frac{\partial v_z}{\partial z}\right)\right]\mathrm{d}x\mathrm{d}y\mathrm{d}z \qquad (9\text{-}30)$$

将傅里叶定律表达式 $q_x = -\lambda\dfrac{\partial t}{\partial x}$，$\quad q_y = -\lambda\dfrac{\partial t}{\partial y}$，$\quad q_z = -\lambda\dfrac{\partial t}{\partial z}$ 代入式（9-30），得：

$$\Delta Q = \lambda\left(\frac{\partial^2 t}{\partial x^2} + \frac{\partial^2 t}{\partial y^2} + \frac{\partial^2 t}{\partial z^2}\right)\mathrm{d}x\mathrm{d}y\mathrm{d}z - \rho c_p\left[\left(v_x\frac{\partial t}{\partial x} + v_y\frac{\partial t}{\partial y} + v_z\frac{\partial t}{\partial z}\right) + \right.$$

$$\left. t\left(\frac{\partial v_x}{\partial x} + \frac{\partial v_y}{\partial y} + \frac{\partial v_z}{\partial z}\right)\right]\mathrm{d}x\mathrm{d}y\mathrm{d}z \qquad (9\text{-}31)$$

由动量传输中的连续性方程可知，对于不可压缩流体有，$\dfrac{\partial v_x}{\partial x} + \dfrac{\partial v_y}{\partial y} + \dfrac{\partial v_z}{\partial z} = 0$，则式（9-31）变为：

$$\Delta Q = \lambda\left(\frac{\partial^2 t}{\partial x^2} + \frac{\partial^2 t}{\partial y^2} + \frac{\partial^2 t}{\partial z^2}\right)\mathrm{d}x\mathrm{d}y\mathrm{d}z - \rho c_p\left(v_x\frac{\partial t}{\partial x} + v_y\frac{\partial t}{\partial y} + v_z\frac{\partial t}{\partial z}\right)\mathrm{d}x\mathrm{d}y\mathrm{d}z \qquad (9\text{-}32)$$

D　单位时间内微元体内热源生成的热量

内热源是指导热体在导热过程中，由伴随的化学反应或电热效应等形式的能量所转化的热量。内热源产生的热量可为正（表示内热源放出热量），可为负（表示内热源吸收热量），也可为零（无内热源）。定义单位时间内单位体积所生成的热量为内热源强度，用 $\dot{q}_V(\mathrm{W/m^3})$ 表示。则在单位时间内微元体内热源生成的热量为：

$$\dot{q}_V\mathrm{d}x\mathrm{d}y\mathrm{d}z \qquad (9\text{-}33)$$

E　单位时间内微元体内能的变化量

若微元体有热量收支差量，那么它的内能就会有变化。单位时间内微元体内能的增量为：

$$\rho \frac{\partial u}{\partial \tau} \mathrm{d}x\mathrm{d}y\mathrm{d}z \tag{9-34}$$

对于固体和不可压缩流体，可以认为单位质量的内能 $u = c_V t$，并且比定容热容 c_p 与比定压热容 c_p 相等，即 $c_V \approx c_p$。所以，由式（9-34）可得：

$$\rho c_p \frac{\partial t}{\partial \tau} \mathrm{d}x\mathrm{d}y\mathrm{d}z \tag{9-35}$$

将式（9-32）、式（9-33）、式（9-35）代入能量平衡方程（9-23）整理后得：

$$\frac{\partial t}{\partial \tau} + v_x \frac{\partial t}{\partial x} + v_y \frac{\partial t}{\partial y} + v_z \frac{\partial t}{\partial z} = a\left(\frac{\partial^2 t}{\partial x^2} + \frac{\partial^2 t}{\partial y^2} + \frac{\partial^2 t}{\partial z^2}\right) + \frac{\dot{q}_V}{\rho c_p} \tag{9-36}$$

式中，$a = \lambda / \rho c_p$，称为热扩散系数，又称导温系数，单位为 $\mathrm{m^2/s}$。

式（9-36）就是傅里叶-克希荷夫能量微分方程。方程式左侧第一项表示温度随时间的变化，即温度场的不稳定程度。左侧其余三项是以温度和速度之积表示的对流传热量。方程式右侧的二阶导数可以理解为温度梯度在各坐标方向的变化率，即表示热流在各坐标方向上的变化。右侧第二项表示内热源生成的热量。该能量微分方程是热量传输过程共性的数学表达式，不论是稳定还是非稳定，一维或是多维，能量微分方程都是适用的。因此，傅里叶-克希荷夫能量微分方程是求解一切导热和对流问题的出发点。

对于固体导热，因 $v = 0$，式（9-36）简化为：

$$\frac{\partial t}{\partial \tau} = a\left(\frac{\partial^2 t}{\partial x^2} + \frac{\partial^2 t}{\partial y^2} + \frac{\partial^2 t}{\partial z^2}\right) + \frac{\dot{q}_V}{\rho c_p} \tag{9-37}$$

对于固体稳定导热，方程（9-36）变为：

$$\frac{\partial^2 t}{\partial x^2} + \frac{\partial^2 t}{\partial y^2} + \frac{\partial^2 t}{\partial z^2} + \frac{\dot{q}_V}{\lambda} = 0 \tag{9-38}$$

如是稳定导热，且没有内热源，则方程（9-36）变为：

$$\frac{\partial^2 t}{\partial x^2} + \frac{\partial^2 t}{\partial y^2} + \frac{\partial^2 t}{\partial z^2} = 0 \tag{9-39}$$

式（9-39）称为拉普拉斯方程，通常用 $\nabla^2 t = 0$ 表示。

如是一维无内热源的不稳定导热，则方程（9-36）变为：

$$\frac{\partial t}{\partial \tau} = a \frac{\partial^2 t}{\partial x^2} \tag{9-40}$$

简化后的方程式（9-37）～式（9-40）也称为导热微分方程。

在工程中，我们常遇到圆柱体、圆筒壁和球壁一类轴对称物体的导热问题。对于这一类物体，应用圆柱坐标系和球坐标系更为方便。通过坐标变换（参看图9-7），可以将式（9-36）转换为圆柱坐标系和球坐标系的能量微分方程。

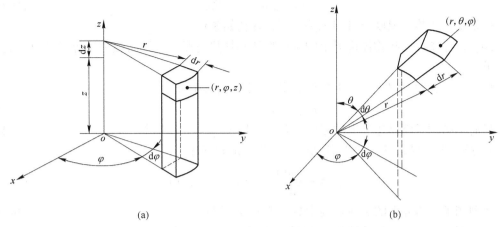

图 9-7　柱坐标和球坐标的微元体

(a)圆柱坐标中的微元体；(b)球坐标中的微元体

圆柱坐标系：

$$\frac{\partial t}{\partial \tau} + v_r \frac{\partial t}{\partial r} + \frac{v_\theta}{r} \cdot \frac{\partial t}{\partial \theta} + v_z \frac{\partial t}{\partial z} = a\left[\frac{1}{r} \cdot \frac{\partial}{\partial r}\left(r \frac{\partial t}{\partial r}\right) + \frac{1}{r^2} \cdot \frac{\partial^2 t}{\partial \theta^2} + \frac{\partial^2 t}{\partial z^2}\right] + \frac{\dot{q}_V}{\rho c_p} \quad (9\text{-}41)$$

球坐标系：

$$\frac{\partial t}{\partial \tau} + v_r \frac{\partial t}{\partial r} + \frac{v_\theta}{r} \cdot \frac{\partial t}{\partial \theta} + \frac{v_\phi}{r\sin\theta} \cdot \frac{\partial t}{\partial \phi}$$

$$= a\left[\frac{1}{r^2} \cdot \frac{\partial}{\partial r}\left(r^2 \frac{\partial t}{\partial r}\right) + \frac{1}{r^2\sin\theta} \cdot \frac{\partial}{\partial \theta}\sin\theta \frac{\partial t}{\partial \theta} + \frac{1}{r^2\sin^2\theta} \cdot \frac{\partial^2 t}{\partial \phi^2}\right] + \frac{\dot{q}_V}{\rho c_p} \quad (9\text{-}42)$$

9.2.2.2　热扩散系数 a（导温系数）

热扩散系数 a 按下式计算：

$$a = \lambda / \rho c_p \quad (9\text{-}43)$$

热扩散系数 a 是物体的物性参数，它反映了物体的导热能力 λ 与蓄热能力 ρc_p 之间的关系，单位为 m^2/s。它说明物体被加热或冷却时，物体内各部分温度趋于均一的能力。在同样的加热或冷却条件下，a 越大，物体内各处温度越容易均匀，物体导热传播的速度就越大；反之，a 越小，物体导热传播的速度就越小。热扩散系数对不稳定导热具有很重要的意义。

9.2.2.3　能量微分方程的单值条件

能量微分方程是描述物体内温度随时间和空间变化的一般关系式，它是一般的规律，解的结果为通解。对于特定的传热现象，在求解时必须给出反映该现象特点的单值条件，使之能单值地确定其解。单值条件包括以下几方面：

（1）几何条件。给出参与换热过程物体的形状与尺寸大小。

（2）物理条件。给出外界介质和物体的物性参数值或其他性质。

（3）初始条件。传热过程开始时刻物体内的温度分布，可表示为：

$$t\big|_{\tau=0} = f(x,\ y,\ z) \quad (9\text{-}44)$$

最简单的初始条件，是开始时刻物体内各点具有相同的温度，即：

$$t\big|_{\tau=0}=t_0=常数 \tag{9-45}$$

如是稳定传热，温度与时间无关，不存在初始条件。

（4）边界条件。指物体边界上的温度特征和换热情况。常见的温度边界条件可分为如下三类：

1）第一类边界条件。已知任何时刻边界上的温度分布。

$$t\big|_w=f(x,\ y,\ z,\ \tau) \tag{9-46}$$

最简单的例子就是边界上的温度为常数，即 $t\big|_w=t_w=常数$。 $\tag{9-47}$

2）第二类边界条件。已知任何时刻边界上的热通量。

$$q_w=-\lambda\frac{\partial t}{\partial n}\bigg|_w=f(x,\ y,\ z,\ \tau) \tag{9-48}$$

典型例子是边界上的热通量为常数，即 $q_w=常数$。 $\tag{9-49}$

作为第二类边界条件的特例，当某个边界面绝热时，则：

$$q_w=-\lambda\frac{\partial t}{\partial n}\bigg|_w=0,\ 即\frac{\partial t}{\partial n}\bigg|_w=0 \tag{9-50}$$

3）第三类边界条件。已知物体周围介质的温度 t_f 和边界与周围介质的对流换热系数 h。

$$-\lambda\frac{\partial t}{\partial n}\bigg|_w=h(t\big|_w-t_f) \tag{9-51}$$

只有给定定解条件，才可求出某一传热问题的唯一确定解，通常称为解的唯一性原理。

------ **本 章 小 结** ------

热量传输是自然界极为常见的传输过程，主要研究热量传输的基本规律及特点。本章介绍了热量传输的三种基本方式：传导传热、对流传热和辐射传热，热量传输的基本概念，如温度场、温度梯度、热通量和热阻等，还介绍了傅里叶导热定律和傅里叶-克希荷夫能量微分方程。傅里叶导热定律是本章的重点内容。

根据热力学定律，热能总是由高能物体向低能物体传递，物体间温差越大，热量传递就越容易。物体内部不同温度的各个部分之间，或不同温度的物体相接触时发生的热量传输称为传导传热。流体中温度不同的各个部分，由于发生宏观的相对运动而把热量由一处转移到另一处的传热现象称为对流传热。物体之间通过相互辐射和吸收进行的热量传递称为辐射传热。温度随空间及时间的变化特征称为温度场，分为稳定和非稳定以及一维、二维和三维温度场。运用等温面及等温线、热通量和热阻的概念可以有效地分析传热问题，简化计算过程。

傅里叶导热定律揭示了单位时间内通过单位截面积的导热量与温度梯度之间的关系，导热系数则反映物体导热能力的大小，是物质的固有属性。F-K 方程是根据傅里叶定律和能量守恒定律建立起来的微分方程，它是求解一切导热和对流问题的出发点。

主要公式和方程：

传导传热：$\varPhi=\lambda A\dfrac{\Delta t}{\delta}$；

对流传热：$\Phi = h(t_w - t_f)A = h\Delta tA$；

辐射传热：$E = \varepsilon C_0 \left(\dfrac{T}{100}\right)^4$；

傅里叶导热定律：$\Phi = -\lambda \dfrac{\partial t}{\partial n}A$；

傅里叶–克希荷夫能量微分方程：$\dfrac{\partial t}{\partial \tau} + v_x \dfrac{\partial t}{\partial x} + v_y \dfrac{\partial t}{\partial y} + v_z \dfrac{\partial t}{\partial z} = a\left(\dfrac{\partial^2 t}{\partial x^2} + \dfrac{\partial^2 t}{\partial y^2} + \dfrac{\partial^2 t}{\partial z^2}\right) + \dfrac{\dot{q}_V}{\rho c_p}$。

习题与工程案例思考题

习　题

9-1　热量传输有哪几种基本方式，各有什么特点？

9-2　什么是温度场？并说明温度场的类别和特点。

9-3　什么是温度梯度，怎样确定它的方向？

9-4　为什么导热热流的方向与温度梯度的方向相反？

9-5　说明导热系数和热扩散系数的物理意义及区别。

9-6　绝热保温材料的导热系数受哪些因素的影响？

9-7　试述能量微分方程的物理意义。

9-8　求解能量微分方程的单值条件有哪些？

9-9　厚度为25mm的聚酯泡沫塑料，两表面的温度差为5℃，材料的导热系数为0.032W/(m·℃)，试求通过该材料的热通量。

9-10　30℃的空气吹过150℃的热表面，如果空气与热表面的对流换热系数为200W/(m²·℃)，试计算这个热表面对流散热的热通量。

9-11　金属板的表面黑度为0.35，温度为273℃，试计算它的表面热辐射散热量。如表面镀铬，黑度变为0.05，表面热辐射的散热量又为多少？

9-12　房间内有一个充满热咖啡的封闭容器，房间的空气和墙的温度保持不变，试分析所有对咖啡起冷却作用的传热过程。

工程案例思考题

案例9-1　日常住宅的热量传输

案例内容：

（1）住宅热量传输的基本方式；

（2）影响住宅热量传输的主要因素；

（3）减少住宅热量损失的主要途径。

基本要求：选择常见住宅，根据案例内容进行归纳总结。

案例9-2　连续铸钢的热量传输

案例内容：

（1）连续铸钢生产中热量传输的基本方式；

（2）连续铸钢热量传输的表达式；

（3）影响连续铸钢热量传输的主要因素。

基本要求：选择常见连续铸钢生产方式，根据案例内容进行归纳总结。

案例 9-3　冶金熔体的导热性

案例内容：

（1）冶金熔体导热性的表达；

（2）影响冶金熔体导热系数的主要因素；

（3）冶金熔体导热系数的测定方法。

基本要求：选择某常见冶金熔体，根据案例内容进行归纳总结。

本章课件

本章学习概要：主要介绍稳定导热与不稳定导热的特点与求解方法。要求掌握一维平壁和多层平壁、一维圆筒壁和多层圆筒壁的温度场及导热量计算，掌握傅里叶数、毕渥数的表达式及物理意义，掌握导热的有限差分解法。

工程上，很多换热设备的传热过程都是通过平壁或圆筒壁的传导传热过程，因此研究固体的传导传热具有重要的工程意义，而且在正常的工作条件下大都是稳定导热。不论是稳定导热还是不稳定导热，分析导热问题一般都是首先求解导热微分方程得到温度场，然后利用傅里叶定律确定导热速率。

10.1　稳定导热

10.1.1　一维平壁稳定导热

10.1.1.1　单层平壁（第一类边界条件，表面温度为常数）

工程实践中的大量导热问题都可以简化成一维稳态导热过程，如大平板、长圆筒、球壁等几何形态规则物体的导热问题。如图 10-1 所示，设有一厚度为 δ 的单层平壁，无内热源，导热系数 λ 为常数，平壁两侧表面维持均匀稳定的温度 t_{w1} 和 t_{w2}。若平壁的高度和宽度远大于厚度，即为无限大平壁，可认为是一维导热。求平壁内温度分布及通过此平壁的导热通量 q。

对于此问题可用两种方法求解：一是直接利用傅里叶定律求解；二是根据导热微分方程求解，现介绍第二种方法。

对于稳定、一维、无内热源的导热问题，导热微分方程（9-37）可简化为：

$$\frac{\mathrm{d}^2 t}{\mathrm{d}x^2} = 0 \tag{10-1}$$

边界条件为：

$$x = 0, \quad t = t_{w1}$$
$$x = \delta, \quad t = t_{w2} \tag{10-2}$$

对式（10-1）连续两次积分得：

$$t = C_1 x + C_2 \tag{10-3}$$

式中，C_1、C_2 为积分常数。

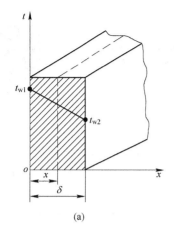

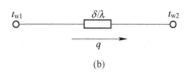

图 10-1　单层平壁的导热

将边界条件式（10-2）代入式（10-3）得：

$$C_2 = t_{w1}, \quad C_1 = \frac{t_{w2} - t_{w1}}{\delta} \tag{10-4}$$

将式（10-4）代入式（10-3）得壁内温度分布为：

$$t = t_{w1} - \frac{t_{w1} - t_{w2}}{\delta} x \tag{10-5}$$

不难看出，平壁内的温度分布呈直线规律变化。

已知温度分布，可求得温度梯度，再代入傅里叶定律，可求得通过此平壁的导热通量。将式（10-5）对 x 求导得：

$$\frac{dt}{dx} = \frac{t_{w2} - t_{w1}}{\delta} \tag{10-6}$$

式（10-6）说明温度梯度为一常数，将式（10-6）代入傅里叶定律得：

$$q = -\lambda \frac{dt}{dx} = \lambda \frac{t_{w1} - t_{w2}}{\delta} \tag{10-7}$$

若平壁的侧表面积为 A，则热流量为：

$$\Phi = qA \tag{10-8}$$

由于式（10-7）、式（10-8）右边的各项均为常数，说明热流量 Φ 和热通量 q 均为常数，即沿 x 方向的任意截面上的任何一点处，Φ 和 q 均为一常数，而与 x 无关。这是平壁一维稳定导热的一个很重要的结论。

利用热阻的概念，式（10-7）、式（10-8）可改写为：

$$q = \frac{t_{w1} - t_{w2}}{\delta / \lambda} = \frac{t_{w1} - t_{w2}}{r_\lambda} \tag{10-9}$$

$$\Phi = \frac{t_{w1} - t_{w2}}{\delta / \lambda A} = \frac{t_{w1} - t_{w2}}{R_\lambda} \tag{10-10}$$

式中，$r_\lambda = \dfrac{\delta}{\lambda}$ 为平壁单位面积的导热热阻，$m^2 \cdot \text{℃/W}$；$R_\lambda = \dfrac{\delta}{\lambda A}$ 为平壁的导热热阻，℃/W。

式（10-9）的模拟电路图如图 10-1（b）所示。

当导热系数 λ 不是常数，随温度呈线性变化，即 $\lambda(t) = \lambda_0(1 + bt)$ 时，此时通过一维平壁的热通量和热流量的变化如下。

此时，无内热源一维稳定导热微分方程为：

$$\frac{d}{dx}\left(\lambda(t) \frac{dt}{dx}\right) = 0 \tag{10-11}$$

边界条件仍为：

$$x = 0, \quad t = t_{w1}$$
$$x = \delta, \quad t = t_{w2}$$

对导热微分方程（10-11）第一次积分，得：

$$\lambda(t)\frac{\mathrm{d}t}{\mathrm{d}x} = C_1 \tag{10-12}$$

由傅里叶定律 $q = -\lambda\frac{\mathrm{d}t}{\mathrm{d}x}$ 可知，$q = -C_1$，将导热系数 $\lambda(t) = \lambda_0(1+bt)$ 代入式（10-12）

并分离变量得：

$$\lambda_0(1+bt)\mathrm{d}t = C_1\mathrm{d}x$$

第二次积分后得：

$$\lambda_0\left(t + \frac{b}{2}t^2\right) = C_1 x + C_2 \tag{10-13}$$

代入边界条件得积分常数 C_1、C_2 为：

$$x = 0, \quad t = t_{w1}, \quad C_2 = \lambda_0\left(t_{w1} + \frac{b}{2}t_{w1}^2\right)$$

$$x = \delta, \quad t = t_{w2}, \quad C_1 = \lambda_0\left(1 + b\frac{t_{w2}+t_{w1}}{2}\right)\frac{t_{w2}-t_{w1}}{\delta}$$

因为 $q = -C_1$，所以：

$$q = -C_1 = \lambda_0\left(1 + b\frac{t_{w2}+t_{w1}}{2}\right)\frac{t_{w1}-t_{w2}}{\delta} \tag{10-14}$$

令

$$t_m = \frac{t_{w1}+t_{w2}}{2}, \quad \lambda_m = \lambda_0(1+bt_m)$$

则

$$q = \lambda_m\frac{t_{w1}-t_{w2}}{\delta} \tag{10-15}$$

式中，t_m 为平面两侧表面温度的算术平均温度，℃；λ_m 为平均温度 t_m 时的导热系数，W/(m·℃)。

将式（10-15）与式（10-7）比较，公式形式相同。因此，在实际计算时可统一使用式（10-7），只是当导热系数随温度变化时，应取平壁平均温度下的平均导热系数。这一结论同样适用于圆筒壁。

将积分常数 C_1 和 C_2 代入式（10-13），经整理后可得平壁内的温度分布为：

$$t = \sqrt{\left(t_{w1} + \frac{1}{b}\right)^2 - \frac{2qx}{b\lambda_0}} - \frac{1}{b} \tag{10-16}$$

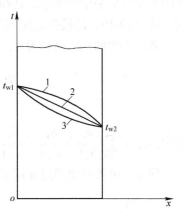

由式（10-16）可以看出，当导热系数随温度呈线性变化时，平壁内温度分布不是呈直线分布，而是曲线分布，如图 10-2 所示。

这是因为当 $b > 0$ 时，λ 随着 t 的升高而增大，为保持 q 为常数，λ 增大，$\mathrm{d}t/\mathrm{d}x$ 相应减小，所以形成向上凸起的温度分布曲线（见图 10-2 曲线 1）。反之，如果 $b < 0$，温度分布为向下凹的曲线（见图 10-2 曲线 3）。如果 $b = 0$，$\lambda = \lambda_0$，导热系数不随温度变化，温度分布为一条直线（见图 10-2 曲线 2）。

此问题的求解，也可通过对傅里叶定律直接积分求

图 10-2　平壁内温度分布
1—$b>0$；2—$b=0$；3—$b<0$

得，读者可自行推导。

10.1.1.2   多层平壁（第一类边界条件，表面温度为常数）

多层平壁是指由几层不同材料组成的平壁，如工业炉的炉墙，常常是由耐火砖、隔热砖、金属护板等不同材料组成的多层平壁。

图 10-3 表示一个由三层不同材料组成的无限大平壁，各层厚度分别为 δ_1、δ_2、δ_3，导热系数分别为 λ_1、λ_2、λ_3，且均为常数。平壁两侧表面温度维持均匀温度 t_{w1}、t_{w4}，假定层与层之间的接触为紧密接触，即接触热阻为零，互相接触的两表面具有相同的温度。要求确定通过平壁的导热通量 q 和层间界面温度 t_{w2}、t_{w3}。

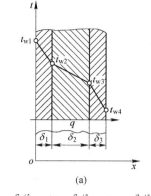

图 10-3   多层平壁导热

在稳定导热时，通过各层平壁的热通量应该相等。根据单层平壁的热通量公式（10-7），通过三层平壁的热通量分别为：

$$q = \frac{\lambda_1}{\delta_1}(t_{w1} - t_{w2}), \quad q = \frac{\lambda_2}{\delta_2}(t_{w2} - t_{w3}), \quad q = \frac{\lambda_3}{\delta_3}(t_{w3} - t_{w4})$$

$$\text{（10-17）}$$

式（10-17）可改写成：

$$t_{w1} - t_{w2} = q\frac{\delta_1}{\lambda_1}, \quad t_{w2} - t_{w3} = q\frac{\delta_2}{\lambda_2}, \quad t_{w3} - t_{w4} = q\frac{\delta_3}{\lambda_3} \qquad \text{（10-18）}$$

将式（10-18）的三式相加，整理得：

$$q = \frac{t_{w1} - t_{w4}}{\dfrac{\delta_1}{\lambda_1} + \dfrac{\delta_2}{\lambda_2} + \dfrac{\delta_3}{\lambda_3}} = \frac{t_{w1} - t_{w4}}{\displaystyle\sum_{i=1}^{3}\frac{\delta_i}{\lambda_i}} \qquad \text{（10-19）}$$

式中，$r_\lambda = \displaystyle\sum_{i=1}^{3}\frac{\delta_i}{\lambda_i} = \frac{\delta_1}{\lambda_1} + \frac{\delta_2}{\lambda_2} + \frac{\delta_3}{\lambda_3}$ 为整个平壁单位面积的总热阻，它说明三层平壁导热的总热阻等于各层平壁导热热阻之和，这与串联电路中总电阻等于各分电阻之和的规律完全相同。式（10-19）的模拟电路图如图 10-3（b）所示。

假设平壁的侧面面积为 A，则通过平壁的热流量为：

$$\Phi = \frac{t_{w1} - t_{w4}}{\dfrac{\delta_1}{\lambda_1 A} + \dfrac{\delta_2}{\lambda_2 A} + \dfrac{\delta_3}{\lambda_3 A}} = \frac{t_{w1} - t_{w4}}{\displaystyle\sum_{i=1}^{3}\frac{\delta_i}{\lambda_i A}} \qquad \text{（10-20）}$$

式中，$R_\lambda = \displaystyle\sum_{i=1}^{3}\frac{\delta_i}{\lambda_i A} = \frac{\delta_1}{\lambda_1 A} + \frac{\delta_2}{\lambda_2 A} + \frac{\delta_3}{\lambda_3 A}$ 为整个平壁的总热阻。

同样，可推导出通过 n 层平壁的导热通量和热流量公式为：

$$q = \frac{t_{w1} - t_{w(n+1)}}{\displaystyle\sum_{i=1}^{n}\frac{\delta_i}{\lambda_i}} \qquad \text{（10-21）}$$

$$\Phi = \frac{t_{w1} - t_{w(n+1)}}{\sum_{i=1}^{n} \frac{\delta_i}{\lambda_i A}} \qquad (10\text{-}22)$$

因为在每一层中温度均按直线分布,所以在整个多层平壁中,温度分布为多折折线,各层内直线斜率不一样,由于稳定导热时各层热通量都相等,因此各段直线的斜率仅取决于各层材料的导热系数值。λ 值大的段内,温度线斜率小,线就平坦;反之,λ 值小的段内,温度线斜率大,线陡。另外,根据稳定导热传入的热量等于传出的热量可知,稳定导热时,热阻大的环节,对应的温度降大;热阻小的环节,对应的温度降小。这一结论对分析传热问题,以及为强化传热所采取的改进措施的分析很有用。譬如,分析炉墙、管道传热时,钢板和钢管的热阻常可忽略不计。

求得热通量后,可计算各层之间的界面温度,其计算公式为:

$$t_{w2} = t_{w1} - q\frac{\delta_1}{\lambda_1}$$

$$t_{w3} = t_{w1} - q\left(\frac{\delta_1}{\lambda_1} + \frac{\delta_2}{\lambda_2}\right) \qquad (10\text{-}23)$$

$$t_{w(i+1)} = t_{w1} - q\left(\frac{\delta_1}{\lambda_1} + \frac{\delta_2}{\lambda_2} + \cdots + \frac{\delta_i}{\lambda_i}\right)$$

在计算多层平壁的导热通量时,如果各层材料的导热系数为变量,就应代入各层的平均导热系数。但确定各层的平均导热系数时又需先知道各层的界面温度,此时,为简化计算,可采用逐步逼近的"试算法"。其具体步骤如下:

(1)据经验假定一个界面温度,查出平均温度下的 λ 值;

(2)据已知条件,求出 q 或 Φ 的值;

(3)据单层平壁的公式,反算出界面温度;

(4)比较界面温度的大小,若相差不大(相对误差不大于 4%),说明假定正确;否则,以算出的温度作为第二次计算的假定值,重复计算至符合要求为止。

例 10-1 有一连续式加热炉的炉墙由内层耐火黏土砖和外层 A 级硅藻土砖砌成,它们的厚度分别为 $\delta_1 = 230mm$,$\delta_2 = 115mm$,炉墙内表面温度为 $t_{w1} = 1100℃$,外表面温度为 $t_{w3} = 100℃$,试求炉墙导出的热通量。

解:(1)求平均导热系数

查附录 8 得:耐火黏土砖 $\lambda_1 = 0.7 + 0.00058t$

A 级硅藻土砖 $\lambda_2 = 0.0395 + 0.00019t$

设夹层温度 $t_{w2} = 900℃$,则:

$$\lambda_1 = 0.7 + 0.00058 \times \left(\frac{1100 + 900}{2}\right) = 1.28 \text{ W/(m·℃)}$$

$$\lambda_2 = 0.0395 + 0.00019 \times \left(\frac{900 + 100}{2}\right) = 0.135 \text{ W/(m·℃)}$$

(2)求热通量

$$q = \frac{t_{w1} - t_{w3}}{\dfrac{\delta_1}{\lambda_1} + \dfrac{\delta_2}{\lambda_2}} = \frac{1100 - 100}{\dfrac{0.23}{1.28} + \dfrac{0.115}{0.135}} = 969 \ \text{W/m}^2$$

（3）求夹层温度 t_{w2}

$$t_{w2} = t_{w1} - \frac{\delta_1}{\lambda_1} q = 1100 - \frac{0.23}{1.28} \times 969 = 926 \ \text{℃}$$

926℃与假设的 900℃接近，作为粗略计算就可以结束了。如果要增加计算精度，可重新假设 $t_{w2} = 926$℃，重复计算。

$$\lambda_1 = 0.7 + 0.00058 \times \left(\frac{1100 + 926}{2} \right) = 1.288 \ \text{W/(m·℃)}$$

$$\lambda_2 = 0.0395 + 0.00019 \times \left(\frac{926 + 100}{2} \right) = 0.137 \ \text{W/(m·℃)}$$

$$q = \frac{t_{w1} - t_{w3}}{\dfrac{\delta_1}{\lambda_1} + \dfrac{\delta_2}{\lambda_2}} = \frac{1100 - 100}{\dfrac{0.23}{1.288} + \dfrac{0.115}{0.137}} = 982.7 \ \text{W/m}^2$$

再一次求夹层温度 t_{w2}：

$$t_{w2} = t_{w1} - \frac{\delta_1}{\lambda_1} q = 1100 - \frac{0.23}{1.288} \times 982.7 = 924.5 \ \text{℃}$$

924.5℃与926℃很接近，不需再重复计算了。

10.1.1.3　单层平壁（第三类边界条件，已知周围介质温度和换热系数）

现在讨论第三类边界条件下，单层平壁的一维稳定导热。参看图 10-4，设有一厚度为 δ 的单层平壁，无内热源，导热系数 λ 为常数，平壁两侧流体的温度分别为 t_{f1}、t_{f2}，与壁面间的对流换热系数分别为 h_1、h_2。试求壁内温度分布及通过平壁的热通量。

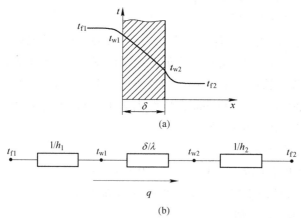

(a)

(b)

图 10-4　单层平壁在第三类边界条件下的导热

由于讨论的问题仍然是导热系数为常数、无内热源的一维稳定导热问题，所以导热微分方程仍为：

$$\frac{\mathrm{d}^2 t}{\mathrm{d} x^2} = 0 \tag{10-24}$$

边界条件为：

$$x = 0, \quad -\lambda \frac{\mathrm{d}t}{\mathrm{d}x}\Big|_{x=0} = h_1(t_{f1} - t\,|_{x=0})$$

$$x = \delta, \quad -\lambda \frac{\mathrm{d}t}{\mathrm{d}x}\Big|_{x=\delta} = h_2(t\,|_{x=\delta} - t_{f2}) \tag{10-25}$$

对导热微分方程两次积分的结果为：

$$t = C_1 x + C_2 \tag{10-26}$$

$$\frac{\mathrm{d}t}{\mathrm{d}x} = C_1, \quad t\,|_{x=0} = C_2, \quad t\,|_{x=\delta} = C_1\delta + C_2$$

把边界条件式（10-25）代入式（10-26）得：

$$x = 0, \quad -\lambda C_1 = h_1(t_{f1} - C_2)$$

$$x = \delta, \quad -\lambda C_1 = h_2\left(C_1\delta + t_{f1} + \frac{\lambda}{h_1}C_1 - t_{f2}\right)$$

整理后得：

$$C_1 = \frac{t_{f2} - t_{f1}}{\lambda\left(\dfrac{1}{h_1} + \dfrac{\delta}{\lambda} + \dfrac{1}{h_2}\right)}$$

$$C_2 = t_{f1} + \frac{t_{f2} - t_{f1}}{h_1\left(\dfrac{1}{h_1} + \dfrac{\delta}{\lambda} + \dfrac{1}{h_2}\right)} \tag{10-27}$$

把 C_1、C_2 的值代入式（10-26），得平壁内温度分布为：

$$t = \left(\frac{1}{h_1} + \frac{x}{\lambda}\right)\left[\frac{t_{f2} - t_{f1}}{\dfrac{1}{h_1} + \dfrac{\delta}{\lambda} + \dfrac{1}{h_2}}\right] + t_{f1} \tag{10-28}$$

通过平壁的热通量为：

$$q = -\lambda\frac{\mathrm{d}t}{\mathrm{d}x} = -\lambda C_1 = \frac{t_{f1} - t_{f2}}{\dfrac{1}{h_1} + \dfrac{\delta}{\lambda} + \dfrac{1}{h_2}} \tag{10-29}$$

单位平壁面积的总热阻为：

$$r_\lambda = \frac{1}{h_1} + \frac{\delta}{\lambda} + \frac{1}{h_2} \tag{10-30}$$

式中，$\dfrac{1}{h_1}$、$\dfrac{1}{h_2}$ 为平壁两侧面与流体之间的单位面积的对流换热热阻；$\dfrac{\delta}{\lambda}$ 为单位平壁面积的导热热阻。

整个热量传输过程可看成是对流换热—导热—对流换热三部分的串联，其模拟电路如图 10-4（b）所示。

工程上常把上述第三类边界条件下的稳定导热过程，称为热量综合传输过程或传热过程，其传热速率计算公式一般表示为：

$$\Phi = KA(t_{\text{f1}} - t_{\text{f2}}) = KA\Delta t \tag{10-31}$$

式中，A 为传热面积，m^2；K 为综合传热系数或传热系数，$\text{W}/(\text{m}^2 \cdot \text{℃})$。

K 表明冷热流体间温度相差 1℃ 时，单位时间内通过单位面积传递的热量。

对于平壁而言：

$$K = \cfrac{1}{\cfrac{1}{h_1} + \cfrac{\delta}{\lambda} + \cfrac{1}{h_2}} \tag{10-32}$$

传热系数的倒数称为传热热阻 R，即：

$$R = \frac{1}{K} = \frac{1}{h_1} + \frac{\delta}{\lambda} + \frac{1}{h_2} \tag{10-33}$$

如果平壁是由 n 层不同材料组成的多层平壁，按热阻串联的概念，可直接得到热流体通过此多层平壁传给冷流体的热通量为：

$$q = \cfrac{t_{\text{f1}} - t_{\text{f2}}}{\cfrac{1}{h_1} + \sum_{i=1}^{n} \cfrac{\delta_i}{\lambda_i} + \cfrac{1}{h_2}} \tag{10-34}$$

相应的传热系数为：

$$K = \cfrac{1}{\cfrac{1}{h_1} + \sum_{i=1}^{n} \cfrac{\delta_i}{\lambda_i} + \cfrac{1}{h_2}} \tag{10-35}$$

例 10-2 一冷藏室的墙由钢皮、矿渣棉及石棉板三层叠合而成，各层的厚度依次为 0.794mm、152mm 及 9.5mm，导热系数分别为 45W/(m·℃)，0.07W/(m·℃) 及 0.1W/(m·℃)。冷藏室的有效换热面积为 37.2m²，室内外气温分别为 -2℃ 及 30℃，室内外壁面的表面传热系数可分别按 1.5W/(m²·℃) 及 2.5W/(m²·℃) 计算。为维持冷藏室温度恒定，试确定冷藏室内的冷却排管每小时需带走的热量。

解： 由题意得

$$\Phi = A \times \cfrac{t_1 - t_2}{\cfrac{1}{h_1} + \cfrac{\delta_1}{\lambda_1} + \cfrac{\delta_2}{\lambda_2} + \cfrac{\delta_3}{\lambda_3} + \cfrac{1}{h_2}} = 37.2 \times \cfrac{30 - (-2)}{\cfrac{1}{1.5} + \cfrac{0.000794}{45} + \cfrac{0.152}{0.07} + \cfrac{0.0095}{0.1} + \cfrac{1}{2.5}} = 357.14 \text{ W}$$

冷藏室内的冷却排管每小时需带走的热量为：357.14×3600 = 1285.6kJ。

10.1.2 一维圆筒壁稳定导热

冶金企业中的热风管道、蒸汽管道的管壁的导热，可看成是一维圆筒壁稳定导热。在圆筒壁中，如圆筒壁的长度远大于其外径（通常 $L/d_{\text{外}} > 10$），沿轴向的导热就可忽略不计，认为温度仅沿半径方向变化，即 $t = f(r)$，等温面都是同心圆柱面，此时的导热过程可作为一维导热问题处理。

10.1.2.1 单层圆筒壁（第一类边界条件，表面温度为常数）

如图 10-5 (a)，一圆筒壁内外半径分别为 r_1、r_2，长度为 L。假定长 L 远大于外径 d_2，其导热系数 λ 为常数，无内热源，内、外壁面温度分别维持均匀稳定的温度 t_{w1} 和 t_{w2}，求圆筒壁内的温度分布、热通量和热流量。

对于圆筒壁的一维稳定导热，可采用圆柱坐标的导热微分方程，即：

$$\frac{d}{dr}\left(r\frac{dt}{dr}\right) = 0 \qquad (10\text{-}36)$$

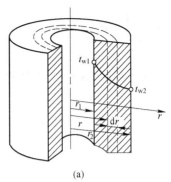

边界条件为：

$$r = r_1, \quad t = t_{w1} \qquad (10\text{-}37)$$
$$r = r_2, \quad t = t_{w2}$$

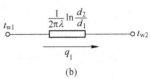

图 10-5　单层圆筒壁在
第一类边界条件下的导热

求解上述导热微分方程，可得到圆筒壁中沿半径方向的温度分布。

将微分方程（10-36）积分一次得：

$$r\frac{dt}{dr} = C_1 \qquad (10\text{-}38)$$

再次积分得：

$$t = C_1\ln r + C_2 \qquad (10\text{-}39)$$

将边界条件式（10-37）代入式（10-39）得：

$$r = r_1, \quad t = t_{w1}, \quad t_{w1} = C_1\ln r_1 + C_2$$
$$r = r_2, \quad t = t_{w2}, \quad t_{w2} = C_1\ln r_2 + C_2$$

$$C_1 = \frac{t_{w2} - t_{w1}}{\ln\dfrac{r_2}{r_1}}, \quad C_2 = \frac{t_{w1}\ln r_2 - t_{w2}\ln r_1}{\ln\dfrac{r_2}{r_1}} \qquad (10\text{-}40)$$

将式（10-40）代入式（10-39），得圆筒壁内的温度分布为：

$$t = t_{w1} - \frac{t_{w2} - t_{w1}}{\ln\dfrac{r_2}{r_1}}\ln\frac{r_1}{r} \qquad (10\text{-}41)$$

式（10-41）表明，圆筒壁内的温度分布不像平壁那样按线性规律变化，而是按对数曲线规律变化。

将式（10-40）代入式（10-38）中，得温度梯度表达式为：

$$\frac{dt}{dr} = \frac{t_{w2} - t_{w1}}{\ln\dfrac{r_2}{r_1}} \cdot \frac{1}{r} \qquad (10\text{-}42)$$

由式（10-42）可知：与平壁导热不同，圆筒壁中的温度梯度不是常数，它随半径 r 的增加而减小，因此不同半径处的热通量 q 也不是常数。但是，在稳定导热情况下，通过长度为 L 的圆筒壁的热流量 Φ 是恒定的，与 r 无关。所以对圆筒壁导热来讲，一般只计算热流量和总热阻。热流量的计算式为：

$$\Phi = -\lambda\frac{dt}{dr}A = -\lambda\frac{dt}{dr}2\pi rL = \frac{t_{w1} - t_{w2}}{\dfrac{1}{2\pi L\lambda}\ln\dfrac{r_2}{r_1}} \qquad (10\text{-}43)$$

式中,$\dfrac{1}{2\pi L\lambda}\ln\dfrac{r_2}{r_1}$ 为圆筒壁按导热面积计算的导热热阻,℃/W。单层圆筒壁的模拟电路如图 10-5 (b) 所示。

在工程计算中,为方便起见,常按单位长度来计算热流量,并记为 q_L,单位为 W/m。

$$q_L = \frac{t_{w1} - t_{w2}}{\dfrac{1}{2\pi\lambda}\ln\dfrac{r_2}{r_1}} \tag{10-44}$$

式中,$\dfrac{1}{2\pi\lambda}\ln\dfrac{r_2}{r_1}$ 为单位长度圆筒壁的导热热阻,m·℃/W。

由上可见,圆筒壁稳定导热时的热流量 Φ 和单位长度的热流量 q_L 都不随半径 r 变化。

可以把圆筒壁稳定导热时的公式和平壁稳定导热时的公式进行比较,可以发现它们的形式实际上是一样的。上面已经得出圆筒壁热流量的计算公式为:

$$\Phi = \frac{t_{w1} - t_{w2}}{\dfrac{1}{2\pi L\lambda}\ln\dfrac{r_2}{r_1}}$$

令 $r_2 - r_1 \approx \delta$,则上式可以转化为:

$$\Phi = \frac{2\pi L\lambda(r_2 - r_1)}{r_2 - r_1} \cdot \frac{t_{w1} - t_{w2}}{\ln\dfrac{r_2}{r_1}} = \frac{\lambda}{\delta} \cdot \frac{A_2 - A_1}{\ln\dfrac{A_2}{A_1}}(t_{w1} - t_{w2}) \tag{10-45}$$

令

$$A_m = \frac{A_2 - A_1}{\ln\dfrac{A_2}{A_1}} \tag{10-46}$$

如 $\dfrac{A_2}{A_1} < 2$ 或 $\dfrac{A_1}{A_2} > 0.5$,则:$A_m = \dfrac{A_2 - A_1}{\ln\dfrac{A_2}{A_1}} \approx \dfrac{A_1 + A_2}{2}$,即可用算术平均值代替。

把式 (10-46) 代入式 (10-45) 得:

$$\Phi = \frac{t_{w1} - t_{w2}}{\dfrac{\delta}{\lambda}}A_m \tag{10-47}$$

由此可见,式 (10-47) 和平壁稳定导热公式 (10-10) 形式一样,只是要用 A_m 代替 A。

10.1.2.2 多层圆筒壁 (第一类边界条件,表面温度为常数)

与分析多层平壁的导热一样,通过多层圆筒壁的热流量可按总温差和总热阻来计算。对于由 n 层不同材料组成的多层圆筒壁,通过它的热流量为:

$$\Phi = \frac{t_{w1} - t_{w(n+1)}}{\displaystyle\sum_{i=1}^{n}\frac{1}{2\pi L\lambda_i}\ln\frac{d_{i+1}}{d_i}} \tag{10-48}$$

单位长度的热流量为：

$$q_L = \frac{\Phi}{L} = \frac{t_{w1} - t_{w(n+1)}}{\sum\limits_{i=1}^{n} \frac{1}{2\pi\lambda_i} \ln \frac{d_{i+1}}{d_i}} \tag{10-49}$$

第 i 层和第 $i+1$ 层之间的接触面的温度为：

$$t_{w(i+1)} = t_{w1} - q_L \left(\frac{1}{2\pi\lambda_1} \ln \frac{d_2}{d_1} + \frac{1}{2\pi\lambda_2} \ln \frac{d_3}{d_2} + \cdots + \frac{1}{2\pi\lambda_i} \ln \frac{d_{i+1}}{d_i} \right) \tag{10-50}$$

例 10-3 某热风管道外径 $d_{外} = 812\text{mm}$，厚 6mm，内衬 B 级硅藻土砖厚 115mm，风管与砖间有 10mm 厚的石棉板。已知内、外表面温度分别为 600℃ 和 40℃，求热风管每米长度上的导热量。

解： 查附录 8 得：

B 级硅藻土砖的导热系数　　　　$\lambda_1 = 0.0477 + 0.0002t$

石棉板的导热系数　　　　　　　$\lambda_2 = 0.157 + 0.00019t$

由于金属热风管道的热阻与 B 级硅藻土砖和石棉板相比很小，可忽略热风管道的热阻，假设热风管道两侧温度相等。依题意，有：

$$t_{w1} = 600℃，t_{w3} = 40℃，r_1 = 0.275\text{m}，r_2 = 0.39\text{m}，r_3 = 0.40\text{m}$$

设界面温度 $t_{w2} = 70℃$，则各层的平均导热系数为：

$$\lambda_1 = 0.0477 + 0.0002t = 0.0477 + 0.0002 \times \frac{600 + 70}{2} = 0.115 \text{ W/(m·℃)}$$

$$\lambda_2 = 0.157 + 0.00019t = 0.157 + 0.00019 \times \frac{70 + 40}{2} = 0.167 \text{ W/(m·℃)}$$

风管每米长度上的导热量为：

$$q_L = \frac{t_{w1} - t_{w3}}{\frac{1}{2\pi\lambda_1} \ln \frac{r_2}{r_1} + \frac{1}{2\pi\lambda_2} \ln \frac{r_3}{r_2}} = \frac{600 - 40}{\frac{1}{2 \times 3.14 \times 0.115} \ln \frac{0.39}{0.275} + \frac{1}{2 \times 3.14 \times 0.167} \ln \frac{0.40}{0.39}}$$

$$= 1102 \text{ W/m}$$

校核界面温度：

$$t_{w2} = t_{w1} - q_L \frac{1}{2\pi\lambda_1} \ln \frac{r_2}{r_1} = 600 - 1102 \times \frac{1}{2 \times 3.14 \times 0.115} \ln \frac{0.39}{0.275} = 66.6 ℃$$

与假设相近可以不再重算，所以：

$$q_L = 1102 \text{ W/m}$$

例 10-4 一蒸汽管道，内、外径各为 150mm 和 159mm。为了减少热损失，在管外包有三层保温材料：内层为 $\lambda_2 = 0.11\text{W/(m·℃)}$，厚度 $\delta_2 = 5\text{mm}$ 的石棉白云石；中间为 $\lambda_3 = 0.1\text{W/(m·℃)}$，厚度 $\delta_3 = 80\text{mm}$ 的石棉白云石瓦状预制件；外壳为 $\lambda_4 = 0.14\text{W/(m·℃)}$，厚度 $\delta_4 = 5\text{mm}$ 的石棉硅藻土灰泥；钢管壁为 $\lambda_1 = 52\text{W/(m·℃)}$；管内表面和保温层外表面的温度分别为 170℃ 和 30℃。求该蒸汽管道每米管长的散热量。

解： 由已知条件得：

$$d_1 = 0.15\text{m}；d_2 = 0.159\text{m}；d_3 = 0.169\text{m}；d_4 = 0.329\text{m}；d_5 = 0.339\text{m}$$

各层每米管长的热阻分别为：

（1）钢管壁：　　$R_1 = \dfrac{1}{2\pi\lambda_1}\ln\dfrac{d_2}{d_1} = \dfrac{1}{2\pi \times 52}\ln\dfrac{0.159}{0.15} = 1.78 \times 10^{-4}$

（2）石棉内层：　　$R_2 = \dfrac{1}{2\pi\lambda_2}\ln\dfrac{d_3}{d_2} = \dfrac{1}{2\pi \times 0.11}\ln\dfrac{0.169}{0.159} = 8.8 \times 10^{-2}$

（3）石棉预制瓦：$R_3 = \dfrac{1}{2\pi\lambda_3}\ln\dfrac{d_4}{d_3} = \dfrac{1}{2\pi \times 0.1}\ln\dfrac{0.329}{0.169} = 1.06$

（4）灰泥外壳：　　$R_4 = \dfrac{1}{2\pi\lambda_4}\ln\dfrac{d_5}{d_4} = \dfrac{1}{2\pi \times 0.14}\ln\dfrac{0.339}{0.329} = 3.4 \times 10^{-2}$

则蒸汽管道每米管长散热量为：

$$q_L = \frac{t_1 - t_5}{\displaystyle\sum_{i=1}^{4} R_i} = \frac{170 - 30}{1.78 \times 10^{-4} + 8.8 \times 10^{-2} + 1.06 + 3.4 \times 10^{-2}} = 118.4 \text{ W/m}$$

10.1.2.3　单层圆筒壁（第三类边界条件，已知周围介质温度和换热系数）

图 10-6 所示为一无内热源、长度为 L、内外半径分别为 r_1、r_2 的圆筒壁，λ 为常数。温度 t_{f1} 的热流体在筒内流动，换热系数为 h_1；温度为 t_{f2} 的冷流体在筒外流动，换热系数为 h_2，假设冷热流体温度保持不变，壁内温度仅沿半径 r 方向变化。试求圆筒壁内的温度分布、热通量和热流量。

该问题的导热微分方程仍为：

$$\frac{\mathrm{d}}{\mathrm{d}r}\left(r\frac{\mathrm{d}t}{\mathrm{d}r} \right) = 0 \tag{10-51}$$

边界条件为：

$$r = r_1, \quad -\lambda\frac{\mathrm{d}t}{\mathrm{d}r}\bigg|_{r=r_1} = h_1\left(t_{f1} - t\big|_{r=r_1} \right)$$

$$r = r_2, \quad -\lambda\frac{\mathrm{d}t}{\mathrm{d}r}\bigg|_{r=r_2} = h_2\left(t\big|_{r=r_2} - t_{f2} \right)$$

$$\tag{10-52}$$

利用热阻的概念，可方便地导出第三类边界条件下的解。

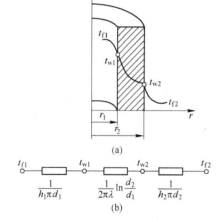

图 10-6　单层圆筒壁在第三类
边界条件下的导热

分析这一热量传输过程，由热流体与圆筒壁内表面的对流换热、圆筒壁内部的导热、圆筒壁外表面与冷流体的对流换热三部分组成，即有三个热阻，其中两个对流热阻，一个导热热阻，总热阻是三个热阻的串联，模拟电路图如图 10-6（b）所示。

对于三个传热过程，可分别写出热流量的计算式：

$$\Phi_1 = h_1(t_{f1} - t_{w1})\pi d_1 L = \frac{t_{f1} - t_{w1}}{\dfrac{1}{h_1\pi d_1 L}} \tag{10-53}$$

$$\Phi_2 = 2\pi L\lambda \frac{t_{w1} - t_{w2}}{\ln\dfrac{d_2}{d_1}} = \frac{t_{w1} - t_{w2}}{\dfrac{1}{2\pi L\lambda}\ln\dfrac{d_2}{d_1}} \qquad (10\text{-}54)$$

$$\Phi_3 = h_2(t_{w2} - t_{f2})\pi d_2 L = \frac{t_{w2} - t_{f2}}{\dfrac{1}{h_2\pi d_2 L}} \qquad (10\text{-}55)$$

在稳定条件下，$\Phi = \Phi_1 = \Phi_2 = \Phi_3$。

联立求解式（10-53）~式（10-55），消去未知的 t_{w1}、t_{w2}，可得热流量的计算公式为：

$$\Phi = \frac{t_{f1} - t_{f2}}{\dfrac{1}{h_1\pi d_1 L} + \dfrac{1}{2\pi L\lambda}\ln\dfrac{d_2}{d_1} + \dfrac{1}{h_2\pi d_2 L}} \qquad (10\text{-}56)$$

单位长度圆筒壁的热流量为：

$$q_L = \frac{\Phi}{L} = \frac{t_{f1} - t_{f2}}{\dfrac{1}{h_1\pi d_1} + \dfrac{1}{2\pi\lambda}\ln\dfrac{d_2}{d_1} + \dfrac{1}{h_2\pi d_2}} \qquad (10\text{-}57)$$

圆筒壁两侧均为第三类边界条件的导热过程，实际上就是热量由热流体通过圆筒壁传到冷流体的传热过程，即综合传热过程。类似通过平壁的传热过程，单位长度圆筒壁的热流量也可表示为：

$$q_L = K_L(t_{f1} - t_{f2}) \qquad (10\text{-}58)$$

式中，K_L 为单位长度圆筒壁的传热系数，W/（m·℃）。

$$K_L = \frac{1}{\dfrac{1}{h_1\pi d_1} + \dfrac{1}{2\pi\lambda}\ln\dfrac{d_2}{d_1} + \dfrac{1}{h_2\pi d_2}} \qquad (10\text{-}59)$$

K_L 的倒数为单位长度圆筒壁传热过程的热阻，即：

$$R_L = \frac{1}{K_L} = \frac{1}{h_1\pi d_1} + \frac{1}{2\pi\lambda}\ln\frac{d_2}{d_1} + \frac{1}{h_2\pi d_2} \qquad (10\text{-}60)$$

如果圆筒壁是由 n 层不同材料组成的多层圆筒壁，那么：

$$q_L = \frac{t_{f1} - t_{f2}}{\dfrac{1}{h_1\pi d_1} + \sum_{i=1}^{n}\dfrac{1}{2\pi\lambda_i}\ln\dfrac{d_{i+1}}{d_i} + \dfrac{1}{h_2\pi d_{n+1}}} \qquad (10\text{-}61)$$

例 10-5 某高炉热风管道由四层组成：最内层为黏土砖，中间依次为硅藻土砖和石棉板，最外层为钢板。它们的厚度分别为：$\delta_1 = 115\text{mm}$；$\delta_2 = 230\text{mm}$；$\delta_3 = 10\text{mm}$；$\delta_4 = 10\text{mm}$。导热系数（W/（m·℃））分别为：$\lambda_1 = 1.3$；$\lambda_2 = 0.18$；$\lambda_3 = 0.22$；$\lambda_4 = 52$。热风管道内径 $d_1 = 1\text{m}$，热风平均温度为 1000℃，与内壁面的换热系数 $h_1 = 31\text{W}/（\text{m}^2·℃）$，周围的空气温度为 20℃，与风管外表面的换热系数 $h_2 = 10.5\text{W}/（\text{m}^2·℃）$。试求热风管每米管长的热损失。

解： 依题意，已知：

$d_1 = 1 \text{m}$

$d_2 = 1 + 2\delta_1 = 1 + 0.23 = 1.23 \text{m}$

$d_3 = d_2 + 2\delta_2 = 1.23 + 0.46 = 1.69 \text{m}$

$d_4 = d_3 + 2\delta_3 = 1.69 + 0.02 = 1.71 \text{m}$

$d_5 = d_4 + 2\delta_4 = 1.71 + 0.02 = 1.73 \text{m}$

每米管长的热损失为：

$$q_L = \frac{t_{f1} - t_{f2}}{\dfrac{1}{\pi h_1 d_1} + \dfrac{1}{2\pi\lambda_1}\ln\dfrac{d_2}{d_1} + \dfrac{1}{2\pi\lambda_2}\ln\dfrac{d_3}{d_2} + \dfrac{1}{2\pi\lambda_3}\ln\dfrac{d_4}{d_3} + \dfrac{1}{2\pi\lambda_4}\ln\dfrac{d_5}{d_4} + \dfrac{1}{\pi h_2 d_5}}$$

$$= \frac{3.14 \times (1000 - 20)}{\dfrac{1}{30 \times 1} + \dfrac{1}{2 \times 1.3}\ln\dfrac{1.23}{1} + \dfrac{1}{2 \times 0.18}\ln\dfrac{1.69}{1.23} + \dfrac{1}{2 \times 0.22}\ln\dfrac{1.71}{1.69} + \dfrac{1}{2 \times 52}\ln\dfrac{1.73}{1.71} + \dfrac{1}{10.5 \times 1.73}}$$

$$= 2860.5 \text{W/m}$$

10.1.2.4　临界绝热直径

为了减少管道的热损失，常采用在管道外侧覆盖绝热层的办法。但是覆盖绝热层后是否一定能减少热损失及如何正确选择隔热材料的问题，则必须通过对覆盖材料的管道各层热阻变化规律分析后，才能得到正确解答。

如图 10-7 所示，在一管外包扎一层绝热层，则单位管长的总热阻为：

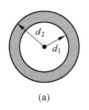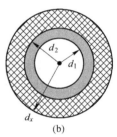

图 10-7　管道和包扎管道

（a）管道；（b）包扎管道

$$R_L = \frac{1}{\pi d_1 h_1} + \frac{1}{2\pi\lambda_1}\ln\frac{d_2}{d_1} + \frac{1}{2\pi\lambda_2}\ln\frac{d_x}{d_2} + \frac{1}{\pi d_x h_2} \qquad (10\text{-}62)$$

式中，d_1 为管道的内径，m；d_2 为管道的外径，m；d_x 为管道覆盖绝热层后的直径，m。

当管道一定时，式（10-62）前两项为定值，后两项与 d_x 有关，即热阻是 d_x 的函数，将 R_L 对 d_x 求导得：

$$\frac{\mathrm{d}R_L}{\mathrm{d}d_x} = \frac{1}{\pi d_x}\left(\frac{1}{2\lambda_2} - \frac{1}{h_2 d_x}\right) = 0 \qquad (10\text{-}63)$$

$$d_{kp} = d_x = \frac{2\lambda_2}{h_2} \qquad (10\text{-}64)$$

式中，d_{kp} 即为临界绝热直径。热阻在 d_{kp} 处取得极小值，而热流量取得最大值。热阻及热流量与包扎厚度之间的关系，如图 10-8 所示。

从图 10-8 中可以看出：

（1）当 $d_2 < d_{kp}$，即当管外径小于临界绝热直径时，增加绝热层厚度将使热损失增大，到 d_{kp} 时达到最大值；

（2）继续增加 d_x，可使热损失降低，到 d_3 时，热损失与没加包扎层时相同；

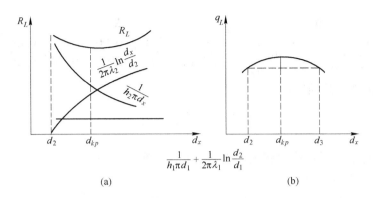

图 10-8　临界绝热直径

（a）热阻与临界直径之间的关系；（b）热流量与临界直径之间的关系

（3）当 $d_x > d_3$ 后，增加包扎层厚度可使热损失降低；

（4）当 $d_2 > d_{kp}$ 时，只要增加包扎层厚度，均可使热损失降低。

从式（10-64）中可以看出，d_{kp} 与隔热材料的导热系数 λ_2 有关，所以可以用选择 λ_2 的方法来改变。工程管道中，当管道直径很小、隔热材料的 λ_2 又比较大时，就应考虑 d_{kp} 的问题；若管道直径很大时，一般不必考虑 d_{kp} 的问题。

例 10-6　热流体在外径为 $d_2 = 25\text{mm}$ 的管内流动，为减少热损失，在管外敷设绝热层，试问下列两种材料中选用哪一种合适？（1）石棉制品 $\lambda_{石棉} = 0.14\text{W}/(\text{m} \cdot \text{℃})$；（2）矿渣棉，$\lambda_{矿渣棉} = 0.058\text{W}/(\text{m} \cdot \text{℃})$。假定绝热层外表面与空气之间的换热系数 $h_2 = 9\text{W}/(\text{m}^2 \cdot \text{℃})$。

解：根据式（10-64）计算临界绝热直径：

对于石棉制品：$d_{kp} = \dfrac{2\lambda_{石棉}}{h_2} = \dfrac{2 \times 0.14}{9} = 0.031 \text{ m}$

对于矿渣棉：$d_{kp} = \dfrac{2\lambda_{矿渣棉}}{h_2} = \dfrac{2 \times 0.058}{9} = 0.0129 \text{ m}$

由此可见，在所给条件下，用石棉制品作绝热层时，因为 $d_2 < d_{kp}$，敷设绝热层会使热损失增加，所以不合适；而用矿渣棉作绝热层时，$d_2 > d_{kp}$，所以是合适的。

例 10-7　蒸汽直管道的外径 $d_1 = 30\text{mm}$，准备包两层厚度都是 15mm 的不同材料的绝热层，第一种材料的导热系数 $\lambda_1 = 0.04\text{W}/(\text{m} \cdot \text{℃})$，第二种材料的导热系数 $\lambda_2 = 0.1\text{W}/(\text{m} \cdot \text{℃})$，若温差一定，试问从减少热损失的观点看，下列两种方案：哪一种好，为什么？

（1）第一种材料在里面，第二种材料在外面；

（2）第二种材料在里面，第一种材料在外面。

解：方案（1）单位管长的热损失为：

$$q_{L1} = \frac{\Delta t}{\dfrac{1}{2\pi\lambda_1}\ln\dfrac{d_2}{d_1} + \dfrac{1}{2\pi\lambda_2}\ln\dfrac{d_3}{d_2}} = \frac{\Delta t}{\dfrac{1}{2 \times 3.14} \times \left(\dfrac{1}{0.04}\ln\dfrac{0.06}{0.03} + \dfrac{1}{0.1}\ln\dfrac{0.09}{0.06}\right)} = \frac{\Delta t}{3.4}$$

方案（2）单位管长的热损失为：

$$q_{L2} = \frac{\Delta t}{\dfrac{1}{2\pi\lambda_2}\ln\dfrac{d_2}{d_1} + \dfrac{1}{2\pi\lambda_1}\ln\dfrac{d_3}{d_2}} = \frac{\Delta t}{\dfrac{1}{2\times3.14}\times\left(\dfrac{1}{0.1}\ln\dfrac{0.06}{0.03} + \dfrac{1}{0.04}\ln\dfrac{0.09}{0.06}\right)} = \frac{\Delta t}{2.7}$$

比较两种方案的热损失：

$$\frac{q_{L2}}{q_{L1}} = \frac{3.4}{2.7} = 1.26$$

由于 $q_{L2}>q_{L1}$，故从减少热损失的观点来看，方案（1）优于方案（2）。

10.1.2.5　接触热阻

在前面我们讨论多层平壁和多层圆筒壁导热时，曾假设界面接触间无接触热阻。但实际上，无论两面接合多紧密，由于表面不平，在接触面上只有部分点接触，层与层之间有一薄层空气间隙，由于空气的导热系数远小于固体，因而形成附加热阻，这种热阻称为接触热阻，如图 10-9 所示。如果界面的间隙中充满流体，由于间隙薄而界面温差不大，对流难于开展，所以对流换热可以忽略不计，不过穿过流体层的导热还是起到一定作用。因此，接触热阻 R_t 由下列

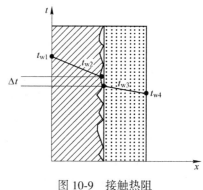

图 10-9　接触热阻

几个热阻并联组成：由于导热接触面积减小引起热流线收缩而产生的热阻 R_s，流体的导热热阻 R_f 和穿过界面间隙的辐射热阻 R_τ。于是有 $R_t = \dfrac{1}{R_s} + \dfrac{1}{R_f} + \dfrac{1}{R_\tau}$。

影响接触热阻的因素很多，如粗糙度、硬度、缝隙中的油和其他杂物等，现仅有一些经验数据可用。今后除特别说明外，一般认为是完全结合。

10.2　不稳定导热

前面我们讲述了稳定导热过程，即温度场不随时间变化的导热过程。但在自然界和工程上，某些导热过程是不稳定的，即温度场随时间的变化而变化。如钢材在加热炉内的加热，铸件在空气中的冷却等，都属于不稳定导热过程。

不稳定导热可以分为周期性和非周期性两大类。周期性不稳定导热的特点是，物体中各点温度随时间做周期性的变化，如建筑物的外墙温度随着室外空气温度及太阳辐射的变化而做周期性的变化。在非周期的不稳定导热过程中，物体温度随时间不断地增加或减小，越来越接近周围介质的温度，如高温物体突然置于水或其他液体中冷却，或常温物体置于加热炉内加热等都属于这种情况。在冶金和热加工范围内，以非周期性的不稳定导热为主。我们主要讨论的是后者。

10.2.1　不稳定导热的基本概念

10.2.1.1　不稳定导热的特点

物体在加热或冷却过程中，其内部温度分布随时间不断变化，这时物体内部的传热过

程即属于不稳定导热，即 $t=f(x, y, z, \tau)$，$\dfrac{\partial t}{\partial \tau} \neq 0$。当 $\dfrac{\partial t}{\partial \tau} > 0$ 时，为加热过程；当 $\dfrac{\partial t}{\partial \tau} < 0$ 时，为冷却过程。

为了说明不稳定导热的特点，下面举一个简单的例子。设有一平板，其初始温度为 t_0。现突然在平板一侧加热，使其左侧表面温度升高到 t_1 并保持不变，而右侧温度仍保持为 t_0（与 t_0 的空气相接触）。这时平板内的温度分布开始变化，同时，平板两侧的热量收入和支出也开始变化，如图 10-10 和图 10-11 所示。

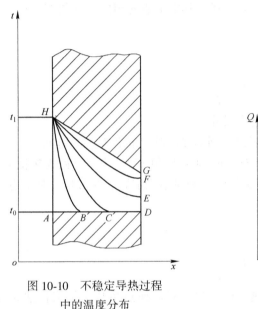

图 10-10　不稳定导热过程
中的温度分布

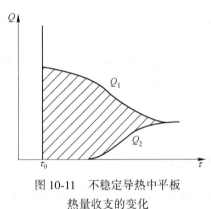

图 10-11　不稳定导热中平板
热量收支的变化

当 $\tau=0$ 时，左侧表面温度突然升高到 t_1，此时的温度分布曲线为 HAD。经过一瞬间后，当 $\tau=\tau_1$ 时，由于热量的传导，紧靠高温表面的部分温度逐渐升高，物体内温度分布曲线为 HBD，随着时间的推移（$\tau=\tau_2$，$\tau=\tau_3$，…），板内温度也依次逐渐升高，如曲线 HCD、HE、HF 等。最后达到稳定时，温度分布保持恒定，如直线 HG（设平板的导热系数为一常数）。在上述过程中，在平板右侧表面温度开始升高以前的这一段时间内，平板右侧和空气之间无热量交换，平板左侧所得的热量完全储蓄于自身之中。故不稳定导热过程中，每一个与热流方向垂直的截面上的热流量是处处不等的，在本例中是沿途逐渐减小的，所减少的部分用于该处材料的升温。随着热量自左向右的传递，物体中各点的温度也依次升高。如果 Q_1 表示从左侧表面传入的热流量，Q_2 表示从右侧表面传出的热流量，则可得图 10-11 所示的热流量变化曲线。当 $Q_1=Q_2$ 时，平板就进入了稳定导热阶段。两条曲线间的面积（图中阴影部分）即为平板在不稳定导热过程中获得的热量，它以内能的形式储存于平板之中。

物体加热和冷却的整个过程大体可分为三个阶段。第一阶段称为开始阶段，其特点是温度变化逐渐由表面向中心扩展，此阶段内物体的温度分布及各点温度变化率受初始条件影响很大，没有固定的规律，常称为"不规则过程"。而后，这种温度分布不规则规律开始消失，此时物体内部所有各点温度随时间的变化规律均相等，并且受该物体的物理性质及加热（冷却）的外部条件影响，这个阶段称为"正规阶段过程"。再经过相当长的时间（理论上为无限长时间），物体达到"稳定状态"，此时物体内各点温度不再随时间变化，这就是第三阶段，称为稳定导热阶段。

研究不稳定导热的目的在于，确定被加热或被冷却物体内部某点达到预定温度所经历的时间，以及该期间内所供给或放出的热量，或者求解经过一定时间后物体内某点的温度。

10.2.1.2　不稳定导热中的主要相似特征数

不稳定导热问题的解，常表示为特征数形式，其中主要的相似特征数有傅里叶数和毕渥数。

A　傅里叶数

傅里叶数为：

$$Fo = \frac{a\tau}{l^2} \tag{10-65}$$

式中，a 为热扩散系数；τ 为时间；l 为定形尺寸。

在傅里叶数中，因为 l^2/a 具有时间量纲，所以 Fo 表示量纲为 1 的时间。τ 可理解为从边界上开始发生热扰动的时刻起，到所计算时刻为止的时间；l^2/a 可视为热扰动扩散到面积 l^2 上所需要的时间。所以 Fo 反映了无量纲时间对不稳定导热的影响。对于稳定导热，Fo 没有意义。

B　毕渥数

毕渥数为：

$$Bi = \frac{hl}{\lambda} \tag{10-66}$$

式中，h 为物体表面与介质间的外部换热系数，包括对流换热系数与辐射换热系数，W/（$m^2 \cdot \text{℃}$）；l 为定形尺寸，m，对于厚度为 2δ 的无限大平板，取 δ，对于半径为 R 的无限长圆柱体和球体，则取 R；λ 为导热系数（指被加热物体），W/（m·℃）。

为进一步理解 Bi 数的物理意义，将 Bi 数做如下变换：

$$Bi = \frac{l/\lambda}{1/h} \tag{10-67}$$

式中，l/λ 为材料内部单位面积上的导热热阻，称内部热阻；$1/h$ 为材料单位面积上的对流换热热阻，称外部热阻。

分析如下：

（1）$Bi \to 0$，$\frac{l}{\lambda} \to 0$，此时物体的加热（或冷却）完全由外部热阻所控制，物体内部温度分布趋于均匀，这样的物体通常称为薄材，或称为集总系统，如图 10-12（a）所示。

工程上，如果 $Bi = \frac{hl}{\lambda} \leqslant 0.1$，物体表面和中心的温度变化率已小于 5%，此时的物体可近似看作薄材。

（2）$0 < Bi < \infty$，物体的冷却（或加热）同时被内部热阻和外部热阻所控制。这是一般的第三类边界条件下，物体的冷却（或加热）情况，如图 10-12（b）所示。

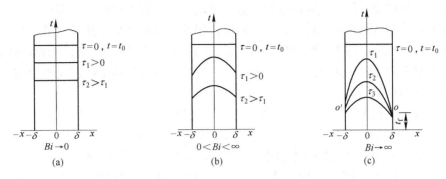

图 10-12 Bi 对无限大平板温度分布的影响

（3）$Bi \to \infty$，$\dfrac{1}{h} \to 0$，物体的冷却（或加热）完全由内部热阻所控制。这种情况所给定的第三类边界条件，实际上转化为第一类边界条件（表面温度为常数），如图 10-12（c）所示。图中的 t_f 为流体的温度，此时平板表面的温度等于流体的温度，故转化为第一类边界条件。

根据以上分析可知，Bi 是一个影响物体内部温度分布特点的重要特征数，它用来衡量物体内部温差的大小。

值得注意的是，毕渥数 Bi 与对流换热中的努塞尔数 Nu 有相似的表达式，但它们的物理意义不同。Nu 数是指流体的对流换热与流体本身传导传热之间的关系，式中的 λ 是流体的导热系数；Bi 数是指物体表面与介质之间的换热与物体内部导热之间的关系，式中的 λ 是物体本身的导热系数。两者的定形尺寸也不一样，切不可混淆。

10.2.1.3 不稳定导热中的"薄材"与"厚材"

人们总是习惯用厚度的大小表示物体的厚与薄。薄的物体在加热时易于烧透，内外温度差较小；厚的物体不易烧透，内外温度差较大。在不稳定导热中，薄材与厚材却有特定的含义，通常将物体加热过程中所形成的断面温度差作为定义薄材和厚材的标志。温差较小者称为薄材，反之称为厚材。理想的薄材应不存在断面温差。

显然，不稳定导热过程中的薄材与厚材不仅与几何尺寸有关，而且在很大程度上取决于物体在加热或冷却过程中内部热阻和外部热阻的相对大小，即判断实际物体是否为薄材的标准是 Bi。如果一个物体的几何尺寸较大，但导热性能较好，且加热缓慢，使得整个加热或冷却过程断面温差较小，那么该物体仍属于薄材。

通常，Bi 数越小，物体内外温度差就越小。极端而言，$Bi \to 0$，可理解为物体的导热系数 $\lambda \to \infty$，也可理解为 $h \to 0$ 或者材料的厚度 $\delta \to 0$，这时物体内外温差也趋近于零。实际上 $\lambda \to \infty$ 或 $h \to 0$ 的物体是不存在的。为此，定义 $Bi \leqslant 0.1$ 的物体为薄材，在这种情况下，物体表面和中心的温度变化率已小于 5%，此时的物体可近似看作薄材（集总系统）。

10.2.1.4 不稳定导热中的"有限厚"与"无限厚"

"有限"与"无限"是对函数的取值范围而言，也称为"有界"和"无界"。不稳定导热中的温度场作为温度对空间和时间的函数，也就有数学上的有限与无限，称之为"有限厚"与"无限厚"。所以，有限厚与无限厚并不是指厚度的有限与无限，而是温度场的数学特性。

在不稳定导热中，随着时间的推移，温度扰动逐渐向被加热物体内部扩展，有的时候温度扰动能较快地波及整个物体；有时又较慢，温度扰动似乎总不能波及整个物体，好像厚度无限一样，几何上的无限厚物体也是不存在的。因此定义：在所讨论的时间内，温度扰动已波及整个物体时，为有限厚物体的不稳定导热。温度扰动不能波及整个物体时，为无限厚物体的不稳定导热。

可见，有限厚和无限厚不能单从物体几何厚度这一因素考虑，更要注重时间这一因素。图 10-13 所示为有限厚物体，温度的取值范围在 $x = 0 \sim \delta$ 及 $x = -\delta \sim 0$ 之间；但当时间不够长时，温度波动尚未波及物体的中心，即 τ_2 以前所示的温度分布就具有无限厚的特征。图 10-14 所示为半无限厚物体，数学表示为一侧有界，一侧无界，即 $0 \leqslant x < \infty$。

Fo 数把厚度 δ 和时间 τ 两个因素都概括了。当较小时，即短时间加热或物体很厚时就具有无限厚物体加热的特点。较大，即长时间加热或厚度较小时就具有有限厚物体的加热特点。

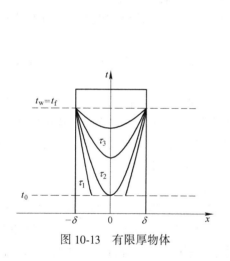

图 10-13 有限厚物体

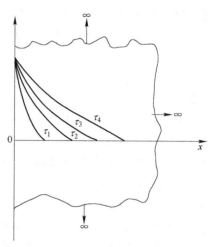

图 10-14 半无限厚物体

10.2.2 第三类边界条件下的薄材加热（集总参数法）

薄材是指在加热和冷却过程中，内部热阻可以忽略，且不存在断面温差的物体。因此，薄材的温度场与空间坐标无关，只是时间的函数，即 $t = f(\tau)$。在这种情况下，物体内部所有点在同一瞬间的温度彼此相等。这种忽略物体内部导热热阻的简化分析方法，称为集总参数法。

集总参数法的计算公式可以根据能量守恒定律导出。

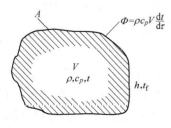

图 10-15 集总参数法研究对象

设有一任意形状、可以忽略内部热阻的物体，即为薄材，其体积为 V，表面积为 A，初始温度 $t_0 =$ 常数，突然将其置于温度为 t_f 的介质中（设 $t_f > t_0$）。已知物体的热物性参数均为常数，介质与物体表面的换热系数为 h，如图 10-15 所示，用集总参数法计算其温度随时间的变化规律及热流量。

根据能量守恒原理，单位时间内周围介质通过对流换热传给物体的热量等于物体焓的增量，即：

$$hA(t_f - t) = \rho c_p V \frac{dt}{d\tau}$$

$$\frac{dt}{d\tau} + \frac{hA}{\rho c_p V}(t - t_f) = 0 \tag{10-68}$$

式（10-68）即为描述薄材在第三类边界条件下加热的微分方程。

初始条件为：$\tau = 0$，$t = t_0$

令 $\theta = t - t_f$，称为过余温度，则微分方程和初始条件可改写为：

$$\frac{d\theta}{d\tau} + \frac{hA}{\rho c_p V}\theta = 0 \tag{10-69}$$

$$\tau = 0, \quad \theta = t_0 - t_f = \theta_0 \tag{10-70}$$

此微分方程的解为：$\theta = Ce^{-\frac{hA}{\rho c_p V}\tau}$。

由初始条件可确定出积分常数 C，$C = \theta_0$，于是得到：

$$\frac{\theta}{\theta_0} = \frac{t - t_f}{t_0 - t_f} = e^{-\frac{hA}{\rho c_p V}\tau} \tag{10-71}$$

式（10-71）表明，薄材在对流边界条件下加热（或冷却）时，物体中温度随时间呈指数函数变化。温度变化的快慢与物体的导热系数无关，而随物体的物性参数（ρc_p）、表面换热条件（h）和几何特性（A/V）而改变。

式（10-71）中右端的指数可做如下变化：

$$\frac{hA}{\rho c_p V}\tau = \frac{h(V/A)}{\lambda} \cdot \frac{h\tau}{(V/A)^2} = Bi_V Fo_V$$

所以

$$\frac{\theta}{\theta_0} = \frac{t - t_f}{t_0 - t_f} = e^{-Bi_V Fo_V} \tag{10-72}$$

定形尺寸 $l = V/A$。

如果用 Bi_V 来判断物体是否为薄材，Bi_V 应满足下列条件：

$$Bi_V = \frac{h(V/A)}{\lambda} \leqslant 0.1M \tag{10-73}$$

对于不同形状的物体，M 值如表 10-1 所示。

表 10-1　不同形状物体的 M 值

物体形状	V/A	M
无限大平板（厚 2δ）	$\dfrac{2A\delta}{2A} = \delta$	1
无限长圆柱体（半径 R）	$\dfrac{\pi R^2 L}{2\pi R L} = \dfrac{R}{2}$	$\dfrac{1}{2}$
球体（半径 R）	$\dfrac{\frac{4}{3}\pi R^3}{4\pi R^2} = \dfrac{R}{3}$	$\dfrac{1}{3}$

分析如下：

（1）t 与 τ 的指数关系表明：在加热初期，温度上升得快；随着温度差的减小，温度上升减慢，理论上加热到温度 t_f 需要无限长的时间。工程上可将加热到比介质温度低 1~5℃ 的时间，作为物体加热到介质温度的时间。

不稳定导热过程中，Fo_V 越大，热扰动就越深入地传播到物体内部，因而物体内各点的温度越接近周围介质的温度。

（2）$e^{\frac{hA}{\rho c_p V}}$ 具有 $\dfrac{1}{\tau}$ 的量纲。如令加热时间 $\tau = \dfrac{\rho c_p V}{hA}$，则 $\theta/\theta_0 = e^{-1} = 36.8\%$，如图10-16 所示。

$\dfrac{\rho c_p V}{hA}$ 称为热电偶测温时间常数，用 τ_c 表示，说明热电偶对温度变动响应的快慢。当 $\tau = \tau_c$ 时，物体的过余温度已经达到了初始过余温度的 36.8%；当 $\tau = 4\tau_c$ 时，$\theta/\theta_0 = e^{-4} = 1.8\%$。

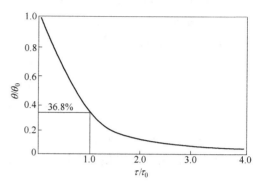

图 10-16　物体过余温度的变化曲线

说明用热电偶测量温度时，在有限的温度内总是有误差的，主要原因是温度滞后。随着测试时间的延长，误差减小。当测试时间达 4 倍时间常数时，测出的相对误差已小于 2%，热电偶温度已经非常接近实际温度了。因此工程上在测量温度时，推荐测量时间为 3~5 倍的时间常数。

（3）加热的快慢主要取决于 h 的大小，在其他条件不变的情况下，为把物体加热到同一温度，$h\tau =$ 常数，为缩短加热时间，只有提高 h，可以采用强制流动。

例 10-8　用热电偶测量钢水的温度。已知钢水的温度为 1600℃，热电偶插入钢水前温度为 20℃。假定热电偶接点为球形，直径 $d = 1mm$，$\rho = 8000kg/m^3$，$c_p = 418J/(kg \cdot ℃)$，$\lambda = 45W/(m \cdot ℃)$，热电偶接点与钢水的换热系数 $h = 2320W/(m^2 \cdot ℃)$。试求热电偶测得钢水温度为 1599℃ 时所需的时间。

解：首先判断热电偶接点是否为薄材：

$$Bi_V = \frac{h\left(\dfrac{V}{A}\right)}{\lambda} = \frac{h\left(\dfrac{r}{3}\right)}{\lambda} = \frac{2320 \times 0.0005}{45 \times 3} = 0.0086 < 0.033$$

是薄材。根据式（10-71）可得：

$$\tau = -\frac{c_p \rho V}{hA}\ln\frac{t - t_f}{t_0 - t_f} = -\frac{418 \times 8000 \times 0.0005}{2320 \times 3}\ln\frac{1599 - 1600}{20 - 1600} = 1.77 \text{ s}$$

例 10-9　有一直径为 50mm、长 500mm 的钢圆柱体，初温为 30℃，放入炉温为 1200℃ 的加热炉中加热。若烟气与钢之间的总换热系数 $h = 140W/(m^2 \cdot ℃)$，钢的密度 $\rho = 7750kg/m^3$，比定压热容 $c_p = 500J/(kg \cdot ℃)$，导热系数 $\lambda = 36W/(m \cdot ℃)$，试求钢升温到 800℃ 所需时间。

解：先判断是否为薄材：

$$Bi_V = \frac{h\left(\dfrac{V}{A}\right)}{\lambda} = \frac{h\left(\dfrac{r}{2}\right)}{\lambda} = \frac{140 \times 0.025}{36 \times 2} = 0.049 < 0.05$$

是薄材。根据式（10-71）可得：

$$\tau = -\frac{c_p \rho V}{hA} \ln \frac{t - t_f}{t_0 - t_f} = -\frac{500 \times 7750 \times 0.025}{140 \times 2} \ln \frac{800 - 1200}{30 - 1200} = 368 \text{ s}$$

10.2.3 第三类边界条件下有限厚物体的不稳定导热

设有一厚度为 2δ 的无限大平板，初始温度为 t_0，将其放置于温度为 t_f 的流体介质中，设 $t_f > t_0$，流体与板面间的对流换热系数为 h，且为常数，如图 10-17 所示，试确定在非稳定传热过程中板内的温度分布。

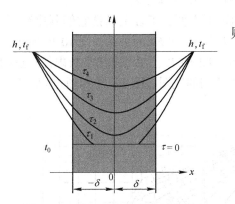

图 10-17　第三类边界条件下无限大
有限厚平板的对称加热

假定平板内无内热源，热物性参数均为常数，则描述该问题的导热微分方程为：

$$\frac{\partial t}{\partial \tau} = a \frac{\partial^2 t}{\partial x^2} \tag{10-74}$$

初始条件为：

$$\tau = 0, \quad -\delta \leqslant x \leqslant \delta, \quad t = t_0$$

边界条件为：

$$\tau > 0, \quad x = 0, \quad \frac{\partial t}{\partial x} = 0 \,(\text{对称性})$$

$$\tau > 0, \quad x = \pm\delta, \quad -\lambda \frac{\partial t}{\partial x} = h(t_f - t \mid_{x = \pm\delta})$$

上述微分方程的解为（求解过程从略）：

$$\frac{t(x, \tau) - t_f}{t_0 - t_f} = 2 \sum_{n=1}^{\infty} \frac{\sin(\beta_n \delta)\cos(\beta_n x)}{\beta_n \delta + \sin(\beta_n \delta)\cos(\beta_n \delta)} \mathrm{e}^{-a\beta_n^2 \tau} \tag{10-75}$$

$$\frac{t_w(\tau) - t_f}{t_0 - t_f} = 2 \sum_{n=1}^{\infty} \frac{\sin(\beta_n \delta)\cos(\beta_n \delta)}{\beta_n \delta + \sin(\beta_n \delta)\cos(\beta_n \delta)} \mathrm{e}^{-a\beta_n^2 \tau} \tag{10-76}$$

$$\frac{t_m(\tau) - t_f}{t_0 - t_f} = 2 \sum_{n=1}^{\infty} \frac{\sin(\beta_n \delta)}{\beta_n \delta + \sin(\beta_n \delta)\cos(\beta_n \delta)} \mathrm{e}^{-a\beta_n^2 \tau} \tag{10-77}$$

式中，β_n 为微分方程求解时的本征值，且 $\beta_n \delta$ 是 Bi 数的函数；$t_w(\tau)$ 为随时间而变的被加热物体的表面温度，常简写为 t_w；$t_m(\tau)$ 为随时间而变的被加热物体的中心温度，常简写为 t_m。

从式（10-75）~式（10-77）可以看出，解的结果可表示为：

$$\frac{\theta(x, \tau)}{\theta_0} = \frac{t(x, \tau) - t_f}{t_0 - t_f} = f\left(Fo, \ Bi, \ \frac{x}{\delta}\right) \tag{10-78}$$

$$\frac{\theta_w}{\theta_0} = \frac{t_w(\tau) - t_f}{t_0 - t_f} = f(Fo, \ Bi) \mid_{x = \delta} \tag{10-79}$$

$$\frac{\theta_m}{\theta_0} = \frac{t_m(\tau) - t_f}{t_0 - t_f} = f(Fo, Bi) \mid_{x=0} \tag{10-80}$$

式中，θ_w 表示任一时刻平板表面温度和流体温度的差值，θ_m 表示任一时刻平板中心温度和流体温度的差值。

从式（10-78）~式（10-80）可以看出，解的结果是一个无穷级数，影响无量纲温度的主要参数是 Fo 和 Bi。随着 Fo（即时间 τ）的增加，平板中各点的温差逐渐减小，平板温度趋向介质温度。计算结果表明，当 $Fo>0.2$ 时，不稳定导热进入正规阶段，对工程计算只取级数的第一项已足够准确，误差小于 1%。

从式（10-79）和式（10-80）可知，如已知 θ_w，可计算出 Bi，则根据式（10-79）可计算出 Fo，进而求出加热时间 τ。再根据已算出的 Bi 和 Fo，根据式（10-80）就可解出中心温度。反之，在规定的时间 τ 下，也可算出表面及中心温度 t_w、t_m。

式（10-75）~式（10-77）都为无穷级数，使用很不方便，工程上已把它们制成线图，供计算时使用。图 10-18 所示为无量纲中心温度 θ_m/θ_0 与 Bi 和 Fo 的关系；图 10-19 所示为 $\theta(x, \tau)/\theta_m$ 与 Bi 和 x/δ 的关系，联合应用图 10-18 和图 10-19，便可求出平板内任意点的温度。图 10-20 和图 10-21 为计算无限长圆柱体温度所用的线图。图 10-22 和图 10-23 为计算球体温度所用的线图。

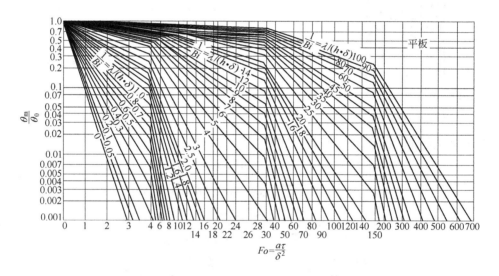

图 10-18　无限大平板中心温度的诺谟图

需要说明的是，介质温度为常数时的第三类边界条件下的解，包括了从薄材到第一类边界条件的广泛范围。当 $Bi \to 0$ 时，式（10-75）可转化为薄材的解；当 $Bi \to \infty$ 时，式（10-75）可转化为第一类边界条件的解。

例 10-10　彼此靠拢的一排方坯在恒温炉中加热（两面对称加热）。钢坯厚度 $2\delta = 200\text{mm}$，炉气温度 $t_f = 1000℃$，钢坯开始加热时断面温度均匀，并为 $t_0 = 20℃$。加热过程中炉气对钢坯的总换热系数 $h = 174\text{W}/(\text{m}^2 \cdot ℃)$，钢坯的平均导热系数 $\lambda = 34.8\text{W}/(\text{m} \cdot ℃)$，热扩散系数 $a = 5.56 \times 10^{-6}\text{m}^2/\text{s}$。求钢坯加热到 $500℃$ 所需时间 τ 及其断面温度差。

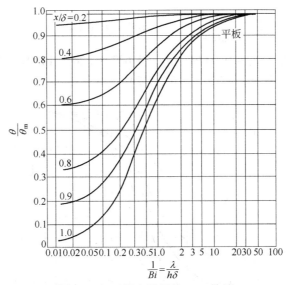

图 10-19 无限大平板的 θ/θ_m 曲线

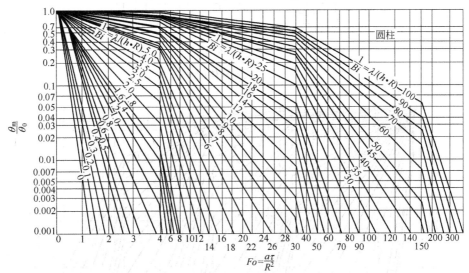

图 10-20 无限长圆柱体中心温度的诺漠图

解：先求 Bi 数：

$$Bi = \frac{h\delta}{\lambda} = \frac{174 \times 0.1}{34.8} = 0.5 > 0.1 \text{ 为厚材}$$

在平板表面上：$x/\delta = 0.1/0.1 = 1$

由图 10-19 查得：$\theta_w/\theta_m = 0.8$

根据已知条件：$\dfrac{\theta_w}{\theta_0} = \dfrac{t_w - t_f}{t_0 - t_f} = \dfrac{500 - 1000}{20 - 1000} = 0.51$

所以：$\dfrac{\theta_m}{\theta_0} = \dfrac{\theta_w}{\theta_0} \cdot \dfrac{\theta_m}{\theta_w} = 0.51 \times \dfrac{1}{0.8} = 0.637$

由图 10-18 查得：$Fo = 1.2$

所以：$\tau = Fo \dfrac{\delta^2}{a} = 1.2 \times \dfrac{0.1^2}{5.56 \times 10^{-6}} = 2160 \text{ s} = 36 \text{ min}$

由 $\theta_m = 0.637\theta_0$ 得：$t_m = 0.637\theta_0 + t_f = 0.637 \times (20 - 1000) + 1000 = 376 \text{ ℃}$

故断面上最大温差为：$\Delta t = 500 - 376 = 124 \text{ ℃}$

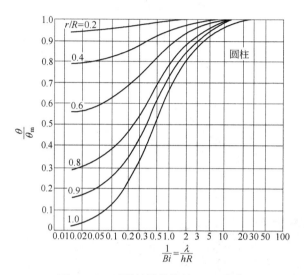

图 10-21 无限长圆柱体的 θ/θ_m 曲线

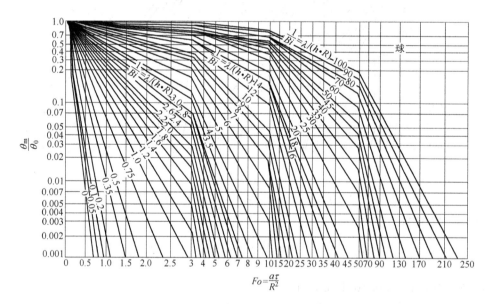

图 10-22 球体中心温度的诺谟图

10.2.4 第一类边界条件下有限厚物体的不稳定导热

物体在加热或冷却过程中，已知表面温度分布属于第一类边界条件，其中表面温度为常数是第一类边界条件最简单的情况。金属在盐浴或铅浴中的加热、一个加热好的金属置于低温介质中淬火，均可近似认为属于这一类边界条件。

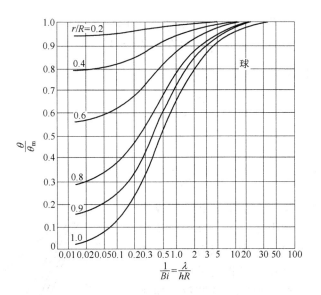

图 10-23　球体的 $\theta/\theta_{\mathrm{m}}$ 曲线

10.2.4.1　开始时无断面温差

如图 10-24 所示，有一无限大平板，厚度为 2δ，在 t_{w} = 常数条件下两面对称加热。加热前平板具有均匀一致的初始温度 t_0，试确定在非稳定传热过程中板内的温度分布。

假定平板内无内热源，热物性参数均为常数，这也是一个一维不稳定导热问题，则描述该问题的导热微分方程为：

$$\frac{\partial t}{\partial \tau} = a \frac{\partial^2 t}{\partial x^2} \qquad (10\text{-}81)$$

初始条件为：

$$\tau = 0, \quad -\delta \leqslant x \leqslant \delta, \quad t = t_0$$

边界条件为：

$$\tau > 0, \; x = 0, \; \frac{\partial t}{\partial x} = 0(\text{对称性})$$

$$\tau > 0, \; x = \pm\delta, \; t = t_{\mathrm{w}}$$

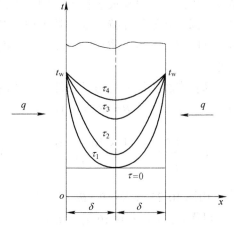

图 10-24　无限大有限厚物体在第一类边界条件下的不稳定导热

由 10.2.3 节可知无限大平板在第三类边界条件下的解，当 $Bi \to \infty$ 时就转化为第一类边界条件的解。因此，上述微分方程的解为：

$$\frac{\theta}{\theta_0} = \frac{t(x, \tau) - t_{\mathrm{w}}}{t_0 - t_{\mathrm{w}}} = \frac{4}{\pi} \sum_{n=1}^{\infty} \frac{(-1)^{n+1}}{2n-1} \cos\left[\frac{(2n-1)\pi}{2} \cdot \frac{x}{\delta}\right] \mathrm{e}^{-\frac{(2n-1)^2\pi^2}{4}Fo} \qquad (10\text{-}82)$$

$$\frac{\theta_m}{\theta_0} = \frac{t_m - t_w}{t_0 - t_w} = \frac{4}{\pi} \sum_{n=1}^{\infty} \frac{(-1)^{n+1}}{2n-1} e^{-\frac{(2n-1)^2\pi^2}{4}Fo} \tag{10-83}$$

由式（10-82）和式（10-83）可知：

$$\frac{\theta}{\theta_0} = f\left(Fo, \frac{x}{\delta}\right) \tag{10-84}$$

$$\frac{\theta_m}{\theta_0} = f(Fo) \tag{10-85}$$

工程上把式（10-85）的计算结果绘制成线图，如图 10-25 所示，图中还给出了其他形状物体计算用的线图。从图 10-25 中可以看出，球状物体加热和冷却最快，无限大平板最慢。

例 10-11 有一直径为 200mm 的圆钢，加热到 800℃，且断面均匀，然后浸入温度为 60℃ 的循环水中淬火。设淬火过程中，钢的表面温度与水温相同，并始终保持不变。其平均热扩散系数 $a = 1.11 \times 10^{-5}\,\text{m}^2/\text{s}$，求经过 6min 后圆钢的中心温度。

解： 本题为第一类边界条件圆柱体的对称冷却问题，定形尺寸 $R = d/2 = 0.1\text{m}$

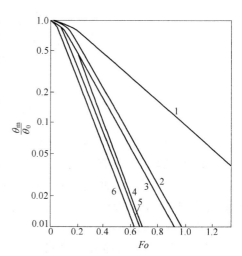

图 10-25 表面温度为常数时的
无量纲中心温度曲线

1—平板；2—方柱体；3—无限长圆柱体；
4—立方体；5—$H=d$ 的圆柱体；6—球体

$$Fo = \frac{a\tau}{R^2} = \frac{1.11 \times 10^{-5} \times 6 \times 60}{0.1^2} = 0.4$$

由图 10-25 查得：$\theta_m/\theta_0 = 0.16$

可得：
$$t_m = t_w - 0.16(t_w - t_0)$$
$$= 60 - 0.16 \times (60 - 800) = 178.4\ ℃$$

10.2.4.2 开始时断面温度呈抛物线分布

这种情况在钢坯加热时经常遇到。为了快速加热，在加热期升温很快（$t_f =$ 常数的条件下），但中心温度升高得慢，从而造成断面上的温度差（温度分布为抛物线）。这个温差在热加工过程中有时是不允许的。因而在加热后保持表面温度不变，使物体在 $t_w =$ 常数的条件下继续加热，使断面温度趋于均匀化，这个过程称为均热过程。对于平板解的结果为：

$$\frac{\theta}{\theta_0} = \frac{t(x,\tau) - t_w}{t_0 - t_w} = \frac{32}{\pi} \sum_{n=1}^{\infty} \frac{(-1)^{n+1}}{(2n-1)^3} \cos\left[\frac{(2n-1)\pi}{2} \cdot \frac{x}{\delta}\right] e^{-\frac{(2n-1)^2\pi^2}{4}Fo} \tag{10-86}$$

由此可见，
$$\frac{\theta}{\theta_0} = f\left(Fo, \frac{x}{\delta}\right) \tag{10-87}$$

工程上把式（10-86）的计算结果绘制成线图，如图 10-26 所示。

例 10-12　厚度为 0.18m 的钢坯，在连续式加热炉中已加热到表面温度 $t_w = 1000℃$，表面温度与中心温度的温差 $\theta_0 = t_w - t_0 = 250℃$，若要将其均热至 $\theta = t_w - t_m = 25℃$，已知钢的热扩散系数 $a = 8.33 \times 10^{-6} \text{m}^2/\text{s}$，求均热时间。

解：根据已知条件：

$$\frac{\theta}{\theta_0} = \frac{t_w - t_m}{t_w - t_0} = \frac{25}{250} = 0.1$$

定形尺寸：$\delta = 0.18/2 = 0.09 \text{ m}$

中心处：$x/\delta = 0$

查图 10-26 得：$Fo = 1.05$

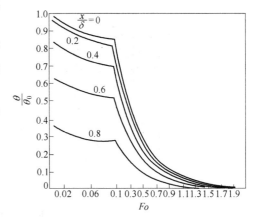

图 10-26　平板表面温度 $t_w = C$ 且断面温度开始为抛物线分布时的 θ/θ_0 计算图

$$\tau = Fo \frac{\delta^2}{a} = 1.05 \times \frac{0.09^2}{8.33 \times 10^{-6}}$$

$$= 1020.6 \text{ s} = 17 \text{ min}$$

10.2.5　半无限大物体在第一类边界条件下的不稳定导热

半无限大物体的几何概念是指，在 $x = 0$ 处以无限大 y-z 平面为界面，在正 x 方向上延伸至 $(x = \infty)$ 的物体。

在实际工程中，几何上无限厚的物体一般是不存在的。但是对于一个几何上为有限厚的物体，当界面上 $(x = 0)$ 发生温度变化时，如果离界面一定深度的某处其温度不发生变化，仍保持初始温度，该物体就可当做半无限大物体处理。如液态金属在砂型中的凝固、高炉和加热炉炉基在开炉时的加热过程、工件的表面淬火等，都可视为半无限大物体的不稳定导热。

有一初始温度为 t_0、热物性参数为常数、无内热源的半无限大平壁，加热开始时，温度突然升至 t_w 并维持不变，如图 10-27 所示，经过时间 τ 后，平壁内的温度分布情况如下。

常物性一维不稳定导热微分方程为：

$$\frac{\partial t}{\partial \tau} = a \frac{\partial^2 t}{\partial x^2} \tag{10-88}$$

初始条件和边界条件为：

$$\tau = 0,\ 0 \leqslant x \leqslant \infty,\ t = t_0$$

$$\tau > 0,\ x = 0,\ t = t_w$$

$$\tau > 0,\ x = \infty,\ t = t_0$$

上述微分方程的解为：

$$\frac{t_w - t}{t_w - t_0} = \text{erf}\left(\frac{x}{2\sqrt{a\tau}}\right) \tag{10-89}$$

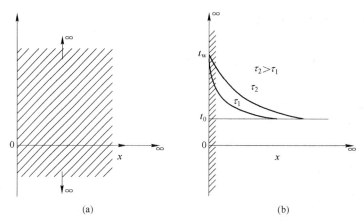

(a)   (b)

图 10-27 半无限大物体和表面温度跃升后的温度

（a）半无限大物体示意图；（b）表面温度跃升后的温度变化

$$\mathrm{erf}(\eta) = \frac{2}{\sqrt{\pi}} \int_0^{\eta} \mathrm{e}^{-\eta^2} \mathrm{d}\eta \text{ 称为高斯误差函数，}$$

其值可从图 10-28 中查得，也可查附录 10 高

斯误差函数值表，其中 $\eta = \dfrac{x}{2\sqrt{a\tau}}$。

式（10-89）可计算出 τ 时刻离表面 x 处
的温度，或计算出在 x 点处达到某一温度 t 所
需要的时间。

分析如下：

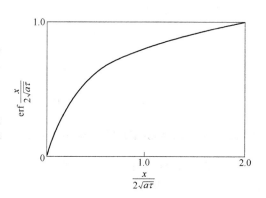

图 10-28 高斯函数图

（1）$\dfrac{x}{2\sqrt{a\tau}} = \dfrac{1}{2\sqrt{Fo}}$， $\dfrac{t_{\mathrm{w}} - t}{t_{\mathrm{w}} - t_0} = f(Fo)$。

（2）当 $\dfrac{x}{2\sqrt{a\tau}} = 2$ 时，$\mathrm{erf}\left(\dfrac{x}{2\sqrt{a\tau}}\right) \approx 1$，即：$\dfrac{t_{\mathrm{w}} - t}{t_{\mathrm{w}} - t_0} \approx 1$，$t \approx t_0$，即在 $x = 4\sqrt{a\tau}$ 处，

温度尚未变化，此时，$Fo \approx 0.06$。所以，分析一个厚度为 δ 的有限厚平壁，只要 $\delta >$
$4\sqrt{a\tau}$，就可作为半无限大物体。

（3）通过表面 $x = 0$ 处或距表面 x 处截面的热通量 q 与 x、τ 的关系计算如下。
根据傅里叶定律：

$$q = -\lambda \frac{\partial t}{\partial x}$$

$$\frac{\partial t}{\partial x} = -(t_{\mathrm{w}} - t_0) \frac{1}{\sqrt{\pi a \tau}} \mathrm{e}^{-\left(\frac{x}{2\sqrt{a\tau}}\right)^2} = \frac{t_0 - t_{\mathrm{w}}}{\sqrt{\pi a \tau}} \mathrm{e}^{-\frac{x^2}{4a\tau}}$$

在 τ 时刻，通过表面 $x = 0$ 处的瞬时导热通量为：

$$q_{\mathrm{w}} = -\lambda \frac{\partial t}{\partial x}\bigg|_{x=0} = \lambda(t_{\mathrm{w}} - t_0) \frac{1}{\sqrt{\pi a \tau}} \quad\quad\quad (10\text{-}90)$$

在 τ 时刻，通过表面 $x=x$ 截面处的导热通量为：

$$q = -\lambda \frac{\partial t}{\partial x} = \lambda (t_w - t_0) \frac{1}{\sqrt{\pi a \tau}} e^{-\frac{x^2}{4a\tau}} \qquad (10\text{-}91)$$

从 $\tau=0$ 到 $\tau=\tau$ 时间内，在 $x=0$ 处通过每平方米表面积的总热量为：

$$q_\tau = \int_0^\tau q_w \mathrm{d}\tau = 2\lambda (t_w - t_0) \sqrt{\frac{\tau}{\pi a}} \qquad (10\text{-}92)$$

令

$$\frac{\lambda}{\sqrt{a}} = \sqrt{\lambda \rho c_p} = b$$

式中，b 为蓄热系数，$\mathrm{J/(m^2 \cdot ℃ \cdot s^{1/2})}$，它综合反映了物质的蓄热能力，也是个热物性参数。

例 10-13 一冶金炉的炉底用 0.8m 厚的黏土砖直接砌在混凝土基础上，开工后，炉内表面温度即升至 800℃ 并保持不变，问砖与混凝土界面处何时升温，一周后该处的温度为多少？设砖和混凝土的平均热扩散系数为 $5.9 \times 10^{-7} \mathrm{m^2/s}$。

解： 此为半无限大物体的不稳定导热问题。

（1）由 $x = 4\sqrt{a\tau}$ 得：

$$\tau = \frac{1}{16} \cdot \frac{x^2}{a} = \frac{1}{16} \times \frac{0.8^2}{5.9 \times 10^{-7}} = 67800 \text{ s} = 18.83 \text{ h}$$

（2）一周后：

$$Fo = \frac{a\tau}{x^2} = \frac{5.9 \times 10^{-7} \times 7 \times 24 \times 3600}{0.8^2} = 0.558$$

$$\frac{x}{2\sqrt{a\tau}} = \frac{1}{2\sqrt{Fo}} = \frac{1}{2 \times \sqrt{0.558}} = 0.67$$

根据附录 10，可用插值法求得：$\mathrm{erf}(0.67) = 0.66$

所以：

$$\frac{t_w - t}{t_w - t_0} = 0.66$$

$$t = t_w - 0.66(t_w - t_0) = 800 - 0.66 \times (800 - 20) = 285 \text{ ℃}$$

10.3 导热的有限差分解法

前面我们根据导热微分方程及其定解条件得出了其分析解，求解过程严谨，解的结果是一个温度的函数关系式 $t = f(x, y, z, \tau)$，它清楚地表示了各种因素对温度分布的影响，利用它可求得任一时刻物体内任一点的温度，即可求得一个连续温度场。

但是由于分析解的求解过程过于复杂，到目前为止，只能对一些几何形状和边界条件比较简单的问题进行求解。对于一些几何形状不规则、热物性参数随温度变化的物体，以及辐射换热边界条件等复杂的导热问题，由于数学上的困难，目前还无法得出其分析解。在这种情况下，数值解法比较有效。随着计算机技术的迅猛发展，工程上很多的复杂导热问题越来越多地依赖计算机，得到有足够精度的数值近似解。目前采用的数值方法主要有有限差分法、有限元法、边界元法，其中以有限差分法最为简便、使用最广。本节主要介绍有限差分法的基本原理以及求解导热问题的常用方法。

10.3.1　有限差分法的基本概念

10.3.1.1　有限差分原理

由微分学得知，函数的导数是函数增量与自变量增量之比的极限，又称微商。如果物体内温度分布 $t(x)$ 是一连续函数，如图 10-29 所示，则在 $x = x_i$ 处，温度 t 对 x 的导数为：

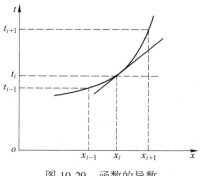

图 10-29　函数的导数

$$\left(\frac{\mathrm{d}t}{\mathrm{d}x}\right)_i = \lim_{\Delta x \to 0} \frac{t_{x+\Delta x} - t_x}{\Delta x}$$
$$= \lim_{\Delta x \to 0} \frac{t_{i+1} - t_i}{\Delta x} = \lim_{\Delta x \to 0} \frac{\Delta t}{\Delta x} \qquad (10\text{-}93)$$

式中，$\mathrm{d}t$、$\mathrm{d}x$ 为微分；$\mathrm{d}t/\mathrm{d}x$ 为微商；Δt、Δx 为有限差分；$\Delta t/\Delta x$ 为有限差商。

当 $\Delta x \to 0$ 时，差商 $\Delta t/\Delta x$ 的极限就是微商 $\mathrm{d}t/\mathrm{d}x$；当 Δx 为一有限小量时，差商就可近似看作微商，即：

$$\left(\frac{\mathrm{d}t}{\mathrm{d}x}\right)_i = \frac{t_{i+1} - t_i}{\Delta x} + 0(\Delta x) \approx \frac{t_{i+1} - t_i}{\Delta x} \qquad (10\text{-}94)$$

式（10-94）的差商称为向前差商，也可用向后差商和中心差商来表示，其表达式如下：

向后差商　　　$\left(\dfrac{\mathrm{d}t}{\mathrm{d}x}\right)_i = \dfrac{t_i - t_{i-1}}{\Delta x} + 0(\Delta x) \approx \dfrac{t_i - t_{i-1}}{\Delta x}$ 　　　$(10\text{-}95)$

中心差商　　　$\left(\dfrac{\mathrm{d}t}{\mathrm{d}x}\right)_i = \dfrac{t_{i+\frac{1}{2}} - t_{i-\frac{1}{2}}}{\Delta x} + 0(\Delta x) \approx \dfrac{t_{i+\frac{1}{2}} - t_{i-\frac{1}{2}}}{\Delta x}$ 　　　$(10\text{-}96)$

同样，函数的二阶导数也可用二阶差商来近似表示。

向前差商　　　$\left(\dfrac{\mathrm{d}^2 t}{\mathrm{d}x^2}\right)_i \approx \dfrac{\Delta t_{i+1} - \Delta t_i}{\Delta x^2} = \dfrac{t_{i+2} - 2t_{i+1} + t_i}{\Delta x^2}$ 　　　$(10\text{-}97)$

向后差商　　　$\left(\dfrac{\mathrm{d}^2 t}{\mathrm{d}x^2}\right)_i \approx \dfrac{\Delta t_i - \Delta t_{i-1}}{\Delta x^2} = \dfrac{t_i - 2t_{i-1} + t_{i-2}}{\Delta x^2}$ 　　　$(10\text{-}98)$

中心差商　　　$\left(\dfrac{\mathrm{d}^2 t}{\mathrm{d}x^2}\right)_i \approx \dfrac{\Delta t_{i+\frac{1}{2}} - \Delta t_{i-\frac{1}{2}}}{\Delta x^2} = \dfrac{t_{i+1} - 2t_i + t_{i-1}}{\Delta x^2}$ 　　　$(10\text{-}99)$

有限差分法的基本原理是：用差分去近似代替微分，用差商去近似代替微商，将微分方程转换为相应的差分方程，然后通过求差分方程的解来近似代替微分方程的解。这一过程的实质是，将连续的变量离散化为不连续的阶跃变化过程。这种替代必然会产生误差，误差的大小可用泰勒级数展开式估计。

10.3.1.2 变量区域离散化

以一维不稳定导热为例，说明变量区域的网格化过程。

设空间变量 x 的取值范围为 $0 \leqslant x \leqslant L$，时间变量 τ 的取值范围为 $0 \leqslant \tau \leqslant T$。

令
$$\Delta x = \frac{L-0}{m}, \quad \Delta \tau = \frac{T-0}{k}$$

则空间变量被离散化为：

$x_0 = 0$, $x_1 = \Delta x$, $x_2 = 2\Delta x$, $x_3 = 3\Delta x$, $\cdots$, $x_i = i\Delta x$, $\cdots$, $x_m = m\Delta x = L$, 共 $m+1$ 个节点。

时间变量被离散化为：

$\tau_0 = 0$, $\tau_1 = \Delta \tau$, $\tau_2 = 2\Delta \tau$, $\tau_3 = 3\Delta \tau$, $\cdots$, $\tau_j = j\Delta \tau$, $\cdots$, $\tau_k = k\Delta \tau = T$, 共 $k+1$ 个节点。

Δx 为空间步长，$\Delta \tau$ 为时间步长，绘成图 10-30，称为一维时空网格。点 (x_m, τ_k) 即为网格节点，共有 $(m+1) \cdot (k+1)$ 个节点，其中 x_0、x_m、τ_0、τ_k 为边界节点，其他为内部节点。节点 (x_m, τ_k) 的温度为 $t(x_m, \tau_k)$，记为 t_m^k。

在二维稳定导热的情况下，温度场的网格化如图 10-31 所示，空间步长分别为 Δx、Δy，网格节点的温度简记为 $t_{i,j}$，这种网格称为二维空间网格。

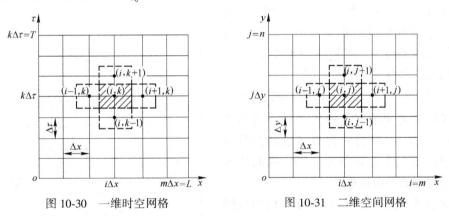

图 10-30 一维时空网格   图 10-31 二维空间网格

网格划分得越细，即节点数越多，则所得的结果越接近分析解的温度分布，不过计算工作量也随之加大。

10.3.2 二维稳定导热的差分解法

节点的差分方程可由微分方程导出，也可根据热平衡法导出，这里只介绍前一种。

10.3.2.1 内部节点差分方程的建立

以常物性、无内热源、矩形区域的二维稳定导热为例，说明有限差分法的应用。

首先将变量区域离散化，其温度场的网格化如图 10-31 所示。Δx、Δy 为空间步长，

节点 (i, j) 坐标为 $(i\Delta x, j\Delta y)$，节点 (i, j) 的温度简记为 $t_{i,j}$。

物体的导热微分方程为：

$$\frac{\partial^2 t}{\partial x^2} + \frac{\partial^2 t}{\partial y^2} = 0 \qquad (10\text{-}100)$$

对于内部节点 (i, j)，式（10-100）中温度对 x 和 y 的二阶偏导数用中心差商去代替，得：

$$\frac{t_{i+1, j} - 2t_{i, j} + t_{i-1, j}}{\Delta x^2} + \frac{t_{i, j+1} - 2t_{i, j} + t_{i, j-1}}{\Delta y^2} = 0 \qquad (10\text{-}101)$$

令 $\beta = \left(\dfrac{\Delta x}{\Delta y}\right)^2$，式（10-101）可化简为：

$$t_{i+1, j} + t_{i-1, j} + \beta(t_{i, j+1} + t_{i, j-1}) - 2(1 + \beta)t_{i, j} = 0 \qquad (10\text{-}102)$$

若取正方形网格，$\Delta x = \Delta y$，则式（10-102）可化简为：

$$t_{i+1, j} + t_{i-1, j} + t_{i, j+1} + t_{i, j-1} - 4t_{i, j} = 0 \qquad (10\text{-}103)$$

式（10-101）～式（10-103）均为与式（10-100）相应的内部节点差分方程，对区域内每一个内部节点都适用。由式（10-103）可以看出，正方形网格的任一内节点的温度等于四周相邻节点温度的算术平均值。

对于图 10-31 所示的网格，以每一个内节点为中心，都可以列出一个节点方程，从而得到 $(m-1) \cdot (n-1)$ 个内部节点方程式，它们组成一个线性代数方程组。在边界节点温度已经给定的条件下，求解这一代数方程组，就可得到每个内部节点的温度值。

10.3.2.2　边界节点差分方程的建立

对于第二类和第三类边界条件，边界节点的温度未知，必须补充边界节点的差分方程。下面以第三类边界条件为例，说明边界节点差分方程的导出过程。

对流边界节点如图 10-32 所示，已知周围介质温度为 t_f，对流换热系数为 h，以边界节点 (i, j) 为中心作一控制体，对以 (i, j) 节点为中心的控制体做能量衡算，注意此控制体的体积为 $\dfrac{\Delta x}{2} \cdot \Delta y \cdot 1$（设 $\Delta z = 1$）。

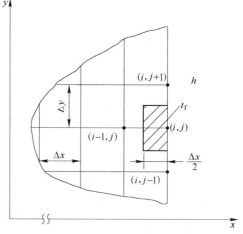

图 10-32　对流边界节点

$$\lambda \frac{t_{i-1, j} - t_{i, j}}{\Delta x} \cdot \Delta y \cdot 1 + h(t_f - t_{i, j}) \cdot \Delta y \cdot 1 + \lambda \frac{t_{i, j-1} - t_{i, j}}{\Delta y} \cdot \frac{\Delta x}{2} \cdot 1 + \lambda \frac{t_{i, j+1} - t_{i, j}}{\Delta x} \cdot \frac{\Delta x}{2} \cdot 1 = 0$$

假定 $\Delta x = \Delta y$，上式整理后得：

$$t_{i-1,\,j} + \frac{1}{2}(t_{i,\,j-1} + t_{i,\,j+1}) + \frac{h\Delta x}{\lambda}t_{\mathrm{f}} - \left(2 + \frac{h\Delta x}{\lambda}\right)t_{i,\,j} = 0 \qquad (10\text{-}104)$$

或

$$t_{i,\,j} = \frac{1}{2 + \dfrac{h\Delta x}{\lambda}}\left[t_{i-1,\,j} + \frac{1}{2}(t_{i,\,j-1} + t_{i,\,j+1}) + \frac{h\Delta x}{\lambda}t_{\mathrm{f}}\right] \qquad (10\text{-}105)$$

式（10-104）和式（10-105）为第三类边界条件下的边界节点方程，按同样的方法可推出各种具体条件下的边界节点方程，如表 10-2 所示。

表 10-2　稳定导热时常见的边界节点方程

序号	节点特征	节点方程（$\Delta x = \Delta y$）
1	对流边界节点 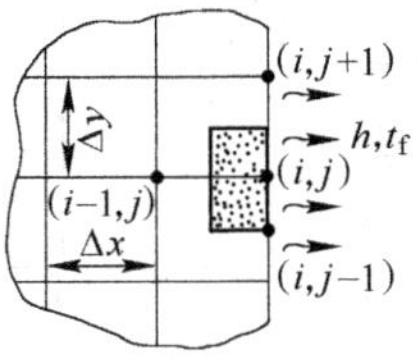	$t_{i,\,j} = \dfrac{1}{2 + Bi}\left[t_{i-1,\,j} + \dfrac{1}{2}(t_{i,\,j+1} + t_{i,\,j-1}) + Bit_{\mathrm{f}}\right]$
2	对流边界外部拐角节点 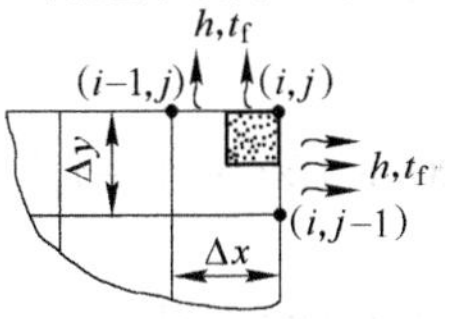	$t_{i,\,j} = \dfrac{1}{1 + Bi}\left[\dfrac{1}{2}(t_{i-1,\,j} + t_{i,\,j-1}) + Bit_{\mathrm{f}}\right]$
3	对流边界内部拐角节点 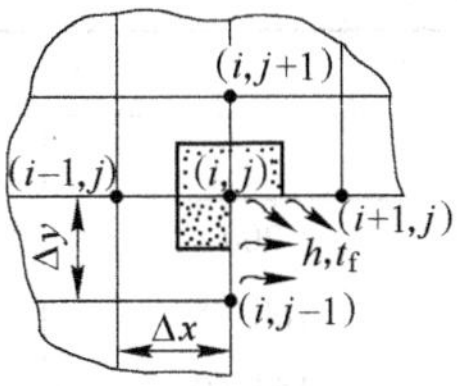	$t_{i,\,j} = \dfrac{1}{3 + Bi}\left[t_{i-1,\,j} + t_{i,\,j+1} + \dfrac{1}{2}(t_{i+1,\,j} + t_{i,\,j-1}) + Bit_{\mathrm{f}}\right]$
4	绝热边界节点 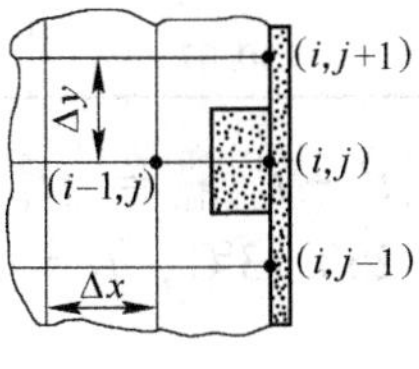	$t_{i,\,j} = \dfrac{1}{2}t_{i-1,\,j} + \dfrac{1}{4}(t_{i,\,j+1} + t_{i,\,j-1})$

10.3.2.3　差分方程组的求解

应用有限差分法列出了每个节点的差分方程后，即可对联立差分方程组进行求解，得出物体的温度分布，即每个节点的具体温度值。求解联立方程组有多种有效方法，这里主要介绍高斯-赛德尔（Gauss-Seidel）迭代法。

高斯-赛德尔（Gauss-Seidel）迭代法的具体步骤如下：

（1）根据具体情况，设定每一个节点的初始值；

（2）根据设定的初始值用式（10-103）计算出 $t'_{1,1}$，$t'_{1,2}$，$\cdots$，$t'_{1,j}$ 的值，在计算 $t'_{1,2}$ 时，还是用式（10-103），只不过在要用到 $t_{1,1}$ 时，必须要用已计算出的 $t'_{1,1}$ 值，而不是初始值。

（3）以第 2 次迭代的近似值再由式（10-103）计算出各节点的温度，并以此作为第 3 次迭代的初始值。

（4）重复以上步骤，直至 $\left| t^{k+1}_{i,j} - t^k_{i,j} \right|_{\max} < \varepsilon$ 为止。其中，k 为迭代次数；ε 为误差限额，是人为规定的。该式表明，当各节点两次迭代差值的最大绝对值小于 ε 时，迭代结束，此时算出的温度即为各节点的温度。

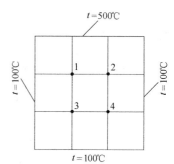

图 10-33　例 10-14 图

例 10-14　有一各向同性的方形物体，其导热系数为常数。外表面温度如图 10-33 所示，试用高斯-赛德尔迭代法求取其内部节点的温度。

解：这是一个在第一类边界条件下的二维稳定导热问题，物体内部网格节点的温度可由式（10-103）计算。

设置初始温度，取值范围在 $100 \sim 500℃$ 之间，取 $t_1^0 = t_2^0 = 300℃$，$t_3^0 = t_4^0 = 200℃$，根据高斯-赛德尔迭代法得：

$$t_1^1 = \frac{1}{4}\left(100 + 500 + t_2^0 + t_3^0 \right), \quad t_2^1 = \frac{1}{4}\left(500 + 100 + t_1^1 + t_4^0 \right)$$

$$t_3^1 = \frac{1}{4}\left(100 + 100 + t_1^1 + t_4^0 \right), \quad t_4^1 = \frac{1}{4}\left(100 + 100 + t_2^1 + t_3^1 \right)$$

依此类推，可得其他各次迭代值，第 1 次至第 5 次的迭代值如表 10-3 所示。

表 10-3　高斯-赛德尔迭代法的结果

迭代次数	温度/℃			
	t_1	t_2	t_3	t_4
0	300	300	200	200
1	275	268.75	168.75	159.38
2	259.38	254.69	154.69	152.35
3	251.76	251.03	151.03	150.52
4	250.52	250.26	150.26	150.13
5	250.13	250.07	150.07	150.03

由表 10-3 计算结果可知，当迭代次数 $k = 5$ 时，$\left| t_i^5 - t_i^4 \right|_{\max} = \left| t_1^5 - t_1^4 \right| = 0.39 < \varepsilon (= 0.5)$，计算结束，此时各节点的温度为：$t_1 = 250.13℃$，$t_2 = 250.07℃$，$t_3 = 150.07℃$，$t_4 = 150.03℃$。

10.3.3　一维不稳定导热的差分解法

不稳定导热过程中，温度不仅随空间发生变化，而且随时间发生变化，因此网格为时空网格，如图 10-30 所示，其中 Δx 为空间步长，$\Delta \tau$ 为时间步长。

由于温度对时间的微商可以用向前差分和向后差分表示，故不稳定导热的差分方程也相应的分为显式差分格式和隐式差分格式，这里主要介绍显式差分格式，隐式差分格式只作简单介绍。

10.3.3.1 显式差分方程

对于常物性、无内热源的一维不稳定导热，其导热微分方程为：

$$\frac{\partial t}{\partial \tau} = a \frac{\partial^2 t}{\partial x^2} \tag{10-106}$$

将空间长度 m 等分，空间步长 $\Delta x = L/m$；将时间长度 k 等分，时间步长 $\Delta \tau = T/k$。节点的温度 $t(x, \tau) = t(m\Delta x, k\Delta \tau) = t_m^k$，将温度对空间的二阶导数用中心差商去近似，温度对时间的导数用向前差分去近似，即

$$\frac{\partial^2 t}{\partial x^2} \approx \frac{\Delta^2 t}{\Delta x^2} = \frac{t_{m+1}^k - 2t_m^k + t_{m-1}^k}{\Delta x^2} \tag{10-107}$$

$$\frac{\partial t}{\partial \tau} \approx \frac{\Delta t}{\Delta \tau} = \frac{t_m^{k+1} - t_m^k}{\Delta \tau} \tag{10-108}$$

代入微分方程得：

$$\frac{t_m^{k+1} - t_m^k}{\Delta \tau} = a \frac{t_{m+1}^k - 2t_m^k + t_{m-1}^k}{\Delta x^2}$$

解出

$$t_m^{k+1} = \left(1 - 2\frac{a\Delta \tau}{\Delta x^2}\right) t_m^k + \frac{a\Delta \tau}{\Delta x^2}(t_{m+1}^k + t_{m-1}^k) \tag{10-109}$$

或

$$t_m^{k+1} = (1 - 2Fo) t_m^k + Fo(t_{m+1}^k + t_{m-1}^k) \tag{10-110}$$

式中，$Fo = \dfrac{a\Delta \tau}{\Delta x^2}$ 称作差分格式的傅里叶数。

式（10-110）即为一维不稳定导热的显式差分方程。此式表明，节点 (m, k) 在下一时间增量 $(\tau+\Delta\tau)$ 时刻的温度，可用节点 (m, k) 在 τ 时刻的温度明显表示出来，方程的右端都是 τ 时刻节点的温度值。对于第一类边界条件和时间条件，可依次用式（10-110）计算出每一个节点的温度值，而不用联立方程组求解。

显式差分方程计算比较简单，但它存在一个缺点，即计算式中 Fo 的值必须满足一定的条件才不至于引起数值解中出现不收敛的问题，在数值计算中称为差分方程的稳定性。式（10-110）的稳定性条件为 t_m^k 项的系数应该大于等于零，即：

$$1 - 2Fo = 1 - 2\frac{a\Delta \tau}{\Delta x^2} \geq 0$$

即

$$\frac{a\Delta \tau}{\Delta x^2} \leq \frac{1}{2} \tag{10-111}$$

式（10-111）称为显式差分方程（10-110）的稳定性判据。从中可以看出，时间步长

和空间步长之间是相互制约的，空间步长一经确定，时间步长的选取不是任意的，而必须满足式（10-111）。

一般来说，时间步长和空间步长取得越小，计算结果越精确，但计算速度减慢。工程计算中，常取较小的空间步长提高计算精度，取较大的时间步长提高计算速度，但它们之间的关系必须满足式（10-111）。为方便起见，最常见的是取 $Fo=1/2$，此时式（10-110）变为：

$$t_m^{k+1} = \frac{1}{2}(t_{m+1}^k + t_{m-1}^k)$$ (10-112)

式（10-112）说明，节点（m，k）在下个时间增量 $k+1$ 时刻的温度，等于与其相邻的节点在 k 时刻的温度的算术平均值。

下面举例说明显式差分方程的稳定性问题。若已知无限大平板（如图 10-34 所示）初始时刻温度分布均匀，为100℃，两侧突然升高到500℃并保持不变，平板厚度为 0.5m，热扩散系数 $a=3.472\times10^{-6}\text{m}^2/\text{s}$，假定平板分成 10 份，$\Delta x=0.05\text{m}$，若选择 $Fo=1$，则内部节点方程式为：

$$t_m^{k+1} = (t_{m+1}^k + t_{m-1}^k) - t_m^k$$

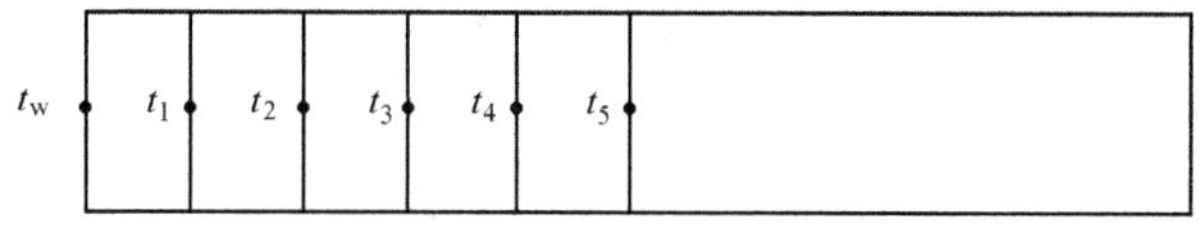

图 10-34　平板内节点温度分布

由 $Fo=1$，求得 $\Delta\tau=12\text{min}$，因为是对称加热，故只计算一半即可，计算经过如表 10-4 所示。

表 10-4　$Fo=1$ 时平板内的温度分布

τ/min	节点温度/℃					
	t_w	t_1	t_2	t_3	t_4	t_5
0	500	100	100	100	100	100
12	500	500	100	100	100	
24	500	100	500	100		
36	500	900	-300			

由表 10-4 可见，第一个节点温度波动很大，这就是不稳定性，而且出现了 $t_1=900℃>t_w$，$t_2=-300℃$ 的错误结果，原因是由 $Fo>1/2$ 所致。

10.3.3.2　隐式差分方程

如果对一维不稳定导热的一阶偏导数用向后差商去近似，二阶偏导数仍用中心差商去近似，则得到的节点差分方程为：

$$\frac{t_m^{k+1} - t_m^k}{\Delta\tau} = a\frac{t_{m+1}^{k+1} - 2t_m^{k+1} + t_{m-1}^{k+1}}{\Delta x^2}$$

或

$$t_m^{k+1} = \frac{1}{1+2Fo}\left[Fo(t_{m+1}^{k+1} + t_{m-1}^{k+1}) + t_m^k\right]$$ (10-113)

式（10-113）称为隐式差分方程。从中可以看出，未知量有三个，因此不能根据式

（10-113）求出 t_m^{k+1} 的值，而必须求解 $k+1$ 时刻的联立方程组，才能得出 $k+1$ 时刻的各节点温度值。

在隐式差分方程中，t_m^k 项的系数为1，自动满足了稳定性条件，因此隐式差分方程是先天稳定的。由于没有稳定性限制，因此可以用较大的时间步长和较小的空间步长，即可得到较好的精确度，又能加快计算速度；缺点是需要求解联立方程组，计算工作量较大。

10.3.3.3 边界节点的差分方程

对于第一类边界条件，由于给出了边界上的温度值，此时只需列出内部节点的差分方程，然后求解即可。

对于第二类或第三类边界条件，还必须写出边界节点的差分方程，才能求解，下面举例说明用热平衡法推导边界节点的差分方程。

如图 10-35 所示，厚为 2δ 的无限大平板，左边界为绝热边界，右边界为对流边界。

以每一个节点为中心作有限的控制体，控制体的中心温度即为整个控制体的温度，在 $x=0$处，单元控制体的体积为：

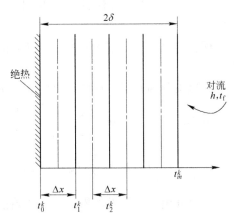

图 10-35　无限大平板绝热-对流边界

$$V = \frac{1}{2}\Delta x \times 1 \times 1 （假定 \Delta x = \Delta y = 1）$$

则在不稳定导热条件下，绝热边界节点（$i=0$）的热平衡方程为：

$$\lambda \frac{t_1^k - t_0^k}{\Delta x} = \rho c_p \frac{t_0^{k+1} - t_0^k}{\Delta \tau} \times \frac{1}{2}\Delta x \times 1 \times 1$$

整理后得：

$$t_0^{k+1} = 2Fo t_1^k + (1 - 2Fo) t_0^k \tag{10-114}$$

对于右侧，对流边界节点（$i=m$），单元的控制体体积也为 $V = \frac{1}{2}\Delta x \times 1 \times 1$，它的热平衡方程可表示为：

$$\lambda \frac{t_{m-1}^k - t_m^k}{\Delta x} + h(t_f^k - t_m^k) = \rho c_p \frac{t_m^{k+1} - t_m^k}{\Delta \tau} \times \frac{1}{2}\Delta x \times 1 \times 1$$

整理得：

$$t_m^{k+1} = 2Fo(t_{m-1}^k + Bi t_f^k) + (1 - 2Fo - 2FoBi) t_m^k \tag{10-115}$$

式（10-114）的稳定性条件为：

$$Fo = \frac{a\Delta \tau}{\Delta x^2} \leqslant \frac{1}{2} \tag{10-116}$$

式（10-115）的稳定性条件为：

$$1 - 2Fo(1 + Bi) \geqslant 0$$

或

$$Fo \leqslant \frac{1}{2(1 + Bi)} \tag{10-117}$$

由于 $1 + Bi > 1$，所以 $Fo < \dfrac{1}{2}$，说明该稳定性条件比式（10-116）严格，如果差分方程组中同时有几个限制性条件，则取最严格的那个即可。

例 10-15 设有 $\delta = 0.2$ m 厚的钢板放在浴炉中加热。钢板的初始温度 $t_0 = 20℃$，加热开始后，表面温度突然上升到 $t_w = 500℃$，且保持不变。若钢板的热扩散系数 $a = 5.56 \times 10^{-6}$ m²/s，用有限差分法计算加热过程中的温度场及中心温度 $t_c = 410℃$ 时所需的加热时间。

解： 这是一个一维不稳定导热问题，属于第一类边界条件，可用显式差分方程来求解。

将钢板分为 6 层，每层的厚度 $\Delta x = \delta/6 = 0.2/6 = 0.033$ m

取 $Fo = 1/2$，则 $\Delta \tau = \dfrac{1}{2} \cdot \dfrac{\Delta x^2}{a} = \dfrac{1}{2} \times \dfrac{0.033^2}{5.56 \times 10^{-6}} = 0.027$ h

差分方程为：$t_m^{k+1} = \dfrac{1}{2}(t_{m+1}^k + t_{m-1}^k)$

计算开始时，假设的界面温度初始值 $t_w' = \dfrac{1}{2}(t_w + t_0) = \dfrac{1}{2} \times (500 + 20) = 260℃$，这样按照差分方程依次对 $k = 0$，1，2，…各时间序号进行各节点温度的计算，直到中心温度 $t_c \geqslant 410℃$ 为止，计算结果如表 10-5 所示。

表 10-5 浴炉加热钢板时钢板内的温度场的计算

k	t_w	t_1	t_2	$t_c(t_3)$	t_4	t_5	$t_w(t_6)$
0	$t_w' = 260$	20	20	20	20	20	$t_w' = 260$
1	500	140	20	20	20	140	500
2	500	260	80	20	80	260	500
3	500	290	140	80	140	290	500
4	500	320	185	140	185	320	500
5	500	342.50	230	115	230	342.50	500
6	500	365	263.75	230	263.75	365	500
7	500	391.88	297.70	263.50	297.70	391.88	500
8	500	398.75	322.82	297.50	322.82	398.75	500
9	500	411.41	348.13	322.82	348.13	411.41	500
10	500	424.07	367.12	348.13	367.12	424.07	500
11	500	433.56	386.10	367.12	386.10	433.56	500
12	500	433.03	400.34	386.10	400.34	433.03	500
13	500	450.17	414.58	400.34	414.58	450.17	500
14	500	457.29	425.26	414.58	425.26	457.29	500
15	500	462.63	435.94	425.26	435.94	462.63	500

当中心温度 $t_c \geqslant 410℃$ 时，$k = 14$，则所需加热时间为：

$$\tau = k\Delta\tau = 14 \times 0.027 = 0.378 \text{ h}$$

—————————本 章 小 结—————————

导热现象根据温度场是否随时间而改变分为稳定导热和不稳定导热。本章介绍了一维平壁稳定导热、一维圆筒壁稳定导热的计算与应用,不稳定导热中"有限厚"与"无限厚"的概念,第一类和第三类边界条件下有限厚物体的不稳定导热计算。还介绍了有限差分的基本概念,二维稳定导热差分解法和一维不稳定导热差分解法。稳定导热的计算是本章的重点内容。

物体内的温度场不随时间变化的导热称为稳定导热,反之为不稳定导热。研究一维稳定导热问题,直接对傅里叶定律的表达式进行积分就可获得其解。不稳定导热分为周期性和非周期性两大类。物体温度随时间不断增加或减小,最终接近周围介质温度的导热属于非周期性不稳定导热,在冶金和热加工过程中,以非周期性不稳定导热为主。物体加热过程内部温度均匀,温度场仅是时间的一元函数,这样的物体称为薄材,判断薄材的依据是 $Bi<0.1$。薄材求解常微分方程,而厚材求解偏微分方程,应用线算图进行工程实际计算。利用有限差分法可以计算固体不稳定导热温度场。

主要公式:

第一类边界条件:

单层平壁稳定导热 $q=-\lambda\dfrac{\mathrm{d}t}{\mathrm{d}x}=\lambda\dfrac{t_{w1}-t_{w2}}{\delta}$;

n 层平壁稳定导热 $q=\dfrac{t_{w1}-t_{w(n+1)}}{\sum\limits_{i=1}^{n}\dfrac{\delta_i}{\lambda_i}}$;

接触温度 $t_{w(i+1)}=t_{w1}-q\left(\dfrac{\delta_1}{\lambda_1}+\dfrac{\delta_2}{\lambda_2}+\cdots+\dfrac{\delta_i}{\lambda_i}\right)$;

单层圆筒壁稳定导热 $q_L=\dfrac{t_{w1}-t_{w2}}{\dfrac{1}{2\pi\lambda}\ln\dfrac{d_2}{d_1}}$;

n 层圆筒壁稳定导热 $q_L=\dfrac{t_{w1}-t_{w(n+1)}}{\sum\limits_{i=1}^{n}\dfrac{1}{2\pi\lambda_i}\ln\dfrac{d_{i+1}}{d_i}}$;

接触温度 $t_{w(i+1)}=t_{w1}-q_L\left(\dfrac{1}{2\pi\lambda_1}\ln\dfrac{d_2}{d_1}+\dfrac{1}{2\pi\lambda_2}\ln\dfrac{d_3}{d_2}+\cdots+\dfrac{1}{2\pi\lambda_i}\ln\dfrac{d_{i+1}}{d_i}\right)$。

第三类边界条件:

单层平壁稳定导热 $q=\dfrac{t_{f1}-t_{f2}}{\dfrac{1}{h_1}+\dfrac{\delta}{\lambda}+\dfrac{1}{h_2}}$;

n 层平壁稳定导热 $q = \dfrac{t_{f1} - t_{f2}}{\dfrac{1}{h_1} + \displaystyle\sum_{i=1}^{n} \dfrac{\delta_i}{\lambda_i} + \dfrac{1}{h_2}}$;

单层圆筒壁稳定导热 $q_L = \dfrac{t_{f1} - t_{f2}}{\dfrac{1}{h_1 \pi d_1} + \dfrac{1}{2\pi\lambda} \ln \dfrac{d_2}{d_1} + \dfrac{1}{h_2 \pi d_2}}$;

n 层圆筒壁稳定导热 $q_L = \dfrac{t_{f1} - t_{f2}}{\dfrac{1}{h_1 \pi d_1} + \displaystyle\sum_{i=1}^{n} \dfrac{1}{2\pi\lambda_i} \ln \dfrac{d_{i+1}}{d_i} + \dfrac{1}{h_2 \pi d_{n+1}}}$ 。

习题与工程案例思考题

习　题

10-1　试用傅里叶定律推导单层平壁和单层圆筒壁的导热量。

10-2　对于多层圆筒壁，各层导出的热通量是否相等？

10-3　试从热阻的概念说明减少炉壁热损失的途径。

10-4　区分薄材和厚材的标志是什么？

10-5　请说明 Bi 数和 Fo 数的定义式及物理意义。

10-6　试述热电偶时间常数的物理意义及影响其大小的因素。

10-7　什么是半无限大物体，它的加热有什么特点？

10-8　厚度为 δ、导热系数为 λ、初始温度均匀并为 t_0 的无限大平板，两侧突然暴露在温度为 t_f、表面传热系数为 h 的流体中。试定性画出当 $Bi \to \infty$ 和 $Bi \to 0$ 时，平壁内部和流体层中的温度随时间的变化。

10-9　有限差分法的基本原理是什么？

10-10　什么是显式差分方程的稳定性，隐式差分方程的特点是什么？

10-11　计算通过均热炉炉盖的散热损失，已知炉盖用 254mm 厚的耐火黏土砖砌成，内表面温度 $t_1 = 1300℃$，外表面温度 $t_2 = 25℃$，炉盖面积为 $2.5m \times 5.5m$。

10-12　连续加热炉炉墙由两层耐火材料砌成，内层耐火黏土砖厚 $\delta_1 = 348mm$，外层轻质黏土砖 $\delta_2 = 116mm$，已知炉墙内表面温度 $t_1 = 1200℃$，外表面温度 $t_2 = 80℃$，试计算每平方米炉墙表面每小时的散热损失。又如果用导热系数为 $0.116W/(m \cdot ℃)$ 的耐火纤维板代替轻质黏土砖作为隔热层，为达到同样隔热效果，其厚度应取多少？

10-13　蒸汽管道的内、外直径各为 160mm 和 170mm，管壁的导热系数 $\lambda_1 = 58W/(m \cdot ℃)$；管外包着两层保温材料，第一层厚 $\delta_2 = 30mm$，导热系数 $\lambda_2 = 0.17W/(m \cdot ℃)$，第二层厚 $\delta_3 = 50mm$，$\lambda_3 = 0.093W/(m \cdot ℃)$；蒸汽管的内表面温度 $t_1 = 300℃$，保温层外表面温度 $t_4 = 50℃$，试求：

（1）各层热阻，并对结果进行比较；

（2）蒸汽管每米管长的热损失；

（3）各层间接触的温度 t_2 和 t_3。

10-14　圆形井式炉的内径为 4m，高为 1.4m；炉墙内层为黏土砖，厚 230mm；外层为硅藻土砖，厚

230mm；炉墙内表面温度 $t_1 = 900℃$，外表面温度 $t_3 = 80℃$。若不考虑圆筒壁两端导热的影响，并假设两层间无接触热阻，求炉墙向外传导的热流。

10-15 外径为 50mm 的蒸汽管道，外表面温度为 400℃，其外包裹有厚度为 40mm、导热系数为 0.11W/(m·℃) 的矿渣棉；矿渣棉外又包有厚为 45mm 的煤灰泡沫砖，其导热系数与砖层平均温度的关系如下：$λ = 0.099 + 0.0002t$，煤灰泡沫砖外表面温度为 50℃。已知煤灰泡沫砖最高耐温为 300℃，试检查煤灰泡沫砖层的温度是否超出最高温度，并求出通过每米长该保温层的热损失。如增加煤灰泡沫砖的厚度，对热损失及界面温度的影响如何？

10-16 外径为 100mm 的蒸汽管道，覆盖密度为 20kg/m³ 的超细玻璃棉毡保温，已知蒸汽管道外壁温度为 400℃，希望保温层外表面温度不超过 50℃，且每米管道上的散热量小于 163W，试确定所需保温层的厚度。

10-17 一温度计的水银泡呈圆柱形，长为 20mm，内径 4mm，初始温度为 t_0。今插入到温度较高的一储气罐中测量气体温度，设水银泡同气体间的对流换热系数为 11.6W/(m²·℃)，水银泡外一层薄玻璃的作用可以忽略，试计算在此条件下温度计的时间常数，并确定插入 5min 后温度计读数的过余温度为初始过余温度的百分之几？水银的物性参数如下：$c_p = 0.138$kJ/(kg·℃)，$ρ = 13110$kg/m³，$λ = 10.36$W/(m·℃)。注意：水银泡柱体的上端面不受热。

10-18 有一直径为 5cm 的钢球，初始温度为 450℃，将其突然置于温度为 30℃ 的空气中。设钢球表面与周围环境间的总换热系数为 24W/(m²·℃)，试计算钢球冷却到 300℃ 所需的时间（已知钢球的 $c_p = 0.48$kJ/(kg·℃)，$ρ = 7753$kg/m³，$λ = 33$W/(m·℃)）。

10-19 某加热炉炉底直接建在地面上，地温为 20℃，如果炉底温度突然升高至 800℃，求 10h 后离地面 4m 处的温度。已知土壤的热扩散率为 0.1m²/h。

10-20 某炉底为 0.75m 厚的黏土砖，下面为混凝土基础，基础底下为干土壤。设黏土砖、混凝土及干土壤的平均导热系数 $λ = 1.16$W/(m·℃)，平均比定压热容 $c_p = 1.09$kJ/(kg·℃)，平均密度 $ρ = 1800$kg/m³。在开炉前，炉底温度由初温 $t_0 = 20℃$ 上升至 $t_w = 800℃$。求：（1）表面温度开始升温的时间；（2）开炉一个月后，混凝土表面温度；（3）开炉一个月后，通过炉底表面的热流密度；（4）开炉一个月时间内，通过每平方米炉底面积散失的热流。

10-21 初温为 30℃，壁厚为 9mm 的火箭发动机喷管，外壁绝热，内壁与温度为 1750℃ 的高温燃气接触，燃气与壁面间的表面传热系数为 2000W/(m²·℃)。假定喷管可作为一维无限大平壁处理，材料物性参数如下：$ρ = 8400$kg/m³，$c = 560$J/(kg·℃)，$λ = 25$W/(m·℃)。试确定：

（1）为使喷管材料不超过材料允许温度（800℃）而能允许的运行时间；

（2）在允许时间的终了时刻，壁面中的最大温差；

（3）上述时刻壁面中的平均温度梯度和最大温度梯度。

10-22 试用高斯-赛德尔迭代法计算，如题图 10-1 所示的稳定导热条件下各内部节点的温度。

10-23 厚 200mm 的钢板在 $t_f = 1250℃$ 恒温下加热（两面对称加热），板的初温为 30℃，已知钢的 $λ = 34.9$W/(m·℃)，$a = 0.025$m²/h，$h = 174.4$W/(m²·℃)。用有限差分法计算表面温度分别为 200℃、400℃、600℃、800℃、1000℃ 时所需的加热时间及其相应的中心温度；以适当的时间间隔将所得的结果绘成断面温度分布图，并分析温度变化趋势。

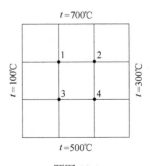

题图 10-1

工程案例思考题

案例 10-1 高温炉壁的导热

案例内容：

（1）高温炉壁的类型及特点；

（2）高温炉壁导热量的计算；

（3）影响高温炉壁导热量的主要因素；

（4）减少高温炉壁导热量的有效途径。

基本要求：选择冶金行业常见的高温炉，根据案例内容进行归纳总结。

案例 10-2 铸件冷却过程中的不稳定导热

案例内容：

（1）铸件冷却过程中温度场的变化规律；

（2）铸件不稳定导热中"有限厚"与"无限厚"的分析；

（3）铸件不稳定导热的影响因素；

（4）铸件不稳定导热的有限差分法。

基本要求：选择一种铸件，根据案例内容进行归纳总结。

11 对 流 换 热

本章课件

本章学习概要： 主要介绍对流换热的分类及不同条件下对流换热量的计算。要求掌握牛顿冷却公式与对流换热系数的物理意义，掌握流体流过平板时的对流换热、管内流动时的对流换热、流体外绕物体时的对流换热以及自然对流换热量的计算方法。

对流换热属于发生在流动过程中的传热过程，在工程中是常见的传热现象。由于流体是运动着的，热量的传递主要以导热和对流的方式进行，这就使得对流换热过程比单纯的导热要复杂得多。一切影响对流热量传输和传导热量传输的因素，都对对流换热有重要影响。

研究对流换热的主要目的是确定对流换热系数 h。由于对流换热过程的复杂性，理论分析尚未发展到足以解决实际工程问题的程度。工程实际中遇到的对流换热问题，目前几乎都要用实验关联式来进行计算。

11.1 对流换热的一般分析

11.1.1 对流换热简介

对流换热是发生在流动的流体与温度不同的固体壁面间的传热过程，特点是既有宏观的流体运动发生的热对流，又有流体分子之间的微观导热作用，是两者的综合过程。由于涉及流体的运动，使得热量的传递过程复杂起来，分析处理较为困难。下面以简单的对流换热过程为例，对对流传输过程做简要的分析。

图 11-1 所示为一个简单的对流换热过程。流体以来流速度 v_f 和来流温度 t_f 流过一个温度为 t_w 的固体壁面。由于黏性力的作用，在壁面附近形成一层很薄的速度边界层，流体速度由壁面处的零逐渐变化到来流速度。同时，通过固体壁面的热流也会在流体分子的作用下向流体扩散，并

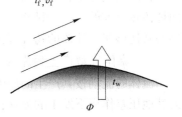

图 11-1 对流换热过程示意图

不断地被流动的流体带到下游，因而在壁面附近也形成一层很薄的热边界层，温度从壁面温度变化到来流温度。

11.1.2 对流换热的分类

对流换热过程可以按照以下方式分类：

按流体运动是否与时间有关，可分为不稳定对流换热和稳定对流换热；

按流体运动的起因，可分为自然对流换热和强制对流换热；

按流体与固体壁面的接触方式，可分为内部流动换热和外部流动换热；

按流体的流动状态，可分为层流流动换热和紊流流动换热；

按流体在流动中是否发生相变或存在多相的情况，可分为单相流体对流换热和多相流体对流换热。

对于实际的对流换热过程，按照上述分类，总可以将其归入相应的类型中。例如，在外力作用下流体的管内流动换热是属于内部流动强制对流换热，可以是层流，也可以是紊流，也可以有相变发生，使之从单相流动变为多相流动。再如，竖直的热平板在空气中的冷却过程是属于外部自然对流换热（或称大空间自然对流换热），可以是层流，也可为紊流，在空气中冷却不可能有相变，应为单相流体换热；但是如果在饱和水中，则会发生沸腾换热，这就是带有相变的多相换热过程。我们将按照上述分类对一些典型的对流换热过程进行分析。

11.1.3 对流换热系数

对流换热的传热量可采用牛顿冷却公式来计算，即：

$$\Phi = h\Delta t A \tag{11-1}$$

或 $$q = h\Delta t \tag{11-2}$$

式中，Φ 为单位时间内的对流换热量，W；Δt 为流体温度 t_f 与壁面温度 t_w 之间的温差，一般取正值，℃，当 $t_w > t_f$，$\Delta t = t_w - t_f$，当 $t_w < t_f$，$\Delta t = t_f - t_w$；h 为对流换热系数，W/（m²·℃）。

牛顿冷却公式并未就对流换热这一复杂过程做任何实质性的描述，它仅为对流换热系数的一个定义式，而不能直接去解决对流换热问题。如果要求计算对流换热量，就必须求解对流换热系数，这也是本章的主要目的。

11.1.4 影响对流换热系数的因素

在对流换热中，热量的传递是靠对流和导热两种方式进行的，对流换热强度取决于这两种传热方式的综合。显然，一切支配这两种传热的因素和规律，如流体流动的状态、物体的几何形状、流体的物性等都会影响对流换热过程。

A 流体流动产生的原因

流体的流动按其产生的原因，可分为强制对流和自然对流。强制对流是在水泵、风机或其他压差作用下发生的流动，自然对流是在由于流体内部冷热部分的密度不同而产生的浮升力的作用下发生的对流。强制对流和自然对流具有不同的对流换热规律和强度。一般来说，强制流动流速高，而自然对流流速低，因此强制对流的换热系数高。例如，空气的自然对流换热系数约为 5～25W/（m²·℃），而它的强制对流换热系数高达 10～100W/（m²·℃）。

B 流体流动状态

流体流动时由于雷诺数不同，流动状态可分为层流和紊流。层流时，由于流体质点或微团平行于壁面有规则地呈层状运动，没有垂直于流动方向的纵向脉动，因而沿壁面发生的热量转移主要依靠热传导，即取决于流体的导热系数。而紊流时，流体质点或微团除沿主流方向运动外，还存在强烈的纵向脉动，在边界层内热量的转移依靠热传导，在主流区热量的转移依靠流体质点或微团的剧烈位移，此时换热强度基本上取决于层流边界层的热阻。一切减小边界层热阻的方法都能增强对流换热，例如，流体在直径 25mm 的光滑管内流动时，Re 数从 1×10^4 增加到 1×10^5 时，边界层厚度由 0.49mm 降为 0.065mm，这对于导热系数较低的流体，对流换热系数显然会由于 Re 数的增大而增加。

C 流体的物理性质

影响对流换热的物性主要有导热系数 λ、比定压热容 c_p、密度 ρ、黏度 μ 等。导热系数大的流体边界层热阻小、对流换热系数大，如水的导热系数比空气的大 20 多倍，所以相同条件下，水的对流换热系数远比空气的高；比定压热容和密度大的流体，单位体积能够携带更多的热量，对流作用传递的热量也大，提高了对流换热系数；流体黏度的影响可以从两个方面来考虑，一是对流态的影响，二是对层流边界层厚度的影响。流体的物性都随温度而变化，对流换热系数还与壁面温度、流体温度以及热传递方向等因素有关。

D 流体的相变

这里所说的相变，主要是指换热过程中液体的沸腾和气体的凝结等。流体有相变时，不仅物性发生了很大变化，而且流动和换热规律与无相变时也不一样。一般来说，对于同一种流体，有相变时的换热系数比无相变时的换热系数要大得多。

E 换热面的几何因素

换热面的几何因素对对流换热的影响主要表现在：表面的形状及尺寸、流体相对于表面的流动方向、表面的粗糙度等对对流换热的影响。例如，图 11-2（a）中示出了管内强制对流与流体横掠管外强制对流的情况，前一种是管内流动，后一种属于外掠流动，显然这两种不同类别的流动将遵循不同的换热规律。又如，图 11-2（b）所示的水平壁面向空气自然对流散热的两种布置，一种热面朝上，另一种热面朝下，热面朝上时气流的扰动比热面朝下时激烈得多，它们的换热规律也不一样。

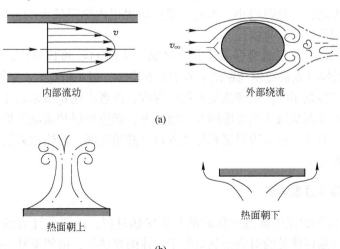

内部流动   外部绕流

(a)

热面朝上

热面朝下

(b)

图 11-2 换热面的几何因素对对流换热的影响

（a）强制对流；（b）自然对流

综上所述，对流换热系数是众多影响因素的函数，即：

$$h = f(v, \lambda, \rho, c_p, \mu, t_f, t_w, \psi) \tag{11-3}$$

式中，ψ 为换热面的几何因素。

11.1.5　对流换热的研究方法

确定对流换热系数的方法有：根据热平衡原理导出能量微分方程后，解出温度场，再求出对流换热系数的精确解法；在热边界层基础上，从热平衡出发，建立边界层能量积分方程，再求解对流换热系数的近似积分解法；根据相似原理做模型实验的求解方法；根据动量传输与热量传输过程的类似性，通过建立对流换热系数和流动阻力系数之间的函数关系来求解对流换热系数的类比法。另外，随着计算机技术及各种计算方法的发展，用数值解法来求解对流换热的方法得到越来越广泛的应用。

11.1.6　热边界层概念

将动量边界层的概念引入对流换热过程中，就得到热边界层或温度边界层的概念。

以流体流过平板的对流换热为例。当速度为 v_f、温度为 t_f 的流体流过温度为 $t_w (t_f > t_w)$ 的壁面时，在壁面附近的流体温度将从 t_w 逐渐变化到 t_f，$y = 0$ 处，$t = t_w$；$y = \delta_t$ 处，$t = t_f$。我们把温度有明显变化、厚度为 δ_t 的这一薄层，称为热边界层或温度边界层，如图 11-3 所示。跟流动边界层一样，人为规定 $t - t_w = 0.99(t_f - t_w)$ 处为热边界层的外缘。这样，流体的温度仅在热边界层内有显著变化；在热边界层以外，可视为温度梯度为零的等温流动区。

跟流动边界层一样，在流动方向上，热边界层也可分为层流区、过渡区和紊流区。层流时，垂直于壁面方向上的热量传递依靠流体内部的导热。紊流时，在垂直于壁面的方向上，热边界层从壁面到主流区可分为层流底层区、过渡区和紊流区。在层流底层区，热量的传递仍然依靠导热的作用，因此热阻很大；在过渡区，对流传热和传导传热作用相当，热阻明显增加；而在紊流区，除导热外，更主要的是依靠流体质点的脉动等引起的剧烈掺混，换热强度大大增强，热阻很小。因此，紊流边界层内热阻最大的区域是层流底层区，该区域的传热可用傅里叶定律描述。

流动边界层和热边界层既有联系又相互区别。从图 11-3 可以看出，流动边界层的厚度 δ 和热边界层的厚度 δ_t 都随流动距离 x 的增加而增加，但 δ 和 δ_t 不一定相等。δ 和 δ_t 分别反映流体分子和流体微团的动量和热量扩散的深度，两者之比 δ_t / δ 取决于流体的物性和流态。实验表明，除液态金属和高黏度的有机液体外，热边界层和流动边界层对应点的厚度在数量级上相当。另外，流动边界层总是从入口处开始发展，而热边界层仅存在于壁面与流体间有温差的地方。

11.1.7　对流换热系数表达式

对于图 11-3 所示的流体流过壁面时的对流换热过程，由于黏性力的作用，壁面上的流体速度为零，故通过该处的对流换热量等于流体的导热量，由傅里叶定律得：

$$q_x = -\lambda \frac{\partial t}{\partial y} \bigg|_{y=0} \tag{11-4}$$

式中，λ 为流体的导热系数，W/(m·℃)；$\dfrac{\partial t}{\partial y}\bigg|_{y=0}$ 为 x 点壁面处流体的温度梯度，℃/m；

q_x 为 x 处流体与壁面间的对流换热通量，W/m^2。

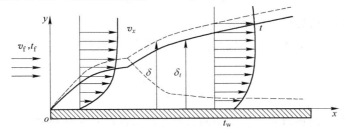

图 11-3　流体流过平板时流动边界层和热边界层

由牛顿冷却公式，有：

$$q_x = h_x(t_f - t_w) = h_x \Delta t \tag{11-5}$$

式中，h_x 为距平板前缘 x 处的局部对流换热系数，W/(m^2·℃)。

将上两式联立，得：

$$h_x = -\frac{\lambda}{\Delta t} \cdot \frac{\partial t}{\partial y}\bigg|_{y=0} \tag{11-6}$$

式（11-6）称为边界层对流换热微分方程。由式（11-6）可知，若要求得换热系数 h_x，必须先求出流体在该处的温度梯度 $\dfrac{\partial t}{\partial y}\bigg|_{y=0}$，也就是必须先知道流体内的温度分布，即温度场。

式（11-6）说明 h_x 取决于流体的导热系数、温度差和近壁流体的温度梯度，而温度梯度随 δ_t 而异，即它决定于流体的物性和流动状况；流动状况又受到壁面形状、位置、特征尺寸和表面粗糙度等的影响。因此，用解析法来求解对流换热系数是相当复杂的。

11.2　流体流过平板时的对流换热

11.2.1　边界层对流换热微分方程组

（1）边界层能量微分方程。前已推导出傅里叶-克希荷夫能量微分方程，如式（11-7）所示：

$$\frac{\partial t}{\partial \tau} + v_x \frac{\partial t}{\partial x} + v_y \frac{\partial t}{\partial y} + v_z \frac{\partial t}{\partial z} = a\left(\frac{\partial^2 t}{\partial x^2} + \frac{\partial^2 t}{\partial y^2} + \frac{\partial^2 t}{\partial z^2}\right) \tag{11-7}$$

与层流流动边界层一样，根据热边界层特点，通过数量级的比较，方程式（11-7）可简化为：

$$v_x \frac{\partial t}{\partial x} + v_y \frac{\partial t}{\partial y} = a \frac{\partial^2 t}{\partial y^2} \tag{11-8}$$

式（11-8）即为边界层能量微分方程。

（2）边界层动量微分方程。由动量传输可知，当流体流过一平板时，在层流边界层内，纳维–斯托克斯方程简化为：

$$v_x \frac{\partial v_x}{\partial x} + v_y \frac{\partial v_x}{\partial y} = \nu \frac{\partial^2 v_x}{\partial y^2} \tag{11-9}$$

式（11-9）即为边界层动量微分方程。

（3）连续性方程。流体流过平板时，二维、稳定、不可压缩流体的连续性方程为：

$$\frac{\partial v_x}{\partial x} + \frac{\partial v_y}{\partial y} = 0 \tag{11-10}$$

（4）边界层对流换热微分方程。前面已推导出边界层对流换热微分方程式如下：

$$h_x = -\frac{\lambda}{\Delta t} \cdot \frac{\partial t}{\partial y}\bigg|_{y=0} \tag{11-11}$$

方程式（11-8）~式（11-11）构成了对流换热微分方程组，这四个方程加上边界条件，可以用来求解常物性、不可压缩流体流过平板时的对流换热问题，也就是用解析法来求解对流换热系数。由于解析过程过于复杂，这里只给出解析结果，读者如有需要，可参阅相关文献。

11.2.2 平板层流换热微分方程组的解析解

对于温度恒为 t_w 的板面与温度为 t_f、速度为 v_f 的主流间的对流换热问题，利用上述微分方程组，加上如下边界条件：

$$y = 0, \quad v_x = v_y = 0, \quad t = t_w$$
$$y = \infty, \quad v_x = v_f, \quad t = t_f$$

可得到如下解析解：

（1）流动边界层和热边界层厚度 δ、δ_t 和局部摩擦阻力系数 k_{fx} 分别为：

$$\frac{\delta}{x} = 5.0 Re_x^{-\frac{1}{2}} \tag{11-12}$$

$$k_{fx} = 0.664 Re_x^{-\frac{1}{2}} \tag{11-13}$$

$$\frac{\delta}{\delta_t} = Pr^{\frac{1}{3}} \tag{11-14}$$

（2）恒壁温平板的局部对流换热系数为：

$$h_x = 0.332 \frac{\lambda}{x} Re_x^{\frac{1}{2}} Pr^{\frac{1}{3}} \tag{11-15}$$

写成特征数方程的形式为：

$$Nu_x = \frac{h_x x}{\lambda} = 0.332 Re_x^{\frac{1}{2}} Pr^{\frac{1}{3}} \tag{11-16}$$

（3）平均对流换热系数为：

$$h = 0.664 \frac{\lambda}{L} Re_L^{\frac{1}{2}} Pr^{\frac{1}{3}} \tag{11-17}$$

或
$$Nu = \frac{hL}{\lambda} = 0.664 Re_L^{\frac{1}{2}} Pr^{\frac{1}{3}} \qquad (11\text{-}18)$$

式中，Re_L 为整个平板的雷诺数；Re_x 为任一 x 处的雷诺数；Nu 为努塞尔数，它的大小反映了对流换热的强弱；Pr 为普朗特数，$Pr = \nu/a$。

各特征数中的物性，均以边界层平均温度 $t_m = \dfrac{t_f + t_w}{2}$ 为定性温度。

上述公式适用于恒壁温平板层流边界层换热情况，应用范围为：$Re < 5 \times 10^5$，$0.6 < Pr < 50$，不能应用于液体金属。

11.2.3 平板层流换热的近似积分解

如图 11-4 所示，无内热源、常物性不可压缩流体，沿平板做二维稳定流动。假定主流速度为 v_f，温度为 t_f，平板壁面温度为 t_w。在壁面附近取一控制体 $abcd$。根据控制体的能量守恒关系，可导出边界层能量积分方程。推导过程从略。

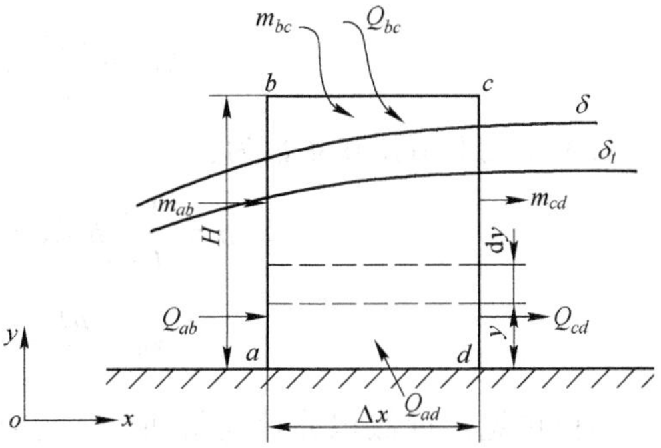

根据能量守恒关系得到的边界层能量积分方程为：

$$\frac{\mathrm{d}}{\mathrm{d}x} \int_0^{\delta_t} (t_f - t) v_x \mathrm{d}y = a \frac{\partial t}{\partial y} \Big|_{y=0} \qquad (11\text{-}19)$$

边界条件为：

$y = 0$，$t = t_w$；$y = \delta_t$，$t = t_f$；

$y = 0$，$v_x = v_y = 0$，$\dfrac{\partial^2 t}{\partial y^2} = 0$；

$y = \delta_t$，$t = t_f$，$\dfrac{\partial t}{\partial y} = 0$。

图 11-4 推导边界层能量积分方程的控制体

m—流入或流出控制体的质量；Q—流入或流出控制体的热量；H—控制体的高度，$H > \delta_t$

该方程与边界层动量积分方程 $\dfrac{\mathrm{d}}{\mathrm{d}x} \int_0^{\delta} (v_0 - v_x) v_x \mathrm{d}y = \nu \dfrac{\partial v_x}{\partial y} \Big|_{y=0}$ 相类似。其求解方法也类似，即首先假设在层流情况下温度分布曲线是 y 的三次方函数关系，$t = a + by + cy^2 + dy^3$，式中待定常数 a、b、c、d 可由热边界层边界条件来确定；其次将温度场和速度场代入式 (11-19)，可求出热边界层厚度；最后代入边界层对流换热微分方程，求得对流换热系数。因此，对边界层能量积分方程求解（具体求解过程从略），并利用边界层动量积分方程的求解结果，得到边界层积分方程的近似解如下：

（1）速度分布及流动边界层厚度为（动量传输中已推导）：

$$\frac{v_x}{v_f} = \frac{3}{2} \left(\frac{y}{\delta} \right) - \frac{1}{2} \left(\frac{y}{\delta} \right)^3 \qquad (11\text{-}20)$$

$$\delta = 4.64 \sqrt{\frac{\nu x}{v_f}} \qquad (11\text{-}21)$$

（2）热边界层内温度分布为：

$$\frac{t - t_w}{t_f - t_w} = \frac{3}{2}\left(\frac{y}{\delta_t}\right) - \frac{1}{2}\left(\frac{y}{\delta_t}\right)^3 \tag{11-22}$$

（3）热边界层厚度为：

$$\frac{\delta_t}{\delta} = 0.976 \, Pr^{-\frac{1}{3}} \tag{11-23}$$

$$\delta_t = 4.53 x Re_x^{-\frac{1}{2}} Pr^{-\frac{1}{3}} \tag{11-24}$$

（4）局部对流换热系数为：

$$h_x = 0.331 \frac{\lambda}{x} Re_x^{\frac{1}{2}} Pr^{\frac{1}{3}} \tag{11-25}$$

$$Nu_x = \frac{h_x x}{\lambda} = 0.331 Re_x^{\frac{1}{2}} Pr^{\frac{1}{3}} \tag{11-26}$$

（5）平均对流换热系数为：

$$h = \frac{1}{L}\int_0^L h_x \mathrm{d}x = 0.662 \frac{\lambda}{L} Re_x^{\frac{1}{2}} Pr^{\frac{1}{3}} \tag{11-27}$$

$$Nu = \frac{hL}{\lambda} = 0.662 Re_L^{\frac{1}{2}} Pr^{\frac{1}{3}} \tag{11-28}$$

由此可见，近似积分解与解析解的结果十分相近。计算时，要注意式（11-23）~式（11-28）的使用条件，现列述如下：

（1）各式适用于恒壁温平板层流流动，$Re < 5 \times 10^5$；并要求 $\delta_t < \delta$，即适用于 $Pr > 1$ 的流体。气体 $Pr = 0.6 \sim 1$，可近似使用；一般液体 $Pr = 1 \sim 50$，可以应用；液态金属 $Pr = 0.001 \sim 0.2$，不适用。

（2）定性温度选用边界层平均温度 $t_m = \dfrac{t_f + t_w}{2}$，定形尺寸选用平板的长度 L。

11.2.4　流体沿平板紊流流动时的对流换热

流体沿平板紊流流动时，用解析法求解对流换热系数很困难，故紊流换热大多采用其他解法。平板紊流流动时的对流换热关系式，通过类比法可得到下列特征数方程：

$$Nu = 0.037 Re_L^{0.8} Pr^{\frac{1}{3}} \tag{11-29}$$

如果平板前部是层流，然后过渡到紊流，取临界雷诺数 $Re_c = 5 \times 10^5$，则：

$$Nu = (0.037 Re^{0.8} - 870) Pr^{\frac{1}{3}} \tag{11-30}$$

式（11-30）适用于 $0.6 \leqslant Pr \leqslant 60$、$5 \times 10^5 \leqslant Re \leqslant 10^8$ 的流体，定性温度为 $t_m = (t_f + t_w)/2$，定形尺寸为平板长度 L。

例 11-1　20℃的空气在常压下以 10m/s 的速度流过平板，板面温度 $t_w = 60$℃，求距前缘 200mm 处的速度边界层和温度边界层的厚度 δ 和 δ_t，以及局部换热系数 h_x、平均换热系数 h 和单位宽度的换热量 Φ。

解： 空气的定性温度取：

$$t_{\mathrm{m}} = \frac{t_{\mathrm{f}} + t_{\mathrm{w}}}{2} = 40 \ ℃$$

查附录 1 得，40℃下空气的物理参数为：

$$\nu = 16.96 \times 10^{-6} \ \mathrm{m^2/s}, \quad \lambda = 0.02754 \ \mathrm{W/(m \cdot ℃)}, \quad Pr = 0.696$$

$$Re_x = \frac{v_{\mathrm{f}} x}{\nu} = \frac{10 \times 0.2}{16.96 \times 10^{-6}} = 1.18 \times 10^5 < 5 \times 10^5, \quad 层流$$

$$\delta = 4.64 \frac{x}{\sqrt{Re_x}} = 4.64 \times \frac{0.2}{\sqrt{1.18 \times 10^5}} = 2.7 \times 10^{-3} \ \mathrm{m} = 2.7 \ \mathrm{mm}$$

$$\delta_t = 0.976 \delta Pr^{-\frac{1}{3}} = 0.976 \times 2.7 \times 10^{-3} \times 0.696^{-\frac{1}{3}} = 2.97 \times 10^{-3} \ \mathrm{m} = 2.97 \ \mathrm{mm}$$

局部对流换热系数为：

$$Nu_x = 0.332 Re_x^{1/2} Pr^{1/3} = 0.332 \times (1.18 \times 10^5)^{1/2} \times 0.696^{1/3} = 101.1$$

$$h_x = Nu_x \frac{\lambda}{x} = 101.1 \times \frac{0.02754}{0.2} = 13.9 \ \mathrm{W/(m^2 \cdot ℃)}$$

平均换热系数为：

$$h = 2h_x = 27.8 \ \mathrm{W/(m^2 \cdot ℃)}$$

单位宽度的换热量：

$$\Phi = hA(t_{\mathrm{w}} - t_{\mathrm{f}}) = 27.8 \times 0.2 \times 1 \times (60 - 20) = 222.4 \ \mathrm{W}$$

例 11-2 4℃的空气以 1m/s 的速度从一块宽 1m、长 1.5m 的平板两侧流过。试求：为使平板均匀保持 50℃所需供给的热量。

解：空气的定性温度为：

$$t_{\mathrm{m}} = \frac{t_{\mathrm{f}} + t_{\mathrm{w}}}{2} = \frac{4 + 50}{2} = 27 \ ℃$$

查附录 1，通过插值计算得，27℃下空气的物理参数为：

$$\nu = 15.68 \times 10^{-6} \ \mathrm{m^2/s}, \quad \lambda = 0.02624 \ \mathrm{W/(m \cdot ℃)}, \quad Pr = 0.702$$

$$Re_L = \frac{v_{\mathrm{f}} L}{\nu} = \frac{1 \times 1.5}{15.68 \times 10^{-6}} = 9.55 \times 10^4 < 5 \times 10^5, \quad 层流$$

平均换热系数为：

$$h = 0.664 \frac{\lambda}{L} Re_L^{\frac{1}{2}} Pr^{\frac{1}{3}} = 0.664 \times \frac{0.02624}{1.5} \times (9.55 \times 10^4)^{\frac{1}{2}} \times (0.702)^{\frac{1}{3}}$$

$$= 3.2 \ \mathrm{W/(m^2 \cdot ℃)}$$

供给平板的热量为（注意是两个侧面都有对流换热）：

$$\Phi = 2hA(t_{\mathrm{w}} - t_{\mathrm{f}}) = 2 \times 3.2 \times 1 \times 1.5 \times (50 - 4) = 441.6 \ \mathrm{W}$$

例 11-3 将飞机的机翼近似当作沿飞行方向长为 2m 的平板，飞机以 100m/s 的速度飞行，空气的压力为 1 个标准大气压，温度为 0℃。如果机翼表面吸收太阳的能量为 750W/m²，假定机翼的温度是均匀的，试求机翼热稳态下的温度值。

解：由于机翼温度 t_{w} 待求，故先取流体温度作为定性温度。

查附录 1 得：0℃下空气的物理参数为

$$\nu = 13.28 \times 10^{-6} \ \mathrm{m^2/s}, \quad \lambda = 0.0244 \ \mathrm{W/(m \cdot ℃)}, \quad Pr = 0.707$$

$$Re_L = \frac{v_f L}{\nu} = \frac{100 \times 2}{13.28 \times 10^{-6}} = 15.06 \times 10^6 < 10^8, \text{紊流}$$

平均对流换热系数为

$$Nu = (0.037 Re_L^{0.8} - 870) Pr^{1/3} = [0.037 \times (15.06 \times 10^6)^{0.8} - 870] \times 0.707^{1/3}$$
$$= 18179.75$$

$$h = Nu \frac{\lambda}{L} = 18179.75 \times \frac{0.0244}{2} = 221.79 \text{ W/(m}^2 \cdot \text{℃)}$$

由热平衡 $\Phi = h(t_w - t_f) = 750 \text{W/m}^2$，得出机翼温度为 $t_w = 3.38$℃。

重新取定性温度为 $t_m = \frac{t_f + t_w}{2} = 1.69$℃，与以上所取定性温度相差不大，空气的物性参数变化甚小，无需重新计算，故机翼热稳态下的温度值为 3.38℃。

11.3　流体管内流动对流换热

11.3.1　管内流动时的热边界层

在动量传输部分已经述及，无论是层流还是紊流，管内流动时存在两个明显的流动区段，自管口到边界层汇合前的一段距离称为入口段，汇合后边界层已充分发展的流动称为稳定段。同样，流体在流动中伴随着对流换热的热边界层在管流中也有入口段和稳定段之分，但是由于热交换的结果，在热稳定段，温度将继续变化，只是温度分布规律不再变化而已。如图11-5所示。

在热稳定段，热边界层已发展到中心，即整个管流截面都为热边界层，而没有速度和温度的主流核心区。所以严格来讲，管流不符合前面热边界层定义的流动，因而不能用边界层微分方程和积分方程来求解管内对流换热问题。

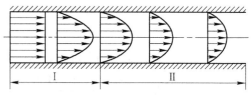

图 11-5　层流时管内温度分布的变化
Ⅰ—入口段；Ⅱ—热稳定段

图 11-6 所示为管内局部对流换热系数 h_x 沿管长方向的变化情况。在管道入口处，温度梯度很大，由对流换热微分方程可知，h_x 很大；流体进入管道后，如果流动为层流，由于边界层逐渐加厚，导热热阻增大，所以 h_x 逐渐减小；到稳定段，由于边界层厚度不再变化，导热热阻不变，h_x 保持为一常数，如图 11-6（a）所示。如果流动在入口段已发展成紊流，则从转变点开始，h_x 将回升，到热稳定段才变为常数，如图 11-6（b）所示。至于入口段的长度，在层流时约为管径的 100 倍；紊流时与 Re 有关，当 Re 足够大时，约为管径的 20 倍。

11.3.2　管内层流时的对流换热

通过建立热稳定段的热量传输方程，并假定管内温度分布对称，可求解温度场，最终

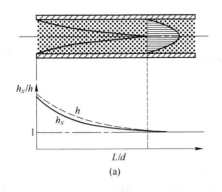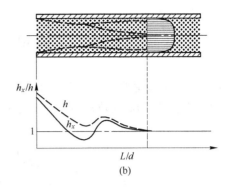

图 11-6 管内局部对流换热系数的变化

（a）层流；（b）紊流

可得出如下的对流换热系数的计算公式：

$$h = \frac{48}{11} \cdot \frac{\lambda}{d} \qquad (11-31)$$

或

$$Nu = \frac{hd}{\lambda} = 4.36 \qquad (11-32)$$

式（11-32）为理论推导所得的结果，它和实验结果有较大的差距。

由于入口段、自然对流、热流方向和流体黏性的影响，管内层流对流换热一般不采用理论公式，而采用实验关联式，下面就是其中一个：

$$Nu_f = 1.86 Re_f^{1/3} Pr_f^{1/3} \left(\frac{d}{L} \right)^{1/3} \left(\frac{\mu_f}{\mu_w} \right)^{0.14} \qquad (11-33)$$

式中，Re_f 为流体的雷诺数；Pr_f 为流体的普朗特数；μ_f、μ_w 分别为温度取流体平均温度和壁面温度时，流体的动力黏度。

式（11-33）的适用范围为：$Re < 2300$，$Pr > 0.6$。该式的定性温度取流体的平均温度，定形尺寸取管内径。

11.3.3 管内紊流时的对流换热

由于紊流换热的复杂性，就目前来讲，很难用解析法来求解对流换热系数。对于大部分实际工程中的紊流换热问题，仍要依靠相似理论指导下的实验方法来解决。

11.3.3.1 对流换热相似特征数

对流换热是流体沿壁面流动时发生的热量传输现象，它既涉及流体的流动，又涉及热量的传递。因此，对流换热过程中的物理相似，应包括流体的运动相似（或称动力相似）和热相似。也就是说，描述对流换热过程的相似特征数，应包括动力相似特征数和热相似特征数。对流换热相似特征数的导出与动量传输类似，有相似转换法和量纲分析法。这里不给出导出过程，只给出对流换热常用的相似特征数及物理意义。

A 雷诺数

$$Re = \frac{vl}{\nu} = \frac{惯性力}{黏性力} \qquad (11-34)$$

在对流换热中，Re 反映流态对换热的影响。

B　格拉晓夫数

$$Gr = \frac{\beta g \Delta t l^3}{\nu^2} = \frac{浮力 \times 惯性力}{(黏性力)^2} \tag{11-35}$$

式中，β 为体积膨胀系数，单位为 1/K。

在自然对流中，Gr 反映自然对流流态对换热的影响。

C　傅里叶数

$$Fo = \frac{a\tau}{l^2} = \frac{\lambda \tau}{\rho c_p l^2} = \frac{\Delta t \dfrac{\lambda}{l^2}}{\Delta t \dfrac{\rho c_p}{\tau}} = \frac{单位体积物体的导热速率}{单位体积物体的蓄热速率} \tag{11-36}$$

傅里叶数其实是无量纲时间，它反映了不稳定条件下的温度场随时间变化的特征，稳定时，Fo 无意义。Fo 越大，物体内温度场越趋于稳定。

D　贝克来数

$$Pe = \frac{vl}{a} = Re \cdot Pr = \frac{\rho c_p v}{\lambda / l} = \frac{流体整体运动传递热量的能力}{流体分子微观运动传递热量的能力} \tag{11-37}$$

Pe 表示运动流体中温度场的特征，即流动流体传热量与传导传热量之比。Pe 越大，表明因流体流动传入的热量相对于传导传入的热量越高，温度就越趋于均匀。

E　普朗特数

$$Pr = \frac{\nu}{a} \tag{11-38}$$

Pr 表示流体的物性特征，它反映了流体中分子动量扩散和热量扩散能力的相对程度。Pr 越大，其分子热扩散越困难，热交换过程中越难分布均匀。流体种类不同，Pr 数不一样。

Pr 数还反映了速度边界层和热边界层厚度增厚的相对快慢，若 Pr 接近于 1，则两者大体同步发展。

F　努塞尔数

$$Nu = \frac{hl}{\lambda} = \frac{l/\lambda}{1/h} = \frac{导热热阻}{对流热阻} \tag{11-39}$$

Nu 表示边界给热过程的特征，即为该条件下对流换热系数与导热系数之比，也可认为是导热热阻与对流热阻之比。Nu 的大小反映了对流换热的强弱。Nu 越大，即导热热阻大，对流换热热阻小，表示对流换热过程越强烈。

G　斯坦顿数

$$St = \frac{Nu}{Re \cdot Pr} = \frac{h}{\rho c_p v} \tag{11-40}$$

St 数反映对流换热过程的强烈程度和综合特征。它表示对流换热量与流体带入系统总热量之比，St 越大，对流换热也就越强烈。

11.3.3.2　对流换热的特征数方程

相似第三定理指出：描述某现象的微分方程的解，可用从该方程式导出来的相似特征数的函数式表示。对于稳定流动的对流换热现象，牵涉到以下七个物理量：

$$\Phi = f(v, L, \lambda, \nu, \rho, c_p, t)$$

如用特征数表示，则为：

$$f(Nu, Re, Gr, Pr) = 0 \tag{11-41}$$

在这些特征数中，Nu 包括了对流换热的被决定量 h，是被决定性特征数，故对流换热的特征数方程为：

$$Nu = f(Re, Gr, Pr) \tag{11-42}$$

在强制对流换热时，自然对流换热可忽略，特征数方程为：

$$Nu = f(Re, Pr) \tag{11-43}$$

在自然对流换热时，雷诺数可略去，特征数方程为：

$$Nu = f(Gr, Pr) \tag{11-44}$$

对已知流体，Pr 数为已知，式（11-43）和式（11-44）可简化为：

$$Nu = f(Re) \tag{11-45}$$

$$Nu = f(Gr) \tag{11-46}$$

具体的函数形式需要通过实验才能确定。经验表明，在大多数情况下，上述函数关系可以表示为幂函数形式，即：

$$Nu = CRe^n Pr^m \tag{11-47}$$

$$Nu = C(Gr \cdot Pr)^n \tag{11-48}$$

式中，C、n、m 为常数，由实验确定。

11.3.3.3 定性温度、定形尺寸和特征速度

A 定性温度

相似特征数中的各物性参数随温度而变，用以确定特征数中各物性参数所用的温度称为定性温度。在整理实验数据时，选取的定性温度不同，会得出不同的特征数方程，目前常用的定性温度有：

（1）流体平均温度 t_f。即流体在加热或冷却前后的平均温度。如对于管内流动：

$$t_f = \frac{t_{进} + t_{出}}{2} = \frac{t'_f + t''_f}{2} \tag{11-49}$$

式中，t'_f 为流体的进口温度；t''_f 为流体的出口温度。

（2）边界层流体的平均温度 t_m。

$$t_m = \frac{t_f + t_w}{2} \tag{11-50}$$

（3）壁面平均温度 t_w。

B 定形尺寸

定形尺寸指相似特征数中所使用的几何尺寸，一般应取对换热过程有显著影响的几何尺寸。一般是：

（1）流体沿平壁流动时，取流动方向平壁的长度；沿竖壁做自然流动时，取竖壁高度。

（2）流体绕流圆管（或圆柱）时，取圆管（柱）的外径。

（3）流体在管内流动时，取圆管内径。

（4）流体在非圆形截面管道内流动时，取当量直径：

$$d_k = \frac{4A}{S} \tag{11-51}$$

式中，d_k 为管道的当量直径，m；A 为管道的截面积，m^2；S 为管道的周长，m。

C 特征速度

特征速度指 Re 数中的流体速度，反映了流体流场的流动特征。如外部绕流，取来流速度 v_f；管内流动，取截面平均速度 v。

在进行对流换热计算时，一定要正确选择定性温度、定形尺寸和特征速度，这样才能得出正确的结果。

11.3.3.4 管内强制对流换热的经验公式

对于光滑管内的紊流流动，目前应用较为广泛的特征数方程为第塔斯-波尔特（Dittus-Boelter）公式：

$$Nu = 0.023Re_f^{0.8}Pr_f^m \tag{11-52}$$

式中，下标"f"表示以流体的平均温度为定性温度；定形尺寸为管内径，对于非圆形截面管道，选用当量直径 d_k。m 为指数，液体被加热或气体被冷却时 $m=0.4$，液体被冷却或气体被加热时 $m=0.3$。

式（11-52）的适用范围为：

（1）$1\times10^4<Re<1.2\times10^5$；$Pr_f = 0.6\sim120$；

（2）水力学光滑直管，且 $L/d>50$；

（3）流体与壁面的温差 Δt 满足：气体 $\Delta t\leqslant50$℃，水 $\Delta t\leqslant20\sim30$℃，油类 $\Delta t\leqslant20$℃。

上述特征数方程的使用范围较窄，对于超出使用范围的换热问题，需进行修正。

A 管道长度修正

如图 11-7 所示，由于管道入口效应的影响，在进口处，局部对流换热系数 h_x 最大，然后逐步下降，到紊流边界层时又变大，最后达到稳定。对于平均对流换热系数 h 来说，当 $L/d>50$ 后，其数值不再变化；当 $L/d<50$ 时，可以在式（11-52）中乘上一个短管修正系数 ε_L，ε_L 的取值如表 11-1 所示。对于工业管道中常见的管道尖角入口，也可以用公式（11-53）计算：

$$\varepsilon_L = 1 + (d/L)^{0.7} \tag{11-53}$$

表 11-1 管长修正系数 ε_L

Re ＼ ε_L ＼ L/d	1	2	5	10	15	20	30	40	50
1×10^4	1.65	1.50	1.34	1.23	1.17	1.13	1.07	1.03	1
2×10^4	1.51	1.40	1.27	1.18	1.13	1.10	1.05	1.02	1
5×10^4	1.34	1.27	1.18	1.13	1.10	1.08	1.04	1.02	1
1×10^5	1.28	1.22	1.15	1.10	1.08	1.06	1.03	1.02	1
1×10^6	1.14	1.11	1.08	1.05	1.04	1.03	1.02	1.01	1

B 弯曲管道修正

当流体在弯曲管道或螺旋管道中流动时，由于离心力的作用使流体在流道中形成二次环流，如图 11-8 所示，从而使对流换热加强。所以，对于弯管或螺旋管，式（11-52）应乘上弯管修正系数 ε_R。

对于气体
$$\varepsilon_R = 1 + 1.77(d/R) \tag{11-54}$$

对于液体
$$\varepsilon_R = 1 + 10.3(d/R)^3 \tag{11-55}$$

式中，d 为弯管内径，m；R 为弯管的曲率半径，m。

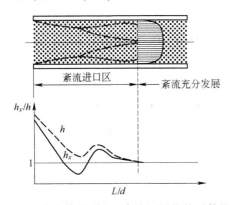

图 11-7 管内强制对流（紊流）时换热系数的变化

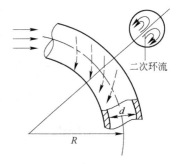

图 11-8 螺旋管中的二次环流

C 大温差修正

因为温度对流体的黏度有强烈影响，所以当温度超过公式要求的范围时，要对其进行修正，大温差修正系数 ε_t 公式为：

对于液体
$$\varepsilon_t = \left(\frac{\mu_f}{\mu_w}\right)^n \tag{11-56}$$

式中，μ_f、μ_w 分别为温度取流体平均温度和壁面温度时，流体的动力黏度，Pa·s。

液体加热时，$n=0.11$；液体冷却时，$n=0.25$。

对于气体
$$\varepsilon_t = \left(\frac{T_f}{T_w}\right)^n \tag{11-57}$$

式中，T_f、T_w 分别为流体的平均温度和壁面温度，K。

气体加热时，$n=0.55$；气体冷却时，$n=0$。

在 $m=0.4$ 时，将式（11-52）展开，可得对流换热系数的公式为：

$$h = \frac{0.023 c_p^{0.4} \lambda^{0.6} \rho^{0.8} v^{0.8}}{\mu^{0.4} d^{0.2}} \tag{11-58}$$

从式（11-58）可以看出，在流体种类确定后，影响对流换热的主要因素为流体流速和管径。因此，可以采取提高流速和减小管径的方法来强化对流换热。由于 h 与速度的 0.8 次方成正比，所以采取提高流速的方法效果更好些。同样的管子在换热面积不变的情况下，由圆截面改成椭圆形截面，当量直径减小，换热也有所改善。但是流速提高和管径减小必将增加动力消耗，实际应用时两者要权衡利弊。粗糙管的换热比光滑管的换热要好些，可用人为的方法通过增加表面粗糙度来强化对流换热。

例 11-4 水流过 $L=5$m 的直管时，从 25.3℃ 被加热到 34.6℃，管内直径 $d=20$mm，水在管内的流速为 2m/s，求换热系数。

解：定性温度 $t_f = \dfrac{25.3 + 34.6}{2} = 30\ ℃$

查附录 2 得：$\lambda = 0.618\,W/(m\cdot℃)$；$\nu = 0.805\times10^{-6}\,m^2/s$；$Pr = 5.42$

$$\frac{L}{d} > 50,\quad 不需要修正$$

先不考虑大温差修正：

$$Re_f = \frac{vd}{\nu} = \frac{2\times0.02}{0.805\times10^{-6}} = 4.97\times10^4 > 10000$$

$$Nu_f = 0.023Re_f^{0.8}Pr^{0.4} = 259$$

$$h = \frac{\lambda}{d}Nu_f = \frac{0.618}{0.02}\times259 = 8003\ W/(m^2\cdot℃)$$

若考虑大温差修正，每小时流过管子的水所吸收的总热流量为：

$$\Phi = 3600\rho v\frac{\pi}{4}d^2c_p(t''_f - t'_f)$$

$$= 3600\times995.7\times2\times\frac{3.14}{4}\times0.02^2\times4.174\times(34.6-25.3)$$

$$= 86200\ kJ/h = 24000\ W$$

$$\Phi = hA\Delta t$$

$$t_w = 30 + \frac{24000}{8003\times0.02\pi\times5} = 39.6\ ℃$$

根据附录 2 中数据，可求得

$$\mu_f(30℃) = 801.5\times10^{-6}\ Pa\cdot s;\quad \mu_w(39.6℃) = 655.2\times10^{-6}\ Pa\cdot s$$

所以

$$\varepsilon_t = \left(\frac{\mu_f}{\mu_w}\right)^{0.11} = \left(\frac{801.5\times10^{-6}}{655.2\times10^{-6}}\right)^{0.11} = 1.022$$

$$h = 1.022\times8003 = 8179\ W/(m^2\cdot℃)$$

11.4 流体绕流对流换热

11.4.1 流体横向掠过圆管时的对流换热

11.4.1.1 流体横向掠过单管时的对流换热

流体绕流圆柱体和绕流平板的不同之处在于，边界层内流体压力沿流动方向要发生变化，因此其对流换热比绕流平板和管内流动都要复杂。图 11-9 示出了在恒热边界条件下，壁面局部努塞尔数 Nu_θ 沿管周（随圆心角 θ）的变化规律。由图可见，从管的前驻点（$\theta = 0°$）开始，由于层流边界层的不断增厚，Nu_θ 相应不断地下降。对于 Re 数较低的情况，在边界层分离点（$\theta = 80° \sim 85°$）附近，Nu_θ 达到最低点，随后因边界层分离出现旋涡，加强了扰动，使 Nu_θ 回升；对于高 Re 数情况，由于边界层在分离前已转变为紊流，所以 Nu_θ 出现两次回升，一次是由于层流转变为紊流，另一次是因为紊流边界层发生分离。故流体横向掠过单管时，Nu_θ 数不仅与 Re 有关，还与位置有关。

由以上分析可知，流体横向绕流圆管时的对流换热是十分复杂的。在实际工程中，一般只需计算沿管周的平均对流换热系数。图 11-10 是根据直径为 $0.0196 \sim 150\mathrm{mm}$ 管子所做实验所绘制的平均 Nu 数与 Re 数的关系曲线，由该曲线整理的实验关联式为：

$$Nu = CRe^n Pr^{\frac{1}{3}} \qquad (11\text{-}59)$$

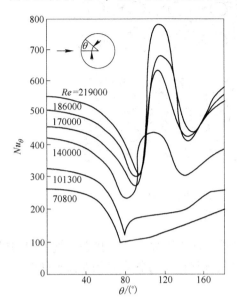

图 11-9　流体横向掠过单管时局部
努塞尔数 Nu_θ 的变化曲线

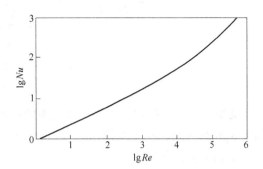

图 11-10　空气横向掠过单管时平均 Nu 数
与 Re 数的关系曲线

由图 11-10 可见，$\lg Nu$ 与 $\lg Re$ 不是线性关系。不同 Re 区间，C、n 具有不同的值，如表 11-2 所示。计算时，定形尺寸取圆管外径，定性温度取边界层平均温度，特征速度取来流速度。

表 11-2　流体横向掠过单管时 C、n 的值

Re	C	n
$0.4 \sim 4$	0.989	0.330
$4 \sim 40$	0.911	0.385
$40 \sim 4 \times 10^3$	0.683	0.446
$4 \times 10^3 \sim 4 \times 10^4$	0.193	0.618
$4 \times 10^4 \sim 4 \times 10^5$	0.0266	0.805

11.4.1.2　流体横向掠过管束时的对流换热

在换热器中大量遇到的是流体横向掠过管束的换热。由于流体在管间流动并相互影响，因此流体与管壁面的换热要复杂得多。在换热器内，管子的排列通常有顺排和叉排两种，如图 11-11 所示，图中 S_1 为管子中心间的纵向间距；S_2 为管子中心间的横向间距；d 为管子的直径。叉排时，流体在管间交替收缩和扩张的弯曲通道中流动；而顺排时，则流道相对平直。因此，叉排时流体扰动较好，热交换强度较大。

流体流过管束时，无论是叉排还是顺排，其第一排管子的换热情况和横向掠过单管的情况相仿，但后面的各排管子由于相互影响就不同了。一般来讲，10 排以后的管子，其换热不再受管排数的影响。

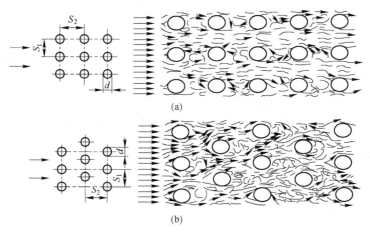

图 11-11　流体横向掠过管束的流动情况

（a）顺排；（b）叉排

影响管束换热的因素很多，如管束的排列方式、管子排数、流动状态、管束间的横向间距 S_1 和纵向间距 S_2，对换热都有影响。在计算气体横向掠过管束时的对流换热时，一般采用下列实验关联式：

$$Nu = CRe^n Pr^{1/3} \tag{11-60}$$

式（11-60）的应用范围为：$2 \times 10^3 < Re < 4 \times 10^4$（流速按管间最小面积计算）。

定形尺寸取管子外径 d，定性温度取边界层平均温度。

式（11-60）中的 C、n 值列于表 11-3 中。当管子排数小于 10 排时，应乘上修正系数 ε_z，ε_z 值见表 11-4。

表 11-3　式（11-60）中的 C、n 值

S_2/d	1.25		1.5		2		3	
	顺　　排							
S_1/d	C	n	C	n	C	n	C	n
1.25	0.386	0.592	0.305	0.608	0.111	0.704	0.0703	0.752
1.5	0.407	0.586	0.278	0.620	0.112	0.702	0.0753	0.744
2	0.464	0.570	0.332	0.602	0.254	0.632	0.220	0.648
3	0.322	0.601	0.396	0.584	0.415	0.580	0.317	0.608
S_2/d S_1/d	叉　　排							
0.6							0.236	0.636
0.9					0.495	0.571	0.445	0.581
1			0.552	0.558				
1.125					0.531	0.565	0.575	0.560
1.25	0.575	0.556	0.561	0.554	0.576	0.556	0.579	0.562
1.5	0.501	0.568	0.511	0.562	0.502	0.568	0.542	0.568
2	0.448	0.572	0.462	0.568	0.535	0.556	0.498	0.570
3	0.344	0.592	0.395	0.580	0.448	0.562	0.467	0.574

表 11-4　圆管束的管排修正系数 ε_z

排数	1	2	3	4	5	6	7	8	9	10（及以上）
顺排	0.64	0.80	0.87	0.90	0.92	0.94	0.96	0.98	0.99	1.0
叉排	0.68	0.75	0.83	0.89	0.92	0.95	0.97	0.98	0.99	1.0

11.4.2　流体流过球体时的对流换热

气体流过单个球体时的特征数方程为：

$$Nu_f = 0.37Re_f^{0.6} \tag{11-61}$$

应用范围：$17 < Re_f < 7 \times 10^4$；定形尺寸：球直径 d；定性温度：气体平均温度。

液体流过单个球体时的特征数方程为：

$$Nu_f = (0.97 + 0.68Re_f^{0.5})Pr_f^{0.2} \tag{11-62}$$

应用范围：$1 < Re_f < 2000$；定形尺寸：球直径 d；定性温度：液体平均温度。

用于气体及液体的综合式为：

$$Nu_f = 2 + (0.4Re_f^{1/2} + 0.06Re_f^{2/3})Pr_f^{0.4}\left(\frac{\mu_f}{\mu_w}\right)^{1/4} \tag{11-63}$$

应用范围：$3.5 < Re_f < 8 \times 10^4$，$0.7 < Pr_f < 380$；定形尺寸：球直径 d；定性温度：流体平均温度。

流体流过球体均匀床层的特征数方程为：

$$Nu_f = 0.58Re_f^{0.7}Pr_f^{0.3} \tag{11-64}$$

应用条件：床层的孔隙率 $\omega = 0.37$；$500 < Re_f < 5 \times 10^4$；定形尺寸：球直径 d；定性温度：流体平均温度。雷诺数中的流速为空截面流速。

11.5　自然对流换热

11.5.1　自然对流换热的特点

静止的流体，一旦与不同温度的固体表面相接触，热边界层中的流体受到固体表面温度的影响，其温度和密度将发生变化，在浮力的作用下产生流体的上下运动，这种流动称为自然对流。在自然对流下的热量传输过程，即为自然对流换热。

下面以大空间内垂直平板为例，说明自然对流形成的边界层的特点。图 11-12 所示为自然对流边界层的发展，图 11-13 所示为边界层中的速度分布和温度分布。

由图 11-12 可以看出，由于竖平壁表面温度大于周围空气的温度，从而使表面附近的空气温度上升，密度下降，产生浮力而沿表面向上运动。运动过程也会在竖平壁表面附近产生一个边界层，由于自然对流流速较低，所以边界层较厚且沿高度方向逐渐加厚。开始时为层流，发展到一定程度后变为紊流，由层流到紊流的临界转变点由 $Gr \cdot Pr$ 确定，一般认为 $Gr \cdot Pr > 1 \times 10^9$ 时，为紊流。

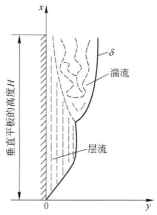

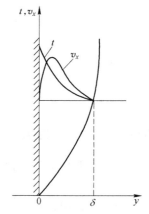

图 11-12　自然对流边界层的发展　　　　图 11-13　边界层中的速度分布和温度分布

由图 11-13 可以看出，边界层内的速度分布在 $y=0$ 和 $y \geqslant \delta$ 处均为零，因而在边界层内存在一个速度最大值。温度分布在 $y=0$ 处，$t=t_w$；在 $y \geqslant \delta$ 处，$t=t_f$。

在自然对流换热中，由于层流边界层和紊流边界层内的流动规律不同，对流换热状况也将发生变化。图 11-14 所示为热竖平壁自然对流局部对流换热系数 h_x 沿平壁高度的变化情况。在层流边界层内，随着边界层厚度的增加，导热热阻增大，h_x 沿壁的高度下降。当由层流边界层转变为紊流边界层时，由于紊流引起的强化传热作用，h_x 逐渐增加；至紊流区的某一点，紊流已充分发展而不再增强，h_x 达到一个稳定值，与壁的高度无关。

按表面所处周围空间的特点，一般将自然对流分成两大类，即大空间自然对流换热和有限空间自然对流换热。如果流体在表面所发展的自然对流边界层不受周围其他表面的影响，称为大空间自然对流换热；反之，称为有限空间自然对流换热。大空间自然对流换热并不要求周围空间无限大，只要表面附近的其他表面对该表面的自然对流边界层不产生影响，就可称为大空间自然对流换热。下面主要介绍大空间自然对流换热的计算。

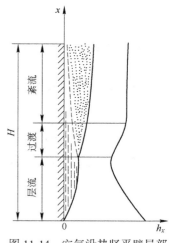

图 11-14　空气沿热竖平壁局部自然对流换热系数 h_x 的变化

11.5.2　大空间自然对流换热的特征数方程

在工程计算中，当壁温 t_w 恒定时，大空间自然对流换热采用如下实验关联式：

$$Nu_m = C(Gr \cdot Pr)_m^n \tag{11-65}$$

式中，下角标 "m" 表示选取边界层平均温度为定性温度。

$$Gr = \frac{g \beta \Delta t l^3}{\nu^2} \tag{11-66}$$

$$\beta = \frac{1}{273 + t} \tag{11-67}$$

式中，Gr 为格拉晓夫数；β 为体积膨胀系数，1/K；l 为定形尺寸，m；Δt 为壁面与流体的平均温度差，℃；ν 为流体的运动黏度，m^2/s；C、n 为实验常数。

在自然对流中，定性温度选取壁温与流体温度的算术平均值，即 $t_m = (t_w + t_f)/2$。

工程上几种常见的表面形状在表面温度恒定时的 C 值和 n 值见表 11-5。

表 11-5　各种自然对流换热的 C、n 值、定形尺寸及适用范围

表面形状与位置	流动状况示意	常数 C 和 n 值			特征尺寸 l	Gr_m 的范围
		流态	C	n		
竖平壁或竖圆柱		层流	0.59	1/4	高度 H	$1\times10^4 \sim 1\times10^9$
		紊流	0.10	1/3		$1\times10^9 \sim 1\times10^{13}$
水平圆柱		层流	0.53	1/4	外径 d	$1\times10^4 \sim 1\times10^9$
		紊流	0.13	1/3		$1\times10^9 \sim 1\times10^{12}$
热面朝上或冷面朝下的水平壁		层流	0.54	1/4	正方形取边长；长方形取两边长的平均值；圆盘取 0.9d；狭长条取短边长	$2\times10^4 \sim 8\times10^6$
		紊流	0.15	1/3		$8\times10^6 \sim 1\times10^{11}$
热面朝下或冷面朝上的水平壁		层流	0.58	1/5		$1\times10^5 \sim 1\times10^{11}$

说明如下：

（1）对于竖直的圆筒壁，只有当 $d/H > 35/Gr_m^{1/4}$ 时才能按垂直平壁处理，此时误差小于 5%。管径较小时，需加以修正。

（2）对于非对称平板，定形尺寸选取 $l = A/S$，A 为平板面积，S 为平板周长。对于块状物体，当水平面和侧面同时发生换热时，$C = 0.60$，$n = 1/4$。

（3）对于长方体，定形尺寸应选取：

$$l = \frac{1}{l_h} + \frac{1}{l_v}$$

式中，l_h 为水平表面尺寸；l_v 为垂直表面尺寸。

（4）工程上常见的是热表面向空气中的散热情况，这时空气的 Pr 可作为常数处理，设定性温度 $t_m = 50℃$，$p = 101325Pa$，则表 11-5 中的系数 C 和 n 可得到简化，根据简化公式可求得自然对流换热系数，如表 11-6 所示。

表 11-6　空气在无限大空间中自然对流换热系数的简化计算公式

表面形状及位置	层流（$1\times10^4 < Gr \cdot Pr < 1\times10^9$）	紊流（$Gr \cdot Pr > 1\times10^9$）
竖平壁或竖圆柱	$h = 1.49(\Delta t/H)^{1/4}$	$h = 1.13(\Delta t)^{1/3}$
水平圆柱	$h = 1.33(\Delta t/d)^{1/4}$	$h = 1.47(\Delta t)^{1/3}$

表面形状及位置	层流($1 \times 10^4 < Gr \cdot Pr < 1 \times 10^9$)	紊流($Gr \cdot Pr > 1 \times 10^9$)
热面朝上或冷面朝下的水平壁	$h = 1.36 \, (\Delta t/L)^{1/4}$	$h = 1.70 \, (\Delta t)^{1/3}$
热面朝下或冷面朝上的水平壁	$h = 0.59 \, (\Delta t/L)^{1/4}$	
小直径垂直圆柱	$h = 1.73 \, (\Delta t/H)^{1/4}$	

例 11-5　已知电弧炉炉顶外表面温度为 100℃，周围空气温度为 20℃，炉顶直径为 2m。试求炉顶的对流换热热损失。

解： 这是一个热面朝上的水平壁的自然对流换热问题。

定形尺寸：$l = 0.9d = 0.9 \times 2 = 1.8$ m

定性温度：$t_m = (t_w + t_f)/2 = (100 + 20)/2 = 60$ ℃

查附录 1 得，空气在 60℃下的物性参数为：

$$\lambda = 2.893 \times 10^{-2} \text{ W}/(\text{m} \cdot \text{℃})$$

$$\nu = 18.97 \times 10^{-6} \text{ m}^2/\text{s}; \quad Pr = 0.698$$

$$Gr \cdot Pr = \frac{\beta g \Delta t l^3}{\nu^2} Pr = \frac{9.81 \times (100 - 20) \times 1.8^3}{(273 + 60) \times (18.97 \times 10^{-6})^2} \times 0.698$$

$$= 2.666 \times 10^{10} > 8 \times 10^6$$

由表 11-5 查得：$C = 0.15$，$n = 1/3$，所以，

$$Nu_m = 0.15 \, (Gr \cdot Pr)_m^{1/3} = 0.15 \times (2.666 \times 10^{10})^{1/3} = 448$$

换热系数为：

$$h = Nu \frac{\lambda}{l} = 448 \times \frac{2.893 \times 10^{-2}}{1.8} = 7.20 \text{ W}/(\text{m}^2 \cdot \text{℃})$$

炉顶的对流换热热损失为：$\Phi = h \Delta t A = 7.20 \times (100 - 20) \times 3.14 \times 2^2 = 7.23$ kW

例 11-6　长 10m、外径 0.3m 的包扎蒸汽管外表面温度为 55℃，求在 25℃空气中水平与垂直两种安装方式时，单位管长的散热量。

解： 定性温度为　$t_m = \frac{t_w + t_f}{2} = \frac{55 + 25}{2} = 40$ ℃

查附录 1 得，40℃下空气的物性参数为：

$$\lambda = 2.754 \times 10^{-2} \text{ W}/(\text{m} \cdot \text{℃}); \quad \nu = 16.96 \times 10^{-6} \text{ m}^2/\text{s}; \quad Pr = 0.696$$

（1）水平安装时，定形尺寸为管子外径，即 $d = 0.3$m，则：

$$Gr \cdot Pr = \frac{\beta g \Delta t d^3}{\nu^2} Pr = \frac{9.81 \times (55 - 25) \times 0.3^3}{(273 + 40) \times (16.96 \times 10^{-6})^2} \times 0.696$$

$$= 6.169 \times 10^7 < 1 \times 10^9 \quad \text{层流}$$

由表 11-5 查得：$C = 0.53$，$n = 1/4$，所以，

$$Nu_m = 0.53 \, (Gr \cdot Pr)_m^{1/4} = 0.53 \times (6.169 \times 10^7)^{1/4} = 47.86$$

$$h = Nu \frac{\lambda}{d} = 47.86 \times \frac{2.754 \times 10^{-2}}{0.3} = 4.39 \text{ W}/(\text{m}^2 \cdot \text{℃})$$

单位管长的散热量为：

$$\frac{\Phi}{L} = h(t_w - t_f)\pi d = 4.39 \times (55 - 25) \times 3.14 \times 0.3 = 124.1 \text{ W/m}$$

（2）垂直安装时，定形尺寸为管长，即 $L=10\text{m}$，则：

$$Gr \cdot Pr = \frac{\beta g \Delta t L^3}{\nu^2} Pr = \frac{9.81 \times (55 - 25) \times 10^3}{(273 + 40) \times (16.96 \times 10^{-6})^2} \times 0.696$$

$$= 2.285 \times 10^{10} > 1 \times 10^9 \quad \text{紊流}$$

由表 11-5 查得：$C=0.10$，$n=1/3$，所以，

$$Nu_m = 0.10 \, (Gr \cdot Pr)_m^{1/3} = 0.10 \times (2.285 \times 10^{10})^{1/3} = 1975.5$$

$$h = Nu \frac{\lambda}{L} = 1975.5 \times \frac{2.754 \times 10^{-2}}{10} = 5.44 \text{ W/(m}^2 \cdot \text{℃)}$$

单位管长的散热量为：

$$\frac{\Phi}{L} = h(t_w - t_f)\pi d = 5.44 \times (55 - 25) \times 3.14 \times 0.3 = 153.7 \text{ W/m}$$

──────── 本 章 小 结 ────────

对流换热又称对流传热、对流给热，是指流体流过与其温度不同的固体壁面时所发生的热量传递过程。本章介绍了对流换热的分类、边界层的概念、对流换热系数及影响因素。流体流过平板时的对流换热，如层流和紊流时的求解方法；流体管内流动时的对流换热计算方法，如相似特征数、特征数方程、定性温度、定形尺寸和特征速度等；流体绕流对流换热和自然对流换热的特点与计算方法。牛顿冷却公式与对流换热系数是本章的重点内容。

由于影响对流换热的因素众多，在文献资料中提出的经验公式各种各样，这些经验公式都有一定的局限性，要注意它们的使用条件。有时用不同的经验公式计算同一个问题会得到不同的结果，要求在实际使用中，根据换热机理对具体问题做具体分析。在计算管内强制对流换热时，首先要计算雷诺数 Re、判断流态，再选择计算公式，最后根据管长、流道是否弯曲、温差大小确定各项修正系数。横向掠过单管流动的边界层特点以及由此引起的局部对流换热系数的变化，是分析管束换热的基础，对于管束换热要注意管子的排列方式和管排间距。自然对流换热主要掌握大空间自然对流的换热计算，在计算时首先应计算 Gr 以确定流态，并根据壁面的形状和位置选择计算公式。

主要公式及方程：

牛顿冷却公式：$\Phi = h\Delta t A$；

对流换热系数：$h_x = -\frac{\lambda}{\Delta t} \cdot \frac{\partial t}{\partial y}\Big|_{y=0}$；

定性温度：$t_m = \frac{t_f + t_w}{2}$；

恒壁温平板对流换热特征方程：$Nu = \frac{hL}{\lambda} = 0.664 Re_L^{\frac{1}{2}} Pr^{\frac{1}{3}}$；

管内强制对流换热特征方程：$Nu = 0.023 Re_f^{0.8} Pr_f^m$；

大空间自然对流换热实验关联式：$Nu_m = C(Gr \cdot Pr)_m^n$。

习题与工程案例思考题

习　题

11-1　流体流动状态对对流换热有何影响，如何强化对流换热？

11-2　热边界层概念对分析对流换热有何意义？

11-3　冬天在相同的室外条件下，有风比无风感到更冷些，为什么？

11-4　在计算管内强制对流时，为什么要对短管进行修正？

11-5　在流体横向掠过管束时，顺排和叉排对换热有什么影响？

11-6　对于油、空气和液态金属，分别有 $Pr \gg 1$、$Pr \approx 1$、$Pr \ll 1$，试画出这三种流体流过等温平板时的边界层中速度分布和温度分布的大致图像，并标明 δ 和 δ_t 的相对大小。

11-7　采用加大流速的方法（管径不变），使光滑管对流换热系数增加一倍，问泵的输送功率要增加到原来的几倍，计算结果说明了什么？

11-8　20℃的空气以 8m/s 的速度流入平板，板温 40℃。试计算：（1）距板端 0.01m、0.05m、0.10m、0.20m、0.40m、0.60m、0.80m、1.00m 处各点的 δ 和 δ_t，并将结果绘成图；（2）计算上述各点的 h_x；（3）若板宽 1m，计算整个平板与空气的对流换热量。

11-9　20℃的空气以 10m/s 的速度流过一块平板的两侧，板长 2m，宽为 3m，平板温度为 100℃，求平板的散热量。

11-10　常压空气在 $d = 20$mm 的管中自 170℃冷却到 70℃，壁温为 30℃，计算空气流速为 2m/s 时的对流换热量。

11-11　70℃的水以 0.8m/s 的速度在内径为 10mm 的管内流动，管长为 2m，管壁保持 20℃，试计算管子出口处的温度。

11-12　一套管式换热器，饱和蒸汽在内管中凝结，使内管外壁温度保持在 100℃，初温为 20℃，质量流量为 0.8kg/s 的水从套管式换热器的环形空间中流过，换热器外壳绝热良好。环形夹层内管外径为 40mm，外管内径为 60mm，试确定把水加热到 55℃时所需的套管长度，以及管子出口截面处的局部热通量。不考虑大温差修正。

11-13　空气在 $d = 76.2$mm 的光滑管中流过，当 $t_w = 165.6$℃，需多长的管子才能把 82m³/h 的空气由 65.5℃加热到 114.5℃。

11-14　$D = 200$mm 的螺旋感应加热器，用内径 $d = 12$mm 的铜线弯成，内通水冷却，平均水温 50℃，流速 0.5m/s，若管壁温度为 100℃，求水与线圈的对流换热量。

11-15　空气以 5m/s 的速度流过一直径为 60mm 的直管被加热，管长 24m。已知空气平均温度为 90℃，管壁温度为 140℃。求：（1）管壁与空气间的对流换热系数；（2）若将空气换成水，其他条件不变，问换热系数改变多少？

11-16　空气横向掠过 6 排顺排管束，最窄截面处流速 $v_f = 15.5$m/s，空气平均温度 $t_f = 19.4$℃，壁温 $t_w = 67.8$℃，管间距 $S_1/d = S_2/d = 1.2$，$d = 19$mm，求空气的换热系数。

11-17　水横向掠过 5 排叉排管束，最窄截面处流速 $v_f = 4.87$m/s，空气平均温度 $t_f = 20.2$℃，壁温 $t_w = 25.5$℃，管间距 $S_1/d = S_2/d = 1.25$，$d = 19$mm，求水的换热系数。

11-18　计算回转窑钢壳表面的自然对流散热量。已知回转窑钢壳直径为 3m，长度为 44m，外表面平均温度为 150℃，远离窑体的空气温度为 50℃。

11-19　有一热风炉 $D=7m$，$H=42m$，当其外表面温度为200℃时，若与周围环境温度的差值为40℃，求自然对流散热量。

11-20　一边长为30cm的正方形薄平板，内部有电加热装置，垂直放置于静止空气中，左侧绝热；空气温度为35℃；为防止平板内部电热丝过热，其表面温度不允许超过150℃；平板表面辐射换热的表面传热系数为9W/(m^2·℃)。试确定电热器所允许的最大功率。

工程案例思考题

案例 11-1　连铸二冷区的对流换热

案例内容：

(1) 连铸二冷区对流换热类型分析；

(2) 射流对连铸二冷区流场的影响；

(3) 连铸二冷区对流换热的影响因素；

(4) 强化连铸二冷区对流换热的有效途径。

基本要求：选择冶金连铸二冷区，根据案例内容进行归纳总结。

案例 11-2　冶金管道的对流换热

案例内容：

(1) 冶金管道的类型及特点；

(2) 冶金管道对流换热的计算；

(3) 影响管道对流换热的主要因素；

(4) 强化管道对流换热的措施。

基本要求：选择一种冶金管道，根据案例内容进行归纳总结。

案例 11-3　制冷设备对流换热

案例内容：

(1) 制冷设备的类型及特点；

(2) 制冷设备对流换热原理分析；

(3) 影响制冷设备对流换热的主要因素；

(4) 强化制冷设备对流换热的措施。

基本要求：选择一种常用的制冷设备，根据案例内容进行归纳总结。

12 辐 射 换 热

本章课件

本章学习概要：主要介绍辐射换热的基本特征及固体表面间的辐射换热。要求掌握热辐射的本质与特点、黑体辐射的基本定律和实际物体的辐射特性，掌握角系数的确定方法、固体表面间和气体与固体表面间辐射换热的计算方法。

辐射换热是三种热量传输的基本方式之一，它与导热和对流换热有着本质的不同。由于冶金生产中温度一般较高，因此辐射换热在冶金生产中占有重要地位。

12.1　热辐射的基本概念

12.1.1　热辐射的本质和特点

物体以电磁波的方式向外发射能量的过程称为辐射，所发射的能量称为辐射能。物体可由多种原因产生电磁波，从而发射辐射能。如无线电台利用强大的高频电流通过天线向空间发出无线电波，就是辐射过程的例子。如果辐射能的发射是由于物体本身的温度引起的，则称为热辐射。热辐射是辐射的一种形式，与其他形式的辐射并无本质的区别，只是波长不同而已。按照波长的不同，电磁波可分为：无线电波、红外线、可见光、紫外线、伦琴射线（X 射线）、γ 射线等。它们的波长和频率的排列如图 12-1 所示。

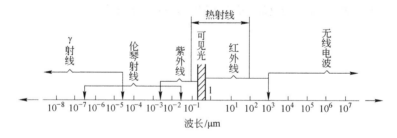

图 12-1　电磁波谱

从理论上讲，热辐射的电磁波波长可从零到无穷大，但波长为 0.1~100μm 的电磁波热效应最显著，通常把这一波长范围的电磁波称为热射线。它主要包括可见光和红外线，也有少量的紫外线。

各种不同形式的辐射虽然产生的原因不同，但并无本质差别，它们都以电磁波的方式传输能量，而且各种电磁波都以光速在空间进行传播。电磁波的速率、波长和频率有如下关系：

$$c = \nu\lambda \qquad (12\text{-}1)$$

式中，c 为电磁波的传播速率，m/s，真空中为 3×10^8 m/s；ν 为频率，1/s；λ 为波长，m，常用单位为 μm，$1\mu m = 10^{-6}$ m。

工程上经常遇到的热辐射都是由温度在 2000K 以下物体发出的，波长集中在 0.76～40μm 之间，所说的热辐射主要是指红外辐射。例如，加热金属在 600℃ 以下时，表面颜色几乎没有变化，此时金属向外发射不可见的红外线，因此肉眼无法看见。如对金属继续加热，则金属表面先变为暗红色，继而出现鲜红色、黄色，甚至白色，说明金属已经发光。这时，金属向外发射辐射能除了大部分不可见的红外线以外，还有红光、黄光、蓝光等可见光的能量，因此肉眼可以观察到颜色的变化。

与其他传热方式相比，热辐射有如下特点：

（1）辐射换热与导热和对流换热不同，它不需要冷热物体的相互接触，也不需要中间介质，即使物体之间为真空，辐射换热同样能够进行，如阳光能够穿过辽阔的太空向地面辐射。

（2）辐射换热过程中不仅进行热量的传递，而且伴随有能量形式的转换，即物体的一部分内能转化为电磁波能发射出去，当此波能投射到另一物体而被吸收时，电磁波能又转换为物体的内能。

（3）一切温度高于 0K 的物体都在不断地向外发射辐射能，也在吸收从周围物体发射到它表面上的辐射能。当两物体温度不同时，不仅高温物体辐射给低温物体能量，低温物体同样辐射给高温物体能量，只过高温物体辐射给低温物体的能量大于低温物体辐射给高温物体的能量，因此，高温、低温物体之间相互辐射的综合结果是高温物体把热量传给低温物体。即使各个物体温度相同，这种辐射换热过程仍在不断地进行着，只不过处于动态平衡罢了。

（4）辐射的本质和传播的机理，除了应用电磁波理论说明外，还可以用量子理论来解释。从宏观的角度，辐射是连续的电磁波传播过程；从微观的角度，辐射是不连续的离散量子传递能量的过程。每个量子具有能量和质量，它的振动频率相当于波动频率，即辐射具有波粒二象性。

12.1.2　辐射能的吸收、反射和透过

当热辐射的能量投射到物体表面上时，如同可见光一样，可能同时发生如下三种情况：一部分被物体吸收，一部分被表面反射，另一部分透过该物体继续向前。如图 12-2 所示。

设外界投射到物体表面上的总辐射能为 G，吸收部分为 G_a，反射部分为 G_r，透过部分为 G_d。根据能量守恒原理有：

$$G = G_a + G_r + G_d \qquad (12\text{-}2)$$

将等式两边同除以 G，得：

$$\frac{G_a}{G} + \frac{G_r}{G} + \frac{G_d}{G} = a + r + d = 1 \qquad (12\text{-}3)$$

式中，$a = G_a/G$ 为物体的吸收率，表示在投射的总

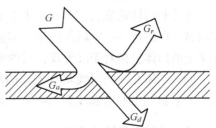

图 12-2　物体对辐射能的吸收、反射和透过

能量中被吸收的能量所占的比例；$r = G_r/G$ 为物体的反射率，表示在投射的总能量中被反射的能量所占的比例；$d = G_d/G$ 为物体的透过率，表示在投射的总能量中透射的能量所占的比例。

a、r、d 都是无量纲的量，其值在 $0 \sim 1$ 之间，它们的大小与物体的特性、温度及表面状况有关。

如物体的 $a=1$，$r=d=0$，这表明该物体能将外界投射来的辐射能全部吸收，这种物体称为黑体。如物体的 $r=1$，$a=d=0$，这表明物体能将外界投射来的辐射能全部反射，这种物体称为白体。对于反射，也和可见光一样，分为镜反射和漫反射两种，它取决于表面的粗糙程度。当表面粗糙不平的尺寸小于投射辐射的波长时，形成镜反射，此时入射角等于反射角，这种物体称为镜体，如图 12-3（a）所示，高度磨光的金属板就是镜反射的实例。当表面粗糙不平的尺寸大于投射辐射的波长时，则反射线是十分不规则的，如果反射线在各个方向上分布均匀时，称为漫反射，如图 12-3（b）所示，一般可认为表面粗糙的工程材料属于漫反射表面。如物体的 $d=1$，$a=r=0$，这表明投射到物体上的辐射能全部透过物体，这种物体称为透明体。

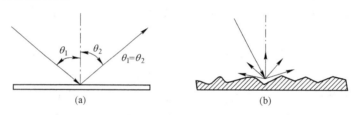

图 12-3 镜反射和漫反射

(a) 镜反射；(b) 漫反射

在自然界并不存在黑体、白体、镜体和透明体，它们都是因为研究的需要而假定的理想物体。

大多数固体和液体对辐射能的吸收仅在离物体表面很薄的一层内进行。对金属，约为 $1\mu m$ 的数量级；而对非导体，也只有 $1mm$ 左右，因而可以认为，实际固体和液体的透过率为零，即 $a+r=1$。对于气体，可认为它对热射线几乎不能反射，即反射率 $r=0$，故有：$a+d=1$；对于对称的双原子气体和纯净空气，在常用工业温度范围内，可认为它们对辐射能基本上不能吸收，即 $a \approx 0$，因此可近似看做透明体，当壁面之间存在双原子气体或空气时，它们对壁面间的辐射换热没有影响。固体和液体的辐射、吸收都在表面进行，属于表面辐射；气体的辐射和吸收在整个气体容积中进行，属于体积辐射。

黑体和白体的概念，不同于光学上的黑与白。因为热辐射主要指的是红外线，对红外线而言，白颜色不一定就是白体。例如，雪对可见光吸收率很小，反射率很高，可以说是光学上的白体；但对于红外线，雪的吸收率 $a \approx 0.95$，接近于黑体。

同一物体对不同射线具有不同的吸收率和反射率，物体表面的状态和特性（不是颜色）对热射线的吸收和反射具有重大影响。

12.1.3 辐射力和辐射强度

物体向外发射的辐射能量是随空间位置和波长变化的。为了充分描述热辐射的这种特性，引用下面的一些物理量来进行描述。

（1）辐射力。物体在单位时间内，由单位表面积向半球空间发射的全部波长（0～∞）的辐射能量，称为辐射力，用符号 E 表示，单位为 W/m^2。

（2）单色辐射力。单位时间内物体的单位表面积向半球空间发射的某一特定波长的辐射能量，称为单色辐射力，以 E_λ 表示，单位为 $W/(m^2 \cdot \mu m)$。单色辐射力与辐射力的关系为：

$$E = \int_0^\infty E_\lambda d\lambda \tag{12-4}$$

$$E_\lambda = \frac{dE}{d\lambda} \tag{12-5}$$

（3）方向辐射力。为了辐射能按空间方向分布，引入方向辐射力。单位时间内物体的单位表面积在某一方向的单位立体角内，所发射的全部波长的辐射能量，称为方向辐射力，记为 E_θ，单位为 $W/(m^2 \cdot sr)$。

如微元面积 dA_1 在单位时间内沿 θ 方向的立体角 $d\omega$ 内发射的辐射能量为 $d\Phi$，如图 12-4 所示，则：

$$E_\theta = \frac{d\Phi}{dA_1 d\omega} \tag{12-6}$$

立体角为一空间角度，用符号 ω 表示，单位为球面度（sr）。以立体角的顶点为中心，作一半径为 r 的球，该立体角的大小就可用半球表面被立体角截取的面积 A_2 与半径 r 平方的比值来表示，即 $\omega = A_2/r^2$，如 $A_2 = r^2$，则 $\omega = 1sr$；如 $A_2 = 2\pi r^2$，则 $\omega = 2\pi sr$，即半球空间的立体角为 2π sr。图 12-5 表示以微元面积 dA_1 为顶点的微元立体角 $d\omega$，根据图中几何关系可得：

$$d\omega = \frac{dA_2}{r^2} = \frac{rd\theta(r\sin\theta d\varphi)}{r^2} = \sin\theta d\theta d\varphi \tag{12-7}$$

式中，$d\theta$ 为纬度微元角；$d\varphi$ 为经度微元角。

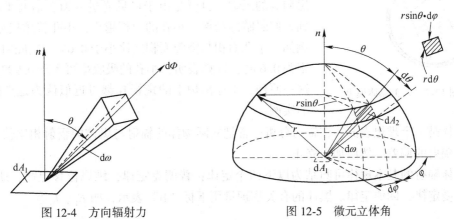

图 12-4　方向辐射力　　　　　　　图 12-5　微元立体角

（4）辐射强度。单位时间内与某一辐射方向垂直的单位辐射面积，在单位立体角内发射的全部波长的辐射能量，称为辐射强度，用 I 表示，单位为 $W/(m^2 \cdot sr)$。它是表示辐射能在空间分布的更基本的物理量。

如图 12-6 所示，微元面积 dA_1 在 θ 方向的辐射强度为：

$$I_\theta = \frac{d\Phi}{dA_1 \cos\theta d\omega} \qquad (12\text{-}8)$$

式中，$dA_1 \cos\theta$ 为微元面积 dA_1 在垂直辐射方向上的投影面积，称为可见辐射面积。

比较式（12-6）和式（12-8）可得：

$$E_\theta = I_\theta \cos\theta \qquad (12\text{-}9)$$

在法线方向上，$\theta = 0°$，故有：

$$E_n = I_n \qquad (12\text{-}10)$$

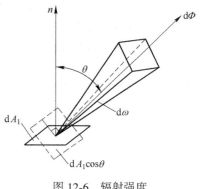

图 12-6 辐射强度

12.2 黑体辐射的基本定律

黑体是一个理想辐射体，黑体的辐射规律比较简单，在研究黑体辐射的基础上，把实际物体的辐射和黑体的辐射相比较，并引入必要的修正，从而把黑体辐射的规律引申到实际物体的辐射中去，从而简化实际物体的辐射计算，因此，黑体在辐射分析中有着特殊重要性。

12.2.1 人工黑体模型

黑体在自然界是不存在的，但用人工的方法可以制造出十分接近黑体的模型。图 12-7 是人工黑体模型的示意图，它是在壁面温度保持均匀的空腔表面上开一小孔，如果小孔面积和空腔面积相比很小，该小孔就具有黑体的性质。因为射进小孔的热射线，在空腔内经过多次吸收和反射，再由小孔投射出去的可能性很小，因此可以认为被空腔完全吸收。白天从远处看房屋的窗孔有黑洞洞的感觉，也就是由于可见光进入窗孔后几乎反射不到人们眼睛的结果。小孔的面积越小，小孔就越接近黑体。例如，小孔面积与空腔面积之比小于 0.6%、空腔内壁吸收率为 0.6 时，计算表明，小孔的吸收率可大于 0.999。根据这一原理，工业窑炉上的窥视孔都可近似认为是黑体模型的实例。

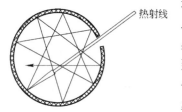

图 12-7 人工黑体模型

黑体是一个理想表面，在辐射分析中常把实际物体的辐射与黑体的辐射相比较，找出与黑体辐射的偏差，然后加以修正。

黑体辐射的基本规律可归结为以下四个定律：普朗克定律，维恩位移定律，斯忒藩-玻耳兹曼定律，朗伯定律。黑体的有关物理量用下标"b"表示，如 E_b、I_b 等。

12.2.2 普朗克（Planck）定律

1900 年，普朗克根据量子理论揭示了黑体单色辐射力在不同温度下按波长的分布规律，即普朗克定律。其数学表达式为：

$$E_{b\lambda} = \frac{c_1 \lambda^{-5}}{\exp\left(\dfrac{c_2}{\lambda T}\right) - 1} \tag{12-11}$$

式中，$E_{b\lambda}$ 为黑体单色辐射力，$W/(m^2 \cdot \mu m)$；λ 为波长，μm；T 为黑体表面的绝对温度，K；c_1 为第一辐射常量，其值为 $3.742 \times 10^8 W \cdot \mu m^4/m^2$；$c_2$ 为第二辐射常量，其值为 $1.4388 \times 10^4 \mu m \cdot K$。

普朗克揭示的 $E_{b\lambda} = f(\lambda, T)$ 关系如图 12-8 所示，从图上可以看出：

（1）黑体在某一温度下，都能辐射出 $0 \sim \infty$ 波长的各种射线，即黑体的单色辐射力随波长连续变化。

（2）随温度的升高，黑体的单色辐射力 $E_{b\lambda}$ 和辐射力 E_b（图中每条曲线下的面积）都在迅速增大。

（3）在 $\lambda = 0$ 和 $\lambda = \infty$ 时，$E_{b\lambda} = 0$，每一条分布曲线都有一个峰值。

（4）随着温度的升高，黑体的最大单色辐射力 $E_{b\lambda max}$ 向短波方向移动。

将式（12-11）对 λ 求导，并令其等于零，得：

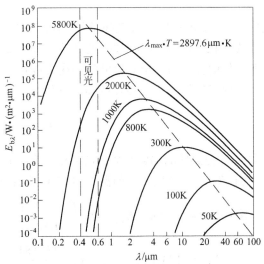

图 12-8　黑体在不同温度下的单色辐射力

$$\frac{dE_{b\lambda}}{d\lambda} = 0$$

$$\lambda_{max} T = 2897.6 \ \mu m \cdot K \tag{12-12}$$

式中，λ_{max} 表示某一温度下，黑体最大单色辐射力所对应的波长。

式（12-12）称为维恩（Wien）位移定律，它表明波长 λ_{max} 与绝对温度 T 成反比。

利用这一定律，可根据最大辐射强度的波长估算出辐射表面的温度；或根据辐射体温度，推算出辐射能主要部分属于何种波长。

例如，已知太阳辐射光谱的最大辐射强度的波长为 $0.5\mu m$，则可推算出太阳表面温度为：

$$T = \frac{2897.6}{0.5} \approx 5800 \ K$$

再如，加热钢坯，当钢坯温度低于 500℃ 时，因为辐射能分布中没有可见光成分，所以钢坯颜色没有变化。随着钢坯温度升高，钢坯相继出现暗红、鲜红、橙黄，最后出现白炽色。这表明，随着钢坯温度的升高，它向外辐射的最大单色辐射力向短波方向移动，辐射能中可见光比例相应地增加。

12.2.3　斯忒藩-玻耳兹曼（Stefan-Boltzmann）定律

将普朗克定律，即式（12-11）沿全部波长积分，可求得黑体在某一温度下的辐射力，即：

$$E_b = \int_0^\infty E_{b\lambda}\,d\lambda = \int_0^\infty \frac{c_1 \lambda^{-5}}{\exp\left(\dfrac{c_2}{\lambda T}\right) - 1}\,d\lambda$$

积分后得：

$$E_b = 6.494\,\frac{c_1}{c_2^4}\,T^4 = \sigma_0 T^4 \tag{12-13}$$

式中，σ_0 为斯忒藩-玻耳兹曼常数，$\sigma_0 = 5.67 \times 10^{-8}\,W/(m^2 \cdot K^4)$。

式（12-13）称为斯忒藩-玻耳兹曼（Stefan-Boltzmann）定律，又称为四次方定律。它表明黑体的辐射力与绝对温度的四次方成正比。

为便于运算，式（12-13）通常写成：

$$E_b = C_0 \left(\frac{T}{100}\right)^4 \tag{12-14}$$

式中，C_0 为黑体的辐射常数，$C_0 = 5.67\,W/(m^2 \cdot K^4)$。

例 12-1　一个黑体表面温度由 27℃ 增加到 810℃，试求其辐射力增加了多少。

解：当 $t = 27℃$ 时：$E_{b27℃} = C_0 \left(\dfrac{273+27}{100}\right)^4$

当 $t = 810℃$ 时：$E_{b810℃} = C_0 \left(\dfrac{273+810}{100}\right)^4$

$$\frac{E_{b810℃}}{E_{b27℃}} = \left(\frac{273+810}{273+27}\right)^4 = 170$$

计算结果表明，随着物体温度的升高，辐射将可能成为主要的换热方式。

12.2.4　朗伯定律（余弦定律）

朗伯定律揭示了黑体表面发射的辐射能在空间分布的规律。在生活实践中我们会感到，以辐射表面 dA 为中心的半球面上，在表面法线方向的辐射能量最大，而随着离开法线方向 θ 角的增加，辐射能量将逐渐减弱，这是因为该表面在不同方向上的可见辐射面积不同。朗伯定律确定了漫射表面任意方向的方向辐射力与法线方向的方向辐射力之间的关系。

朗伯定律指出：黑体在某一方向上的方向辐射力 $E_{b\theta}$ 正比于该方向与法线方向夹角的余弦，如图 12-9 所示，其数学表达式为：

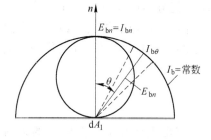

$$E_{b\theta} = E_{bn}\cos\theta \tag{12-15}$$

式中，E_{bn} 为黑体法线方向的方向辐射力。

由式（12-15）可见，法线方向（$\theta = 0°$）的方向辐射力最大；$\theta = 90°$ 的方向辐射力最小，等于零。所以，朗伯定律又称为余弦定律。

比较辐射强度的定义式（12-9）和式（12-15），可得：

图 12-9　朗伯定律示意图

$$I_{b\theta} = E_{bn} = I_{bn}$$

由于 $I_{b\theta}$ 是半球空间任意方向的辐射强度，故有：

$$I_{b\theta_1} = I_{b\theta_2} = \cdots = I_{bn} = I \tag{12-16}$$

式（12-16）说明，黑体辐射的辐射强度与方向无关，即黑体在半球空间各个方向上的辐射强度相等。式（12-15）和式（12-16）都是朗伯定律的数学表达式，两者的区别在于定义的面积不同。

在半球空间各个方向辐射强度相等的表面，即服从朗伯定律的表面，称为漫辐射表面。黑体表面是典型的漫辐射表面，实际物体只能在一定的条件下近似认为是漫辐射表面。

下面进一步讨论黑体表面辐射力 E_b 与辐射强度 I_b 之间的关系：

由式（12-8）可得：

$$I_b = \frac{\mathrm{d}\Phi_b}{\mathrm{d}A_1 \cos\theta \mathrm{d}\omega}$$

$$\frac{\mathrm{d}\Phi_b}{\mathrm{d}A_1} = I_b \cos\theta \mathrm{d}\omega$$

将上式在半球空间积分，注意到 $\mathrm{d}\omega = \sin\theta \mathrm{d}\theta \mathrm{d}\varphi$，得：

$$E_b = \int_{\omega=2\pi} \frac{\mathrm{d}\Phi_b}{\mathrm{d}A_1} = I_b \int_{\omega=2\pi} \cos\theta \mathrm{d}\omega = I_b \int_0^{2\pi} \mathrm{d}\varphi \int_0^{\frac{\pi}{2}} \cos\theta \sin\theta \mathrm{d}\theta = \pi I_b \tag{12-17}$$

即黑体的辐射力 E_b 是其辐射强度 I_b 的 π 倍。同时也表明，黑体的辐射强度 I_b 仅随绝对温度而变化。

现在我们对黑体辐射的基本定律做一小结。黑体辐射的辐射力由斯蒂藩-玻耳兹曼定律确定，它与绝对温度的四次方成正比；黑体发射的辐射能量按波长的分布服从普朗克定律；黑体发射的辐射能量按空间方向的分布服从朗伯定律。

12.3　实际物体的辐射

实际物体与黑体不同，它的辐射和吸收能力总是小于黑体，而且其辐射能量的分布并不严格遵守普朗克定律、四次方定律和余弦定律。为研究问题的方便，往往把黑体作为标准，通过与黑体的比较，得到实际物体的辐射和吸收特性。

12.3.1　实际物体的辐射特性

图 12-10 示出 1922K 下，黑体、灰体与某实际物体的单色辐射力 E_λ 随波长 λ 的变化曲线。由图可见，实际物体的辐射力随波长变化是不规则的，并不严格遵守普朗克定律，而且其曲线总是位于黑体曲线的下方。为了使黑体辐射规律可应用于实际物体，引入了黑度的概念。

实际物体的辐射力 E 与同温度下黑体辐射力 E_b 的比值，称为该物体的黑度。用符号 ε 表示：

$$\varepsilon = \frac{E}{E_b} \qquad (12\text{-}18)$$

类似的可定义物体的单色黑度 ε_λ、方向黑度 ε_θ 为：

$$\varepsilon_\lambda = \frac{E_\lambda}{E_{b\lambda}} \qquad (12\text{-}19)$$

$$\varepsilon_\theta = \frac{E_\theta}{E_{b\theta}} \qquad (12\text{-}20)$$

单色黑度和黑度之间的关系如下：

$$\varepsilon = \frac{\int_0^\infty E_\lambda \mathrm{d}\lambda}{\int_0^\infty E_{b\lambda}\mathrm{d}\lambda} = \frac{\int_0^\infty \varepsilon_\lambda E_{b\lambda}\mathrm{d}\lambda}{\sigma_0 T^4} \qquad (12\text{-}21)$$

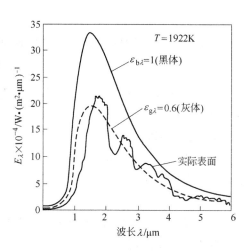

图 12-10　黑体、灰体和实际物体
单色辐射力的比较

由于实际物体的 E_λ 随波长变化不规则，所以，实际物体的 ε_λ 也随波长而变化。把单色黑度与波长无关的物体称为灰体。如图 12-11 所示。

黑度 ε 反映出实际物体的辐射力接近同温度下黑体辐射力的程度。所有实际物体的 ε 值都小于 1，$\varepsilon = 1$ 的物体就是黑体。

根据黑度的定义，四次方定律也可应用于实际物体：

$$E = \varepsilon E_b = \varepsilon C_0 \left(\frac{T}{100}\right)^4 \qquad (12\text{-}22)$$

但实际物体的辐射力并不严格遵守四次方定律。工程上为方便起见，仍使用式（12-22）来计算，把由此引起的误差归结到黑度中去修正，因此，黑度 ε 还与温度有关。

由于实际物体并不完全遵守朗伯定律，所以同一表面，辐射方向不同，黑度也不同，如图 12-12 和图 12-13 所示，图中 ε_φ 为实际物体的方向黑度，即实际物体的方向辐射力跟同温度下黑体在同一方向的方向辐射力之比。

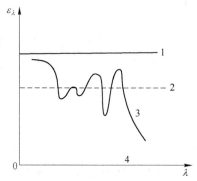

图 12-11　黑体、灰体、实际物体的
ε_λ 与波长的关系
1—黑体；2—灰体；3—实际物体；
4—白体

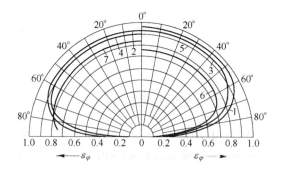

图 12-12　几种非导电材料在不同
方向上的定向黑度
1—潮湿的冰；2—木材；3—玻璃；4—纸；
5—黏土；6—氧化铜；7—氧化铝

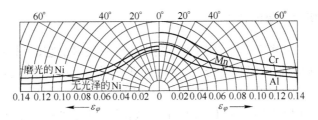

图 12-13　几种非金属导体在不同方向上的定向黑度

虽然定向黑度变化较大，但一般对半球平均黑度影响不大。大量的实验证明，物体的黑度与法向黑度的比值如下：

高度磨光的金属表面　　　　　　$\varepsilon/\varepsilon_n = 1.2$

光滑表面　　　　　　　　　　　$\varepsilon/\varepsilon_n = 0.98$

粗糙表面　　　　　　　　　　　$\varepsilon/\varepsilon_n = 0.98$

因此，除高度磨光的金属表面外，可以近似地认为大多数工程材料也服从朗伯定律。一般物体的黑度由实验确定，而且一般测定的是法向黑度，可用它近似的代替实际物体的黑度。附录 9 给出了一些材料的法向黑度值，可近似的作为物体的黑度。

物体的黑度只与发射辐射的物体本身有关，而不涉及外界条件。一般来说，物体的黑度取决于物体的性质、表面状况和温度等因素。高度磨光的金属表面，黑度很低；粗糙的金属表面或金属表面上形成氧化层，将显著增加其黑度。金属表面的黑度随温度的升高而增大，但液态金属的黑度却随温度的升高而降低。非金属表面，黑度一般较高，而且随温度的升高而降低。图 12-14 和图 12-15 给出了某些金属和液态金属的黑度随温度的变化情况。

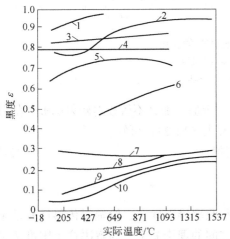

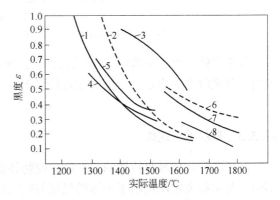

图 12-14　钢铁材料的黑度随温度的变化

1—在热状态下长期工作过程中表面生成氧化膜的钢；
2—表面有氧化膜的电解铁；3—氧化铁（Fe_2O_3）；
4—快速加热至 590℃而表面生成氧化膜的钢；
5—表面有氧化膜的铸铁；6—表面光滑的
轧制铁板；7—表面光滑的熟铁；8—表面
抛光的铸铁；9—表面抛光的钢；
10—表面抛光的纯铁

图 12-15　液态金属的黑度
随温度的变化

1—含硅 0.6% 的生铁；2—含硅 2.5% 的生铁；
3—金属的氧化表面；4—含锰 0.6% 的碱性
生铁；5—含锰 0.86% 的碱性生铁；6—平炉
合金钢；7—电炉钢；8—工业纯铁

12.3.2　实际物体吸收辐射的特性

物体不但向外界发射辐射能，同时也不断吸收外界投射给它的辐射能。物体对于波长在 $0 \sim \infty$ 范围内的投射辐射所吸收的份额，称为总吸收率 a；而对某一特定波长的辐射能所能吸收的份额，称为单色吸收率 a_λ。所谓投射辐射，是指单位时间内，外界投射到物体单位面积上的辐射能，用 G 表示，单位为 W/m^2。如用 G_λ 表示波长 λ 的单色投射辐射，则总吸收率 a 与单色吸收率 a_λ 之间的关系可表示为：

$$a = \frac{\int_0^\infty a_\lambda G_\lambda \mathrm{d}\lambda}{\int_0^\infty G_\lambda \mathrm{d}\lambda} \tag{12-23}$$

一般而言，实际物体的单色吸收率 a_λ 对投射辐射的波长有选择性，如图 12-16 所示。所以，实际物体的吸收率不仅与自身表面性质和温度有关，而且还与投射辐射物体的表面性质和温度有关，它比黑度更为复杂。

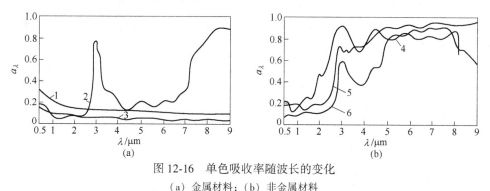

图 12-16　单色吸收率随波长的变化

（a）金属材料；（b）非金属材料

1—磨光的铝；2—阳极氧化的铝；3—磨光的铜；4—粉墙面；5—白瓷砖；6—白水泥

如果物体的单色吸收率 a_λ 与波长无关，即 $a_\lambda =$ 定值，那么不管投射辐射随波长的分布如何，其吸收率 a 也是一定值。在这种情况下，由式（12-23）可知：

$$a = a_\lambda = 定值 \tag{12-24}$$

12.3.3　基尔霍夫定律

由于实际物体吸收特性的复杂性，使物体的吸收率难以确定，给辐射传热计算带来了不便。基尔霍夫定律揭示了物体的黑度与吸收率之间的理论关系，为解决这个困难奠定了理论基础。

如图 12-17 所示，设有两块面积很大、相距很近的平板，其中平板 1 为任意物体，平板 2 为黑体。它们的温度、辐射力和吸收率分别为 T、E、a 和 T_b、E_b、a_b。由于平板面积很大，相距很近，可以认为每块平板发射的辐射能全部落在另一块板上。

对于黑体表面来说，物体发出的能量全部被黑体吸收；对于物体来说，黑体发出的能量吸收一部分，其余的反射到黑体表面，又被黑体吸收。

对平板 1 有：辐射的能量 E，吸收的能量 aE_b，反射的能量 $(1-a)E_b$。

对平板 2 有：辐射的能量 E_b，吸收的能量 $E+(1-a)$ E_b，反射的能量为零。

两平板间的辐射换热通量等于任一平板失去的或得到的能量之差。

对于平板 1，有：

$$q = E - aE_b \qquad (12\text{-}25)$$

对于平板 2（黑体），有：

$$q_b = E + (1 - a)E_b - E_b \qquad (12\text{-}26)$$

如 $T = T_b$，那么系统处于热平衡状态，平板间的辐射换热通量 $q = q_b = 0$，由式（12-25）和式（12-26）都可得到：

$$a = \frac{E}{E_b} \qquad (12\text{-}27)$$

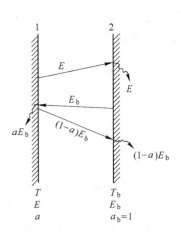

图 12-17　基尔霍夫定律的推导

将式（12-27）和黑度的定义式 $\varepsilon = E/E_b$ 相比较得：

$$a = \varepsilon \qquad (12\text{-}28)$$

式（12-27）和式（12-28）同为基尔霍夫定律的表达式。它们表明，在热平衡条件下，任何物体的辐射力与其吸收率之比，恒等于同一温度下黑体的辐射力，且只与温度有关，与物体的性质无关；或者说，在热平衡条件下，实际物体的吸收率等于其黑度。

同时也表明，物体的辐射力越大，其吸收率也越大，即善于辐射的物体必善于吸收。因为所有实际物体的吸收率 a 都小于 1，所以同温度条件下，黑体的辐射力最大。

基尔霍夫定律是在系统处于热平衡、投射辐射来自黑体的条件下导出的，但这两个条件在实际使用中并不能满足，从而限制了它的应用，为此引入了灰体的概念。

如前所述，灰体是单色吸收率 a_λ 与波长 λ 无关的物体。对于灰体有：

$$\varepsilon = \varepsilon_\lambda = a_\lambda = a \qquad (12\text{-}29)$$

需要说明的是：

（1）ε_λ、a_λ 与波长无关，即灰体的吸收率不变。

（2）不论系统是否处于热平衡条件，也不论投射辐射是否来自黑体，灰体的吸收率均等于同温度下的黑度。

（3）灰体辐射沿波长的分布与黑体相似，只是各波长的单色辐射力与黑体相比，均以相同比例缩小。

（4）灰体也是一种理想物体，在红外辐射的波长范围内，大部分工程材料可近似看作灰体处理，$\varepsilon = a$。

（5）当研究表面对太阳辐射的吸收时，不能把表面当作灰体处理，因为太阳的辐射能量中，可见光占了近一半，大多数物体对可见光的吸收表现出强烈的选择性。

12.4　角　系　数

在计算任意两表面之间的辐射换热时，除了要知道这两个表面的辐射性质和温度外，还需考虑它们之间的空间位置对辐射换热的影响，表面的空间位置对辐射换热的影响可用角系数来描述。

12.4.1　角系数的定义

任意两表面所组成的体系，由表面 1 投射到表面 2 的辐射能量 $\Phi_{1\to2}$ 占离开表面 1 的总辐射能 Φ_1 的份额，称为表面 1 对表面 2 的角系数，用符号 φ_{12} 表示。

$$\varphi_{12} = \frac{\Phi_{1\to2}}{\Phi_1} \tag{12-30}$$

如图 12-18 所示，设有两个任意放置的表面，它们的面积分别为 A_1、A_2，它们的温度分别为 T_1、T_2，假定它们都是黑体，从两表面分别取微元体 $\mathrm{d}A_1$、$\mathrm{d}A_2$，其距离为 r，表面的法线与连线之间的夹角为 θ_1、θ_2。则从 $\mathrm{d}A_1$ 投射到 $\mathrm{d}A_2$ 的辐射能为：

$$\mathrm{d}\Phi_{1\to2} = I_{b1}\cos\theta_1\mathrm{d}A_1\mathrm{d}\omega_1$$

因为 $I_{b1} = \dfrac{E_{b1}}{\pi}$，$\mathrm{d}\omega_1 = \dfrac{\mathrm{d}A_2\cos\theta_2}{r^2}$，所以 $\mathrm{d}\Phi_{1\to2} = \dfrac{E_{b1}\cos\theta_1\cos\theta_2}{\pi r^2}\mathrm{d}A_1\mathrm{d}A_2$。

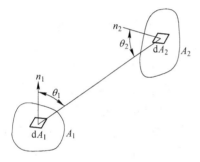

图 12-18　任意放置的两等温
表面间的辐射换热

根据角系数的定义，表面 A_1 对表面 A_2 的角系数为：

$$\varphi_{12} = \frac{\Phi_{1\to2}}{\Phi_1} = \frac{E_{b1}\displaystyle\int_{A_1}\int_{A_2}\frac{\cos\theta_1\cos\theta_2}{\pi r^2}\mathrm{d}A_1\mathrm{d}A_2}{E_{b1}A_1}$$

$$\varphi_{12} = \frac{1}{A_1}\int_{A_1}\int_{A_2}\frac{\cos\theta_1\cos\theta_2}{\pi r^2}\mathrm{d}A_1\mathrm{d}A_2 \tag{12-31}$$

同理可推导出：

$$\varphi_{21} = \frac{1}{A_2}\int_{A_1}\int_{A_2}\frac{\cos\theta_1\cos\theta_2}{\pi r^2}\mathrm{d}A_1\mathrm{d}A_2 \tag{12-32}$$

由式（12-31）和式（12-32）可以看出，角系数仅与两个表面的形状、大小、距离及相对位置有关，而与表面的黑度和温度无关，所以角系数纯属几何参数，它不仅适用于黑体，也适用于其他符合漫辐射表面的物体。

12.4.2　角系数的性质

根据角系数的定义和积分公式可以得出，角系数有下列性质，这些性质对于计算角系数和表面间的辐射换热十分有用。

（1）相对性。比较式（12-31）和式（12-32），可以得到：

$$\varphi_{12}A_1 = \varphi_{21}A_2 \tag{12-33}$$

式（12-33）可以表示为如下的一般形式：

$$\varphi_{ij}A_i = \varphi_{ji}A_j \tag{12-34}$$

（2）完整性。设有 n 个等温表面组成的封闭空间，如图 12-19 所示，根据能量守恒原理，封闭空间中任一表面向系统中所有面发射出的辐射能的总和，等于该表面发射的总辐射能，即：

$$\Phi_{1\rightarrow 1} + \Phi_{1\rightarrow 2} + \Phi_{1\rightarrow 3} + \cdots + \Phi_{1\rightarrow n} = \Phi_1 \tag{12-35}$$

将式（12-35）两边同除以 Φ_1，得：

$$\varphi_{11} + \varphi_{12} + \varphi_{13} + \cdots + \varphi_{1n} = \sum_{j=1}^{n} \varphi_{1j} = 1 \tag{12-36}$$

式（12-36）称为角系数的完整性，即任一表面对其余各表面的角系数之和等于 1。

（3）和分性。如图 12-20 所示，如果：

$$A_{(1+2)} = A_1 + A_2$$

则

$$A_3\varphi_{3(1+2)} = A_3\varphi_{31} + A_3\varphi_{32} \tag{12-37}$$

和

$$A_{(1+2)}\varphi_{(1+2)3} = A_1\varphi_{13} + A_2\varphi_{23} \tag{12-38}$$

式（12-37）和式（12-38）称为角系数的和分性。

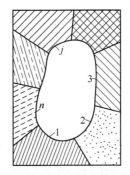

图 12-19 n 个等温表面组成的封闭空间

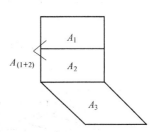

图 12-20 和分性原理

（4）不可自见面的角系数等于零，即 $\varphi_{11} = 0$。所谓不可自见面，是指平面和凸面，即自己辐射出去的能量不能直接再落到自己身上的表面。

12.4.3 角系数的确定方法

角系数的确定方法主要有积分法和代数分析法。

12.4.3.1 积分法

积分法，即利用角系数的积分公式，进行积分运算。积分法求角系数比较复杂，而且通常只能对一些简单的几何图形进行计算，现已把一些积分结果绘成线图，如图 12-21～图 12-24 所示，供计算时查用。

12.4.3.2 代数分析法

代数分析法主要是利用角系数的性质，用代数的方法确定角系数。下面以常见的几种情况来说明此法的应用。

A 两个不可自见面组成的封闭空间

图 12-25 为两个相距很近的平行表面 A_1、A_2，由于距离很近，而且面积足够大，可看做是封闭空间。因为 A_1、A_2 均为平面，即为不可自见面，所以 $\varphi_{11} = 0$，$\varphi_{22} = 0$，由角系数的完整性 $\varphi_{11} + \varphi_{12} = 1$，$\varphi_{21} + \varphi_{22} = 1$ 可得：

$$\varphi_{12} = 1, \quad \varphi_{21} = 1 \tag{12-39}$$

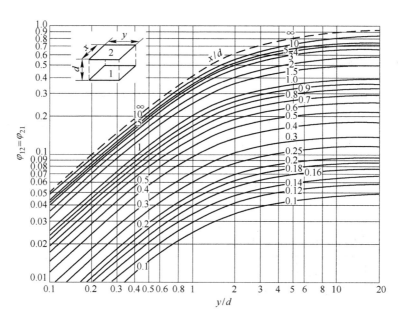

图 12-21 相互平行的两长方形表面间的角系数

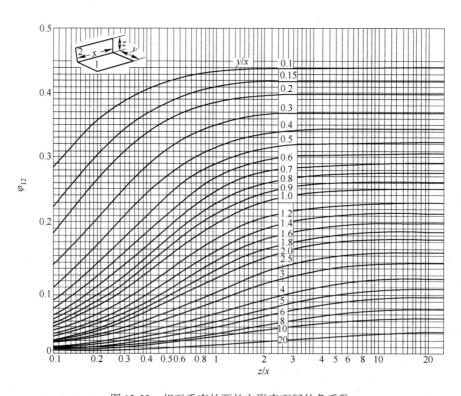

图 12-22 相互垂直的两长方形表面间的角系数

B 一个可自见面和一个不可自见面组成的封闭空间

即一个凹面与一个凸面或平面组成的封闭空间，如图 12-26 所示。

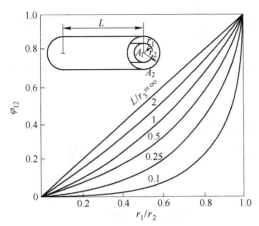

图 12-23　有限长两个同心套管间的角系数　　　图 12-24　有限长两个同轴平行圆表面间的角系数

图 12-25　两个无限大
平行平板

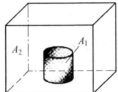

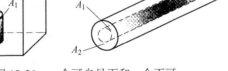

图 12-26　一个可自见面和一个不可
自见面组成的封闭系统

如图，A_1 面为不可自见面，所以 $\varphi_{11} = 0$，由角系数的完整性得：

$$\varphi_{12} = 1$$

$$\varphi_{21} + \varphi_{22} = 1$$

由角系数的相对性 $\varphi_{12}A_1 = \varphi_{21}A_2$ 可得：

$$\varphi_{21} = \frac{A_1}{A_2} \tag{12-40}$$

$$\varphi_{22} = 1 - \varphi_{21} = 1 - \frac{A_1}{A_2} \tag{12-41}$$

C　两个可自见面组成的封闭空间

如图 12-27 所示，在两个凹面的交界处作一假想面 f，f 就
是交界处面积，这时问题转化为一个凹面和一个平面的情况。
而其中任一面对 f 面的角系数也就是它对另一面的角系数，可
直接利用上面的结果，得：

$$\varphi_{12} = \varphi_{1f} = \frac{f}{A_1}, \quad \varphi_{21} = \varphi_{2f} = \frac{f}{A_2}$$

由角系数的完整性可得：

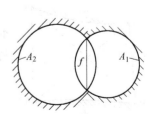

图 12-27　两个可自见面
组成的封闭系统

$$\varphi_{11} + \varphi_{12} = 1, \quad \varphi_{11} = 1 - \frac{f}{A_1} \qquad (12\text{-}42)$$

$$\varphi_{21} + \varphi_{22} = 1, \quad \varphi_{22} = 1 - \frac{f}{A_2} \qquad (12\text{-}43)$$

D　三个不可自见面组成的封闭空间

如图 12-28 所示（假定三个表面垂直于纸面方向足够长），由于三个表面均为不可自见面，$\varphi_{ii} = 0(i = 1、2、3)$，由角系数的完整性得：

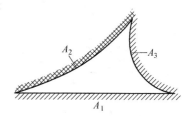

$$\varphi_{12} + \varphi_{13} = 1$$

$$\varphi_{21} + \varphi_{23} = 1$$

$$\varphi_{31} + \varphi_{32} = 1$$

图 12-28　三个不可自见面
组成的封闭系统

将以上三个等式分别乘以 A_1、A_2、A_3，得：

$$\varphi_{12}A_1 + \varphi_{13}A_1 = A_1$$

$$\varphi_{21}A_2 + \varphi_{23}A_2 = A_2$$

$$\varphi_{31}A_3 + \varphi_{32}A_3 = A_3$$

根据相对性原理，六个角系数可简化为三个，即：

$$\begin{cases} \varphi_{12}A_1 + \varphi_{13}A_1 = A_1 \\ \varphi_{12}A_1 + \varphi_{23}A_2 = A_2 \\ \varphi_{13}A_1 + \varphi_{23}A_2 = A_3 \end{cases}$$

解上面的方程组，得：

$$\varphi_{12} = \frac{A_1 + A_2 - A_3}{2A_1} \qquad (12\text{-}44)$$

$$\varphi_{13} = \frac{A_1 + A_3 - A_2}{2A_1} \qquad (12\text{-}45)$$

$$\varphi_{23} = \frac{A_2 + A_3 - A_1}{2A_2} \qquad (12\text{-}46)$$

再根据相对性原理，可求出 φ_{21}、φ_{31}、φ_{32}。

E　两个任意放置的不可自见面组成的非封闭系统

如图 12-29 所示，假设 A_1 面和 A_2 面为凸面或平面，在垂直于纸面方向上足够长。为求 A_1 面对 A_2 面的角系数，可人为构造一封闭系统，作辅助线 ac 和 bd。则根据角系数的完整性，可得：

$$\varphi_{12} + \varphi_{1ac} + \varphi_{1bd} = 1 \qquad (12\text{-}47)$$

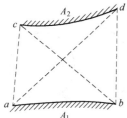

图 12-29　两个不可自见面
组成的非封闭系统

为了利用三个不可自见面组成的封闭系统的计算结果，连接 ad 和 bc，这样可把 abc 和 abd 看成由三个不可自见面组成的封闭系统，故有：

$$\varphi_{1ac} = \frac{A_1 + A_{ac} - A_{bc}}{2A_1} \qquad (12\text{-}48)$$

$$\varphi_{1bd} = \frac{A_1 + A_{bd} - A_{ad}}{2A_1} \qquad (12\text{-}49)$$

将式（12-48）和式（12-49）代入式（12-47）得：

$$\varphi_{12} = \frac{(A_{bc} + A_{ad}) - (A_{ac} + A_{bd})}{2A_1} = \frac{(bc + ad) - (ac + bd)}{2ab} \qquad (12\text{-}50)$$

例 12-2　如图 12-30 所示，以 R 为半径的半球面，设底面面积为 A_1，球面面积为 A_2，求角系数 φ_{11}、φ_{12}、φ_{21}、φ_{22}。

解：A_1 面为不可自见面，所以：$\varphi_{11} = 0$

由角系数的完整性得：$\varphi_{12} = 1 - \varphi_{11} = 1$

由角系数的相对性得：$\varphi_{21} = \dfrac{A_1}{A_2} \varphi_{12} = \dfrac{\pi R^2}{2\pi R^2} = \dfrac{1}{2}$

由角系数的完整性得：$\varphi_{22} = 1 - \varphi_{21} = 1 - \dfrac{1}{2} = \dfrac{1}{2}$

例 12-3　试计算图 12-31 所示的表面 1 对表面 3 的角系数。

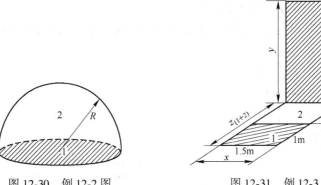

图 12-30　例 12-2 图　　　　　图 12-31　例 12-3 图

解：根据角系数的和分性得：

$$\varphi_{3(1+2)} = \varphi_{31} + \varphi_{32}$$

$\varphi_{3(1+2)}$ 可由图 12-22 查得：$y/x = 2.5/1.5 = 1.67$，$z_{(1+2)}/x = 2/1.5 = 1.33$，$\varphi_{3(1+2)} = 0.15$

φ_{32} 也可由图 12-22 查得：$y/x = 2.5/1.5 = 1.67$，$z_2/x = 1/1.5 = 0.67$，$\varphi_{32} = 0.11$

所以：$\varphi_{31} = \varphi_{3(1+2)} - \varphi_{32} = 0.15 - 0.11 = 0.04$

由角系数的相对性得：$\varphi_{13} = \dfrac{A_3}{A_1} \varphi_{31} = \dfrac{2.5 \times 1.5}{1 \times 1.5} \times 0.04 = 0.1$

12.5　固体表面间的辐射换热

12.5.1　两个黑体表面间的辐射换热

由于黑体表面的吸收率 $a = 1$，所以两黑体表面间的辐射换热计算较为简单。如图

12-32 所示，两块任意放置的黑体表面，其表面积分别为 A_1、A_2，温度为 T_1、T_2，且 $T_1 >$ T_2，两个黑体表面间的角系数分别为 φ_{12} 和 φ_{21}。则单位时间内由 A_1 投射到达 A_2 的辐射能为 $E_{b1}A_1\varphi_{12}$，且被 A_2 全部吸收；单位时间内由 A_2 投射到达 A_1 的辐射能为 $E_{b2}A_2\varphi_{21}$，且被 A_1 全部吸收。所以，A_1 和 A_2 之间的辐射换热量为：

$$\Phi_{12} = E_{b1}A_1\varphi_{12} - E_{b2}A_2\varphi_{21}$$

因为

$$A_1\varphi_{12} = A_2\varphi_{21}$$

所以

$$\Phi_{12} = (E_{b1} - E_{b2})A_1\varphi_{12}$$

$$\Phi_{12} = C_0\left[\left(\frac{T_1}{100}\right)^4 - \left(\frac{T_2}{100}\right)^4\right]A_1\varphi_{12}$$

$$\Phi_{12} = \frac{E_{b1} - E_{b2}}{\dfrac{1}{A_1\varphi_{12}}} \tag{12-51}$$

式（12-51）与欧姆定律相似，黑体表面间的辐射换热量 Φ_{12} 相当于电流，（$E_{b1} - E_{b2}$）相当于电位差，$1/A_1\varphi_{12}$ 相当于电路电阻，称为辐射传热的空间热阻，简称空间热阻，其等效电路如图 12-33 所示，称为空间网络单元。

空间热阻与导热热阻不同，它仅取决于表面间的几何关系，与表面的辐射特性无关。

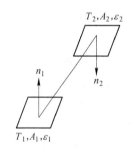

图 12-32　任意放置的两个
黑体表面间的辐射换热

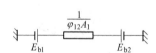

图 12-33　空间网络单元

12.5.2　两个灰体表面间的辐射换热

因为灰体表面的吸收率小于 1，部分辐射能从灰体表面要反射回去，所以灰体表面间的辐射换热比黑体表面间的辐射换热要复杂得多。灰体表面间的辐射换热可以采用多次反射法、有效辐射法和积分法等方法计算，这里只介绍工程上常用的、比较简单的有效辐射法。

12.5.2.1　有效辐射

有效辐射是计算灰体间辐射换热的重要概念。设空间内有一温度为 T、黑度为 ε 的物体，则与该物体有关的辐射热流有以下几种：

（1）自身辐射。单位时间单位物体表面积发射的辐射能，即物体的辐射力，E，W/m^2；

（2）投射辐射。单位时间内，外界投射到物体单位面积上的辐射能，G，W/m^2；

（3）吸收辐射。在投射辐射中被吸收的部分，aG，W/m^2；

（4）反射辐射。在投射辐射中被反射的部分，rG，W/m^2；

（5）有效辐射。物体的自身辐射和反射辐射之和，J，W/m^2。

根据上述定义，有效辐射可表示为：

$$J = E + rG = \varepsilon E_b + (1 - a)G \tag{12-52}$$

有效辐射实际上是单位时间内离开物体单位面积的总辐射能量，也是用仪器可测量出来的物体实际辐射的能量。

从图 12-34 可以看出，物体与外界的辐射换热通量可从两方面去研究。

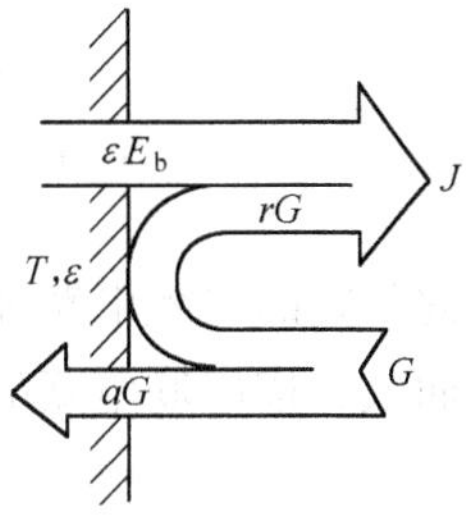

一方面，从物体与外界的热平衡看，物体在单位时间内由单位面积净放出的热量，等于离开该表面的热量减去投射到该表面的热量，即：

$$q = J - G \tag{12-53}$$

图 12-34　有效辐射示意图

另一方面，从物体内部热平衡来看，物体在单位时间内由单位面积净放出的热量，等于物体放出的热量减去物体吸收的热量，即：

$$q = E - aG = \varepsilon E_b - aG \tag{12-54}$$

两式合并并消去 G 得：

$$J = \frac{\varepsilon}{a} E_b - \left(\frac{1}{a} - 1 \right) q$$

对于灰体，$a = \varepsilon$，得：

$$J = E_b - \left(\frac{1}{\varepsilon} - 1 \right) q$$

或

$$\Phi = qA = \frac{E_b - J}{\dfrac{1 - \varepsilon}{\varepsilon A}} \tag{12-55}$$

式（12-55）同样和电路中的欧姆定律相似，其等效电路如图 12-35 所示，称为表面网络单元。$(1 - \varepsilon)/\varepsilon A$ 称为表面辐射热阻，简称表面热阻。

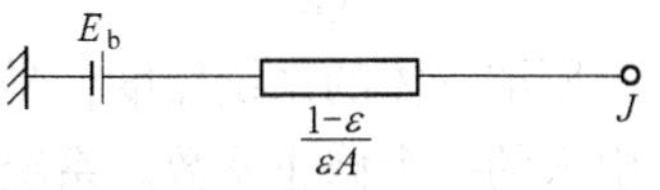

对于黑体，$\varepsilon = 1$，$(1 - \varepsilon)/\varepsilon A = 0$，$J = E + (1 - \varepsilon)G =$

图 12-35　表面网络单元

E_b，即黑体的有效辐射等于自身辐射。

如 $\Phi = 0$ 或 $q = 0$，则 $E_b = J$，即当换热系统处于热平衡状态时，物体的有效辐射等于同温度下的黑体辐射，与物体表面的黑度无关。这也是制造黑体模型时，空腔内表面温度要求均匀的原因。

表面网络单元和空间网络单元是辐射网络的基本单元，不同的辐射换热均可由它们构成相应的辐射网络。这种利用热量传输和电量传输的类似关系，将辐射换热系统模拟成相应的电路网络，通过电路分析求解辐射换热的方法，称为辐射换热的网络方法。下面就运用辐射换热网络法介绍两个灰体表面及三个灰体表面之间的辐射换热计算。

12.5.2.2　两个灰体表面间的辐射换热计算

如图 12-36（a）所示，两个灰体表面 1、2 构成封闭系统，它们的温度分别为 T_1、T_2，且 $T_1 > T_2$，表面积分别为 A_1、A_2，下面用网络法来求解表面 1 和表面 2 之间的换热问题。

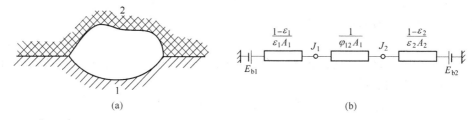

图 12-36　构成封闭系统的两个灰体表面间的辐射换热网络图

此问题的等效电路如图 12-36（b）所示。它由两个表面网络单元和一个空间网络单元串联而成，按串联电路的计算方法，两灰体表面间辐射换热的热流量为：

$$\Phi_{12} = \frac{E_{b1} - E_{b2}}{\dfrac{1 - \varepsilon_1}{\varepsilon_1 A_1} + \dfrac{1}{\varphi_{12} A_1} + \dfrac{1 - \varepsilon_2}{\varepsilon_2 A_2}} \tag{12-56}$$

因为 $\varphi_{12} A_1 = \varphi_{21} A_2$，$E_b = C_0 \left(\dfrac{T}{100}\right)^4$，所以：

$$\Phi_{12} = \frac{C_0}{\varphi_{12}\left(\dfrac{1}{\varepsilon_1} - 1\right) + 1 + \varphi_{21}\left(\dfrac{1}{\varepsilon_2} - 1\right)} \left[\left(\frac{T_1}{100}\right)^4 - \left(\frac{T_2}{100}\right)^4\right] \varphi_{12} A_1$$

$$\Phi_{12} = \varepsilon_{12} C_0 \left[\left(\frac{T_1}{100}\right)^4 - \left(\frac{T_2}{100}\right)^4\right] \varphi_{12} A_1 \tag{12-57}$$

式中，$\varepsilon_{12} = \dfrac{1}{\varphi_{12}\left(\dfrac{1}{\varepsilon_1} - 1\right) + 1 + \varphi_{21}\left(\dfrac{1}{\varepsilon_2} - 1\right)}$ 称为辐射换热系统的系统黑度。

所谓灰体的系统黑度，是因实际物体为非黑体表面，而在同一黑体系统辐射换热公式中引入的一个修正系数。系统黑度一般由角系数和表面黑度组成，当换热系统的几何关系一定时，系统黑度一般只和表面黑度有关，这时就可以通过变换表面黑度的方法来增强或减弱辐射换热。例如，为增强各种电器设备表面的辐射散热能力，可在其表面涂上黑度较大的油漆；而在需要减少辐射换热的场合（如保温瓶胆夹层），则在表面涂上黑度较小的银、铝等薄层。

此时，表面 1 净失去的热量 Φ_{1-} 为：

$$\Phi_{1-} = \frac{E_{b1} - J_1}{\dfrac{1 - \varepsilon_1}{\varepsilon_1 A_1}} \tag{12-58}$$

表面 2 净得到的热量 Φ_{2+} 为：

$$\Phi_{2+} = \frac{J_2 - E_{b2}}{\dfrac{1 - \varepsilon_2}{\varepsilon_2 A_2}} \tag{12-59}$$

由于两个灰体表面组成封闭系统，根据热平衡原理：

$$\Phi_{1-} = \Phi_{2+} = \Phi_{12} = \frac{E_{b1} - E_{b2}}{\dfrac{1 - \varepsilon_1}{\varepsilon_1 A_1} + \dfrac{1}{\varphi_{12} A_1} + \dfrac{1 - \varepsilon_2}{\varepsilon_2 A_2}} \tag{12-60}$$

下面介绍两种特殊情况：

（1）两个相距很近的无限大平行平板之间的辐射换热。在该条件下，$A_1 = A_2 = A$，$\varphi_{12} = \varphi_{21} = 1$，故有：

$$\Phi_{12} = \frac{C_0}{\dfrac{1}{\varepsilon_1} + \dfrac{1}{\varepsilon_2} - 1}\left[\left(\frac{T_1}{100}\right)^4 - \left(\frac{T_2}{100}\right)^4\right]A$$

$$= \varepsilon_{12} C_0 \left[\left(\frac{T_1}{100}\right)^4 - \left(\frac{T_2}{100}\right)^4\right]A \tag{12-61}$$

式中，$\varepsilon_{12} = \dfrac{1}{\dfrac{1}{\varepsilon_1} + \dfrac{1}{\varepsilon_2} - 1}$。

（2）一个可自见面（凹面）与一个不可自见面（凸面或平面）间的辐射换热。设表面 1 为不可自见面，则 $\varphi_{11} = 0$，$\varphi_{12} = 1$，$\varphi_{21} = A_1 / A_2$，故有：

$$\Phi_{12} = \frac{C_0}{\dfrac{1}{\varepsilon_1} + \varphi_{21}\left(\dfrac{1}{\varepsilon_2} - 1\right)}\left[\left(\frac{T_1}{100}\right)^4 - \left(\frac{T_2}{100}\right)^4\right]A_1 \tag{12-62}$$

$$\Phi_{12} = \varepsilon_{12} C_0 \left[\left(\frac{T_1}{100}\right)^4 - \left(\frac{T_2}{100}\right)^4\right]A_1 \tag{12-63}$$

式中，$\varepsilon_{12} = \dfrac{1}{\dfrac{1}{\varepsilon_1} + \varphi_{21}\left(\dfrac{1}{\varepsilon_2} - 1\right)} = \dfrac{1}{\dfrac{1}{\varepsilon_1} + \dfrac{A_1}{A_2}\left(\dfrac{1}{\varepsilon_2} - 1\right)}$。

如果 $A_2 \gg A_1$，$\varphi_{21} \approx 0$，则式（12-63）可简化为：

$$\Phi_{12} = \varepsilon_1 C_0 \left[\left(\frac{T_1}{100}\right)^4 - \left(\frac{T_2}{100}\right)^4\right]A_1 \tag{12-64}$$

此时，$\varepsilon_{12} = \varepsilon_1$。

例 12-4　如图 12-37 所示，一马弗炉内表面积 $A_2 = 1\text{m}^2$，温度为 900℃。炉中放置两块紧靠在一起的方钢且被加热，钢料的尺寸为 50mm×50mm×1000mm，求钢料表面温度为 500℃时，每小时获得的辐射换热量。

解：设炉壁内表面黑度 ε_2 及钢料表面黑度 ε_1 相等，且 $\varepsilon_1 = \varepsilon_2 = 0.8$。

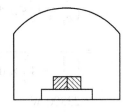

图 12-37　例 12-4 图

略去钢料两端面的受热面积，得钢料的表面积为：$A_1 = 2 \times 3 \times 0.05 \times 1 = 0.3 \text{m}^2$

方钢表面和马弗炉内表面之间的换热相当于一个凸面和一个凹面的情况，所以它们之间的角系数为：

$$\varphi_{12} = 1, \quad \varphi_{21} = \frac{A_1}{A_2} = \frac{0.3}{1} = 0.3$$

$$\Phi_{12} = \frac{C_0}{\dfrac{1}{\varepsilon_1} + \varphi_{21}\left(\dfrac{1}{\varepsilon_2} - 1\right)} \left[\left(\frac{T_1}{100}\right)^4 - \left(\frac{T_2}{100}\right)^4\right] A_1$$

$$= \frac{5.67}{\dfrac{1}{0.8} + 0.3 \times \left(\dfrac{1}{0.8} - 1\right)} \times \left[\left(\frac{1173}{100}\right)^4 - \left(\frac{773}{100}\right)^4\right] \times 0.3$$

$$= 19724 \text{ W}$$

钢料每小时获得的辐射换热量为：

$$Q = \Phi_{12} \times 3600 = 71 \times 10^3 \text{kJ/h}$$

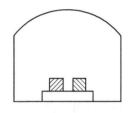

图 12-38　例 12-5 图

例 12-5　在例 12-4 中，若两块方钢相距 50mm 放置（见图 12-38），其他条件不变，钢料表面温度为 500℃ 时，每小时获得的辐射换热量又是多少？设 x 为垂直于纸面方向的方钢长度，d 为两块方钢之间的距离；y 为方钢的高度。

解：分开放置时，钢料的受热面积为：$A_1 = 2 \times 4 \times 0.05 \times 1 = 0.4 \text{m}^2$。

钢料相对炉壁为不可自见面；钢料之间有间隙，故对钢料整体而言，钢料之间为可自见面，两块钢料相对的两表面之间的角系数可由图 12-21 查出：

$$\frac{x}{d} = \frac{0.05}{0.05} = 1, \quad \frac{y}{d} = \frac{1}{0.05} = 20, \quad 查出 \varphi = 0.4$$

因为钢料自见面只占钢料表面的 1/4，所以：

$$\varphi_{11} = \varphi/4 = 0.4/4 = 0.1$$

由角系数的完整性得：

$$\varphi_{12} = 1 - \varphi_{11} = 1 - 0.1 = 0.9$$

由角系数的相对性得：

$$\varphi_{21} = \varphi_{12}\frac{A_1}{A_2} = 0.9 \times \frac{0.4}{1} = 0.36$$

$$\Phi_{12} = \frac{C_0}{\left(\dfrac{1}{\varepsilon_1} - 1\right)\varphi_{12} + 1 + \varphi_{21}\left(\dfrac{1}{\varepsilon_2} - 1\right)} \left[\left(\frac{T_1}{100}\right)^4 - \left(\frac{T_2}{100}\right)^4\right] A_1 \varphi_{12}$$

$$= \frac{5.67}{\left(\dfrac{1}{0.8} - 1\right) \times 0.9 + 1 + 0.36 \times \left(\dfrac{1}{0.8} - 1\right)} \times \left[\left(\frac{1173}{100}\right)^4 - \left(\frac{773}{100}\right)^4\right] \times 0.4 \times 0.9$$

$$= 23800 \text{ W}$$

钢料每小时获得的辐射换热量为：

$$Q = \Phi_{12} \times 3600 = 85.68 \text{ MJ/h}$$

例 12-6 在金属铸型中浇注平板铝铸件，已知平板铝铸件的长、宽分别为 200mm 及 300mm，铸件和铸型表面的温度分别为 $t_1 = 500℃$、$t_2 = 327℃$，黑度分别为 $\varepsilon_1 = 0.4$、$\varepsilon_2 = 0.8$。由于铸件凝固收缩、铸型受热膨胀，在铸件和铸型之间形成气隙，如气隙中的气体为透明气体，试求此时铸件和铸型之间的辐射换热量。

解： 通常气隙很薄，铸件和铸型之间的辐射换热可看成是两个大平板之间的辐射换热，根据式（12-61），得到整个铸件的两个侧面与金属铸型之间的辐射换热量为：

$$\Phi_{12} = \frac{2C_0}{\dfrac{1}{\varepsilon_1} + \dfrac{1}{\varepsilon_2} - 1}\left[\left(\frac{T_1}{100}\right)^4 - \left(\frac{T_2}{100}\right)^4\right]A$$

$$= \frac{2 \times 5.67}{\dfrac{1}{0.4} + \dfrac{1}{0.8} - 1} \times \left[\left(\frac{773}{100}\right)^4 - \left(\frac{600}{100}\right)^4\right] \times 0.2 \times 0.3$$

$$= 563 \text{ W}$$

12.5.3 三个灰体表面间的辐射换热

如图 12-39（a）所示，三个灰体表面 A_1、A_2 和 A_3 构成封闭系统，下面用网络法求三个灰体表面间的辐射换热。

三个灰体表面间辐射换热的网络图如图 12-39（b）所示，每个表面都有一个表面热阻，而且每两个表面之间又各有一个空间热阻。

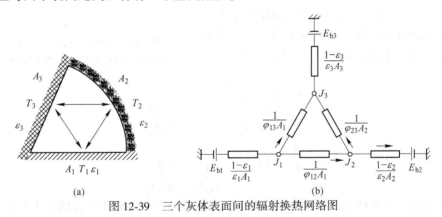

图 12-39 三个灰体表面间的辐射换热网络图

有效辐射 J_1、J_2 和 J_3 可根据电学中的克希荷夫定律确定。该定律指出，流入网络任一节点的电流之和等于零。根据此定律，得：

J_1 节点
$$\frac{E_{b1} - J_1}{\dfrac{1 - \varepsilon_1}{\varepsilon_1 A_1}} + \frac{J_2 - J_1}{\dfrac{1}{\varphi_{12} A_1}} + \frac{J_3 - J_1}{\dfrac{1}{\varphi_{13} A_1}} = 0 \tag{12-65}$$

J_2 节点
$$\frac{E_{b2} - J_2}{\dfrac{1 - \varepsilon_2}{\varepsilon_2 A_2}} + \frac{J_1 - J_2}{\dfrac{1}{\varphi_{12} A_1}} + \frac{J_3 - J_2}{\dfrac{1}{\varphi_{23} A_2}} = 0 \tag{12-66}$$

J_3 节点
$$\frac{E_{b3} - J_3}{\dfrac{1 - \varepsilon_3}{\varepsilon_3 A_3}} + \frac{J_1 - J_3}{\dfrac{1}{\varphi_{13} A_1}} + \frac{J_2 - J_3}{\dfrac{1}{\varphi_{23} A_2}} = 0 \qquad (12\text{-}67)$$

各个表面的净辐射热流为：
$$\Phi_1 = \frac{E_{b1} - J_1}{\dfrac{1 - \varepsilon_1}{\varepsilon_1 A_1}}, \quad \Phi_2 = \frac{E_{b2} - J_2}{\dfrac{1 - \varepsilon_2}{\varepsilon_2 A_2}}, \quad \Phi_3 = \frac{E_{b3} - J_3}{\dfrac{1 - \varepsilon_3}{\varepsilon_3 A_3}} \qquad (12\text{-}68)$$

各表面之间的辐射换热为：
$$\Phi_{12} = \frac{J_1 - J_2}{\dfrac{1}{\varphi_{12} A_1}}, \quad \Phi_{13} = \frac{J_1 - J_3}{\dfrac{1}{\varphi_{13} A_1}}, \quad \Phi_{23} = \frac{J_2 - J_3}{\dfrac{1}{\varphi_{23} A_2}} \qquad (12\text{-}69)$$

如果已知 T_1、T_2 和 T_3 以及 ε_1、ε_2、ε_3，φ_{12}、φ_{13}、φ_{23}，就可求出 J_1、J_2 和 J_3，然后就可求出各面之间的辐射换热 Φ_{12}、Φ_{13} 和 Φ_{23} 以及各个表面的净辐射热流 Φ_1、Φ_2 和 Φ_3。

这里有两种特殊情况：

（1）在炉膛传热计算中，常把炉壁表面视为吸收能量和辐射能量相等、净辐射热流量等于零的辐射绝热面，也称为重辐射面。由一个重辐射面（用 A_3 表示）和两个灰体表面组成的封闭系统的辐射网络中，没有 E_{b3}，因为重辐射绝热面不是热量的来源，但它把吸收的热量又辐射出去，其重辐射作用影响到其他表面间的辐射换热，所以有节点 J_3。重辐射表面 A_3 的特点为：$J_3 = G_3 = E_{b3}$，其等效电路如图 12-40 所示，此时的网络可看做一个并联等效电路，表面 1 和表面 2 之间的辐射换热量可按下式计算：

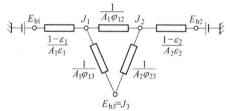

图 12-40　有重辐射面的三灰体表面的辐射换热网络图（A_3 为重辐射面）

$$\Phi_{12} = \frac{E_{b1} - E_{b2}}{\dfrac{1 - \varepsilon_1}{\varepsilon_1 A_1} + R_{eq} + \dfrac{1 - \varepsilon_2}{\varepsilon_2 A_2}} \qquad (12\text{-}70)$$

$$\frac{1}{R_{eq}} = \varphi_{12} A_1 + \frac{1}{\dfrac{1}{\varphi_{13} A_1} + \dfrac{1}{\varphi_{23} A_2}} \qquad (12\text{-}71)$$

（2）在由三个灰体表面组成的封闭体系中，如果第三个表面比其他两个表面大得多时；或第三个表面为黑表面，且其表面热阻趋于零时，则其有效辐射与黑体辐射相等。即 $A_3 \to \infty$ 时；或 $\varepsilon_3 = 0$，$\dfrac{1 - \varepsilon_3}{\varepsilon_3 A_3} \to 0$，则 $J_3 = E_{b3}$，其等效电路与有一个面为重辐射面时一样，如图 12-40 所示。但要注意，表面 3 为黑表面或大平面时，Φ_3 不等于零，因此 1、3 面间的空间热阻和 2、3 面间的空间热阻不是串联关系，这时还需要列出节点方程。节点方程如下：

J_1 节点
$$\frac{E_{b1} - J_1}{\dfrac{1 - \varepsilon_1}{\varepsilon_1 A_1}} + \frac{J_2 - J_1}{\dfrac{1}{\varphi_{12} A_1}} + \frac{J_3(\text{或} E_{b3}) - J_1}{\dfrac{1}{\varphi_{13} A_1}} - 0 \qquad (12\text{-}72)$$

J_2 节点
$$\frac{E_{b2} - J_2}{\dfrac{1 - \varepsilon_2}{\varepsilon_2 A_2}} + \frac{J_1 - J_2}{\dfrac{1}{\varphi_{12} A_1}} + \frac{J_3(\text{或 } E_{b3}) - J_2}{\dfrac{1}{\varphi_{23} A_2}} = 0 \qquad (12\text{-}73)$$

例 12-7 有两个相距 1m、尺寸为 1m×2m 的平行平板置于室温 $t_3 = 27℃$ 的大房间内。已知两板的温度和黑度分别是 $t_1 = 827℃$，$t_2 = 327℃$，$\varepsilon_1 = 0.2$，$\varepsilon_2 = 0.5$。计算每个板的净辐射热量及房间墙壁得到的辐射热量。

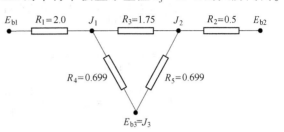

图 12-41　例 12-7 辐射网络图

解：这是三个灰体表面间的辐射换热问题，因房间面积 A_3 很大，所以表面热阻 $(1 - \varepsilon_3)/A_3\varepsilon_3 \to 0$，网络图如图 12-41 所示。

求角系数，查图 12-21 得：

$$\frac{x}{d} = \frac{2}{1} = 2, \quad \frac{y}{d} = \frac{1}{1} = 1$$

$$\varphi_{12} = 0.285, \quad A_1\varphi_{12} = A_2\varphi_{21}, \quad \varphi_{21} = 0.285$$

$$\varphi_{13} = 1 - \varphi_{12} = 0.715$$

$$\varphi_{23} = 1 - \varphi_{21} = 0.715$$

$$\frac{1 - \varepsilon_1}{\varepsilon_1 A_1} = 2, \quad \frac{1 - \varepsilon_2}{\varepsilon_2 A_2} = 0.5, \quad \frac{1}{A_1\varphi_{12}} = 1.75, \quad \frac{1}{A_1\varphi_{13}} = 0.699, \quad \frac{1}{A_2\varphi_{23}} = 0.699$$

$$E_{b1} = C_0\left(\frac{T_1}{100}\right)^4 = 83.01 \text{ kW/m}^2$$

$$E_{b2} = C_0\left(\frac{T_2}{100}\right)^4 = 7.348 \text{ kW/m}^2$$

$$E_{b3} = C_0\left(\frac{T_3}{100}\right)^4 = 0.459 \text{ kW/m}^2$$

节点方程为：

J_1 节点
$$\frac{E_{b1} - J_1}{2} + \frac{J_2 - J_1}{1.75} + \frac{E_{b3} - J_1}{0.699} = 0$$

J_2 节点
$$\frac{E_{b2} - J_1}{0.5} + \frac{J_1 - J_2}{1.75} + \frac{E_{b3} - J_2}{0.699} = 0$$

联立上面两个方程，解得：$J_1 = 18.33$ kW/m²，$J_2 = 6.437$ kW/m²

板 1 净失去的热量：$\Phi_{1-} = \dfrac{E_{b1} - J_1}{\dfrac{1 - \varepsilon_1}{\varepsilon_1 A_1}} = 32.34$ kW

板 2 净失去的热量：$\Phi_{2-} = \dfrac{E_{b2} - J_2}{\dfrac{1 - \varepsilon_2}{\varepsilon_2 A_2}} = 1.822$ kW

房间净得到的热量：$\Phi_{3+} = \Phi_{1-} + \Phi_{2-} = 34.162$ kW

例 12-8　例 12-7 中，如大房间为重辐射面，计算温度较高表面的净辐射散热。

解： 把房间看成是绝热表面，则房间墙壁不把热量传给外界。

$$E_{b1} = C_0 \left(\frac{T_1}{100} \right)^4 = 83.01 \text{ kW/m}^2$$

$$E_{b2} = C_0 \left(\frac{T_2}{100} \right)^4 = 7.348 \text{ kW/m}^2$$

$$R_1 = \frac{1 - \varepsilon_1}{\varepsilon_1 A_1} = 2, \quad R_2 = \frac{1 - \varepsilon_2}{\varepsilon_2 A_2} = 0.5, \quad R_3 = \frac{1}{A_1 \varphi_{12}} = 1.75$$

$$R_4 = \frac{1}{A_1 \varphi_{13}} = 0.699, \quad R_5 = \frac{1}{A_2 \varphi_{23}} = 0.699$$

$$\frac{1}{R_\Sigma} = \frac{1}{R_3} + \frac{1}{R_4 + R_5} = 1.29, \quad R_\Sigma = 0.78$$

$$\sum R = R_1 + R_\Sigma + R_2 = 3.28$$

$$\Phi_1 = \frac{E_{b1} - E_{b2}}{\sum R} = 23.06 \text{ kW}$$

与例 12-7 比较，此时温度较高表面的净辐射散热减少了约 29%。

12.5.4　有遮热板时的辐射换热

在工程中有时要削弱表面之间的辐射换热，最常用的方法是在换热表面之间插入薄板，这种被用来阻碍辐射换热的薄板叫遮热板。

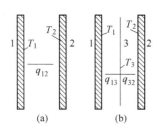

图 12-42　遮热板原理

下面分析在两块平行平板之间插入遮热板以后，对其辐射换热的影响。

如图 12-42（a）所示，假定有两块彼此平行的无限大平板，它们的温度和黑度分别为 T_1、ε_1 和 T_2、ε_2，面积为 A，这时平板间的辐射换热通量为：

$$q_{12} = \frac{\Phi_{12}}{A} = \frac{E_{b1} - E_{b2}}{\dfrac{1}{\varepsilon_1} + \dfrac{1}{\varepsilon_2} - 1} \tag{12-74}$$

如果在平板 1 和平板 2 之间放置一块面积相同的遮热板，其温度为 T_3，黑度为 ε_3。如图 12-42（b）所示。假定隔热屏很薄，且导热系数很大，它既不增加也不带走换热系统的热量，那么该系统的辐射换热网络图如图 12-43 所示，此时平板 1 和平板 2 之间的辐射换热通量为：

$$q'_{12} = \frac{\Phi'_{12}}{A} = \frac{E_{b1} - E_{b2}}{\dfrac{1 - \varepsilon_1}{\varepsilon_1} + \dfrac{1}{\varphi_{13}} + \dfrac{1 - \varepsilon_3}{\varepsilon_3} + \dfrac{1 - \varepsilon_3}{\varepsilon_3} + \dfrac{1}{\varphi_{32}} + \dfrac{1 - \varepsilon_2}{\varepsilon_2}} \tag{12-75}$$

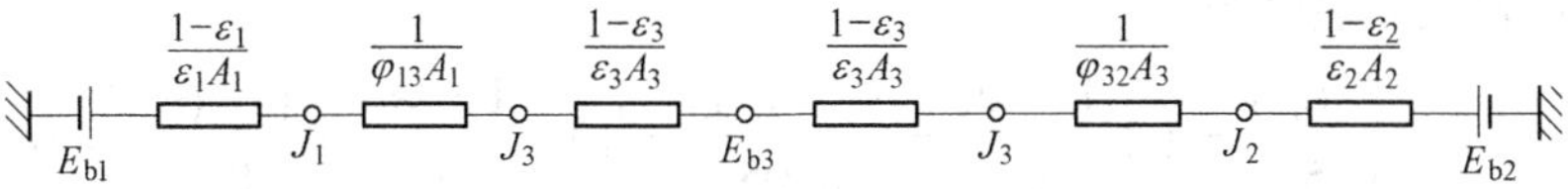

图 12-43　两块大平板间加一块遮热板时的辐射换热网络图

假定 $\varepsilon_1 = \varepsilon_2 = \varepsilon_3 = \varepsilon$，$\varphi_{13} = \varphi_{32} = 1$，则：

$$q_{12} = \frac{E_{b1} - E_{b2}}{\dfrac{2}{\varepsilon} - 1}$$

$$q'_{12} = \frac{E_{b1} - E_{b2}}{2\left(\dfrac{2}{\varepsilon} - 1\right)} = \frac{1}{2}q_{12} \tag{12-76}$$

由此可见，两平板间加入一块黑度与其相同的遮热板后，两平板间的辐射换热量减少为原来的 $1/2$。

如放置 n 块黑度同为 ε 的隔热屏，同样可证明：

$$q'_{12} = \frac{1}{n+1}q_{12} \tag{12-77}$$

实际上都采用低黑度的金属薄板作遮热板，这样，遮热板削弱辐射换热的效果更显著。

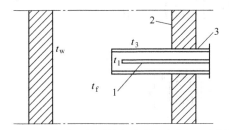

图 12-44　单层遮热罩抽气式热电偶测温示意图
1—热电偶；2—炉壁；3—遮热罩

工程中常利用遮热板来提高温度测量的精度。图 12-44 为单层遮热罩抽气式热电偶的测温示意图。在使用裸露热电偶测量高温气流的温度时，高温气流以对流方式把热量传给测温元件，同时测温元件又以辐射换热的方式把热量传给温度较低的气体导管壁面。当热电偶的对流换热量等于其辐射换热量时，热电偶达到某一平衡温度，即指示温度。可见，该指示温度必低于气体的真实温度，造成了测量误差。采用遮热罩后，由于遮热罩的温度高于气体导管的温度，可减少测温元件的辐射换热；而抽气作用可提高流体流速，增强对流传热，从而使热电偶测得的温度更接近于气体的真实温度，减小测量误差。

例 12-9　两平行大平板之间进行辐射换热，平板的黑度 $\varepsilon_1 = 0.5$，$\varepsilon_2 = 0.8$，如果中间加一块 $\varepsilon_3 = 0.05$ 的铝箔遮热板，试问辐射换热量减少多少？

解： 未加遮热板时，两平行大平板之间的辐射换热量为：

$$q_{12} = \frac{E_{b1} - E_{b2}}{\dfrac{1}{\varepsilon_1} + \dfrac{1}{\varepsilon_2} - 1} = \frac{E_{b1} - E_{b2}}{2.25}$$

加入遮热板后，参考辐射网络图 12-42（b），得辐射换热量为：

$$q'_{12} = \frac{E_{b1} - E_{b2}}{\dfrac{1-\varepsilon_1}{\varepsilon_1} + \dfrac{1}{\varphi_{13}} + \dfrac{1-\varepsilon_3}{\varepsilon_3} + \dfrac{1-\varepsilon_3}{\varepsilon_3} + \dfrac{1}{\varphi_{32}} + \dfrac{1-\varepsilon_2}{\varepsilon_2}}$$

单位面积各表面热阻为:

$$\frac{1-\varepsilon_1}{\varepsilon_1} = \frac{1-0.5}{0.5} = 1 , \frac{1-\varepsilon_3}{\varepsilon_3} = \frac{1-0.05}{0.05} = 19 , \frac{1-\varepsilon_2}{\varepsilon_2} = \frac{1-0.8}{0.8} = 0.25$$

根据两块无限大平板之间角系数的性质,可得单位面积各空间热阻为:

$$\frac{1}{\varphi_{13}} = 1 , \frac{1}{\varphi_{32}} = 1$$

所以:

$$q'_{12} = \frac{E_{b1} - E_{b2}}{1 + 1 + 19 + 19 + 1 + 0.25} = \frac{E_{b1} - E_{b2}}{41.25}$$

$$\frac{q'_{12}}{q_{12}} = \frac{2.25}{41.25} \times 100\% = 5.45\%$$

设置遮热板后,辐射换热量为原来的 5.45%,即减少了 94.55%。

例 12-10 用裸露热电偶测得炉膛烟气温度 $t_1 = 792℃$。已知水冷壁壁面温度 $t_w = 600℃$,烟气对热电偶表面的对流换热系数 $h = 58.2W/(m^2 \cdot ℃)$,热电偶的表面黑度 $\varepsilon_1 = 0.3$,试求炉膛烟气的真实温度和测量误差。

解: 热电偶的表面积相对于水冷壁的面积来说很小,即 $A_1/A_2 \approx 0$,因此它们之间的辐射换热量可按式 (12-64) 计算。热电偶的对流换热和辐射换热的能量平衡式为:

$$q = h(t_f - t_1) = \varepsilon_1(E_{b1} - E_{bw}) = \varepsilon_1 C_0 \left[\left(\frac{T_1}{100} \right)^4 - \left(\frac{T_w}{100} \right)^4 \right]$$

$$t_f = t_1 + \frac{\varepsilon_1 C_0}{h} \left[\left(\frac{T_1}{100} \right)^4 - \left(\frac{T_w}{100} \right)^4 \right]$$

$$= 792 + \frac{0.3 \times 5.67}{58.2} \times \left[\left(\frac{1065}{100} \right)^4 - \left(\frac{873}{100} \right)^4 \right]$$

$$= 998.2 \ ℃$$

绝对误差 $= 998.2 - 792 = 206.2 \ ℃$

相对误差 $= 206.2/998.2 \times 100\% = 20.7\%$

这样大的测温误差是不允许的。

例 12-11 用单层遮热罩抽气式热电偶测炉膛烟气温度。已知水冷壁壁面温度 $t_w = 600℃$,烟气对热电偶和遮热罩的对流换热系数 $h = 116W/(m^2 \cdot ℃)$,热电偶和遮热罩的表面黑度都为 0.3,当烟气的真实温度 $t_f = 1000℃$ 时,热电偶的指示温度为多少?

解: 烟气以对流方式传给遮热罩内外两个表面的热量 q_3 为:

$$q_3 = 2h(t_f - t_3) = 2 \times 116 \times (1000 - t_3)$$

遮热罩对水冷壁的辐射换热量 q_4 为:

$$q_4 = \varepsilon C_0 \left[\left(\frac{T_3}{100} \right)^4 - \left(\frac{T_w}{100} \right)^4 \right] = 0.3 \times 5.67 \times \left[\left(\frac{T_3}{100} \right)^4 - \left(\frac{873}{100} \right)^4 \right]$$

在热平衡时,$q_3 = q_4$,由此采用试算法,可得:$t_3 = 903℃$。

烟气对热电偶的对流换热量 q_1 为:

$$q_1 = h(t_f - t_1) = 116 \times (1000 - t_1)$$

热电偶对遮热罩的辐射换热量 q_2 为：

$$q_2 = \varepsilon_1 C_0 \left[\left(\frac{T_1}{100} \right)^4 - \left(\frac{T_3}{100} \right)^4 \right] = 0.3 \times 5.67 \times \left[\left(\frac{T_1}{100} \right)^4 - \left(\frac{1176}{100} \right)^4 \right]$$

在热平衡时，$q_1 = q_2$，由此可得：$t_1 = 951.2℃$。

绝对误差 $= 1000 - 951.2 = 48.8$ ℃

相对误差 $= 48.8/1000 \times 100\% = 4.88\%$

与裸露热电偶相比，测温精度大为提高。为了进一步降低测温误差，还可采用多层遮热罩抽气式热电偶。

12.6　气体与固体表面间的辐射换热

上面所讨论的固体间的辐射换热都忽略了气体的辐射作用。因为在工程上常见的温度范围内，空气、氢气、氧气、氮气等分子结构对称的双原子气体，实际上并无发射和吸收辐射的能力，可认为是热辐射的透明体，可忽略它们的辐射作用。但是，二氧化碳、水蒸气、二氧化硫及甲烷等三原子、多原子气体及结构不对称的双原子气体，一般都具有较大的吸收和辐射能力。当有这类气体存在时，就要涉及气体和固体间的辐射换热问题了。冶金炉高温烟气的主要成分是二氧化碳及水蒸气，这里讲的气体辐射大多以这两种气体为主。

12.6.1　气体辐射的特点

气体的辐射不同于固体和液体，有如下特点：

（1）气体的吸收和辐射与气体的分子结构有关。在工业常用温度范围内，单原子气体和对称双原子气体（如 He、Ne、H_2、N_2、O_2 和纯净空气等）的辐射和吸收能力很小，视为透明体；多原子气体以及非对称性分子（如 CO_2、H_2O、CH_4、CO，HCl 等）有一定的辐射和吸收能力，在分析和计算辐射换热时，必须予以考虑。

（2）气体的吸收和辐射对波长有明显的选择性。通常，固体表面辐射和吸收的光谱是连续的，而气体则是间断的，即具有辐射和吸收特性的气体对波长有选择性。因为原子和分子在不同状态下具有不同的能级，当分子或原子由较高的能级转移到较低的能级时，就会发出一个光子而辐射出一部分能量，由于能级是不连续的，所以辐射光谱也是不连续的。一种气体只在某些波长范围内有辐射能力，相应的只在同样波长范围内具有辐射能力。一般把这种有辐射能力的波段称为光带。在光带以外，气体既不辐射也不吸收，对热射线呈现透明体的性质。

图 12-45 示出黑体、灰体和气体的辐射光谱与吸收光谱，由图可见，气体不能当作灰体处理。

图 12-46 绘出了二氧化碳及水蒸气的辐射光带。表 12-1 列出了它们的辐射及吸收光带范围。从图 12-46 及表 12-1 中都可以看出，二者的光带有部分是重叠的。

（3）气体辐射和吸收的另一个特点是，辐射和吸收在整个容积内进行，属于体积辐射。固体和液体对辐射能的发射和吸收仅限于极薄的表面层，属于表面辐射。因为气体分子的密集程度远小于固体和液体，因而允许本身辐射和投射辐射能通过具有相当厚度的气

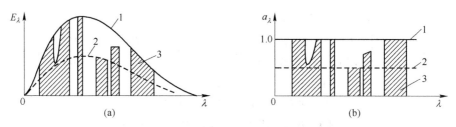

图 12-45 黑体、灰体、气体的辐射光谱及吸收光谱的比较

（a）辐射光谱；（b）吸收光谱

1—黑体；2—灰体；3—气体

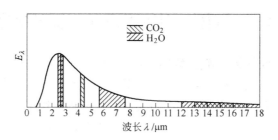

图 12-46 二氧化碳和水蒸气的辐射光带

表 12-1 水蒸气及二氧化碳的辐射光带及吸收光带

光　带	H_2O		CO_2	
	$\lambda_1 \sim \lambda_2 / \mu m$	$\Delta\lambda / \mu m$	$\lambda_1 \sim \lambda_2 / \mu m$	$\Delta\lambda / \mu m$
第一光带	2.74~3.27	1.03	2.36~3.02	0.66
第二光带	4.80~8.50	3.07	4.01~4.80	0.79
第三光带	12.00~25.00	13.00	12.5~16.5	4.00

注：$\lambda_1 \sim \lambda_2$ 表示光带的波长范围在 $\lambda_1 \sim \lambda_2$ 之间，H_2O 或 CO_2 对此波长范围内的光既能吸收，也能辐射。

体层，也就是说，辐射能进入气体层后，其能量将在沿程不断地被吸收；就辐射而言，在气体界面上所接受的气体辐射，应为到达界面上整个容积气体辐射的总和。

（4）气体中每一点的压力、温度均对辐射和吸收有影响；另外，进入的辐射能还与沿程遇到的分子数有关。

12.6.2 气体吸收定律（比尔定律）

比尔（Beer）定律，即气体吸收定律，它阐明具有吸收能力的气体层中辐射能被吸收而减弱的规律。

气体辐射能力和吸收能力仍以黑度和吸收率表示。

图 12-47 所示为辐射线通过厚度为 s（射线行程）的气体层时被吸收的情况。设单色辐射强度为 $I_{\lambda 0}$ 的热射线通过厚度为 x 的气层后，辐射强度变为 $I_{\lambda x}$。实验证明，在厚度为 dx 的微元层中，所减弱的单色辐射强度可表示为：

$$dI_{\lambda x} = - K_\lambda I_{\lambda x} dx \tag{12-78}$$

式中，K_λ 为单色辐射减弱系数，$1/m$，它表示单位距离内辐射强度减弱的百分数，其值与

气体的种类、压力、温度和射线波长有关；"-"表示辐射
强度随行程增加而减弱。

将式（12-78）分离变量并积分得：

$$\int_{I_{\lambda 0}}^{I_{\lambda s}} \frac{\mathrm{d}I_{\lambda x}}{I_{\lambda x}} = -K_\lambda \int_0^s \mathrm{d}x$$

$$I_{\lambda s} = I_{\lambda 0} \mathrm{e}^{-K_\lambda s} \qquad (12\text{-}79)$$

式（12-79）就是气体吸收定律，它表明单色辐射强度
穿过气层时，按指数规律衰减。

射线通过厚度为 s 的气体层后，被吸收的辐射能为：

$$I_{\lambda 0} - I_{\lambda s} = I_{\lambda 0}(1 - \mathrm{e}^{-K_\lambda s}) \qquad (12\text{-}80)$$

由式（12-80）可得出气体对射线的单色吸收率为：

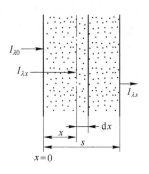

图 12-47 辐射能通过吸收性
气体示意图

$$a_{g\lambda} = \frac{I_{\lambda 0} - I_{\lambda s}}{I_{\lambda 0}} = 1 - \mathrm{e}^{-K_\lambda s} \qquad (12\text{-}81)$$

根据基尔霍夫定律，物体的单色吸收率等于单色黑度，由此得出：

$$\varepsilon_{g\lambda} = a_{g\lambda} = 1 - \mathrm{e}^{-K_\lambda s} \qquad (12\text{-}82)$$

式（12-82）表明：对一定种类的气体，射线行程 s 越大，即气体层越厚，射线沿途
接触的分子数越多，因而吸收率也越大，相应的，黑度 $\varepsilon_{g\lambda}$ 也越大。当 $s \to \infty$ 时，$\varepsilon_{g\lambda} = a_{g\lambda} \to 1$，即厚层气体对该波长的射线具有黑体的性质。

12.6.3 气体的黑度和吸收率

12.6.3.1 气体的黑度

气体的黑度可定义为气体的辐射力与同温度下黑体的辐射力之比，即：

$$\varepsilon_g = \frac{E_g}{E_b} \qquad (12\text{-}83)$$

气体的辐射力为：

$$E_g = \varepsilon_g C_0 \left(\frac{T_g}{100}\right)^4 \qquad (12\text{-}84)$$

目前，对于一般工业炉内燃烧产物中 CO_2 和 H_2O 的辐射力，可综合成下列经验公式：

$$E_{CO_2} = 18.89 \left(p_{CO_2}s\right)^{\frac{1}{3}} \left(\frac{T_g}{100}\right)^{3.5} \qquad (12\text{-}85)$$

$$E_{H_2O} = 162.03 p_{H_2O}^{0.8} s^{0.6} \left(\frac{T_g}{100}\right)^3 \qquad (12\text{-}86)$$

式中，p_{CO_2}、p_{H_2O} 分别为 CO_2 和 H_2O 的分压力，kPa；s 为有效平均射线行程，m。

将上述关系式与黑度相联系，可得到气体黑度的一般关系式为：

$$\varepsilon_g = f(T_g, \ p \cdot s) \qquad (12\text{-}87)$$

为使用方便，已将测定数据制成图表，其中以霍脱尔（H. C. Hottel）等提供的线图使
用最广。

图 12-48 是计算二氧化碳黑度用的线图。图中横坐标为温度，纵坐标为二氧化碳的黑

度 ε'_{CO_2}，参量坐标为 CO_2 气体分压（p_{CO_2}）和射线行程（s）的乘积 $p_{CO_2} \cdot s$。该图是用透明气体和二氧化碳组成混合气体，在总压力为 $1 \times 10^5 Pa$ 条件下作出的。若混合气体的总压力不是 $1 \times 10^5 Pa$，则要对其进行修正，CO_2 黑度的压力修正系数为 C_{CO_2}，可由图 12-49 查出。同样，可由图 12-50 和图 12-51 查出水蒸气的黑度 ε'_{H_2O} 和修正系数 C_{H_2O}。这样可以得出：

$$\varepsilon'_{CO_2} = f_1(T_g, \ p_{CO_2} \cdot s) \tag{12-88}$$

$$\varepsilon_{CO_2} = C_{CO_2} \varepsilon'_{CO_2} \tag{12-89}$$

$$\varepsilon'_{H_2O} = f_2(T_g, \ p_{H_2O} \cdot s) \tag{12-90}$$

$$\varepsilon_{H_2O} = C_{H_2O} \varepsilon'_{H_2O} \tag{12-91}$$

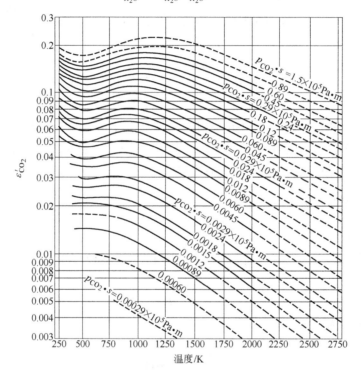

图 12-48　二氧化碳的黑度

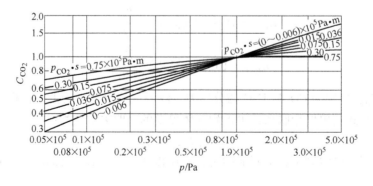

图 12-49　二氧化碳黑度的压力修正系数

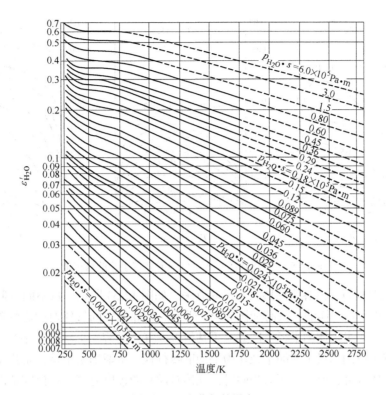

图 12-50　水蒸气的黑度

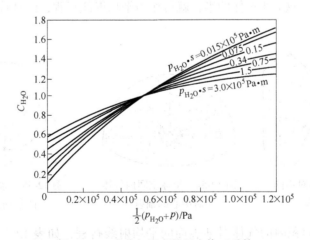

图 12-51　水蒸气黑度的压力修正系数

当气体中同时存在水蒸气和二氧化碳两种辐射气体时，由于二氧化碳和水蒸气的光带有部分重合，要进行修正，混合气体的黑度可由式（12-92）计算：

$$\varepsilon_g = \varepsilon_{CO_2} + \varepsilon_{H_2O} - \Delta\varepsilon \qquad (12\text{-}92)$$

式中，$\Delta\varepsilon$ 为二氧化碳和水蒸气辐射光带重叠的修正值，可由图 12-52 查出。在一般冶金炉条件下，其值很小，一般不超过 4%~6%，故通常不予以考虑。

在求气体黑度时，二氧化碳和水蒸气的分压力可由道尔顿分压定律确定，当总压力为 $1 \times 10^5 Pa$ 时，它们的分压力就等于其体积分数。射线行程则用平均射线行程来计算。

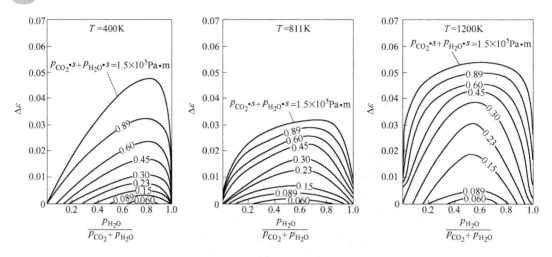

图 12-52　二氧化碳和水蒸气辐射光带重叠的修正值

平均射线射程与气体容积的形状和尺寸有关。如图 12-53 所示，从不同方向辐射到 A 和 B 处的射线行程是不一样的。只有如图 12-54 所示的半球形空间气体对中心辐射时，射线行程是一样的，等于半球体的半径。因此对于其他包围气体的容积形状可采用当量半球的处理方法，这样就可以用当量半球的半径作为平均射线行程。所谓当量半球，是指半球内的气体与所研究的气体成分、温度、压力相同时，气体对球心的辐射力等于所研究情况下气体对指定位置的辐射力。如图 12-55 所示的球形空间，把它折算成辐射效果相同的当量半球，如图 12-55 中的虚线所示，这时半球体的半径就可作为平均射线行程，经计算，半球形的半径为原球形直径的 2/3。

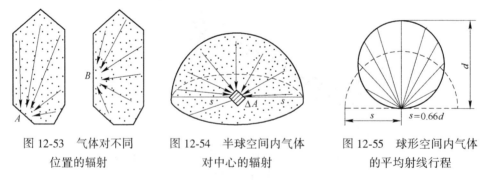

图 12-53　气体对不同
位置的辐射

图 12-54　半球空间内气体
对中心的辐射

图 12-55　球形空间内气体
的平均射线行程

几种典型几何容积内的气体对某表面的平均射线行程，如表 12-2 所示。表中未列出的几何形状，平均射线行程可按式（12-93）近似计算：

$$s = \frac{4V}{A} \qquad (12\text{-}93)$$

式中，V 为气体所占容积，m^3；A 为包围气体的器壁表面积，m^2。

实际的平均射线行程称为有效平均射线行程，有效平均射线行程和平均射线行程的关系如下：

$$s_{有效} = \eta s \qquad (12\text{-}94)$$

式中，η 为系数，$0.85 \sim 0.90$。

表 12-2 气体辐射的平均射线行程和有效平均射线行程

气体容积的形状	特征尺寸	平均射线行程	有效平均射线行程
球体对其表面的辐射	直径 d	$\frac{2}{3}d$	约 $0.6d$
无限长圆柱体向内表面辐射	直径 d	d	约 $0.9d$
高等于直径的圆柱体对整个表面的辐射	直径 d	$\frac{2}{3}d$	约 $0.6d$
高等于直径的圆柱体对底面中心的辐射	直径 d		约 $0.77d$
两无限大平板对任一侧表面的辐射	平板间距 h	$2h$	$1.8h$
立方体对其表面的辐射	边长 a	$\frac{2}{3}a$	约 $0.6a$
叉排管束（正三角形排列）对管壁表面的辐射 净空距离 D 等于管子外径 d 净空距离 D 等于管子外径 d 的两倍	外径 d 外径 d	$3.4D$ $4.45D$	$2.9D$ $3.8D$
顺排管束（正方形排列）对管壁表面的辐射 净空距离 D 等于管子外径 d	外径 d	$4.1D$	$3.5D$

12.6.3.2 气体的吸收率

气体辐射有选择性，气体的吸收率与气体温度以及器壁温度都有关。气体的温度与器壁温度相等时，气体的吸收率与它的黑度相等。如果气体温度不等于器壁温度，气体的吸收率就不等于它的黑度，这时 CO_2、H_2O 的吸收率可按下列经验公式计算：

$$a_{CO_2} = C_{CO_2} \varepsilon'_{CO_2} \left(\frac{T_g}{T_w}\right)^{0.65} \tag{12-95}$$

$$a_{H_2O} = C_{H_2O} \varepsilon'_{H_2O} \left(\frac{T_g}{T_w}\right)^{0.45} \tag{12-96}$$

式中，T_g 为气体的温度，K；T_w 为壁面的温度，K。

式中的 ε'_{CO_2}、ε'_{H_2O} 的值可用 T_w 作横坐标，用 $p_{CO_2} \cdot s(T_w/T_g)$、$p_{H_2O} \cdot s(T_w/T_g)$ 作参变量，由图 12-48 和图 12-50 查出。

对于含有 CO_2 和 H_2O 的混合气体，其吸收率为：

$$a_g = a_{CO_2} + a_{H_2O} - \Delta a \tag{12-97}$$

$$\Delta a = \Delta \varepsilon_{T_w} \tag{12-98}$$

式中，$\Delta \varepsilon_{T_w}$ 为根据壁温 T_w 由图 12-52 查得的修正值。

例 12-12 某炉膛容积为 35m³，炉膛内表面积为 55m³，烟气中（体积分数）：H_2O 7.6%、CO_2 18.6%，烟气总压力为 1×10^5 Pa，烟气平均温度为 1200℃，求烟气的黑度。

解：有效平均射线行程为：

$$s = 0.9 \cdot \frac{4V}{A} = 0.9 \times \frac{4 \times 35}{55} = 2.29 \text{ m}$$

分压力为：

$$p_{CO_2} = p \frac{V_{CO_2}}{V} = 1 \times 10^5 \times 0.186 = 1.86 \times 10^4 \text{ Pa}$$

$$p_{H_2O} = p \frac{V_{H_2O}}{V} = 1 \times 10^5 \times 0.076 = 7.6 \times 10^3 \text{ Pa}$$

$$p_{CO_2} \cdot s = 1.86 \times 10^4 \times 2.29 = 4.26 \times 10^4 \text{ Pa} \cdot \text{m}$$

$$p_{H_2O} \cdot s = 7.6 \times 10^3 \times 2.29 = 1.74 \times 10^3 \text{ Pa} \cdot \text{m}$$

查图 12-48 和图 12-50 得：$\varepsilon'_{CO_2} = 0.16$，$\varepsilon'_{H_2O} = 0.13$

查图 12-49 和图 12-51 得：$C_{CO_2} = 1$，$C_{H_2O} = 1.05$

忽略 $\Delta\varepsilon$，最后得：

$$\varepsilon_g = \varepsilon_{CO_2} + \varepsilon_{H_2O} = 1 \times 0.16 + 1.05 \times 0.13 = 0.3$$

例 12-13 在直径 1m 的烟道内，有温度 $t_g = 1000℃$、总压力为 $1 \times 10^5 \text{Pa}$、含 CO_2 5%（体积分数）的烟气，若烟道壁温度 $t_w = 500℃$，求气体的吸收率。

解：有效平均射线行程查表 12-2 得：

$$s = 0.9d = 0.9 \times 1 = 0.9 \text{ m}$$

$$p_{CO_2} \cdot s = 0.05 \times 1 \times 10^5 \times 0.9 = 4.5 \times 10^3 \text{ Pa} \cdot \text{m}$$

查图 12-48 和图 12-49 得：$\varepsilon'_{CO_2} = 0.081$，$C_{CO_2} = 1$

所以 $\varepsilon_g = C_{CO_2} \varepsilon'_{CO_2} = 1 \times 0.081 = 0.081$

当 $t_w = 500℃$ 时：$p_{CO_2} \cdot s \left(\frac{T_w}{T_g} \right) = 4.75 \times 10^3 \times \frac{773}{1273} = 2.9 \times 10^3 \text{ Pa} \cdot \text{m}$

查图 12-48 得：$\varepsilon'_{CO_2} = 0.075$

最终得：$a_g = a_{CO_2} = C_{CO_2} \varepsilon'_{CO_2} \left(\frac{T_g}{T_w} \right)^{0.65} = 1 \times 0.075 \times \left(\frac{1273}{773} \right)^{0.65} = 0.104$

可以看出：$a_g \neq \varepsilon_g$

12.6.4 气体与围壁表面间的辐射换热

如图 12-56 所示，设有一内表面积为 A_w 的容器，内部充满了辐射性气体，壁面为灰体，容器内表面和气体的温度及黑度分布均匀，内表面和气体的温度、黑度、吸收率分别用 T_w、T_g、ε_w、ε_g，a_w、a_g 表示，且 $T_g > T_w$。这时，气体与围壁间的辐射换热用有效辐射的概念可得到计算式（12-99）：

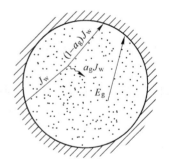

$$\Phi_{gw} = \frac{C_0}{\frac{1}{a_g} + \frac{1}{\varepsilon_w} - 1} \left[\frac{\varepsilon_g}{a_g} \left(\frac{T_g}{100} \right)^4 - \left(\frac{T_w}{100} \right)^4 \right] A_w \quad (12\text{-}99)$$

图 12-56 气体与围壁
表面间的辐射换热

如围壁的黑度 $\varepsilon_w \geqslant 0.7$，可用式（12-100）近似计算：

$$\Phi_{gw} = \varepsilon'_w C_0 \left[\varepsilon_g \left(\frac{T_g}{100} \right)^4 - a_g \left(\frac{T_w}{100} \right)^4 \right] A_w \quad (12\text{-}100)$$

式中，$\varepsilon'_w = (1 + \varepsilon_w)/2$，称为围壁的有效黑度。

当气体的温度与围壁温度相近时，可认为 $\varepsilon_g = a_g$，则式（12-99）可简化为：

$$\Phi_{gw} = \frac{C_0}{\dfrac{1}{\varepsilon_g} + \dfrac{1}{\varepsilon_w} - 1}\left[\left(\frac{T_g}{100}\right)^4 - \left(\frac{T_w}{100}\right)^4\right]A_w \tag{12-101}$$

如围壁是黑体，则气体与黑体包壳之间的辐射换热量可用式（12-102）计算：

$$\Phi_{gw} = C_0\left[\varepsilon_g\left(\frac{T_g}{100}\right)^4 - a_g\left(\frac{T_w}{100}\right)^4\right]A_w \tag{12-102}$$

12.7 对流与辐射共同存在时的热量传输

工程上实际的热量传输过程，常常是辐射换热和对流换热同时存在的，这种换热方式称为复合换热。如铸件的冷却过程，一方面靠铸坯表面和周围环境之间的辐射换热，另一方面也靠铸坯表面和周围空气之间的对流换热。铸坯表面温度不同，这两种方式所起的作用不同。

对于复合换热，物体表面的总热流量 Φ 应为辐射换热的热流量 Φ_r 和对流换热的热流量 Φ_c 之和。即：

$$\Phi = \Phi_r + \Phi_c \tag{12-103}$$

设物体表面的换热面积为 A，温度为 t_w，周围气体温度为 t_f，对流换热系数为 h_c，则：

$$\Phi_c = h_c(t_w - t_f)A \tag{12-104}$$

工程上为计算方便，常把辐射换热中的辐射换热等效作为对流换热处理，将 Φ_r 也按牛顿冷却公式表示，即：

$$\Phi_r = h_r(t_w - t_f)A \tag{12-105}$$

式中，h_r 为辐射换热系数，$h_r = \dfrac{\Phi_r}{(t_w - t_f)A}$。

将式（12-104）和式（12-105）代入式（12-103）得：

$$\Phi = (h_r + h_c)(t_w - t_f)A = h_\Sigma(t_w - t_f)A \tag{12-106}$$

式中，h_Σ 为总换热系数，$h_\Sigma = h_r + h_c$。

在辐射和对流同时存在的复合换热中，如果两种方式的热流量 Φ_r 和 Φ_c 相差甚大，计算时可只取主导作用的一方。

————————— 本 章 小 结 —————————

因热的原因而产生的电磁波辐射称为热辐射。物体之间通过相互辐射和吸收进行的热量传输过程称为辐射换热。本章介绍了热辐射的本质和特点，如吸收、反射和透过等，黑体辐射的基本定律，如普朗克定律、斯忒藩－玻耳兹曼定律等，实际物体的辐射特性，如基尔霍夫定律。还介绍了角系数的性质与确定方法，如相对性、完整性与和分性等，两个黑体表面间、两个灰体表面间和气体与固体表面间辐射换热的计算方法。两固体表面间辐射换热的计算方法是本章的重点内容。

在红外辐射的范围内可以把实际工程材料看作灰体，应用黑体辐射规律，来计算实际物体之间的辐射换热。角系数是一个纯几何参数，通过角系数的定义式、查表及利用角系数的性质可计算角系数。用辐射换热的网络法可以方便地计算三个表面组成封闭系统的辐射换热。气体辐射的特点是无反射,其吸收和辐射具有选择性和容积性。辐射性气体的黑度可根据气体的温度与分压及平均有效射线行程查有关线图得到。混合气体的黑度等于各组成气体的黑度减去光带重合部分的修正值。

主要公式:

普朗克定律:$E_{b\lambda} = \dfrac{c_1 \lambda^{-5}}{\exp\left(\dfrac{c_2}{\lambda T}\right) - 1}$;

维恩位移定律:$\lambda_{max} T = 2897.6 \mu m \cdot K$;

斯忒芬-玻耳兹曼定律:$E_b = C_0 \left(\dfrac{T}{100}\right)^4$;

灰体辐射换热的四次方定律:$E = \varepsilon E_b = \varepsilon C_0 \left(\dfrac{T}{100}\right)^4$;

角系数的相对性:$\varphi_{ij} A_i = \varphi_{ji} A_j$;

角系数的完整性:$\varphi_{11} + \varphi_{12} + \varphi_{13} + \cdots + \varphi_{1n} = \displaystyle\sum_{j=1}^{n} \varphi_{1j} = 1$;

有效辐射:$J = E + rG = \varepsilon E_b + (1-a) G$;

两个灰体表面辐射换热:$\Phi_{1-} = \Phi_{2+} = \Phi_{12} = \dfrac{E_{b1} - E_{b2}}{\dfrac{1-\varepsilon_1}{\varepsilon_1 A_1} + \dfrac{1}{\varphi_{12} A_1} + \dfrac{1-\varepsilon_2}{\varepsilon_2 A_2}}$;

气体辐射力:$E_g = \varepsilon_g C_0 \left(\dfrac{T_g}{100}\right)^4$。

习题与工程案例思考题

习　题

12-1　辐射换热和传导传热及对流换热有何区别,热辐射有何特点,它和其他的电磁辐射有何不同?

12-2　热辐射的波长主要集中在哪些波长范围?

12-3　什么是绝对黑体、白体和透过体?

12-4　黑色的物体就是黑体,白色的物体就是白体,这种说法对不对,为什么?

12-5　保温瓶的夹层玻璃表面,为什么镀一层反射率很高的材料?

12-6　什么是灰体,引入灰体对研究辐射有何意义?

12-7　增强辐射换热与减少辐射换热分别适用于什么场合?试举例说明。

12-8　气体辐射有何特点?

12-9　计算如题图 12-1 所示的两种情况中的 φ_{12}。

12-10　对多数物质而言,黑度是温度的函数。若某物体的黑度与温度的函数关系式为 $\varepsilon = 0.5 + T/1000$,如果它的使用范围为 $T = 0 \sim 1000K$,你认为对吗,为什么?

12-11　两块平行放置的平板,板间的距离远小于板的高度和宽度,已知它们的温度和黑度分别为 $t_1 =$

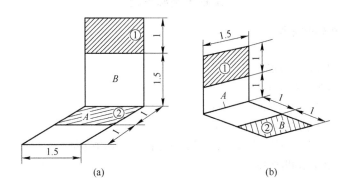

题图 12-1

527℃，$t_2 = 27$℃，$\varepsilon_1 = \varepsilon_2 = 0.8$，试求这两块平板的自身辐射、有效辐射、反射辐射、投射辐射、吸收辐射和净辐射热流。

12-12 有两平行黑体表面，相距很近，它们的温度分别为 1000℃ 和 500℃，试计算它们的辐射换热量。如果它们是灰体表面，黑度分别为 0.8 和 0.5，它们之间的辐射换热量又是多少？

12-13 外径 $d = 1$m 的热风管外表面温度为 227℃，置于露天环境中，环境温度为 27℃，求热风管的辐射散热量。若将风管放在一个 1.8m×1.8m 的砖柱中，砖柱内表面温度仍为 27℃，此时风管散热量又是多少？设管表面、砖表面的黑度均为 0.8。

12-14 用裸露的热电偶测量管道中热风的温度，热电偶指示值 $t_1 = 1000$℃，已知热风管壁温度 $t_w = 800$℃，热风对热电偶结点的对流换热系数 $h = 81.4$W/(m^2·℃)，热电偶结点的表面黑度 $\varepsilon = 0.6$，试确定热风的真实温度和测量误差。

12-15 用单层遮热罩抽气热电偶测量管道中热风温度，测量值 $t_1 = 1000$℃，若热风对热电偶结点的对流换热系数提高到 $h = 140$W/(m^2·℃)，遮热罩面积相对较小，黑度为 0.8，其他条件与题 12-16 相同，试计算热风的真实温度和测量误差。

12-16 有一个三面封闭系统，如题图 12-2 所示，是一个边长为 1m 的立方体，已知 A_3 表面为辐射绝热面，$T_1 = 1000$K，$T_2 = 300$K，$\varepsilon_1 = \varepsilon_2 = \varepsilon_3 = 0.8$，试计算 A_2 表面的净辐射热流和 A_3 表面的温度。

12-17 有一内腔为 0.2m×0.2m×0.2m 的正方形炉子，被置于室温为 27℃ 的大房间中，炉底电加热，底面温度为 427℃，$\varepsilon = 0.8$，炉子顶部开口，内腔四周及炉子底面以下均敷设绝热材料。试确定在不计对流换热的情况下，为保持炉子底面温度恒定所需提供的电功率。

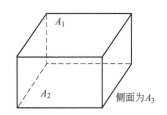

题图 12-2 三面封闭系统

12-18 三块无限大平板被平行放置，中间一块板的黑度 $\varepsilon_3 = 0.2$，另外两块板的温度和黑度分别为 $t_1 = 927$℃，$t_2 = 27$℃，$\varepsilon_1 = 0.5$，$\varepsilon_2 = 0.8$，试计算中间板 A_3 的温度。

12-19 有一辐射换热器，内径 1m，长 2m，内表面黑度 0.8，壁面温度 600℃，现通过温度为 1000℃、总压力为 1×10^{5}Pa、内含 CO_2 13% 和 H_2O 11%（均为体积分数）的烟气，求辐射换热量。

12-20 在直径 1m 的烟道中，烟气的平均温度 $t = 800$℃，烟气中 CO_2 含量（体积分数）为 14%，H_2O 含量（体积分数）为 6%，总压力为 1×10^{5}Pa，求烟气黑度。

工程案例思考题

案例 12-1 冶金熔炼炉辐射换热

案例内容：

（1）冶金熔炼炉设备结构分析；

（2）冶金熔炼炉温度分布特点；

（3）影响冶金熔炼炉辐射换热的主要因素；

（4）减少冶金熔炼炉辐射换热的有效途径。

基本要求：选择冶金生产中某一熔炼炉，根据案例内容进行归纳总结。

案例 12-2 冶金炉高温烟气辐射换热

案例内容：

（1）冶金炉高温烟气类型分析；

（2）冶金炉高温烟气辐射特点；

（3）影响高温烟气辐射换热的主要因素；

（4）增强高温烟气辐射换热的有效措施。

基本要求：选择某一冶金炉内高温烟气，根据案例内容进行归纳总结。

案例 12-3 室内地暖辐射换热

案例内容：

（1）室内地暖类型分析；

（2）室内地暖辐射换热特点；

（3）影响地暖辐射换热的主要因素；

（4）提高地暖辐射换热的有效途径。

基本要求：选择某一常见室内地暖，根据案例内容进行归纳总结。

冶金与材料制备及加工中的热量传输

本章课件

本章学习概要：主要介绍冶金与材料加工中典型热交换的特点及求解方法。要求掌握散料层、换热器、蓄热室内的热交换工作原理及热工计算，掌握凝固、热处理及焊接过程中的传热特点及影响因素。

热量传输中所讨论的是传热过程的基本理论和基本规律。而在冶金与材料制备及加工中的具体传热现象中，通常是两种或三种基本传热方式同时发生的综合传热。冶金炉有多种类型，不同类型的冶金炉传热过程不同，各有其特点。对冶金炉进行热量传输的研究、分析和计算，实质上是传热的基本理论和基本规律在冶金炉上的应用。同样，在铸造、热处理、焊接等材料制造和加工过程中，也必然伴随着热量的传递。依据热量传输的基本定律和方程研究这些特定生产过程的热量传输规律，可控制和强化生产过程，提高产品的质量。

13.1　散料层内热交换

13.1.1　固定料层内热交换

固定料层内的热交换是气、固两相之间的热量传输现象。炼铁高炉，有色冶金中的鼓风炉、竖式焙烧炉中的热交换均属此类，故也称竖炉热交换。

料层中的气流是在通过料块之间的间隙时与料块表面间进行热交换的。整个传热过程不仅包括气流与料块之间的对流与辐射，还存在着不同温度料块之间的辐射与传导（外部传热）；同时，料块内部由于温度不同也存在着导热（内部传热）。在实际炉子中，炉气与料块大多是在逆流运动中进行热交换的，而且由于物理化学变化会引起炉气及炉料水当量（指物质的比热容与其单位体积质量的乘积）、料块尺寸、物相等发生变化，因此这种热量传输过程十分复杂。为揭示其一般规律，在研究它们之间的热量传递时，常作如下假设：

（1）炉料与炉气沿整个容器横截面均匀流动；

（2）炉气与炉料的水当量保持不变；

（3）料块尺寸及物态在热交换过程中不发生变化；

（4）料层内换热系数为常数。

13.1.1.1　料块内部热阻很小（$Bi \leqslant 0.25$）时的热交换

由于料块内部热阻很小，可以认为料块内外温度均匀一致。用 ι'_g、ι''_g 分别表示气体的

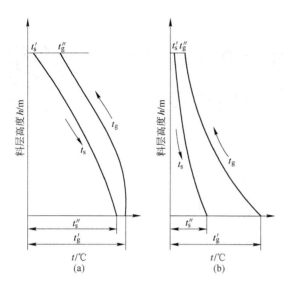

图 13-1　散料层内逆流热交换过程的温度分布

（a）$w_g > w_s$；（b）$w_g < w_s$

进出口温度；t'_s、t''_s 分别表示料块的进出口温度。如图 13-1 所示。用 w_g、w_s 分别表示气体及料块的水当量。则：

$$w_g = c_g m_g \qquad w_s = c_s m_s$$

式中，c_g、c_s 分别为炉气及料块的比热容，kJ/(kg·℃)；m_g、m_s 分别为炉气与料块单位体积的质量，kg/m³。

在 dτ 时间内，单位体积料层内气体传给料块的热量为：

$$dQ = h_A(t_g - t_s)A_V d\tau \qquad (13\text{-}1)$$

式中，A_V 为单位散料层内料块的表面积，m²/m³；h_A 为对表面积而言的总换热系数，W/(m²·℃)。在此范围内，炉气发生的温度变化为：

$$dt_g = -\frac{dQ}{w_g} \qquad (13\text{-}2)$$

此处以炉气入口处为起点，气体温度随换热量的增加而下降，所以公式中出现负号。

仍以炉气入口处为起点，在 dτ 时间内，料块的温度同样随热交换的进行而降低，即：

$$dt_s = -\frac{dQ}{w_s} \qquad (13\text{-}3)$$

由式（13-2）和式（13-3）得：

$$d(t_g - t_s) = -\left(\frac{1}{w_g} - \frac{1}{w_s}\right)dQ$$

$$dQ = -\frac{d(t_g - t_s)}{\dfrac{1}{w_g} - \dfrac{1}{w_s}} \qquad (13\text{-}4)$$

将式（13-4）代入式（13-1）得：

$$-\frac{d(t_g - t_s)}{\dfrac{1}{w_g} - \dfrac{1}{w_s}} = h_A(t_g - t_s)A_V d\tau \qquad (13\text{-}5)$$

设经过 τ 时间换热后，气体与料块的温度分别为 t_g、t_s，即对应于 τ 时间的换热，温度差为 $t_g - t_s$，将式（13-5）在此范围内积分，即：

$$\int_{t'_g - t''_s}^{t_g - t_s} \frac{d(t_g - t_s)}{t_g - t_s} = -\frac{h_A A_V}{w_g}\left(1 - \frac{w_g}{w_s}\right)\int_0^\tau d\tau$$

将 h_A、A_V、w_g、w_s 作为常数对待，得积分结果为：

$$\ln\frac{t_g - t_s}{t'_g - t''_s} = -\frac{h_A A_V}{w_g}\left(1 - \frac{w_g}{w_s}\right)\tau \qquad (13\text{-}6)$$

或　　　$$t_g - t_s = (t'_g - t''_s)\exp\left[-\frac{h_A A_V}{w_g}\left(1 - \frac{w_g}{w_s}\right)\tau\right] \qquad (13\text{-}7)$$

如果在换热终端，即 $\tau = \tau_2$，则根据式（13-7）可得终端温差为：

$$t''_g - t'_s = (t'_g - t''_s) \exp\left[-\frac{h_A A_V}{w_g}\left(1 - \frac{w_g}{w_s}\right)\tau_2\right] \qquad (13\text{-}8)$$

由逆流热交换的热平衡方程可知：

始端与任一截面之间 $\qquad w_g(t'_g - t_g) = w_s(t''_s - t_s) \qquad (13\text{-}9)$

始端与终端之间 $\qquad w_g(t'_g - t''_g) = w_s(t''_s - t'_s) \qquad (13\text{-}10)$

式（13-6）、式（13-8）~式（13-10）中有四个未知数 t_g、t''_g、t_s、t''_s，联立求解可得任意换热时间 τ 时的炉气温度，即：

$$t_g = t'_g - (t'_g - t'_s)E \qquad (13\text{-}11)$$

其中

$$E = \frac{1 - \exp\left[-\dfrac{h_A A_V}{w_g}\left(1 - \dfrac{w_g}{w_s}\right)\tau\right]}{1 - \dfrac{w_g}{w_s}\exp\left[-\dfrac{h_A A_V}{w_g}\left(1 - \dfrac{w_g}{w_s}\right)\tau_2\right]} \qquad (13\text{-}12)$$

当 $\tau = \tau_2$ 时，则 $t_g = t''_g$，上面两式相应的变为：

$$t''_g = t'_g - (t'_g - t'_s)E_0 \qquad (13\text{-}13)$$

其中

$$E_0 = \frac{1 - \exp\left[-\dfrac{h_A A_V}{w_g}\left(1 - \dfrac{w_g}{w_s}\right)\tau_2\right]}{1 - \dfrac{w_g}{w_s}\exp\left[-\dfrac{h_A A_V}{w_g}\left(1 - \dfrac{w_g}{w_s}\right)\tau_2\right]} \qquad (13\text{-}14)$$

式（13-11）~式（13-14）是确定逆流交换系统中温度变化及分布规律的基本关系式。为简化计算，式（13-14）中 E_0 与 $\dfrac{h_A A_V}{w_g}\tau_2$ 及 $\dfrac{w_g}{w_s}$ 的函数关系已绘成曲线，如图13-2所示，供计算时使用。

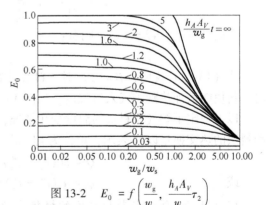

图 13-2　$E_0 = f\left(\dfrac{w_g}{w_s}, \dfrac{h_A A_V}{w_g}\tau_2\right)$

当 $w_g \geqslant w_s$ 及 $\tau \to \infty$ 时，式（13-12）和式（13-14）无物理意义。

在 $w_g < w_s$ 时，且在料层足够高的条件下（见图13-1（b）），则式（13-11）和式（13-12）将变为：

$$t_g = t'_g - (t''_g - t'_s)\left\{1 - \exp\left[-\frac{h_A A_V}{w_g}\left(1 - \frac{w_g}{w_s}\right)\tau\right]\right\} \qquad (13\text{-}15)$$

若换热时间足够长，即 $\tau \to \infty$，则：

$$t''_g = t'_s \qquad (13\text{-}16)$$

公式（13-16）说明，当 $w_g < w_s$ 时，气体的热量可以被充分地利用而加以回收，在热交换面积足够大及换热时间足够长时，气体能被冷却到炉料入口的温度。

联立求解式（13-6）、式（13-8）～式（13-10），同样可得任意换热时间 τ 时的料块温度，即：

$$t_s = t_s' - (t_g' - t_s')E' \tag{13-17}$$

其中

$$E' = \frac{1 - \exp\left[-\dfrac{h_A A_V}{w_s}\left(1 - \dfrac{w_s}{w_g}\right)\tau\right]}{1 - \dfrac{w_s}{w_g}\exp\left[-\dfrac{h_A A_V}{w_s}\left(1 - \dfrac{w_s}{w_g}\right)\tau_2\right]} \tag{13-18}$$

在换热终端，即 $\tau = \tau_2$ 时，则 $t_s = t_s''$，上面两式相应的变为：

$$t_s'' = t_s' + (t_g' - t_s')E_0' \tag{13-19}$$

其中

$$E_0' = \frac{1 - \exp\left[-\dfrac{h_A A_V}{w_s}\left(1 - \dfrac{w_s}{w_g}\right)\tau_2\right]}{1 - \dfrac{w_s}{w_g}\exp\left[-\dfrac{h_A A_V}{w_s}\left(1 - \dfrac{w_s}{w_g}\right)\tau_2\right]} \tag{13-20}$$

同样，当 $w_s \geqslant w_g$ 及 $\tau \to \infty$ 时，式（13-18）和式（13-20）失去物理意义。

当 $w_g > w_s$，且料层足够高时，则式（13-17）和式（13-18）变为：

$$t_s = t_s' + (t_g' - t_s')\left\{1 - \exp\left[-\frac{h_A A_V}{w_s}\left(1 - \frac{w_s}{w_g}\right)\tau\right]\right\} \tag{13-21}$$

若料块入口温度 $t_s' \approx 0$，则式（13-21）成为：

$$t_s = t_g'\left\{1 - \exp\left[-\frac{h_A A_V}{w_s}\left(1 - \frac{w_s}{w_g}\right)\tau\right]\right\} \tag{13-22}$$

在此基础上，若 $\tau \to \infty$，则有：

$$t_s'' = t_g' \tag{13-23}$$

式（13-23）说明，在 $w_g > w_s$ 时，料块升温较快。在换热面积足够大及换热时间足够长时，料块能被加热到炉气入口温度，如图 13-1（a）所示。

以上确定了炉气及料块的温度变化情况，由此可计算它们之间的热交换量。每单位体积料层的热交换量以 Q 表示，单位为 kJ/m^3，可写为：

$$Q = w_g(t_g' - t_g'') = w_g(t_g' - t_s')E_0 \tag{13-24}$$

或 $$Q = w_s(t_s'' - t_s') = w_s(t_g' - t_s')E_0' \tag{13-25}$$

13.1.1.2 炉气与料块之间的换热系数

由于料层内热交换过程的复杂性，炉气与炉料之间换热系数的实验式在准确性及适用范围上均有局限性。迄今为止，式（13-26）是一个比较通用的实验公式，即：

$$h_V = A_F \frac{v_{g0}^{0.9} T^{0.3}}{d^{0.25}} M \tag{13-26}$$

式中，h_V 为体积换热系数，W/(m^3·K)；A_F 为与物料种类有关的系数，对矿石为 180、石灰石为 193、黏土砖为 157、焦炭为 198；v_{g0} 为标准状态下空炉截面速度，m/s；d 为料块平均直径，m；T 为料块表面温度，K；M 为与料层孔隙率有关的系数。没有粉料的球形或近似球形的物料（相当于孔隙率 $\omega = 0.47$）时，$M = 1$；含有 20%（质量分数）粉料时，$M = 0.5$；M 也可用实验公式 $M = 10^{1.68\omega - 3.54\omega^2}$ 计算。

表面换热系数与体积换热系数有如下简单变换关系：

$$h_A = h_V / A_V \tag{13-27}$$

或
$$h_V = h_A A_V \tag{13-28}$$

式中，A_V 为单位体积料层的表面积，m^2/m^3。

对直径为 d 的球形料块为：

$$A_V = \frac{6(1 - \omega)}{d} \tag{13-29}$$

对非球形料块，可近似地取：

$$A_V \approx \frac{7.5(1 - \omega)}{d} \tag{13-30}$$

式中，ω 为料层孔隙率。

13.1.1.3　考虑料块内部热阻时的热交换

当料块内部热阻不能忽略时，此时气体与料块之间的热交换包括气体与料块之间的外部热阻 R_h 及料块内部热阻 R_i。即：

$$R = R_h + R_i \tag{13-31}$$

式中，R 为总热阻，$m \cdot ℃/W$。

R_h 在前面的讨论中已求出：

$$R_h = 1/h_A$$

某些研究者用水力积分器进行研究，得出如下内部热阻的计算公式，即：

$$R_i = k \frac{r}{\lambda} \tag{13-32}$$

式中，r 为料块的透热深度，一般用料块半径表示，m；λ 为料块导热系数，$W/(m \cdot ℃)$；k 取决于料块的形状系数，球体 $k = 1/5$、平板 $k = 1/3$、圆柱体 $k = 1/3.5$。

所以总热阻为：

$$R = \frac{1}{h_A} + k \frac{r}{\lambda} \tag{13-33}$$

综合传热系数为：

$$K = \frac{1}{\dfrac{1}{h_A} + k \dfrac{r}{\lambda}} \tag{13-34}$$

式中，K 为综合传热系数，$W/(m^2 \cdot ℃)$。

为直接使用体积换热系数，在式（13-34）两边同乘以 A_V，并以球形料块的参数代入，且取 $\omega = 0.4$，则得到：

$$K_V = KA_V = \frac{1}{\dfrac{1}{A_V h_A} + k \dfrac{r}{A_V \lambda}} = \frac{1}{\dfrac{1}{h_V} + \dfrac{r^2}{9\lambda}} \tag{13-35}$$

对不规则料块，则为：

$$K_V \approx \cfrac{1}{\cfrac{1}{h_V} + \cfrac{r^2}{11.2\lambda}} \tag{13-36}$$

式中，K_V 为综合体积换热系数，$W/(m^3 \cdot \text{℃})$；A_V 为单位体积料层的表面积，m^2/m^3。

在相同条件下，K 较 h_A 小（或 K_V 较 h_V 小），即在考虑内部热阻后，料块加热到同一温度所需的时间更长。

13.1.2　流化料层内热交换

流化料层和固定料层相比，由于流化后的散料受到流化介质的强烈搅拌，因而床层具有很强的导热能力。一般来说，对于操作正常的流化床，无论是在垂直方向还是在水平方向，整个床层温度都是比较均匀的，因而工程上一般不考虑层内各部位之间的热阻。对于流化床内的热交换，主要考虑以下两类问题：一是流化介质（气体或液体）与颗粒表面间的传热；二是床层与某表面间的传热。

13.1.2.1　气体与颗粒表面间的传热

流化床中的颗粒被气体推动而发生搅混或循环运动，但颗粒表面仍被一层极薄的气膜所包围，因此其传热阻力主要存在于通过气膜的传导过程中。虽然这种气膜由于湍流和颗粒之间的碰撞和摩擦作用可能瞬时地遭到破坏，但实验结果表明，流化介质与颗粒表面间的对流换热系数并不比气-固间对流换热系数高出很多。值得注意的是，由于流化床内的颗粒具有很大的换热面积，因而流化床内气-固间的热交换仍然十分强烈，以致进入床层内的气体在短时间内便与颗粒温度基本一致。

关于流化床内气体与颗粒表面间的传热，实验公式众多，下面介绍两个广泛应用的特征数方程。

以裸露热电偶在流化床气体进口处测定气温时，得到如下关系式：

$$Nu = 0.016 Re^{1.3} Pr^{0.67} \tag{13-37}$$

以抽气式热电偶测定气体温度时，其关系式为：

$$Nu = 0.015 Re^{1.6} Pr^{0.67} \tag{13-38}$$

式（13-37）和式（13-38）的定形尺寸选取颗粒的平均直径，$Re = 5 \sim 100$，适用于干燥物料或不存在物理化学反应的场合。

费道洛夫考察了湿物料在流化床中受热干燥过程的传热，得出如下实验公式：

当 $Fe = 30 \sim 100$ 时，$Nu = 0.016 Fe^{0.74} Re^{0.65} \left(\dfrac{H_0}{d}\right)^{-0.34}$ \hspace{2cm} (13-39)

当 $Fc = 100 \sim 200$ 时，$Nu = 0.0283 Fe^{0.604} Re^{0.65} \left(\dfrac{H_0}{d}\right)^{-0.34}$ \hspace{1.5cm} (13-40)

式中，Fe 为费道洛夫数，$Fe = \sqrt[3]{\dfrac{4}{3} Ar} = \sqrt[3]{\dfrac{4}{3} \cdot \dfrac{g d^3}{v^2} \cdot \dfrac{\gamma_s - \gamma_g}{\gamma_g}}$；$\gamma_s$ 为物料重度，kg/m^3；γ_g 为气体重度，kg/m^3，与阿基米德准数 Ar 有相似的物理意义；H_0 为固定床高度，m；d 为

颗粒当量直径，m，$d = \sqrt[3]{\dfrac{6G}{\pi n \gamma_s}}$；$\gamma_s$ 为物料重度，kg/m^3；G 为物料质量，kg；n 为 $G\,kg$ 物料的颗粒个数。

13.1.2.2　流化床层与周边表面间的换热

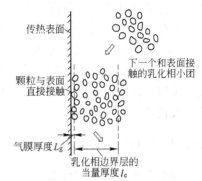

流化床层与器壁表面间的对流换热机理，可用图 13-3 所示的模型表示，它具有如下特点：

（1）传热表面存在一层厚度比颗粒直径小很多的气膜，气膜内的传热以热传导为主；

（2）由于床层内颗粒强烈的循环及搅混，经常有颗粒直接冲击器壁表面，因此存在颗粒与器壁表面间的直接导热；

（3）由于边界摩擦作用，在气膜与流化床核心之间存在一层气-固均匀混合的"乳化相边界层"，该层比较呆滞，形成了一定的传质阻力。只有当流化床核

图 13-3　流化床层与周边表面间对流传热的一般模型

心部分的颗粒或"乳化相小团"挤入此边界层时，原来位置上的乳化相小团才被挤出来，随着这种乳化相边界层的不断更新，对流换热才得以出现。

上述三种传热过程是同时存在的，床层与周边表面间的传热是相当复杂的，一般都是由实验来确定经验公式。

流化床层与周边表面传热的实验综合公式很多，这里介绍 L. Wender 与 G. T. Cooper 于 1958 年提出的公式，该式表示为：

$$\psi = f(Re) \tag{13-41}$$

$$\psi = \dfrac{\dfrac{Nu}{(1-\omega)c_s\rho_s/c_g\rho_g}}{1 + 7.5\exp\left(-0.44\dfrac{H}{D_t}\dfrac{c_g}{c_s}\right)} \tag{13-42}$$

式中，$Nu = \dfrac{hd_p}{\lambda_g}$；$d_p$ 为颗粒直径，m；λ_g 为气体导热系数，$W/(m \cdot ℃)$；ω 为床层孔隙率；c_s、c_g 分别为颗粒和气体的比热容，$kJ/(kg \cdot ℃)$；ρ_s、ρ_g 分别为颗粒和气体的密度，kg/m^3；H 为换热面高度，m；D_t 为流化床层直径，m。

ψ 与 Re 的关系由图 13-4 确定，然后根据已知的 ψ 由公式（13-42）计算出 Nu 值。

式（13-42）适用于 $Re = 0.01 \sim 100$ 的范围，此式计算结果与理论推导结果比较接近。但由于实际流化床内物料粒级范围较宽，气流分布远不如实验条件下均匀，以及由于设备结构的原因使实际床层周边料层搅拌情况较差，故实际换热系数远低于计算值。

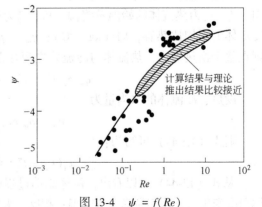

图 13-4　$\psi = f(Re)$

13. 2　换热器热交换

冶金炉中排出的烟气温度较高（500～1200℃），其中的热能需要回收加以利用，通常把回收热量的设备称为余热利用设备，常用的有换热器、蓄热室及余热锅炉。

用来使热量从热流体传递到冷流体，以满足规定的工艺要求或回收余热的装置，称为换热器。这里要讨论的是间壁式换热器，它是指冷、热流体分别在固体壁面的两侧流过，热流体以对流和辐射的方式将热量传给壁面，经过壁面导热，热量再以对流或辐射的方式传给冷流体。

13. 2. 1　换热器的种类和流体流动方式

换热器根据间壁的材质分，有金属和陶瓷两类换热器；根据结构特点分，有列管式、套管式、针状管式、辐射式等多种形式。一般来说，金属类换热器密封性好、传热效率高，但使用温度不高；陶瓷换热器的使用温度高，但体积大、密封性差。

换热器按流动方式分，有顺流、逆流、叉流等形式，如图 13-5 所示。热流体与冷流体流向相同为顺流式；热流体与冷流体流向相反为逆流式；热流体与冷流体流向相交叉为叉流式；这三种基本形式还可以组合成各种流动形式，如顺叉流、逆叉流等。

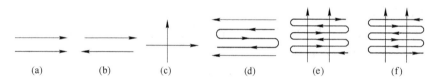

（a）　　　　　（b）　　　　　（c）　　　　　（d）　　　　　（e）　　　　　（f）

图 13-5　换热器的不同流动方式

（a）顺流；（b）逆流；（c）叉流；（d）折流；（e）顺叉流；（f）逆叉流

13. 2. 2　换热器的工作原理

换热器的工作原理和通过平壁或圆筒壁的传热原理基本上是一样的，只是对于换热器，不能认为壁面两侧流体的温度是不变的，而冷热流体的温度是随着换热面积的增加而变化的，它们的传热系数也是变化的。

顺流和逆流时流体的温度变化如图 13-6 所示，A 表示换热器整个换热面积的长度方向。t'_1、t''_1 为热流体的始温及终温；t'_2、t''_2 为冷流体的始温及终温；c_1、c_2 分别为热流体及冷流体的平均比热容，kJ/(kg·℃)；q_{m_1}、q_{m_2} 分别为热流体及冷流体的质量流量，kg/s，则在整个换热器内，热流体与冷流体之间存在如下热平衡：

$$q_{m_1}c_1(t'_1 - t''_1) = q_{m_2}c_2(t''_2 - t'_1) \tag{13-43}$$

设热、冷流体的水当量为：

$$w_1 = q_{m_1}c_1, \quad w_2 = q_{m_2}c_2$$

则式（13-43）可写为：

$$w_1(t'_1 - t''_1) = w_2(t''_2 - t'_1) \tag{13-44}$$

从式（13-44）可以看出，流体流动过程中的温度变化与水当量成反比，水当量小的流体温度变化大，即容易降温或升温；相反，水当量大的流体温度变化小，即不易降温或升温。

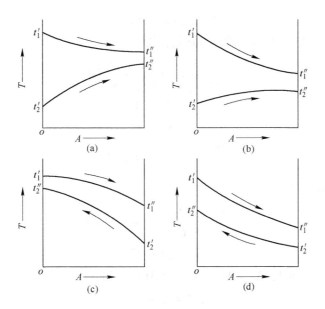

图 13-6　顺流及逆流时流体温度的变化

（a）顺流（$w_1 > w_2$）；（b）顺流（$w_1 < w_2$）；（c）逆流（$w_1 > w_2$）；（d）逆流（$w_1 < w_2$）

从图 13-6 还可以看出，顺流时，冷流体的终温永远低于热流体的终温；逆流时，冷流体的终温却可以超过热流体的终温，甚至可以接近热流体的始温，故逆流式换热器可将冷流体加热到比较高的温度。

13.2.3　换热器的平均温差

由图 13-6 可以看出，沿换热器长度方向上热流体与冷流体的温差是变化着的，因而导致传热系数 K 沿长度方向也发生变化，这样，虽然可以将间壁视为平壁，但不能按一般的平壁公式计算热流量和热通量，而应取其平均温度和平均传热系数计算传热量，即：

$$\varPhi = K\Delta t_m A \tag{13-45}$$

式中，K 为换热器内综合平均传热系数，W/（$m^2 \cdot ℃$）；Δt_m 为换热器内流体的平均温差（温压），℃；A 为换热器换热面积，m^2。

现以顺流式换热器为例，说明上述参数的确定。

如图 13-7 所示，在距换热器入口端 x、换热面积 A_x 处取一微小换热面 dA，热流体的温度为 t_1，冷流体的温度为 t_2，则此微元面上的热交换量为：

$$d\varPhi = K(t_1 - t_2)dA \tag{13-46}$$

热流体在 dA 中放出热量 $d\varPhi$ 后温度下降了 dt_1，则：

$$d\varPhi = q_{m_1}c_1(-dt_1) = -w_1dt_1 \tag{13-47}$$

同理，对冷流体有：

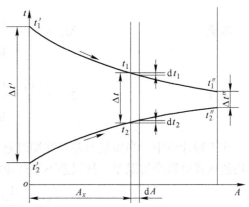

图 13-7　顺流时平均温差的推导

$$d\Phi = q_{m_2}c_2 dt_2 = w_2 dt_2 \tag{13-48}$$

由式（13-46）~式（13-48）消去 dΦ 后，得：

$$\frac{d(t_1 - t_2)}{t_1 - t_2} = -K\left(\frac{1}{w_1} + \frac{1}{w_2}\right)dA \tag{13-49}$$

令

$$m = \frac{1}{w_1} + \frac{1}{w_2}$$

$$\frac{d(t_1 - t_2)}{t_1 - t_2} = -KmdA \tag{13-50}$$

积分式（13-50）得：

$$\int_{\Delta t'}^{\Delta t_x} \frac{d(t_1 - t_2)}{t_1 - t_2} = -mK\int_0^{A_x} dA$$

$$\Delta t_x = \Delta t' e^{-mKA_x} \tag{13-51}$$

在换热器终端，$A_x = A$，$\Delta t_x = \Delta t''$，式（13-51）变为：

$$\Delta t'' = \Delta t' e^{-mKA} \tag{13-52}$$

根据平均温差的定义，有：

$$\Phi = KA\Delta t_m = \int_0^A K\Delta t_x dA \tag{13-53}$$

将式（13-51）代入式（13-53），积分得：

$$\Delta t_m = -\frac{\Delta t'}{mKA}(e^{-mKA} - 1) \tag{13-54}$$

再将式（13-52）代入式（13-54）整理得：

$$\Delta t_m = \frac{\Delta t'' - \Delta t'}{\ln\dfrac{\Delta t''}{\Delta t'}} \tag{13-55}$$

式（13-55）中的 Δt_m 称为对数平均温差，对于逆流同样适用，只是逆流时 $m = \dfrac{1}{w_1} - \dfrac{1}{w_2}$，对顺流和逆流换热器的具体计算式为：

顺流
$$\Delta t_m = \frac{(t_1'' - t_2'') - (t_1' - t_2')}{\ln\dfrac{t_1'' - t_2''}{t_1' - t_2'}} \tag{13-56}$$

逆流
$$\Delta t_m = \frac{(t_1'' - t_2') - (t_1' - t_2'')}{\ln\dfrac{t_1'' - t_2'}{t_1' - t_2''}} \tag{13-57}$$

在工程计算中，当始端温差与终端温差相差不大，即 $0.5 < \Delta t''/\Delta t' < 2$ 时，可采用算术平均值代替对数平均温差，其误差不超过 4%。故

$$\Delta t_m - \frac{1}{2}(\Delta t' + \Delta t'') \tag{13-58}$$

不论是顺流还是逆流时，对数平均温差可统一用计算式（13-59）表示：

$$\Delta t_{\mathrm{m}} = \frac{\Delta t_{\max} - \Delta t_{\min}}{\ln \dfrac{\Delta t_{\max}}{\Delta t_{\min}}} \tag{13-59}$$

式中，$\Delta t_{\max}$ 代表 $\Delta t'$ 与 $\Delta t''$ 两者中的较大者，$\Delta t_{\min}$ 代表 $\Delta t'$ 与 $\Delta t''$ 两者中的较小者。

当流体不是简单的顺流、逆流，则在平均温差的计算式中应乘以修正系数 $\varepsilon_{\Delta t}$，即：

$$\Delta t_{\mathrm{m}} = \varepsilon_{\Delta t} \frac{\Delta t'' - \Delta t'}{\ln \dfrac{\Delta t''}{\Delta t'}} \tag{13-60}$$

式中，$\varepsilon_{\Delta t}$ 为修正系数，它是两流体水当量的比值 R 和换热器加热效率 P 的函数，即 $\varepsilon_{\Delta t} = f(R, P)$

$$R = \frac{t'_1 - t''_1}{t''_2 - t'_2} = \frac{w_2}{w_1} \tag{13-61}$$

$$P = \frac{t''_2 - t'_2}{t'_1 - t'_2} \tag{13-62}$$

由式（13-61）、式（13-62）计算出 P、R 后，查各种不同形式流动的线算图，就可以得到 $\varepsilon_{\Delta t}$。图 13-8 为几种典型情况下的计算图。

13.2.4　换热器的热工计算

换热器的热工计算可分为两大类型。一种是设计计算，其目的是根据实际需要所给出的换热器条件及要求，确定换热器的形式，计算出换热面积和结构尺寸；另一种是校核计算，其目的是根据现运行的换热器，校核其是否满足要求，即求出平均温差，再求出流体出口温度和换热量。在换热器的热工计算中，关键在于求出 K 和 Δt_{m}。

13.2.4.1　传热系数

在推导平均温差时，假定 K 为常数，实际上它沿换热器长度方向是变化的。工程计算中，常取换热器始、终两端传热系数的算术平均值作为平均传热系数，即：

$$K = \frac{1}{2}(K' + K'') \tag{13-63}$$

式中，K'、K'' 分别表示换热器始、终两端的传热系数，$\mathrm{W/(m^2 \cdot ℃)}$。

在实际使用场合中，换热器间壁的内外表面往往附有某些污垢，这样，间壁相当于由三层材料组成。由于间壁很薄，可近似地采用通过平壁的传热系数计算，即：

$$K = \frac{1}{\dfrac{1}{h_1} + \dfrac{\delta_1}{\lambda_1} + \dfrac{\delta_2}{\lambda_2} + \dfrac{\delta_3}{\lambda_3} + \dfrac{1}{h_2}} \tag{13-64}$$

式中，h_1 为高温侧器壁和气流之间的对流换热系数，$\mathrm{W/(m^2 \cdot ℃)}$；h_2 为低温侧器壁和气流之间的对流换热系数，$\mathrm{W/(m^2 \cdot ℃)}$；$\dfrac{\delta_1}{\lambda_1}$ 为高温侧污垢热阻；$\dfrac{\delta_2}{\lambda_2}$ 为换热器器壁热阻；$\dfrac{\delta_3}{\lambda_3}$ 为低温侧污垢热阻。

污垢热阻主要通过实验确定，其实验数据可查有关资料。

若 K 值沿换热器长度方向变化较大，则可将换热面划分为若干区域，并分别求出各区

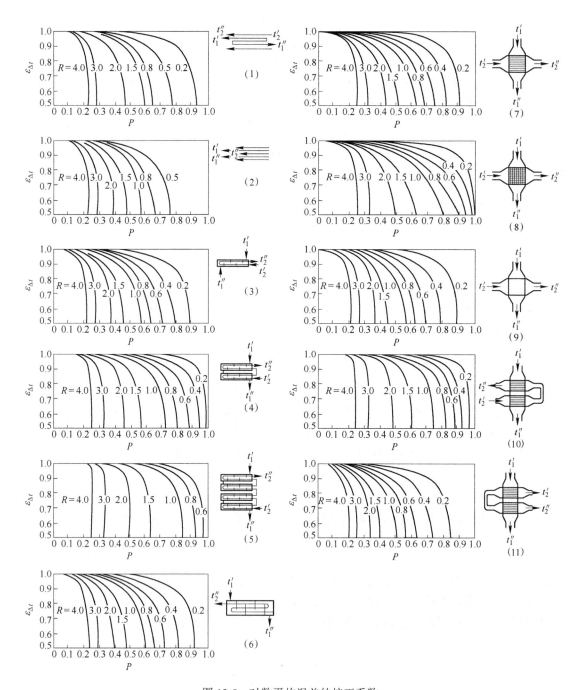

图 13-8 对数平均温差的校正系数

段的传热系数，再按式（13-65）计算整个换热器的平均值。

$$K = \frac{K_1 A_1 + K_2 A_2 + \cdots + K_n A_n}{A_1 + A_2 + \cdots + A_n} = \frac{\sum\limits_{i=1}^{n} K_i A_i}{A} \tag{13-65}$$

式中，K_i 为与之对应的 A_i 段面积的传热系数，$W/(m^2 \cdot ℃)$。

例 13-1 用一换热器将空气从 0℃预热到 400℃。已知空气的流量 $q_2 = 2\mathrm{m}^3/\mathrm{s}$，烟气流量 $q_1 = 3\mathrm{m}^3/\mathrm{s}$，烟气初温为 800℃。设平均传热系数 $K = 14\mathrm{W}/(\mathrm{m}^2 \cdot \text{℃})$，损失系数 $\eta = 0.95$。试求烟气出口温度，并比较逆流式及顺流式换热器的换热面积 A。

解：（1）计算烟气出口温度

查附录 5 得，烟气在 800℃时的平均比定压热容为：$c_1' = 1.264\mathrm{kJ}/(\mathrm{kg} \cdot \text{℃})$，故烟气带入的热量为：

$$\Phi_1' = c_1' t_1' q_1 = 1.264 \times 10^3 \times 800 \times 3 = 3.034 \times 10^6 \text{ W}$$

烟气热损失量 $\Phi = 0.05\Phi_1' = 0.05 \times 3.034 \times 10^6 = 1.517 \times 10^5 \text{ W}$

查附录 1 得，空气在 400℃时的平均比定压热容为：$c_2'' = 1.068\mathrm{kJ}/(\mathrm{kg} \cdot \text{℃})$，故加热空气所需的热量为：

$$\Phi_2 = (c_2'' t_2'' - c_2' t_2') q_2 = (1.068 \times 400 - 0) \times 2 \times 10^3 = 8.544 \times 10^5 \text{ W}$$

烟气出口处带走的热量为：

$$\Phi_1'' = \Phi_1' - \Phi_2 - \Phi = (3.034 - 0.8544 - 0.1517) \times 10^6 = 2.023 \times 10^6$$

烟气出口处单位体积烟气的热焓量：$i = \dfrac{\Phi_1''}{q_1} = \dfrac{2.023 \times 10^6}{3} = 674.333 \text{ kJ/m}^3$

烟气出口温度近似为：$t_1'' = i/c_p = 674.333/1.264 = 533$ ℃

（2）计算换热面积

顺流时平均温差为：

$$\Delta t_m = \frac{(t_1'' - t_2'') - (t_1' - t_2')}{\ln\dfrac{t_1'' - t_2''}{t_1' - t_2'}} = \frac{(533 - 400) - (800 - 0)}{\ln\dfrac{533 - 400}{800 - 0}} = 372 \text{ ℃}$$

逆流时平均温差为：

$$\Delta t_m = \frac{(t_1'' - t_2') - (t_1' - t_2'')}{\ln\dfrac{t_1'' - t_2'}{t_1' - t_2''}} = \frac{(533 - 0) - (800 - 400)}{\ln\dfrac{533 - 0}{800 - 400}} = 463 \text{ ℃}$$

顺流时换热面积为：

$$A = \frac{\Phi_2}{K\Delta t_m} = \frac{8.544 \times 10^5}{14 \times 372} = 164 \text{ m}^2$$

逆流时换热面积为：$A = \dfrac{\Phi_2}{K\Delta t_m} = \dfrac{8.544 \times 10^5}{14 \times 463} = 132 \text{ m}^2$

逆流时换热面积减小了 $32\mathrm{m}^2$，可见，逆流换热器的热效率较高。

13.2.4.2 换热器的效率及流体终温

在没有热损失的条件下，换热器实际传热量可由热流体释放的热量或冷流体吸收的热量求得，即：

$$\Phi = w_1(t_1' - t_1'') = w_2(t_2'' - t_2') \tag{13-66}$$

流体在换热器中可能的最大温差为 $t_1' - t_2'$，而经历最大温差的流体只能是水当量最小的流体，因此最大的可能传热量为：

$$\Phi_{max} = w_{min}(t_1' - t_2') \tag{13-67}$$

换热器的效率 ε，就是指实际传热量与最大可能传热量之比。如果冷流体的水当量较小，则换热器的效率为：

$$\varepsilon = \frac{\Phi}{\Phi_{\max}} = \frac{w_2(t''_2 - t'_2)}{w_2(t'_1 - t'_2)} \times 100\% = \frac{t''_2 - t'_2}{t'_1 - t'_2} \times 100\% \qquad (13\text{-}68)$$

应用式（13-52）及热平衡式（13-66），令 $w_{\min}$ 为 w_1 和 w_2 中较小者，$w_{\max}$ 为 w_1 和 w_2 中较大者，则可推导出顺流式换热器的效率为：

$$\varepsilon = \frac{1 - \exp\left[-\dfrac{KA}{w_{\min}}\left(1 + \dfrac{w_{\min}}{w_{\max}} \right) \right]}{1 + \dfrac{w_{\min}}{w_{\max}}} \times 100\% \qquad (13\text{-}69)$$

同理，可推导出逆流式换热器的效率为：

$$\varepsilon = \frac{1 - \exp\left[-\dfrac{KA}{w_{\min}}\left(1 - \dfrac{w_{\min}}{w_{\max}} \right) \right]}{1 - \dfrac{w_{\min}}{w_{\max}}} \times 100\% \qquad (13\text{-}70)$$

式中，$\dfrac{KA}{w_{\min}}$ 为一无量纲数，称为传热单元数，用 NTU 表示，这样式（13-70）可表示成如下的函数关系式：

$$\varepsilon = f\left(NTU, \ \frac{w_{\min}}{w_{\max}}, \ 流动方式 \right) \qquad (13\text{-}71)$$

为计算方便，将 ε 与 NTU 及 $w_{\min}/w_{\max}$ 的关系绘成线图，如图 13-9 和图 13-10 所示。

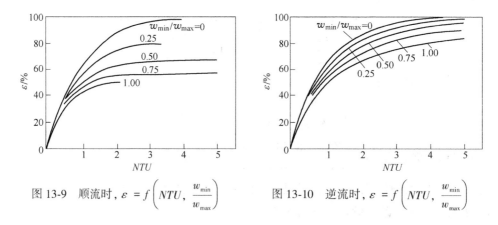

图 13-9   顺流时，$\varepsilon = f\left(NTU, \dfrac{w_{\min}}{w_{\max}} \right)$ 图 13-10   逆流时，$\varepsilon = f\left(NTU, \dfrac{w_{\min}}{w_{\max}} \right)$

根据 ε 与 NTU 及 $w_{\min}/w_{\max}$ 的关系，在核算换热器时，可由已知值 A、K、$w_{\min}$、$w_{\max}$ 等，算出 NTU、$w_{\min}/w_{\max}$ 的大小，再由公式图表计算或查出 ε 值。求出 ε 后，换热器传递的热流量即可根据两种流体进口温度来确定，即：

$$\Phi = \varepsilon w_{\min}(t'_1 - t'_2) \qquad (13\text{-}72)$$

求得 Φ 后，两种流体的出口温度 t''_1 和 t''_2 就可以很方便地由热平衡式求得。

13.3　蓄热室热交换

13.3.1　蓄热室的工作原理

由于换热器受结构尺寸和材料寿命的限制，将大量的冷流体预热到较高的温度时，通常采用蓄热室。

蓄热室是由耐火砖砌成的砖格子，是用以积蓄烟气从炉内带出的热量，以便加热空气或煤气的设备。

蓄热室的工作是周期性的。如图 13-11 所示。当砖格子Ⅰ通烟气时，热的烟气在流动过程中将热量传给砖格子，砖格子温度升高，积蓄了热量。换向后，当砖格子Ⅰ通空气时，砖格子将积蓄的热量传给冷空气，使冷空气温度升高，达到预热空气的目的。与此同时，砖格子Ⅱ在进行与砖格子Ⅰ相反的工作。为保证连续向炉内送热风，一个炉子至少需要两个蓄热室交替工作。例如，为供给高炉热风，每座高炉有三个或四个热风炉交替工作。如果用 τ_1 表示通烟气的时间，用 τ_2 表示通空气的时间，则每个蓄热室的周期时间为：

$$\tau = \tau_1 + \tau_2 \tag{13-73}$$

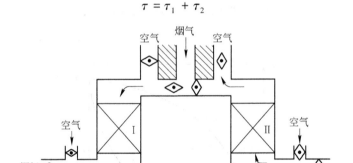

图 13-11　蓄热室工作示意图

蓄热室内的传热过程与换热器内截然不同，前者通道内的砖格子（通道壁）交替地被加热和冷却，气体和砖格子的温度都在连续地发生变化，图 13-12 为蓄热室与换热器内传热过程的比较，由图上可以看出，蓄热室内的温度变化及分布规律比换热器要复杂得多，它属于不稳态导热过程。

图 13-13 所示为 $\tau_1 = \tau_2$ 时砖格子表面的温度变化及平均温度。从图中可以看出，砖格子表面温度随时间的变化曲线为抛物线形，实测结果表明：

加热期　　　　　　　　$\bar{t}_{w1} = t_{wmin} + k_1 (t_{wmax} - t_{wmin})$　　　　　　(13-74)

冷却期　　　　　　　　$\bar{t}_{w2} = t_{wmin} + (1 - k_1)(t_{wmax} - t_{wmin})$　　　　(13-75)

当 $\dfrac{a\tau}{\delta^2} < 3$ 时，　　　　　　$k_1 = 0.73 - 0.05 \dfrac{a\tau}{\delta^2}$

式中，a 为导温系数；τ 为时间；δ 为砖格子的透热深度。根据一般蓄热室的工作条件，取加热期及冷却期内 k_1 的平均值为 0.67，由此可得：

$$\bar{t}_{w1} - \bar{t}_{w2} = \frac{1}{3}(t_{wmax} - t_{wmin}) \tag{13-76}$$

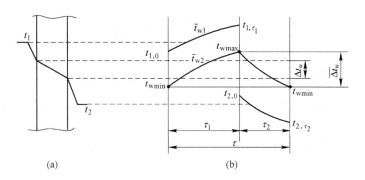

(a)　　　　　　　　(b)

图 13-12　蓄热室与换热器内传热过程的比较

（a）换热器；（b）蓄热室

t_1，t_2—热气体与冷气体的温度；$t_{1,0}$—热气体在加热期开始时的温度；t_{1,τ_1}—热气体在加热终止时的温度；

t_{wmin}—砖格子表面加热开始（或冷却终止）时的温度；t_{wmax}—砖格子表面加热终止（或冷却开始）时的温度；

$\bar{t}_{w1}$—砖格子表面在加热期的平均温度；$\bar{t}_{w2}$—砖格子表面在冷却期的平均温度；$t_{2,0}$—冷气体在冷却开始时的温度；

t_{2,τ_2}—冷气体在冷却终止时的温度；Δt_w—砖格子表面的最大温差，$\Delta t_w = t_{wmax} - t_{wmin}$；

$\overline{\Delta t_w}$—砖格子表面平均温度，$\overline{\Delta t_w} = \bar{t}_{w1} - \bar{t}_{w2}$

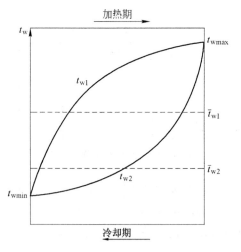

图 13-13　砖格子表面温度及平均温度（$\tau_1 = \tau_2$）

t_{w1}—加热期砖格子表面温度；t_{w2}—冷却期砖格子表面温度；$\bar{t}_{w1}$—加热期砖

格子表面平均温度；$\bar{t}_{w2}$—冷却期砖格子表面平均温度

图 13-14 所示为加热期开始时（即冷却期终止时）与加热期终止时砖格子断面上的温度分布。从图上可以看出，整个蓄热砖体的平均温度也可按抛物线平均值来计算。

加热期终止时砖体内平均温度　$\bar{t}_{s1} = t_{wmax} - \dfrac{2}{3}\Delta t_1$　　　　　　　　　（13-77）

冷却期终止时砖体内平均温度　$\bar{t}_{s2} = t_{wmin} + \dfrac{2}{3}\Delta t_2$　　　　　　　　　（13-78）

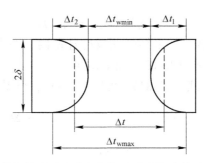

图 13-14　加热期终止时及冷却期终止时砖格子断面上的温度分布

Δt_1—加热期终止时砖体表面与中心温度差；Δt_2—冷却期终止时砖体表面
与中心温度差；Δt—加热期开始及终止时砖体平均温差

从以上分析可知，蓄热室内气体与砖体间传热的特点与通过表面传热速率为常数时的情况接近。

13. 3. 2　蓄热室内传热系数

蓄热室内的传热过程从本质上来讲，是一个不稳态的复合传热过程，求解蓄热室内不稳态传热过程是非常复杂的，应用分析法很难得出结果，下面介绍一种实用计算方法。此方法以平均温度为基础，将两个不同阶段的传热过程综合起来，看作稳定热态下热气体直接向冷气体传热的过程，而砖格子的吸热、放热则被视为中间过程。

在整个周期 τ 内，单位蓄热砖格子表面的传热量为：

$$\Phi = K(\bar{t}_1 - \bar{t}_2) \tag{13-79}$$

式中，Φ 为单位蓄热砖格子表面的传热量，kJ/(m$^2 \cdot$ s)；$\bar{t}_1$ 为热气体在 τ_1 期内的平均温度，℃；$\bar{t}_2$ 为冷气体在 τ_2 期内的平均温度，℃；K 为周期内传热系数，kJ/(m$^2 \cdot$ ℃ $\cdot$ s)。

在加热期内，热气体传给砖格子通道壁的热量为：

$$\Phi = h_1(\bar{t}_1 - \bar{t}_{w1})\tau_1 \tag{13-80}$$

在冷却期内，砖格子通道壁传给冷气体的热量为：

$$\Phi = h_2(\bar{t}_{w2} - \bar{t}_2)\tau_2 \tag{13-81}$$

砖格子在整个周期内所传递的热量为，加热期终止时砖格子的热焓与冷却期终止时砖格子热焓之差，即：

$$\Phi = Mc(\bar{t}_{s1} - \bar{t}_{s2}) \tag{13-82}$$

式中，M 为每平方米换热面砖格子的质量，kg/m^2；c 为砖格子的平均比热容，kJ/(kg $\cdot$ ℃)。

对平板形的格子砖，可将式（13-77）和式（13-78）代入式（13-82），得：

$$\Phi = Mc\left[t_{wmax} - \frac{2}{3}\Delta t_1 - \left(t_{wmin} + \frac{2}{3}\Delta t_2\right)\right] \tag{13-83}$$

式中，Δt_1 为加热期终止时砖格子表面与中心的温差，℃；Δt_2 为冷却期终止时砖格子表面与中心的温差，℃。

为了与式（13-80）和式（13-81）配合，直接用砖格子表面温度的变化表示热焓的变化，式（13-83）可改写为：

$$\varPhi = \eta Mc(t_{w\text{max}} - t_{w\text{min}}) \tag{13-84}$$

式中，η 为砖格子的蓄热系数，如果加热期或冷却期内，整个砖格子断面温度均匀，则 $\eta = 1$，此时，式（13-84）与式（13-83）完全相同。

一般情况下，$\eta < 1$，比较式（13-84）和式（13-83），可得：

$$\eta = \frac{Mc\left[(t_{w\text{max}} - t_{w\text{min}}) - \dfrac{2}{3}(\Delta t_1 + \Delta t_2)\right]}{Mc(t_{w\text{max}} - t_{w\text{min}})}$$

或
$$\eta = 1 - \frac{2}{3} \cdot \frac{Mc(\Delta t_1 + \Delta t_2)}{\varPhi / \eta} \tag{13-85}$$

研究表明，在加热和冷却过程的主要时间内，砖体都处于正常热制度阶段，这样，通过砖表面的热通量为常数，即：

$$\Delta t_1 = \frac{q_1 \delta}{2\lambda}; \ \ \Delta t_2 = \frac{q_2 \delta}{2\lambda} \tag{13-86}$$

设蓄热室没有热损失，则：

$$\varPhi = q_1 \tau_1 = q_2 \tau_2 \tag{13-87}$$

若考虑到其他操作制度，即 $\tau_1 \neq \tau_2$，此时取 $\tau_1 = \beta \tau_2$，代入式（13-87），得：

$$q_1 = q_2 / \beta \tag{13-88}$$

将式（13-86）~式（13-88）代入式（13-85），并且有 $M = \delta\rho$，ρ 为砖格子的密度，kg/m^3，则可得：

$$\eta = 1 - \frac{2}{3} \cdot \frac{(1 + \beta)\eta Mc \dfrac{q_1 \delta}{2\lambda}}{q_1 \tau_1} = 1 - \frac{(1 + \beta)\eta \delta^2}{3a\tau_1} \tag{13-89}$$

式中，$a = \dfrac{\lambda}{\rho c}$，为热扩散系数，也称为导温系数，$\text{m}^2/\text{s}$。

$$\tau = \tau_1 + \tau_2 = \tau_1 \frac{1 + \beta}{\beta}$$

$$\tau_1 = \tau \frac{\beta}{1 + \beta} \tag{13-90}$$

将式（13-90）代入式（13-89）得：

$$\eta = \frac{1}{1 + \dfrac{(1 + \beta)^2 \delta^2}{3\beta a \tau}} \tag{13-91}$$

再根据式（13-79）~式（13-81）得传热系数为：

$$K = \frac{h_1(\bar{t}_1 - \bar{t}_{w1})\tau_1}{\bar{t}_1 - \bar{t}_2} = \frac{(\bar{t}_1 - \bar{t}_{w1})}{\bar{t}_1 - \bar{t}_2} \bigg/ \frac{1}{h_1 \tau_1} \tag{13-92}$$

$$K = \frac{h_2(\bar{t}_{w2} - \bar{t}_2)\tau_2}{\bar{t}_1 - \bar{t}_2} = \frac{(\bar{t}_{w2} - \bar{t}_2)}{\bar{t}_1 - \bar{t}_2} \bigg/ \frac{1}{h_2 \tau_2} \tag{13-93}$$

由式（13-76）、式（13-79）及式（13-84）得：

$$K = \frac{\eta Mc(t_{wmax} - t_{wmin})}{\bar{t}_1 - \bar{t}_2} = \frac{(\bar{t}_{w1} - \bar{t}_{w2})}{\bar{t}_1 - \bar{t}_2} \bigg/ \frac{1}{3\eta\delta\rho c} \tag{13-94}$$

式（13-92）~式（13-94）相等，利用合比定理得：

$$K = \frac{1}{\dfrac{1}{h_1\tau_1} + \dfrac{1}{3\eta\delta\rho c} + \dfrac{1}{h_2\tau_2}} \tag{13-95}$$

将式（13-91）的 η 代入式（13-95）得：

$$K = \frac{1}{\dfrac{1}{h_1\tau_1} + \dfrac{1}{3}\left[\dfrac{1}{\delta\rho c} + \dfrac{(1+\beta)^2\delta}{3\beta\lambda\tau}\right] + \dfrac{1}{h_2\tau_2}} \tag{13-96}$$

从式（13-96）可以看出，蓄热室内传热过程中，砖格子的内部热阻为：

$$R_s = \frac{1}{3}\left[\frac{1}{\delta\rho c} + \frac{(1+\beta)^2\delta}{3\beta\lambda\tau}\right] \tag{13-97}$$

而换热器器壁的热阻为：$R_s = \delta/\lambda$。

由此可见，蓄热室通道壁的作用比换热器壁复杂得多。蓄热室砖格子的内部热阻分为两项，一项为 $1/\delta\rho c$，与蓄热能力有关，称为蓄热热阻；另一项为 $(1+\beta)^2\delta/(3\beta\lambda\tau)$，与砖格子在厚度方向上的导热能力有关，称为厚度热阻。随着 δ 的增加，蓄热热阻减小，而厚度热阻增加，因此存在一个最小的 δ，使其内部热阻最小，把式（13-97）对 δ 求导，可得最小的 δ 为：

$$\delta_{min} = \left[\frac{3a\tau\beta}{(1+\beta)^2}\right]^{0.5} \tag{13-98}$$

从式（13-97）还可以看出，选用 λ、c、ρ 数值大的材料做砖格子，也可以使 R_s 减小。

将 R_s 从式（13-96）中抽出来，传热系数 K 还可用另一种形式表示：

$$K = \frac{1}{\dfrac{1}{h_1\tau_1} + \dfrac{1}{h_2\tau_2}}\eta_R \tag{13-99}$$

式中，η_R 为蓄热室砖体的利用系数，利用前述各公式可导出：

$$\eta_R = 1 - \frac{\bar{t}_{w1} - \bar{t}_{w2}}{\bar{t}_1 - \bar{t}_2} \tag{13-100}$$

如加热期和冷却期砖格子表面的平均温度相等，则 $\eta_R = 1$，此种砖格子称为理想蓄热体，可获得最大的传热系数。实际中，η_R 一般在 0.7~0.8 之间波动。

在工程计算中，蓄热室的传热系数 K 可以由经验方法确定，例如，对于蓄热室热风炉，$K = 41.87 \sim 82.74 \text{kJ}/(\text{m}^2 \cdot \text{℃} \cdot \text{s})$。传热系数 K 确定后，按每周期内的换热量 Φ，即可确定总换热面积，进而确定蓄热室各有关结构尺寸。

13.4　凝固过程传热

13.4.1　连铸凝固传热微分方程

在连铸过程中，液态金属以一定速度由中间包注入结晶器，并在结晶器中冷却形成一

定厚度的凝固层，凝固层厚度随着通过结晶器距离的增大而逐渐增大。当铸坯离开结晶器
进入二次冷却时，凝固层厚度一般约为 6~20mm，而铸坯中心仍保持液体状态；铸坯进入
二次冷却区后，直接接受喷水冷却，直至完全凝固，如图 13-15 所示。

铸坯从结晶器内钢水弯月面向下以一定的速度移动，热量从铸坯中心向表面传递，所
传递热量的多少取决于铸坯表面边界条件和金属的热物理性能。铸坯向下运动时，其内部
的温度分布如图 13-16 所示，图中 t_1 为液相温度，℃；t_s 为固相温度，℃；y'、y'' 分别为离结
晶器弯月面的距离，mm，t_i'、t_i'' 分别为 y'、y'' 处凝固壳在横壁处的温度，℃；s'、s'' 分别为
y'、y'' 处凝固壳的厚度，mm；t_0 为结晶器下口凝固壳在模壁处的温度，℃。在建立连铸坯
凝固传热方程时，一般做如下假设：

（1）拉坯方向（垂直方向）的传热很小，可以忽略；

（2）对于板坯，铸坯宽度方向的温度梯度很小，忽略该方向的传热；

（3）忽略液相穴对流传热，凝固壳中传导传热占统治地位；

（4）钢的热物性参数仅与温度有关，与空间位置无关；

（5）忽略振动对凝固过程传热的影响；

（6）铸坯几何对称面的传热相同，计算区域可做几何对称处理；

（7）计算区域内，钢液初始温度相同。

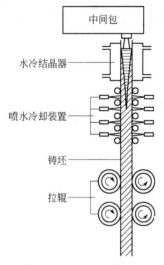

图 13-15　连铸机示意图

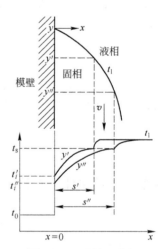

图 13-16　连铸温度场

这样，可推导出连铸坯在直角坐标系中的导热微分方程。

对于板坯的凝固有

$$\rho c_p \frac{\partial t}{\partial \tau} = \frac{\partial t}{\partial x}\left(\lambda \frac{\partial t}{\partial x}\right) \tag{13-101}$$

对于方坯的凝固有 $\quad\quad \rho c_p \frac{\partial t}{\partial \tau} = \frac{\partial t}{\partial x}\left(\lambda \frac{\partial t}{\partial x}\right) + \frac{\partial t}{\partial y}\left(\lambda \frac{\partial t}{\partial y}\right) \tag{13-102}$

式中，ρ 为钢液密度，kg/m³；c_p 为比热容，J/(kg·℃)；λ 为导热系数，W/(m·℃)；t
为温度，℃；τ 为时间，s。

上述方程的初始和边界条件为：

初始条件　$\tau = 0$,　　$t = t_c$（在整个区域内）

式中，t_c 为浇注温度，℃。

边界条件　$\tau > 0$,　　$-\lambda \dfrac{\partial t}{\partial x} = 0$（在铸坯中心线上为对称传热）

$$\tau > 0,\qquad -\lambda \dfrac{\partial t}{\partial x} = q\text{（在铸坯表面上）}$$

结晶器的热通量为：
$$q = A - B\sqrt{t}$$

式中，A、B 为与操作条件有关的常数。

二冷区的热通量为：
$$q = h(t_s - t_w)$$

辐射区的热通量为：
$$q = \varepsilon\sigma(t_s^4 - t_0^4)$$

式中，q 为热通量，W/m^2；h 为传热系数，$W/(m^2 \cdot ℃)$；t_s、t_w、t_0 分别为铸坯表面、冷却水和环境温度，℃；σ 为玻耳兹曼常数；ε 为铸坯表面黑度。

13.4.2　连铸凝固传热的数值解法

对连铸凝固传热的偏微分方程，加上边界条件，可以进行解析求解，但需做许多假设，计算结果与实际情况相差较大。所以，最好采用数值法求解。目前常用的数值解法主要有以下三种：

（1）有限差分法；

（2）有限单元法；

（3）边界单元法。

这里简单介绍一下有限差分法。

用差分法计算时，首先建立差分网格。假想在结晶器内钢水、弯月面以下、铸坯一半厚度的区域内取一薄片，将它分成许多相等的格子，每个格子中心代表一个节点，并具有均一的温度，两节点之间的距离为 Δx，设 e 为铸坯二分之一厚度，有 N 个节点，则：

$$\Delta x = \frac{e}{N - 1}$$

同时，薄片随铸坯以拉速 v 向下运动，把从结晶器弯月面以下至切割处的时间分成相等的时间间隔 $\Delta\tau$，则每个格子的高度 Δz 为：

$$\Delta z = v\Delta\tau$$

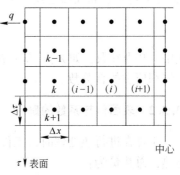

图 13-17　网格示意图

这样就构成了矩形网络，如图 13-17 所示，就可计算不同时刻的各节点的温度。

由泰勒级数展开式可得：

$$\left(\frac{\partial^2 t}{\partial x^2}\right)_i^k = \frac{t_{i+1}^k - 2t_i^k + t_{i-1}^k}{\Delta x^2} \tag{13-103}$$

$$\left(\frac{\partial t}{\partial \tau}\right)_i^k = \frac{t_i^{k+1} - t_i^k}{\Delta \tau} \tag{13-104}$$

将式（13-103）、式（13-104）代入式（13-101）得：

$$t_i^{k+1} = t_i^k + \frac{\lambda \Delta \tau}{\rho c_p (\Delta x)^2}(t_{i+1}^k - 2t_i^k + t_{i-1}^k) \tag{13-105}$$

对铸坯表面的点（$i = 0$）得：

$$t_i^{k+1} = t_i^k + \frac{\lambda \Delta \tau}{\rho c_p (\Delta x)^2}(t_{i+1}^k - t_i^k) - \frac{2q\Delta \tau}{\rho c_p \Delta x} \tag{13-106}$$

对铸坯中心点（$i = N$）得：

$$t_i^{k+1} = t_i^k + \frac{2\lambda \Delta \tau}{\rho c_p (\Delta x)^2}(t_{i-1}^k - t_i^k) \tag{13-107}$$

利用式（13-105），再加上边界条件，可以用有限差分法计算板坯连铸时的温度场。计算时，首先要确定经验式中的相关参数，特别是凝固潜热的处理，目前主要有两种方法：一是把潜热化为液相区等效比热容；二是直接利用热焓与温度的关系曲线（$H-t$ 曲线）。在分析试验的基础上不断探索，会使模型计算结果越来越准确。

13.5　热处理过程传热

金属材料热处理过程，基本上是在一定的初始条件和边界条件下工件内的导热问题，这类导热问题一般用数值法求解，其求解方法有有限差分法和有限单元法等。

热处理过程中有相应的组织相变，计算时应考虑组织相变的影响，其影响主要表现在物性参数的选择和确定上。

13.5.1　物性参数的确定

物性参数主要有导热系数 λ、密度 ρ、比定压热容 c_p。一般来说，物性参数不仅与温度有关，而且与金属材料的组织状态有关。因此，必须按材料的不同组织来确定某温度下的 λ、c_p 等值，常用线性组合方法来计算，其通式为：

$$B = \sum_{i=1}^n m_i B_i \tag{13-108}$$

式中，B 为参数，如 λ、c_p 等；B_i 为某一组织相应的参数值，如珠光体的 λ、c_p 等；m_i 为某一组织所占的百分数。

13.5.2　表面传热系数的确定

工件在进行热处理时，工件表面与周围气体之间的传热可以认为是对流和辐射的综合传热，总热量为：

$$\Phi = \Phi_r + \Phi_c \tag{13-109}$$

根据牛顿冷却公式，对流传热量为：

$$\Phi_c = h_c (T_g - T_w)A \tag{13-110}$$

辐射传热量为：

$$\Phi_r = \frac{C_0}{\frac{1}{\varepsilon_g} + \frac{1}{\varepsilon_w} - 1}\left[\frac{\varepsilon_g}{\varepsilon_w}\left(\frac{T_g}{100}\right)^4 - \left(\frac{T_w}{100}\right)^4\right]A \tag{13-111}$$

辐射传热量也可表示成对流传热的形式，即：

$$\Phi_r = h_r(T_g - T_w)A \tag{13-112}$$

比较式（13-111）和式（13-112），得：

$$h_r = \frac{\dfrac{C_0}{\dfrac{1}{\varepsilon_g} + \dfrac{1}{\varepsilon_w} - 1}\left[\dfrac{\varepsilon_g}{\varepsilon_w}\left(\dfrac{T_g}{100}\right)^4 - \left(\dfrac{T_w}{100}\right)^4\right]}{T_g - T_w}$$

将式（13-110）和式（13-112）代入式（13-109）得：

$$\Phi = h_\Sigma(T_g - T_w)A \tag{13-113}$$

式中，h_Σ 为气体对工件表面的综合传热系数，简称表面传热系数。

测定表面传热系数最简单的方法，是测定表面温度变化。将热电偶点焊在表面测点上，记录不同时刻的温度变化。$t = f(\tau)$ 本身就是一种表示边界条件的方式，知道表面温度随时间的变化 $\Delta t_\tau/\Delta\tau$，就可以算出沿截面的温度分布，推算出表面的温度梯度 $\Delta t_x/\Delta x$，即可求出表面的热流密度，即：

$$q = -\lambda\frac{\Delta t_x}{\Delta x} - \Delta t_\tau \Delta x\frac{\rho c_p}{2\Delta\tau} \tag{13-114}$$

根据热量守恒定律，由表面导出的热量和环境介质带走的热量应相等，则：

$$h_\Sigma(T_w - T_g) = -\lambda\frac{\Delta t_x}{\Delta x} - \Delta t_\tau \Delta x\frac{\rho c_p}{2\Delta\tau} \tag{13-115}$$

$$h_\Sigma = \frac{-\lambda\dfrac{\Delta t_x}{\Delta x} - \Delta t_\tau \Delta x\dfrac{\rho c_p}{2\Delta\tau}}{T_w - T_g} \tag{13-116}$$

式（13-116）适用于空冷、炉冷等温度变化较为缓和的情况；当温度变化较大时，受测量精度限制，误差较大。

表面换热系数也可根据数理统计的方法，通过非线性的估计来获取。

大工件表面的传热系数应根据工件的材质、尺寸、表面状态、加热或冷却的环境条件（油冷、水冷、喷水冷等）及介质的性质和流动速度来进行正确的选择。

13.6 焊接过程传热

焊接时在热源的作用下，被焊金属与基体被加热并发生熔化，当热源离开后，金属开始冷却，被焊金属与基体接合。这种加热和冷却的传热过程，称为焊接过程，它是影响焊接质量和生产率的主要因素之一。对焊接过程进行准确的计算和测定，是进行焊接冶金分析、焊接应力应变分析和对焊接热过程进行控制的前提。然而，焊接过程的传热问题十分复杂，给研究工作带来许多困难，具体体现在以下几方面：（1）加热过程的局限性；（2）加热的瞬时性；（3）焊接热源是移动的；（4）焊接过程的传热是综合传热过程。

焊接、激光加热等技术都属于不稳态导热问题，采用解析法计算温度场时，常将其看作集中热源作用下的不稳态导热，而瞬时集中热源作用下的温度场计算是这类导热问题的基础。所以，本节主要介绍瞬时集中点状热源和瞬时集中线状热源作用下的温度场。

焊接温度场是非稳态温度场。当一个具有恒定功率的焊接热源在给定尺寸的焊件上做匀速直线运动时，在开始一段时间内，温度场是不稳定的；但经过相当一段时间后，便达到了热平衡状态，形成了暂时稳定的温度场，称为准稳定温度场。此时，焊件上各点的温度虽然都随时间而变，但当热源移动时，温度场与热源以同样的速度移动。如果采用移动坐标系，将坐标原点与热源的中心相重合，则焊件上各点的温度只取决于空间坐标，而与时间无关。下面讨论的温度场的计算公式都是采用这种移动坐标系。

13.6.1 瞬时集中点状热源作用下的温度场

焊接热源作用在无限大物体内某点时（即相当于点状热源），可以认为是瞬时把热源的热能 Φ 作用在无限大物体的某点上，则距热源为 R 的某点经 τ 时间后，其温度可用式（13-117）求解：

$$\frac{\partial t}{\partial \tau} = a\left(\frac{\partial^2 t}{\partial x^2} + \frac{\partial^2 t}{\partial y^2} + \frac{\partial^2 t}{\partial z^2}\right) \tag{13-117}$$

设焊件的初始温度 $t_0 = 0℃$ 且均匀，同时不考虑表面散热问题，求得该方程的特解为：

$$t = \frac{2\Phi}{c_p \rho (4\pi a \tau)^{3/2}} \exp\left(-\frac{R^2}{4a\tau}\right) \tag{13-118}$$

式中，Φ 为热源在瞬时提供给焊件的热能；R 为距热源的坐标距离，$R = (x^2 + y^2 + z^2)^{1/2}$；$\tau$ 为传热时间；a 为焊件的热扩散系数。

式（13-118）就是厚大工件（属于半无限厚物体）瞬时点状热源的传热计算公式。由此式可知，热源提供给焊件热量之后，距热源为 R 处某点的温度变化是时间 τ 的函数，显然，其等温面呈现为一个个半球面形状。

13.6.2 瞬时集中线状热源作用下的温度场

当焊接热源集中作用在厚度为 δ 的无限大薄板上时（即相当于线状热源，热量沿板厚方向均匀分布），可看作是瞬时热源的热量 Φ 作用在工件某点上的二维传热过程，故距热源为 r 的某点经 τ 秒时间后，其温度可由式（13-119）求出：

$$\frac{\partial t}{\partial \tau} = a\left(\frac{\partial^2 t}{\partial x^2} + \frac{\partial^2 t}{\partial y^2}\right) \tag{13-119}$$

设焊件的初始温度 $t_0 = 0℃$ 且均匀，同时不考虑表面散热问题。求得该方程的特解为：

$$t = \frac{\Phi}{4\pi\lambda\delta\tau} \exp\left(-\frac{r^2}{4a\tau}\right) \tag{13-120}$$

式中，$r = (x^2 + y^2)^{1/2}$。

式（13-120）即为薄板瞬时集中线状热源的传热计算公式。此时，由于没有 z 方向的传热，其等温线呈现为以 r 为半径的平面圆环形状。

13.6.3 表面散热对温度场的影响

前面所讨论的焊接传热计算，未考虑表面散热的影响。对于厚大工件来讲，由于表面散热相对很小，可以忽略不计；但对于薄板和细棒来讲，表面散热对其温度影响较大，因而不能忽略。焊接薄板时应考虑表面散热，此时导热微分方程为：

$$\frac{\partial t}{\partial \tau} = a\left(\frac{\partial^2 t}{\partial x^2} + \frac{\partial^2 t}{\partial y^2}\right) - b\tau \tag{13-121}$$

式中，b 为薄板的散热系数，$1/\mathrm{s}$，$b = \dfrac{2h}{c_p\rho\delta}$，$h$ 为表面传热系数。

其特解为：

$$t = \frac{\Phi}{4\pi\lambda\delta\tau}\exp\left(-\frac{r^2}{4a\tau} - b\tau\right) \tag{13-122}$$

比较式（13-122）和式（13-120）可以看出，焊接薄板时，如考虑表面散热，只需将薄板的传热计算公式（13-120）乘以 $\exp(-b\tau)$ 即可。

假如有若干不相关的独立热源作用在同一焊件上，则焊件上某点的温度应等于各独立热源对该点产生作用的总和，即：

$$t = \sum_{i=1}^{n} t(r_i, \ \tau_i) \tag{13-123}$$

式中，r_i 为第 i 个热源与计算点之间的距离；τ_i 为第 i 个热源相应的传热时间。

在电弧焊时，焊接过程采用的是一种连续作用的热源，通常有连续固定热源（相当于补焊缺陷）和连续移动热源（相当于正常焊接或堆焊）。有关连续热源作用下的温度场计算，可参阅有关文献。

———————— 本 章 小 结 ————————

冶金与材料制备及加工中的热量传输过程较为复杂，大都属于综合传热过程。本章介绍了固定料层与流化料层内的热交换、换热器的种类与工作原理以及热工计算，蓄热室的工作原理和传热系数确定方法。还介绍了连铸凝固传热微分方程及数值解法，热处理以及焊接过程物性参数、表面传热系数和温度场的确定。换热器热工计算是本章的重点内容。

散料层内的热交换包括固定料层内的热交换和流化床内的热交换，由于热交换的复杂性，大都应用实验式、经验式或特征数方程进行近似计算，计算结果作为工程应用的参考依据。换热器、蓄热室是回收冶金炉高温烟气余热的换热设备。换热器的计算有两类：设计计算和校核计算。换热器计算关键在于求出传热系数和对数平均温差。蓄热室是周期性工作的不稳定复合传热过程。蓄热室的传热系数与换热器的传热系数相比，蓄热室的器壁热阻由两部分组成，一部分与蓄热过程有关，另一部分与砖的厚度形成的热阻有关。凝固传热在用数值解法求解时要注意物性参数的选取及凝固潜热的处理方法。热处理过程传热、焊接过程传热要着重了解模型的建立、求解方法及注意事项。

习题与工程案例思考题

习 题

13-1 散料层内热交换的特点是什么，具有哪些一般规律？

13-2 在竖炉热交换中，料块热阻对其换热有何影响？

13-3 影响炉气与料块间换热系数的因素有哪些？

13-4 简述流化床与器壁表面间的对流传热机理。

13-5 冶金企业中常用的换热器有哪些类型，有何特点，如何选择？

13-6 比较顺流式换热器和逆流式换热器的优缺点。

13-7 蓄热室内热交换的特点是什么，与换热器有何不同？

13-8 凝固传热有何特点，其传热过程对冶金生产过程有何指导意义？

13-9 说明热处理传热过程中，表面传热系数的意义和作用。

13-10 焊接传热过程有何特点，其复杂性体现在哪些方面？

13-11 焊接热源有哪几种类型，焊接传热的模型有哪几种？

13-12 空气流量为 $1.6m^3/s$，烟气流量为 $2.4m^3/s$。欲将空气从 30℃ 预热到 350℃，若烟气进入换热器时的温度为 750℃，不计热损失，试求烟气出口温度以及简单顺流、逆流条件下的对数平均温度差。

工程案例思考题

案例 13-1 高炉生产过程中的传热

案例内容：

(1) 高炉生产传热类型的分析；

(2) 固体散料层内热交换分析；

(3) 影响高炉生产传热的主要因素；

(4) 增强炉内热交换的有效途径。

基本要求：针对某炼铁生产高炉，完成案例内容。

案例 13-2 金属材料热处理过程中的传热

案例内容：

(1) 金属材料热处理过程中的传热方式；

(2) 传热效率对热处理工件性能的影响；

(3) 影响热处理传热效率的主要因素；

(4) 提高热处理工件传热效率的有效措施。

基本要求：针对某金属热处理生产过程，完成案例内容。

案例 13-3 钢包内钢水的温降

案例内容：

(1) 钢包的作用及结构；

(2) 钢包的传热特点；

(3) 钢包内钢水温降的计算；

(4) 减少钢包内钢水温降的措施。

基本要求：针对某实际钢包的温降，完成案例内容。

第 3 篇

质 量 传 输

质量传输以物质传递的规律为研究对象。物质从物体或空间的某一部分传递到另一部分的现象，即为质量传输。自然界中的物体本身都是由一定的物质所组成的，空间也常被一定物质所占据，所以对质量传输过程可定义为：如在一体系内存在着一种或两种以上不同物质的组分，而当其中一种或几种组分的浓度分布不均匀时，则各组分浓度较高的部分就会向浓度较低的部分转移，这种过程称之为质量传输，简称传质。物质组分的浓度是进行质量传输的推动力，质量传输的方向总是向浓度降低的方向进行。

与动量、热量传输相类似，质量传输也分物性传质及对流传质两种基本方式。物性传质是由物体本身所具有的传输特性构成的传质过程，是微观分子运动所引起的，即常见的扩散现象，所以物性传质也常称为分子扩散或扩散传质，如一滴墨水在静止水中的扩散。经验告诉我们，为缩短墨水在水中扩散所需的时间，就用玻璃棒对水做机械搅动。这种由流体流动过程所引起的质量传输过程，称为对流传质，它发生在流体与流体之间或流体与固体之间，因流体质点的宏观运动而产生，当然，对流传质过程中也同时存在扩散传质。

质量传输过程与动量传输和热量传输密切相关，三者具有内在的、本质的联系，并建立在动量传输和热量传输的基础上。因此，在动量、热量传输中所建立的基本概念、基本定律及解析方法，均有助于质量传输的研究和解析。

质量传输的基本概念及基本定律

本章课件

本章学习概要：主要介绍质量传输的基本概念和基本定律。要求掌握浓度的表示方法，浓度场的分类，浓度梯度的表达式，菲克第一定律和菲克第二定律的表达式、物理意义及应用。

14.1 质量传输基本概念

14.1.1 浓度及其表示方法

浓度的概念来源于溶体或溶液，它表示单位质量或单位体积中物质量的多少。在传输理论中，浓度常被定义为：参与传质过程的混合物（溶体）中，某一组分的浓度是指单位质量或单位体积混合物中该组分物质量的多少。

14.1.1.1　质量浓度

质量浓度的定义为：单位体积溶体内某一组分的质量。在体积为 dV 的溶体内，某一组分 i 的质量为 dm_i，则该组分的质量浓度 ρ_i 为：

$$\rho_i = \frac{dm_i}{dV} \tag{14-1}$$

若 ρ_i 为某一组分的质量浓度，ρ 为溶体中所有组分的总质量浓度，单位均为 kg/m^3，则组分 i 的相对质量浓度 ω_i 为：

$$\omega_i = \frac{\rho_i}{\rho} \times 100\% \tag{14-2}$$

相对质量浓度为百分数，显然有：

$$\sum_{i=1}^{n} \omega_i = 1 \tag{14-3}$$

质量浓度还可定义为：单位质量溶体内某一组分的质量。用组分的质量分数 $w(i)_\%$ 或 $w(i)$ 表示：

$$w(i)_\% = \frac{m_i}{m} \times 100 \tag{14-4}$$

$$w(i) = \frac{m_i}{m} \times 100\% \tag{14-5}$$

则有
$$\sum_{i=1}^{n} w(i)_\% = 100; \quad \sum_{i=1}^{n} w(i) = 1 \tag{14-6}$$

式中，m_i 及 m 分别为组分 i 的质量及溶体全部组分质量之和，kg。

14.1.1.2　物质的量浓度

组分 i 的物质的量浓度 c_i 是指单位体积溶体中，该组分所具有的物质的量，也称浓度。按此定义则有：

$$c_i = \frac{\rho_i}{M_i} \tag{14-7}$$

式中，c_i 为组分 i 的物质的量浓度，mol/m^3；M_i 为组分 i 的相对分子质量。

同样，物质的量浓度也有相对物质的量浓度 ε_i，即：

$$\varepsilon_i = \frac{c_i}{c} \times 100\% \tag{14-8}$$

式中，c 为溶体中所有组分的总浓度。

同理，有：

$$\sum_{i=1}^{n} \varepsilon_i = 1 \tag{14-9}$$

对于 A-B 两组分组成的二元系，则有：

$$\omega_A = \frac{\rho_A}{\rho}, \ \omega_B = \frac{\rho_B}{\rho}, \ \rho = \rho_A + \rho_B, \ \omega_A + \omega_B = 1 \tag{14-10}$$

以及
$$\varepsilon_A = \frac{c_A}{c}, \quad \varepsilon_B = \frac{c_B}{c}, \quad c = c_A + c_B, \quad \varepsilon_A + \varepsilon_B = 1 \tag{14-11}$$

14.1.1.3 气体的浓度

气体的浓度用气体组分的分压力 p_i 表示，根据道尔顿定律：

$$p = \sum_{i=1}^{n} p_i \tag{14-12}$$

式中，p_i、p 分别为组分 i 的分压力和气体的总压力，Pa。

对理想气体有，$p_i = c_i R T$，则：

$$\varepsilon_i = \frac{p_i}{p} \times 100\% \tag{14-13}$$

气体的分压力与质量浓度的关系为：

$$\rho_i = p_i \frac{M_i}{R_0 T} \tag{14-14}$$

式中，R_0 为通用气体常数，$R_0 = 8.314 \text{kJ/(kmol · K)}$。

气体的浓度还可用气体组分的体积分数 $\varphi(i)_\%$ 或 $\varphi(i)$ 表示。

$$\varphi(i)_\% = \frac{V_i}{V} \times 100 \tag{14-15}$$

$$\varphi(i) = \frac{V_i}{V} \times 100\% = \varepsilon_i \tag{14-16}$$

则有：
$$\sum_{i=1}^{n} \varphi(i)_\% = 100; \quad \sum_{i=1}^{n} \varphi(i) = 1 \tag{14-17}$$

式中，V_i、V 分别为组分 i 的体积和气体的总体积，m^3。

14.1.2 浓度场及浓度梯度

质量传输过程中，参与传质过程的任一组分，某一瞬间在空间各坐标点上有一定的浓度值，组分的浓度随空间及时间而变化的函数关系，称为该组分的浓度场，其数学表达式为：

$$c_i = f(x, y, z, \tau) \tag{14-18}$$

与速度场及温度场一样，浓度场也有稳定与不稳定之分。$\frac{\partial c_i}{\partial \tau} = 0$ 为稳定浓度场，$\frac{\partial c_i}{\partial \tau} \neq 0$ 为不稳定浓度场。对应浓度场的稳定与不稳定，传质过程也有稳定传质与不稳定传质之分。

浓度梯度的概念也与速度梯度及温度梯度相类似，即为传质方向上的浓度变化率。对一维传质过程为：

$$\text{grad} c_i = \frac{\partial c_i}{\partial x} \tag{14-19}$$

同样，规定低浓度到高浓度方向为浓度梯度正方向。

14.2　质量传输基本定律

14.2.1　菲克（Fick）第一定律

14.2.1.1　菲克第一定律

菲克第一定律是说明稳定扩散传质过程的基本定律。菲克第一定律表述为：在稳定扩散传质过程中，组分 i 单位时间内通过单位面积的质量传输量正比于浓度梯度。其数学表达式为：

$$n_i = -D_i \frac{\partial c_i}{\partial x} \tag{14-20}$$

式中，n_i 为组分 i 单位时间通过单位面积的质量传输量，即质量通量，$\mathrm{mol/(m^2 \cdot s)}$；$D_i$ 为组分的扩散系数，$\mathrm{m^2/s}$；c_i 为组分的物质的量浓度，$\mathrm{mol/m^3}$；$\frac{\partial c_i}{\partial x}$ 为浓度梯度，$\mathrm{mol/m^4}$。

菲克第一定律也可用质量浓度来表示，即：

$$n_i = -D_i \frac{\partial \rho_i}{\partial x} \tag{14-21}$$

式中，n_i 的单位为 $\mathrm{kg/(m^2 \cdot s)}$；$\frac{\partial \rho_i}{\partial x}$ 为质量浓度梯度，$\mathrm{kg/m^4}$。

上两式中的负号，表示质量传输的方向与浓度梯度的方向相反。

菲克第一定律的建立基础为稳定扩散传质，所以不存在质量蓄积问题。尚应指出，式（14-20）的形式是指单一组分的扩散传质过程，它仅说明了物质具有扩散性及其特征。式中的 D_i 也仅代表单一组分 i 的扩散系数，故又称为 i 组分的自身扩散系数。所谓单一组分的扩散，是指在仅有一种组分存在的情况下，当浓度分布不均匀时，该组分自身扩散的过程。

14.2.1.2　多组分菲克第一定律的表达式

两种及以上不同组分存在于同一体系内所进行的扩散是相互的，它比单一组分的扩散更复杂。在多组分的相互扩散中，决定质量通量的浓度梯度与单组分自身扩散时不同，此时，各组分的浓度梯度应采用相对浓度 ω_i 或 ε_i。另外，任一组分的扩散系数也不等于该组分的自身扩散系数，而应是相对扩散系数或称相互扩散系数。相互扩散系数不仅与该组分自身的扩散性有关，还取决于其他组分的扩散性及相对浓度等因素。

现以 A、B 两种气体的相互扩散为例，来说明在多组分相互扩散中菲克第一定律的表达式。设盛有 A、B 两种气体的容器与混合室相连，如图 14-1（a）所示。当两种气体进入混合室，并在稳定浓度场下进行相互扩散混合后，将混合气体不断排出，并假定排出速度极小而不影响气体的相互扩散。当两气体不断地得到组分浓度不变的气体补充而进入混合室时，则建立起如图 14-1（b）所示的稳定浓度场下的相互扩散过程。

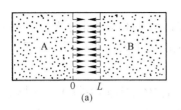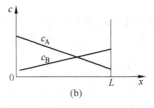

图 14-1　两种气体的相互扩散

（a）相互扩散示意图；（b）相互扩散过程

气体 A 在混合室中的传质通量，按菲克第一定律和两气体相互扩散的特征，以式（14-22）确定：

$$n_A = -cD_{AB}\frac{\partial \varepsilon_A}{\partial x} \tag{14-22}$$

式中，n_A 为气体 A 在相互扩散中的扩散传质通量；c 为混合气体的总浓度，$c = c_A + c_B$；c_A 为气体 A 的浓度；c_B 为气体 B 的浓度；D_{AB} 为气体 A 在气体 B 中的相互扩散系数；ε_A 为气体 A 的相对浓度，$\varepsilon_A = \dfrac{c_A}{c}$。

将式（14-22）以质量浓度表示则为：

$$n_A = -\rho D_{AB}\frac{\partial \omega_A}{\partial x} \tag{14-23}$$

式中，ρ 为混合气体的总质量浓度，$\rho = \rho_A + \rho_B$；ρ_A 为 A 组分的质量浓度；ρ_B 为 B 组分的质量浓度；ω_A 为气体 A 的相对质量浓度，且 $\omega_A = \dfrac{\rho_A}{\rho}$。

对于气体 B，同样可写出相应的扩散传质通量为：

$$n_B = -cD_{BA}\frac{\partial \varepsilon_B}{\partial x} \tag{14-24}$$

$$n_B = -\rho D_{BA}\frac{\partial \omega_B}{\partial x} \tag{14-25}$$

式中，D_{BA} 为气体 B 在气体 A 中的相互扩散系数；ε_B 为气体 B 的相对浓度；ω_B 为气体 B 的相对质量浓度。

从以上各式看出，在相互扩散中，任一组分的传质通量均与其他组分的浓度场（浓度梯度）有关；同时，各式中的扩散系数不仅取决于某一组分的自身扩散性，而且与其他组分的扩散性及各组分的相对浓度有关。

应当指出，上述各式仅是以菲克第一定律的形式，基于浓度梯度的概念来表达相互扩散过程的一般特征。实际上，两种物质的相互扩散过程是极为复杂的过程。例如，金属扩散的柯肯特尔（Kirkendall）效应、由化学位梯度决定的"爬坡"扩散以及不同物态所具有的不同的相互扩散特征等扩散过程。在实际计算中，从物性传输角度出发，仍应用菲克第一定律的形式，而将复杂的相互扩散因素均包括在相互扩散系数之中。因此，对任一组分 i 则有：

$$n_i = -\widetilde{D}_i\frac{\partial c_i}{\partial x} \tag{14-26}$$

或

$$n_i = -\widetilde{D}_i\frac{\partial \rho_i}{\partial x} \tag{14-27}$$

式中，$\widetilde{D}_i$ 为在不同组分的相互扩散中，任一组分 i 的相对扩散系数，即相互扩散系数。

冶金过程常用式（14-26），即用物质的量浓度来表示菲克第一定律。

14.2.1.3　扩散系数

物质的扩散系数 D_i 与流体的运动黏度 ν 和物体的导热系数 λ（或热扩散系数 a）相类似，它是代表物质扩散能力的物性参数。从菲克第一定律可知，扩散系数具有单位质量通量或单位传质量的含义，即相当于单位浓度梯度下的扩散传质通量。

物质的扩散系数随物质种类和结构的不同而不同，还与传质过程的温度、压力等状态参数有关，一般由实验测得。各种物质的扩散系数范围大致为：气体，$D_i = 5 \times 10^{-6} \sim 1 \times 10^{-5} \mathrm{m}^2/\mathrm{s}$；液体，$D_i = 1 \times 10^{-10} \sim 1 \times 10^{-9} \mathrm{m}^2/\mathrm{s}$；固体，$D_i = 1 \times 10^{-14} \sim 1 \times 10^{-10} \mathrm{m}^2/\mathrm{s}$。

具有实际意义的为多组分相互扩散系数 $\widetilde{D}_i$。对于相互扩散系数，除与自身扩散系数的影响因素有关外，尚与扩散的对象、相互扩散的条件及各组分浓度的相对比例等因素有关。一些气体、液体、固体的相互扩散系数，见附录 11～附录 13。某些物质在液态金属和熔渣中的扩散系数，可参阅其他书籍。

在缺乏实际数据的情况下，气体的扩散系数可用半经验公式（14-28）计算：

$$D_{AB} = \frac{1 \times 10^{-2} T^{1.75} \left(\dfrac{1}{M_A} + \dfrac{1}{M_B} \right)^{1/2}}{p \left(V_A^{1/3} + V_B^{1/3} \right)^2} \tag{14-28}$$

式中，T 为绝对温度，K；M_A、M_B 分别为组分 A、B 的相对分子质量；p 为混合气体的压力，Pa；V_A、V_B 为两气体的扩散体积，$\mathrm{m}^3/\mathrm{mol}$，其值如表 14-1 所示。

表 14-1　气体的扩散体积 V　　　　　　　　　　　　　　（$\mathrm{m}^3/\mathrm{mol}$）

气体	H_2	O_2	空气	N_2	CO	CO_2	H_2O	SO_2	Ar	He	NH_3	Cl_2
$V \times 10^6$	7.07	16.6	20.1	17.9	18.9	26.9	12.7	41.1	16.1	2.88	14.9	37.7

14.2.2　菲克（Fick）第二定律

菲克第二定律是表明不稳定扩散传质特征的规律。

14.2.2.1　带扩散的连续性方程

动量传输中所讨论的连续性方程，只考虑了流体质点对流所产生的质量平衡问题，而未考虑扩散过程。现在要讨论既有对流又有扩散时的质量平衡问题。此时，在微元体质量收支差量中，除有质点对流引起的质量传输外，还有扩散引起的质量传输。

在流动的流体中取出一平行六面微元体 $\mathrm{d}x\mathrm{d}y\mathrm{d}z$，如图 14-2 所示。

由于流体质点对流所引起的微元体质量收支差量，与动量传输中的情况相同，即有：

x 方向　　　$-\dfrac{\partial(\rho_i v_x)}{\partial x}\mathrm{d}x\mathrm{d}y\mathrm{d}z$　　　（14-29）

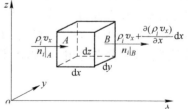

图 14-2　带扩散的微元体质量平衡

y 方向 $$-\frac{\partial(\rho_i v_y)}{\partial y}\mathrm{d}x\mathrm{d}y\mathrm{d}z \tag{14-30}$$

z 方向 $$-\frac{\partial(\rho_i v_z)}{\partial z}\mathrm{d}x\mathrm{d}y\mathrm{d}z \tag{14-31}$$

在 x 方向，通过 A、B 两面由扩散引起的质量收支差量，按照式（14-21）计算，从 A 面上扩散传入的质量为：

$$-D_i\frac{\partial\rho_i}{\partial x}\mathrm{d}y\mathrm{d}z \tag{14-32}$$

在微元体 $\mathrm{d}x$ 的区域内，流体浓度梯度的变化率为：

$$\frac{\partial}{\partial x}\left(\frac{\partial\rho_i}{\partial x}\right)$$

则 B 面上的浓度梯度为：

$$\left.\frac{\partial\rho_i}{\partial x}\right|_B = \left.\frac{\partial\rho_i}{\partial x}\right|_A + \frac{\partial}{\partial x}\left(\frac{\partial\rho_i}{\partial x}\right)\mathrm{d}x = \left.\frac{\partial\rho_i}{\partial x}\right|_A + \frac{\partial^2\rho_i}{\partial x^2}\mathrm{d}x \tag{14-33}$$

所以，B 面上的扩散传质量为：

$$-D_i\left(\left.\frac{\partial\rho_i}{\partial x}\right|_A + \frac{\partial^2\rho_i}{\partial x^2}\mathrm{d}x\right)\mathrm{d}y\mathrm{d}z \tag{14-34}$$

A、B 两面的扩散传质收支差量为式（14-32）−式（14-34），即：

$$D_i\frac{\partial^2\rho_i}{\partial x^2}\mathrm{d}x\mathrm{d}y\mathrm{d}z \tag{14-35}$$

同理，在 y、z 方向的扩散传质收支差量分别为：

$$D_i\frac{\partial^2\rho_i}{\partial y^2}\mathrm{d}x\mathrm{d}y\mathrm{d}z \tag{14-36}$$

$$D_i\frac{\partial^2\rho_i}{\partial z^2}\mathrm{d}x\mathrm{d}y\mathrm{d}z \tag{14-37}$$

微元体内的质量蓄积，用其密度（即质量浓度）随时间的变化率乘以体积来计算，则得：

$$\frac{\partial\rho_i}{\partial\tau}\mathrm{d}x\mathrm{d}y\mathrm{d}z \tag{14-38}$$

按微元体质量平衡关系有：

微元体对流传质收支差量+微元体扩散传质收支差量=微元体质量蓄积量

将式（14-29）~式（14-31）及式（14-35）~式（14-38）代入上式并整理得：

$$\frac{\partial\rho_i}{\partial\tau} + \frac{\partial(\rho_i v_x)}{\partial x} + \frac{\partial(\rho_i v_y)}{\partial y} + \frac{\partial(\rho_i v_z)}{\partial z} = D_i\left(\frac{\partial^2\rho_i}{\partial x^2} + \frac{\partial^2\rho_i}{\partial y^2} + \frac{\partial^2\rho_i}{\partial z^2}\right) \tag{14-39}$$

式（14-39）就是带扩散的连续性方程。将式（14-39）等号左边后三项展开，并应用不可压缩流体连续性方程，可得：

$$\frac{\partial\rho_i}{\partial\tau} + v_x\frac{\partial\rho_i}{\partial x} + v_y\frac{\partial\rho_i}{\partial y} + v_z\frac{\partial\rho_i}{\partial z} = D_i\left(\frac{\partial^2\rho_i}{\partial x^2} + \frac{\partial^2\rho_i}{\partial y^2} + \frac{\partial^2\rho_i}{\partial z^2}\right) \tag{14-40}$$

以物质的量浓度表示时则有：

$$\frac{\partial c_i}{\partial \tau} + v_x \frac{\partial c_i}{\partial x} + v_y \frac{\partial c_i}{\partial y} + v_z \frac{\partial c_i}{\partial z} = D_i \left(\frac{\partial^2 c_i}{\partial x^2} + \frac{\partial^2 c_i}{\partial y^2} + \frac{\partial^2 c_i}{\partial z^2} \right) \qquad (14\text{-}41)$$

式（14-41）与动量、热量传输的基本微分方程相类似。

14.2.2.2 菲克第二定律

对于固体或静止流体，由于其运动速度为零，式（14-41）简化为：

$$\frac{\partial c_i}{\partial \tau} = D_i \left(\frac{\partial^2 c_i}{\partial x^2} + \frac{\partial^2 c_i}{\partial y^2} + \frac{\partial^2 c_i}{\partial z^2} \right) \qquad (14\text{-}42)$$

式（14-42）即为不稳定扩散传质的微分方程式。对于一维的不稳定扩散传质微分方程，具有最简单的形式：

$$\frac{\partial c_i}{\partial \tau} = D_i \frac{\partial^2 c_i}{\partial x^2} \qquad (14\text{-}43)$$

式（14-43）就是菲克第二定律。它说明在不稳定扩散传质过程中，浓度随时间的变化率（即质量蓄积）与浓度梯度变化率的关系。

菲克第一定律与菲克第二定律均为质量传输的基本微分方程式，它们所描述的是传质过程的最一般规律。对于各种具体的传质过程，还要加上开始条件及边界条件才能求解，其解法与动量、热量传输相类似。

────────── **本 章 小 结** ──────────

质量传输主要研究物质传递的规律及特点。本章介绍了质量传输过程，质量传输的分类，浓度、浓度场和浓度梯度的概念，菲克第一定律和菲克第二定律。质量传输的基本概念，菲克第一定律和菲克第二定律是本章的重点内容。

物质从物体或空间的某一部分传递到另一部分的现象，称为质量传输过程，简称传质。传质有扩散传质和对流传质两类，浓度梯度是其推动力。浓度通常是指参与传质过程的混合物中某一组分的浓度，即是单位体积混合物中该组分物质量的多少，可用质量浓度、物质的量浓度、气体分压力表示。同流体流动和传热一样，传质也有稳定传质和不稳定传质之分。

对稳定扩散传质，某组分的扩散传质通量与浓度梯度的关系可用菲克第一定律表示，而菲克第二定律则表征了不稳定扩散传质的基本特性，可用于求解浓度场。

主要公式及方程：

质量浓度：$\rho_i = \dfrac{\mathrm{d}m_i}{\mathrm{d}V}$；

物质的量浓度：$c_i = \dfrac{\rho_i}{M_i}$；

浓度梯度：$\mathrm{grad}\, c_i = \dfrac{\partial c_i}{\partial x}$；

菲克第一定律：$n_i = -D_i \dfrac{\partial c_i}{\partial x}$；

菲克第二定律：$\dfrac{\partial c_i}{\partial \tau} = D_i \left(\dfrac{\partial^2 c_i}{\partial x^2} + \dfrac{\partial^2 c_i}{\partial y^2} + \dfrac{\partial^2 c_i}{\partial z^2} \right)$。

习题与工程案例思考题

习　题

14-1　何为质量传输，它有哪两种基本形式？

14-2　何为浓度梯度，为什么说浓度梯度是传质的推动力？

14-3　浓度有哪些表示方法，各用于什么场合？

14-4　稳定传质和不稳定传质有何特点？试举例说明。

14-5　菲克第一定律说明什么问题，应用时应注意什么？

14-6　菲克第二定律说明什么问题，有何实际意义？

14-7　天然气相对物质的量浓度为：$\varepsilon(CH_4) = 94.90\%$、$\varepsilon(C_2H_6) = 4.00\%$、$\varepsilon(C_3H_8) = 0.60\%$、$\varepsilon(CO_2) = 0.50\%$，试计算：（1）甲烷（$CH_4$）的质量分数；（2）该天然气的平均相对分子质量；（3）CH_4 的分压力，气体的总压力为 $1.013 \times 10^5 Pa$。

14-8　试计算在 25℃和 $1.013 \times 10^5 Pa$ 条件下的空气中，CO_2 的扩散系数。

工程案例思考题

案例 14-1　室内甲醛的扩散

　　案例内容：

　　（1）室内甲醛的来源及组成；

　　（2）影响甲醛扩散的主要因素；

　　（3）加速甲醛扩散的方法。

　　基本要求：选择某类型房间，根据案例内容进行归纳总结。

案例 14-2　金属熔体的扩散性

　　案例内容：

　　（1）金属熔体扩散性的表达；

　　（2）影响金属熔体扩散性的主要因素；

　　（3）金属熔体扩散系数的确定方法。

　　基本要求：选择某金属熔体，根据案例内容进行归纳总结。

15 扩 散 传 质

本章学习概要： 主要介绍稳定扩散和不稳定扩散。要求掌握平壁和圆筒壁扩散传质方程的应用、传质傅里叶数与传质毕欧数的表达式及物理意义；会借用平壁和圆筒壁导热计算图计算各种边界条件下的浓度场。

扩散传质是依靠分子运动来完成质量传递的，它可以发生在气体和液体中，也可以发生在固体中。扩散传质与导热有极为类似的关系，可借助于稳定导热与不稳定导热的求解方法来求解扩散传质问题。

15.1 稳定扩散传质

稳定扩散传质与稳定导热相类似，即在传质过程中没有质量蓄积，也就是说 $\frac{\partial c_i}{\partial \tau} = 0$，通过物体内（或空间内）的质量通量 n_i 为常数。物质的扩散系数若与组分浓度无关为一常数时，则在传质过程中浓度场为一线性函数。

15.1.1 气体通过平板的扩散

设容器中有一厚度为 δ 的金属隔板，在隔板两侧有浓度分别为 c_1、c_2 同一组分的气体。气体通过金属隔板的相互扩散系数 $\widetilde{D}_i$ 若为与浓度无关的常数，则在稳定扩散过程建立后，气体组分在隔板上的浓度呈线性分布，如图 15-1 所示。通过隔板薄层 $\mathrm{d}x$ 上的扩散传质通量，按菲克第一定律得：

$$n_i = -\widetilde{D}_i \frac{\mathrm{d}c_i}{\mathrm{d}x} \qquad (15\text{-}1)$$

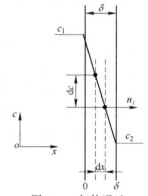

图 15-1 气体通过平板的扩散

在 n_i 及 $\widetilde{D}_i$ 均为常数的条件下，按图 15-1 中的边界条件，对式 (15-1) 分离变量后积分得：

$$n_i \int_0^\delta \mathrm{d}x = -\widetilde{D}_i \int_{c_1}^{c_2} \mathrm{d}c_i \qquad (15\text{-}2)$$

所以

$$n_i = \frac{\widetilde{D}_i}{\delta} (c_1 - c_2) \qquad (15\text{-}3)$$

令 $k = \dfrac{\widetilde{D}_i}{\delta}$，则有：

$$n_i = k(c_1 - c_2) \tag{15-4}$$

式中，k 为传质系数，类似于稳定导热中的传热系数。

通过隔板任一截面 x 处的传质通量，按式（15-3）有：

$$n_i = \frac{\widetilde{D}_i}{x}(c_1 - c_x) \tag{15-5}$$

由式（15-3）及式（15-5）可求得隔板上的线性浓度场为：

$$\frac{c_1 - c_x}{c_1 - c_2} = \frac{x}{\delta} \tag{15-6}$$

实际上，$\widetilde{D}_i$ 并非常数，因此在稳定扩散传质条件下，隔板上的浓度场不可能如式（15-6）所表明的那样，即不具有线性特征。

稳定导热一般是计算热通量，稳定扩散传质则主要是用实验方法确定相互扩散系数。例如，已知隔板传质面积为 A；在单位时间通过整个面积上的总扩散质量流量为 N_i，单位为 mol/s；扩散传质通量仍以 n_i 表示，则有：

$$N_i = n_i A \tag{15-7}$$

在稳定扩散传质过程中，n_i 为常数，并等于任意截面上的 n_x，即：

$$n_i = -\widetilde{D}_i \frac{dc_i}{dx} = n_x = 常数 \tag{15-8}$$

由式（15-7）、式（15-8）得：

$$N_i = -\widetilde{D}_i \frac{dc_i}{dx} A$$

或

$$\widetilde{D}_i = \frac{-N_i}{A \dfrac{dc_i}{dx}} \tag{15-9}$$

由于 n_i 为常数，所以 N_i 也为常数，因此式（15-9）就是在一维稳定扩散传质过程中，相互扩散系数与浓度梯度的关系式。通过实验方法可以测出 N_i 及隔板上各点的浓度梯度，从而可通过式（15-9）来计算相互扩散系数。

15.1.2　气体通过圆筒壁的扩散

设圆筒壁内、外气体组分 i 的浓度分别为 c_1 及 c_2，且 $c_1 > c_2$，在稳定状态下进行扩散传质，如图 15-2 所示。根据菲克第一定律，按前述相类似的方法推算出圆筒壁上的浓度场为：

$$\frac{c_1 - c_i}{c_1 - c_2} = \frac{\ln\left(\dfrac{r}{r_1}\right)}{\ln\left(\dfrac{r_2}{r_1}\right)} \tag{15-10}$$

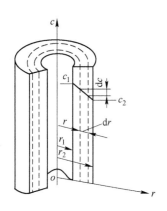

图 15-2　气体通过圆筒壁的扩散

$$或 \qquad \frac{c_i - c_2}{c_1 - c_2} = \frac{\ln\left(\dfrac{r_2}{r}\right)}{\ln\left(\dfrac{r_2}{r_1}\right)} \qquad (15\text{-}11)$$

从式（15-10）和式（15-11）可知，在圆筒壁的稳定扩散传质中，虽然扩散系数为常数，但壁上的浓度场却为非线性分布，这是由于传质面积变化所致。

气体通过圆筒壁的扩散传质量为：

$$N_i = \frac{2\pi L \widetilde{D}_i}{\ln\left(\dfrac{r_2}{r_1}\right)}(c_1 - c_2) \qquad (15\text{-}12)$$

式中，L 为圆筒壁的长度，m。

由此可见，与平板一样，通过实验方法可以测出总的扩散传质量 N_i 和浓度梯度，进而确定相互扩散系数。

例 15-1　设有一输送氢气的金属管道，其内径为 10cm，外径为 12cm，长为 100cm，输送的氢气压力为 75atm，外界压力为 1atm，温度为 450℃，试确定氢气的损失率。

解：设扩散系数为常数，则由式（15-12）得：

$$N_i = \frac{2\pi L \widetilde{D}_i}{\ln\left(\dfrac{r_2}{r_1}\right)}(c_1 - c_2)$$

气体-金属界面上的浓度 c 可看成是气体与金属平衡时的溶解度，则在界面上存在平衡关系：$c_1 = K_p \sqrt{p_1}$，$c_2 = K_p \sqrt{p_2}$。其中，K_p 表示壁两侧气体与溶解于金属内气体的平衡常数，p_1 与 p_2 为氢气在壁两侧的分压。

由此得：

$$N_i = \frac{2\pi L \widetilde{D}_i K_p}{\ln\left(\dfrac{r_2}{r_1}\right)}(\sqrt{p_1} - \sqrt{p_2})$$

在讨论气体通过金属壁的扩散时，常用到渗透性 p^* 的概念，它表示气体透过金属壁能力的大小。渗透性 p^* 的表达式为：

$$\widetilde{D}_i K_p = p^* = p_0^* \exp(-Q_p/RT)$$

式中，p_0^* 为气体在壁厚 1cm 和壁两边压差为 1atm 条件下，测量得到的扩散气体的标准体积数，$cm^3/(s \cdot atm^{1/2})$；Q_p 为气体渗透活化能，J/mol；T 为气体温度，K。

对氢气而言，$p_0^* = 2.9 \times 10^{-3} cm^3/(s \cdot atm^{1/2})$，$Q_p = 35162 J/mol$，则：

$$p^* = p_0^* \exp(-Q_p/RT) = 2.9 \times 10^{-3} \times \exp\left(-\frac{35162}{8.314 \times 723}\right) = 8.4 \times 10^{-6} cm^3/(s \cdot atm^{-1/2})$$

$$N_i = \frac{2\pi L p^*}{\ln\left(\dfrac{r_2}{r_1}\right)}(\sqrt{p_1} - \sqrt{p_2}) = \frac{2 \times 3.14 \times 100 \times 8.4 \times 10^{-6} \times (\sqrt{75} - \sqrt{1})}{\ln(6/5)} - 0.2194 \ cm^3/s$$

15.2 不稳定扩散传质

不稳定扩散传质与不稳定导热具有相类似的微分方程、开始条件、边界条件及解析方法。

15.2.1 传质微分方程及其边界条件

不稳定扩散传质的微分方程式有一维（菲克第二定律）、二维、三维之分，其特点是在传质过程中有质量蓄积。不稳定扩散传质微分方程式的形式与不稳定导热微分方程式相类似，如式（14-42）及式（14-43）所示。

不稳定扩散传质也有与不稳定导热相类似的边界条件。经常遇到的有两种情况，即物体表面浓度为常数和物体表面外介质（一般指气体）浓度为常数。对于后一种边界条件，扩散介质的浓度一般是指某一组分在介质与表面之间的平衡浓度，此时，表面以外的平衡过程与不稳定导热外部的传热过程相类似。

在不稳定传质过程中，根据物体内部物质扩散的深度，物体内部的浓度场也分为有限厚及无限厚两大类。当物质的扩散深度超过物体厚度时，为有限厚；反之，为无限厚。

不稳定扩散传质中的基本相似特征，可由不稳定导热中的基本相似特征数直接引申而来，即有：

传质傅里叶数 $$Fo^* = \frac{D\tau}{l^2}$$

传质毕渥数 $$Bi^* = \frac{kl}{D}$$

式中，l 为定形尺寸，m；D 为与不稳定导热中热量传输系数 a 相对应的扩散系数，m^2/s；k 为与不稳定导热中外部总换热系数 h 相对应的扩散介质对表面的传质系数，m/s。

15.2.2 表面浓度为常数时，有限厚物体的不稳定扩散传质

设有足够宽大的固体平板，厚度为 2δ，将其置于气体介质中进行扩散处理。处理之前板内扩散介质具有均匀浓度 c_0，在扩散过程中表面平衡浓度 c_w 保持不变（注意，此处平板的初始浓度 c_0 及表面浓度 c_w 均是对气体介质的扩散组分而言）。

在不稳定扩散过程中，浓度场的特征见图 15-3。对于足够大的平板，可视为一维不稳定传质过程，引入菲克第二定律，并在上述开始条件及边界条件下求解，得：

$$\frac{c_w - \bar{c}}{c_w - c_0} = \frac{8}{\pi^2} \sum_{n=0}^{\infty} \frac{1}{(2n+1)^2} e^{\frac{-(2n+1)^2\pi^2}{4} \cdot \frac{D\tau}{\delta^2}} \qquad (15\text{-}13)$$

式中，$\bar{c}$ 为平板截面上于某一时刻下的平均浓度，且有 $\bar{c} = \frac{1}{\delta} \int_0^x c \mathrm{d}x$。

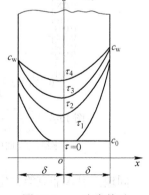

图 15-3 c_w 为常数时
的扩散传质

将式（15-13）写成准数形式，为：

$$\frac{c_w - \bar{c}}{c_w - c_0} = \varphi(Fo^*) \qquad (15\text{-}14)$$

式中，$Fo^* = \dfrac{D\tau}{\delta^2}$。

在近似计算时，可对式（15-14）进行简化。例如，取 $n = 0$，即只取级数的首项，则为：

$$\frac{c_w - \bar{c}}{c_w - c_0} = \frac{8}{\pi^2} e^{-\tau/\tau_0} \qquad (15\text{-}15)$$

式中，τ_0 为扩散中的时间常数，且 $\tau_0 = \dfrac{4\delta^2}{\pi^2 D}$。

显然，若以 $\ln\left(\dfrac{c_w - \bar{c}}{c_w - c_0}\right)$ 对 $\dfrac{\tau}{\tau_0}$ 作图，则式（15-15）会获得一个直线线图，由该直线的斜率就可确定扩散系数 D。

式（15-13）已绘制成图，如图 15-4 所示。由图可知，当 $Fo^* > 0.05$ 时，具有线性特征，因此，只取级数解的首项（$n = 0$）已足够准确。图中除了平板以外，还绘出了圆柱及球体的计算用图。

15.2.3 介质浓度为常数时，有限厚物体的不稳定扩散传质

如图 15-5 所示，设有足够宽大的固体平板，厚度为 2δ，在平板两侧为含有某一组分 i 的气体介质，气体中的该组分通过气固界面向平板内部进行对称扩散。该组分在界面上气体中的浓度为 c_f，且在扩散过程中气体的该组分不断得到补充，从而保持 c_f 不变。平板在进行扩散处理前，气体中的该组分在断面上均匀分布，其浓度 c_0 为一常数。

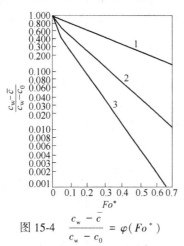

图 15-4 $\dfrac{c_w - \bar{c}}{c_w - c_0} = \varphi(Fo^*)$

1—平板；2—圆柱；3—球体

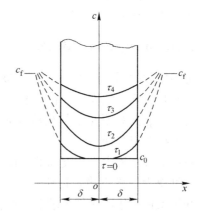

图 15-5 c_f 为常数时的扩散传质

同理，引入菲克第二定律，并在上述开始条件及边界条件下求解，得：

$$\frac{c_f - c_{(x,\tau)}}{c_f - c_0} = 2\sum_{n=1}^{\infty} \frac{\sin(\beta_n \cdot \delta)\cos(\beta_n \cdot \delta)}{\beta_n \cdot \delta + \sin(\beta_n \cdot \delta)\cos(\beta_n \cdot \delta)} e^{-D\beta_n^2 \tau} \qquad (15\text{-}16)$$

式（15-16）与不稳定导热的公式完全相同，只是用扩散系数 D 取代了热扩散系数 a。因此，不稳定导热中的图 10-18 及图 10-19，也完全可以在不稳定扩散传质中作为计算用图来采用，只要注意到用 Fo^*、Bi^* 来代替 Fo、Bi，以及用 D 取代 a 就可以了，这里不再赘述。

15.2.4 表面浓度为常数时，无限厚物体的不稳定扩散传质

设有足够宽大的平板进行一维不稳定扩散传质，平板的厚度远远超过物质的扩散深度，扩散过程中的浓度场如图 15-6 所示。在扩散进行之前，物体内的扩散组分浓度均匀分布为 c_0，扩散过程中表面平衡浓度 c_w 保持不变。

鉴于与无限厚物体不稳定导热的类似性，直接引用其解析结果，得：

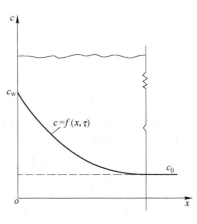

$$\frac{c_w - c_{(x, \tau)}}{c_w - c_0} = \mathrm{erf}\left(\frac{x}{2\sqrt{D\tau}}\right) \quad (15\text{-}17)$$

或

$$\frac{c_w - c_{(x, \tau)}}{c_w - c_0} = \mathrm{erf}\left(\frac{1}{2\sqrt{Fo^*}}\right) \quad (15\text{-}18)$$

式中，$Fo^* = \dfrac{D\tau}{x^2}$。

图 15-6　c_w 为常数时，无限厚
物体的扩散传质

在应用式（15-17）或式（15-18）计算时，也可直接应用不稳定导热的计算图。

例 15-2　设有一低碳钢钢件，在一定温度下进行渗碳，渗碳前钢件内部碳的质量分数为 0.2%，渗碳时在钢的表面保持碳的平衡质量分数为 1.0%。在该温度下，碳在铁中的扩散系数 $D = 1.0 \times 10^{-11} \, \mathrm{m^2/s}$，试确定在渗碳 1h 后，钢件内部 0.1mm 和 0.4mm 处碳的质量分数。

解：在低碳钢中，碳的总浓度很低，其浓度可看作常数，故用质量分数来表示：

$$\frac{c_w - c}{c_w - c_0} = \frac{w(\mathrm{C})_w - w(\mathrm{C})}{w(\mathrm{C})_w - w(\mathrm{C})_0} = \mathrm{erf}\left(\frac{x}{2\sqrt{D\tau}}\right)$$

渗碳 1h 后，则有：

$$\frac{0.01 - w(\mathrm{C})}{0.01 - 0.002} = \mathrm{erf}\left(\frac{x}{2\sqrt{1.0 \times 10^{-11} \times 3600}}\right) = \mathrm{erf}\left(\frac{x}{3.79 \times 10^{-4}}\right)$$

即

$$w(\mathrm{C}) = 0.01 - 0.008\,\mathrm{erf}\left(\frac{x}{3.79 \times 10^{-4}}\right)$$

在 $x = 0.1\mathrm{mm}$ 处：

$$w(\mathrm{C}) = 0.01 - 0.008\,\mathrm{erf}\left(\frac{1 \times 10^{-4}}{3.79 \times 10^{-4}}\right) = 0.01 - 0.008\,\mathrm{erf}(0.264)$$

$$= 0.01 - 0.008 \times 0.291 = 0.00767$$

即碳的质量分数为 0.767%。

在 $x = 0.4\mathrm{mm}$ 处：

$$w(\mathrm{C}) = 0.01 - 0.008\mathrm{erf}\left(\frac{4 \times 10^{-4}}{3.79 \times 10^{-4}}\right) = 0.01 - 0.008\mathrm{erf}(1.055)$$

$$= 0.01 - 0.008 \times 0.866 = 0.00307$$

即碳的质量分数为 0.307%。

——————本 章 小 结——————

扩散传质有稳定扩散传质和不稳定扩散传质之分。本章介绍了气体通过平壁和圆筒壁的稳定扩散、表面浓度和介质浓度为常数的有限厚物体不稳定扩散、表面浓度为常数的无限厚不稳定扩散。平壁和圆筒壁的稳定扩散传质、扩散系数是本章的重点内容。

借用研究稳定导热的方法，可直接求出平板和圆筒壁稳定扩散传质的浓度场和扩散传质量。根据其表达式可知，通过一定的实验方法可以测定出总的扩散传质量 N_i 和浓度梯度，进而确定物质的相互扩散系数。

借用研究不稳定导热的方法，可直接求出平板和圆柱体不稳定扩散传质的浓度场。在应用相应图表进行计算时，只需将傅里叶数与毕渥数替换为传质傅里叶数与传质毕渥数即可；当然，相应的参数也应做代换。

主要公式及相似特征数：

气体通过平壁的稳定扩散：$N_i = -\widetilde{D}_i \dfrac{\mathrm{d}c_i}{\mathrm{d}x} A$；

气体通过圆筒壁的稳定扩散：$N_i = \dfrac{2\pi L \widetilde{D}_i}{\ln\left(\dfrac{r_2}{r_1}\right)}(c_1 - c_2)$；

传质傅里叶数：$Fo^* = \dfrac{D\tau}{l^2}$；

传质毕渥数：$Bi^* = \dfrac{kl}{D}$。

$$\boxed{\text{习题与工程案例思考题}}$$

习 题

15-1 试举例说明何为稳定扩散传质和不稳定扩散传质？

15-2 如何借用研究稳定导热的方法来研究稳定扩散传质？

15-3 试根据稳定扩散传质量计算公式，设计一个测定物质相互扩散系数的装置。

15-4 如何借用研究不稳定导热的方法来研究不稳定扩散传质？

15-5 何为传质傅里叶数与传质毕渥数，对研究不稳定扩散传质过程有何作用？

15-6 将初始碳浓度为 0.2% 的低碳钢钢件置于一定温度的渗碳气氛中 2h，渗碳过程中，钢件表面的碳浓度保持为 0.9%。如果碳在钢中的扩散系数 $D = 1.0 \times 10^{-11} \ \mathrm{m^2/s}$，试计算在钢件表面内 0.1mm 和 0.2mm 处碳的浓度（碳浓度用质量分数表示）。

工程案例思考题

案例 15-1　气体扩散系数的测定

案例内容：

（1）气体扩散的特点；

（2）气体扩散系数测定的基本原理；

（3）气体扩散系数测定装置的设计；

（4）影响扩散系数测定精度的因素。

基本要求：针对某气体扩散系数的测定，完成案例内容。

案例 15-2　钢件的渗碳处理

案例内容：

（1）钢件渗碳的目的及方法；

（2）钢件渗碳的浓度场计算；

（3）钢件渗碳后的碳含量测定；

（4）分析计算值与测定值的误差分析。

基本要求：针对某钢件的渗碳处理，完成案例内容。

16 对流传质

本章课件

本章学习概要: 主要介绍对流传质基本概念、对流传质特征数方程、对流传质系数模型。要求掌握浓度边界层及有效浓度边界层的概念,对流传质系数的单位、物理意义、影响因素及施密特特征数及谢伍德特征数的表达式及物理意义,对流传质系数的模型理论,会借用研究对流换热方法解决对流传质问题。

对流传质是在流体流动下的质量传输过程,是由质点对流和分子扩散两方面因素所决定的传质过程。在对流传质中,分子扩散是限制性环节,而质点对流是基础。由于对流传质与对流换热的类似性,对流换热的分析方法可用于对流传质的分析中,其结论也可直接引用。

16.1 对流传质基本概念

16.1.1 浓度边界层

由于三种传输的类似性,在质量传输过程中,也有质量边界层或浓度边界层的概念。

如图 16-1 所示。设均匀地含有某一组分的流体,其浓度为 c_f,该流体流入固体表面并与之进行对流传质过程。在靠近表面处,流体中该组分的浓度与表面上的浓度 c_w 相平衡。在同时存在的动量边界层的作用下,靠近固体表面的层流层内,流体具有较大的浓度梯度;而紊流区域中,则因质点的对流作用而使浓度梯度较小。在流动的法线方向上,流体中该组分浓

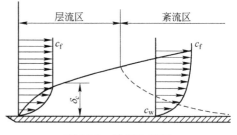

图 16-1 浓度边界层

度的变化是由 c_w 向 c_f 过渡。随着流体流入表面距离的增加,具有接近来流浓度 c_f 的流体层的厚度随之增厚。将浓度接近于 c_f 位置以下的流体薄层,定义为质量边界层或浓度边界层。浓度边界层的厚度为 δ_c,边界层外缘的流体组分浓度为 $0.99(c_f - c_w) + c_w$。

与动量、热量传输相类似,在浓度边界层 (δ_c) 以内、因流体质点对流而进行的传质过程中,扩散传质也同时存在,因为有浓度梯度存在,就有扩散传质进行。但是,这种传质是以流体质点对流为前提的综合传质过程。可以看出,对流传质与动量传输密切相关。

在冶金动力学的研究中,常应用"有效浓度边界层"的概念。如图 16-2 所示,假定浓度边界层内靠近表面一层的流体上,组分的浓度呈线性分布,边界层以外的流体应具有

来流的原始浓度。线性分布线和垂直分布线的交点为
A，构成一假定的线性浓度场 2，而实线 1 所表示的是实
际的浓度场。A 点距表面的垂直距离为 δ'_c，厚度为 δ'_c
的流体层即定义为有效浓度边界层，在有效浓度边界层
内具有线性的浓度分布，而其外则是具有来流浓度的均
匀浓度场。此时界面上的浓度梯度可表示为：

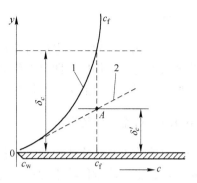

$$\left.\frac{\partial c_i}{\partial y}\right|_{y=0} = \frac{\Delta c}{\Delta y} = \frac{c_f - c_w}{\delta'_c} \tag{16-1}$$

或

$$\delta'_c = \frac{c_f - c_w}{\left.\dfrac{\partial c_i}{\partial y}\right|_{y=0}} \tag{16-2}$$

图 16-2　边界层内的浓度场
1—实际浓度场；2—假定的线性浓度场

根据"有效浓度边界层"的概念，按菲克第一定律，得质量通量的计算式为：

$$n_i = \frac{D_i}{\delta'_c}(c_f - c_w) \tag{16-3}$$

式中，D_i 为扩散组分 i 在流体中的相互扩散系数，$\mathrm{m^2/s}$；c_f 为扩散组分 i 在流体中的平均浓
度或反应平衡浓度，$\mathrm{mol/m^3}$；c_w 为扩散组分 i 在固体表面上的浓度或平衡浓度，$\mathrm{mol/m^3}$；
δ'_c 为有效浓度边界层厚度，m。

从表面上看，式（16-3）所说明的传质过程似乎与流体的流动因素无关，但实际上，
该式中的 δ'_c 却在很大程度上取决于流体的流动因素，也就是说，对流传质的所有复杂因
素全包括在薄层厚度 δ'_c 之内了。这种理论又称为薄膜理论。

16.1.2　对流传质系数

对流传质系数与热量传输中的对流换热系数相类似。当传质面积为 A（$\mathrm{m^2}$）时，则单
位时间内的对流传质量，由式（16-3）可得：

$$N_i = n_i A = \frac{D_i}{\delta'_c}(c_f - c_w)A \tag{16-4}$$

或

$$N_i = k_i(c_f - c_w)A \tag{16-5}$$

式中，k_i 为对流传质系数，单位为 $\mathrm{m/s}$，且：

$$k_i = \frac{D_i}{\delta'_c} \tag{16-6}$$

由此可以看出，k_i 与对流换热系数 h 相类似。对流传质系数表示单位对流传质量，即
在单位浓度差下，单位时间内通过单位面积的质量传输量。

根据有效浓度边界层的概念，对流传质系数可由另外一种形式来表达。将式（16-2）
代入式（16-6），则有：

$$k_i = \frac{D_i \left.\dfrac{\partial c_i}{\partial y}\right|_{y=0}}{c_f - c_w} \tag{16-7}$$

或
$$D_i \frac{\partial c_i}{\partial y}\bigg|_{y=0} = k_i (c_f - c_w) \tag{16-8}$$

式（16-7）称为边界层对流传质微分方程。由此可以看出，通过边界层微分解法和积分解法求得浓度场后，即可求得对流传质系数 k_i。式（16-8）表示在对流传质过程中，通过界面向固体表面的传质通量与从流体核心向固体表面的传质通量相平衡。

16.1.3 对流传质特征数

对流传质是在流体流动下的传质过程，因此它与动量传输密切相关。雷诺数 Re 是动量传输，也是质量传输中的重要特征数。

另外，对流传质与对流换热相类似，因此，对应于表示对流换热的特征数，则有对流传质的相似特征数。

普朗特数 Pr 是联系动量传输与热量传输的一个特征数，且 $Pr = \dfrac{\nu}{a}$；与之相对应，在对流传质过程中，有联系动量传输与质量传输的施密特（Schmidt）数 Sc，且有：

$$Sc = \frac{\nu}{D_i} \tag{16-9}$$

在对流换热中，有努塞尔数 Nu；与之相对应，在对流传质中，有舍伍德（Sherwood）数 Sh，且：

$$Sh = \frac{k_i l}{D_i} \tag{16-10}$$

式中，l 为定形尺寸；k_i 为对流传质系数；D_i 为物体内的相互扩散系数。

Sh 所表示的物理意义也与 Nu 相类似。Sh 表示传质过程中，流体的边界扩散阻力与对流传质阻力之比，表征了对流传质作用的强弱。

16.2 对流传质特征数方程

流体流过物体（绕流）或在管内流动（管流）时的对流传质，与相同条件下的对流换热相类似，可以用相同的数学解析方法获得相类似的数学表达式。

16.2.1 平板层流对流传质

流体流过平板时的对流传质过程，与平板绕流阻力和平板对流换热相类似。所以，确定对流传质系数的核心是根据边界层的概念，确定界面上的浓度梯度 $\dfrac{\partial c_i}{\partial y}\bigg|_{y=0}$。

16.2.1.1 平板层流对流传质微分解法

与平板层流对流换热的微分解法类似，首先建立边界层对流传质微分方程组，即边界层质量微分方程、边界层动量微分方程、连续性方程、边界层对流传质微分方程和相应的边界条件。除了边界层质量微分方程和边界条件外，其余方程已在前面述及。

与热边界层一样，根据浓度边界层的特点，通过数量级的比较，带扩散的连续性方程（14-41）可简化为：

$$v_x \frac{\partial c_i}{\partial x} + v_y \frac{\partial c_i}{\partial y} = D_i \frac{\partial^2 c_i}{\partial y^2} \tag{16-11}$$

式（16-11）即为边界层质量微分方程。其相应的边界条件为：

$$y = 0, \quad v_x = v_y = 0, \quad c_i = c_w$$

$$y = \infty, \quad v_x = v_f, \quad c_i = c_f$$

在此边界条件下，对流传质微分方程组的解析结果如下：

（1）浓度边界层厚度 δ_c 为：

$$\frac{\delta}{\delta_c} = Sc^{\frac{1}{3}} \tag{16-12}$$

（2）局部对流传质系数为：

$$k_x = 0.332 \frac{D_i}{x} Re^{\frac{1}{2}} Sc^{\frac{1}{3}} \tag{16-13}$$

式中，雷诺数 $Re_x = \dfrac{v_0 x}{\nu_0}$。

写成特征数方程的形式为：

$$Sh_x = \frac{k_x x}{D_i} = 0.332 Re_x^{\frac{1}{2}} Sc^{\frac{1}{3}} \tag{16-14}$$

式中，Sh_x 为局部舍伍德数。

（3）平均对流传质系数为：

$$k_i = \frac{1}{L} \int_0^L k_x \mathrm{d}x = 0.664 \frac{D_i}{L} Re_L^{\frac{1}{2}} Sc^{\frac{1}{3}} \tag{16-15}$$

或

$$Sh = \frac{k_i L}{D_i} = 0.664 Re_L^{\frac{1}{2}} Sc^{\frac{1}{3}} \tag{16-16}$$

式中，L 为平板长度，m；Sh 为平均舍伍德数；雷诺数 $Re_L = \dfrac{v_0 L}{\nu}$。

16.2.1.2 平板层流对流传质近似积分解法

如图 16-3 所示，在层流边界层内取一控制体 $ABCD$，设控制体为单位厚度，并假定浓度边界层厚度 δ_c 小于动量边界层厚度 δ。

对控制体做质量平衡分析，推出边界层质量积分方程为：

$$D_i \frac{\partial c_i}{\partial y}\bigg|_{y=0} = \frac{\mathrm{d}}{\mathrm{d}x} \int_0^{\delta_c} (c_f - c) v_x \mathrm{d}y \tag{16-17}$$

式中，c_f 为流体的浓度，等于常数；c_i 为任一点处流体的浓度；v_x 为 x 方向流体的流速。

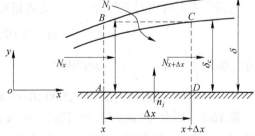

图 16-3　平板层流控制体的质量平衡

与对流换热类似，根据浓度边界层的概念及其特点，解出边界层浓度场的表达式为：

$$\frac{c_i - c_w}{c_f - c_w} = \frac{3}{2}\left(\frac{y}{\delta_c}\right) - \frac{1}{2}\left(\frac{y}{\delta_c}\right)^3 \tag{16-18}$$

将浓度场及速度场代入式（16-17），同时令 $\frac{\delta}{\delta_c} = Sc^{\frac{1}{3}}$，得：

$$Sh_x = 0.36Re_x^{\frac{1}{2}}Sc^{\frac{1}{3}} \tag{16-19}$$

式（16-19）适用于 $\delta_c < \delta$、$Sc > 1$ 的情况。工程上各类流体的 Sc 均在 1.0 以上，所以此式使用范围很广。

比较式（16-19）与式（16-14）可以看出，微分解与近似积分解基本一致。这表明，该近似积分法完全可以用于某些精确解未知的情况。但是，这种方法的精度完全取决于人们能否假设一个好的速度场和浓度场。

16.2.2 平板紊流对流传质

利用对流传质与对流换热的类似性，将紊流时平板对流换热系数的计算式，用特征数方程通过变换可直接导出对流传质特征数方程。即：

$$Sh_x = 0.0296Re_x^{0.8}Sc^{\frac{1}{3}} \tag{16-20}$$

$$Sh = 0.037Re_L^{0.8}Sc^{\frac{1}{3}} \tag{16-21}$$

16.2.3 球体绕流对流传质

液体或气体绕流单个球体的对流传质关联式，是借助于实验而得到的。对于液体传质，当 $100<Re<700$、$1200<Sc<1525$ 时，可应用特征数方程（16-22）：

$$Sh = 2.0 + 0.95Re^{\frac{1}{2}}Sc^{\frac{1}{3}} \tag{16-22}$$

对于气体传质，当 $2<Re<800$、$0.6<Sc<2.7$ 时，可应用特征数方程（16-23）：

$$Sh = 2.0 + 0.552Re^{\frac{1}{2}}Sc^{\frac{1}{3}} \tag{16-23}$$

式中，$Sh = \frac{k_i d_p}{D_i}$；$Re = \frac{v_0 d_p}{\nu}$；d_p 为球体直径；v_0 为来流速度。

16.2.4 管内紊流对流传质

有研究者对管内对流传质进行了实验研究，获得了管内紊流对流传质特征数方程为：

$$Sh = 0.023Re^{0.83}Sc^{\frac{1}{3}} \tag{16-24}$$

式中，$Sh = \frac{k_i d}{D_i}$；$Re = \frac{vd}{\nu}$；d 为管内径。

式（16-24）的适用范围为：$2000<Re<70000$，$1000<Sc<2260$。

例 16-1 压力为 1atm 的空气流过乙醇表面，其速度为 8m/s，温度保持为 16℃。试计算流过 1m 时，单位面积上乙醇的气化速率。已知乙醇在 16℃时的饱和蒸汽压为 4000Pa，乙醇-空气混合物的运动黏度 $\nu = 1.48\times10^{-5}$ m^2/s，乙醇在空气中的扩散系数 $D_i = 1.26\times10^{-5}$ m^2/s。

解： 空气流过乙醇表面 1m 时的 Re_L 为：

$$Re_L = \frac{v_0 L}{\nu} = \frac{8 \times 1}{1.48 \times 10^{-5}} = 5.405 \times 10^5 > 5 \times 10^5, \quad 属于紊流边界层$$

$$Sc = \frac{\nu}{D_i} = \frac{1.48 \times 10^{-5}}{1.26 \times 10^{-5}} = 1.174$$

根据式（16-21）得：

$$Sh_L = 0.037 Re_L^{0.8} Sc^{\frac{1}{3}} = 0.037 \times (5.405 \times 10^5)^{0.8} \times 1.174^{\frac{1}{3}} = 1504.18$$

则

$$k_i = Sh_L \frac{D_i}{L} = 1504.18 \times \frac{1.26 \times 10^{-5}}{1} = 0.019 \text{ m/s}$$

单位面积上乙醇的气化速率为：

$$n_i = k_i(c_f - c_w)$$

其中，$c_f = \dfrac{p_i}{RT} = \dfrac{4000}{8.314 \times (273 + 16)} = 1.665 \text{mol/m}^3$；$c_w = 0 \text{mol/m}^3$。

代入上式得：

$$n_i = k_i(c_f - c_w) = 0.019 \times 1.665 = 0.0316 \text{ mol/(m}^2 \cdot \text{s)}$$

16.3 对流传质系数模型

传质系数是计算对流传质速率的重要参数。但大多数情况下，它们还是由实验研究所得的经验系数，这些经验系数只是在一定的范围内才适用。因此，人们希望能够建立某种理论来阐述传质机理，并提出相应的传质系数模型。许多学者在这方面做了大量工作，并提出了多种不同的传质理论和传质系数模型，其中具有代表性的有薄膜理论、渗透理论、表面更新理论和薄膜-渗透理论。

16.3.1 薄膜理论

薄膜理论又称膜理论，其基本的论点是：当流体靠近物体表面流过时，存在着一层附壁的薄膜，在薄膜靠近流体的一侧与具有浓度均匀的主流连续接触，并假定膜内流体与主流不相混合。在此条件下，整个传质过程相当于此薄膜上的扩散过程，而且认为在薄膜上浓度呈线性分布，表现为稳定特征，如图 16-2 所示。根据"有效浓度边界层"的概念，得：

$$k_i = \frac{D_i}{\delta'_c} \tag{16-25}$$

从式（16-25）可以看出，k_i 与 D_i 成正比。

采用薄膜理论解释对流传质在物理上是不充分的，它忽略了主流紊流扩散的影响。

16.3.2 渗透理论

1935 年，希格比（Higbie）提出了渗透理论。渗透理论认为：当流体流过表面时，有流体质点不断地穿过流体的附壁薄层，向表面迁移并与之接触，流体质点在与表面接触时则进行质量的转移过程，此后流体又回到主流核心区中。在 $c_w > c_f$ 的条件下，经过时间 τ

后，组分浓度由 c_f 增加到 $c_f + \Delta c$，表现为不稳定特征，如图 16-4 所示。

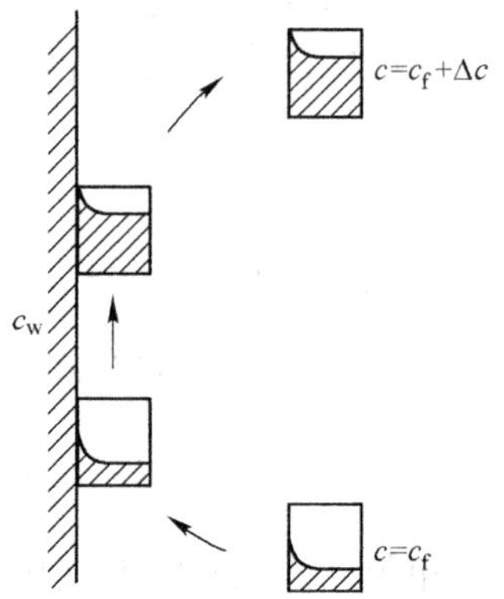

由一维不稳定扩散过程求解可得：

$$k_i = 2\sqrt{\frac{D_i}{\pi\tau}} \tag{16-26}$$

由此可见，k_i 与 D_i 的 0.5 次方成正比。渗透理论把 τ 当作平均寿命，即每个质点与界面接触时间都相同；但在实际应用中，τ 是很难确定的。

16.3.3　表面更新理论

1951 年，丹克韦尔兹（Danckwerts）将渗透理论向前推进了一步。他认为：在流体质点不断投向表面，并在表面接触后又不断离开的过程中，其接触时间是不相同的，因此，随时有新的质点补充旧质点离去的位置，这就形成了表面上质点不断更新的现象。由统计平均方法分析得到：

$$k_i = \sqrt{D_i S} \tag{16-27}$$

图 16-4　渗透理论示意图

式中，S 为表面更新率。

由此可知，k_i 与 D_i 的 0.5 次方成正比。这一结论和渗透理论是一致的。表面更新率 S 是一个有待实验测定的常数，它与流体动力学条件及系统的几何形状有关。

16.3.4　薄膜-渗透理论

1958 年，图尔（H. L. Toor）与玛切罗（J. M. Marchello）提出一个综合的薄膜-渗透理论。在他们的推导过程中，假定流体与界面传质的阻力全部集中于一层薄膜内（与薄膜理论相似），且考虑了这层膜的厚度随流体流动情况而变化的影响。由实验得到：

当 $\pi \leqslant \dfrac{\delta_c^2}{D_i \tau} < \infty$ 时，$\qquad\qquad k_i = \sqrt{\dfrac{D_i}{\pi\tau}}$ $\qquad\qquad$ (16-28)

当 $0 \leqslant \dfrac{\delta_c^2}{D_i \tau} < \pi$ 时，$\qquad\qquad k_i = \dfrac{D_i}{\delta_c}$ $\qquad\qquad$ (16-29)

可见，薄膜-渗透理论揭示出了薄膜理论与渗透-表面更新理论之间的内在联系，它们分别是薄膜-渗透理论中的极端情况。若两相接触时间长，传质过程越趋于稳定，这时正好符合薄膜理论的模型。若在传质两相中有一相是滴状或雾状分散在另一相中，或者流体通过细粒组成的固定床时，两相接触时间短，这时传质过程不可能达到稳定状态，因而属于渗透-表面更新理论模型。

实验结果表明，大多数对流传质过程中，传质系数与扩散系数有如下关系：

$$k_i = D_i^n (n = 0.5 \sim 1.0) \tag{16-30}$$

上面所介绍的几种对流传质系数模型，只是反映了在这方面所做的理论探索，有助于弄清过程的物理本质，但从实用及工程计算的角度来看，这些公式都不够方便。因为公式中所涉及的扩散系数、边界层厚度、平均寿命和表面更新率都难于具体地确定。目前，求解对流传质系数比较实用的方法还是利用相似理论模型实验法。

—————本 章 小 结—————

对流传质是流体流动条件下的物质传递过程。本章介绍了浓度边界层、对流传质系数、施密特特征数、谢伍德特征数、平板层流对流传质微分解法和积分解法、对流传质系数模型。浓度边界层和对流传质系数是本章的重点内容。

当流体流过表面并与之发生对流传质时，靠近表面形成的具有浓度梯度的流体薄层，称为浓度边界层。浓度边界层的基本特征与热边界层类似，随着流向的深入，边界层厚度增大。浓度边界层也分为层流边界层和紊流边界层，可用雷诺数 Re_x 来判断，其临界雷诺数 $Re_c = 5 \times 10^5$。

影响对流传质的因素主要有流体流动的起因、流动的性质、流体的物性、表面几何特性等。研究对流传质的关键是确定不同条件下的对流传质系数，主要方法有精确解法、近似积分法、相似理论-模型实验法和类比法。与对流换热类似，通过边界层微分方法和积分方法求得浓度场后，即可求得对流传质系数。通过实验方法，还可获得对流传质特征数方程。对流传质系数的模型理论主要有薄膜理论、渗透理论和表面更新理论。实验结果表明，对于大多数的对流传质过程，$k_i = D_i^n (n = 0.5 \sim 1.0)$。

借用研究对流换热的方法，可直接求出流体流过平板表面和在管内流动时的对流传质系数。在应用相应公式进行计算时，只需将努塞尔数与普朗特数替换为舍伍德数与施密特数即可；当然，相应的参数也应作代换。

主要公式及相似特征数：

对流传质量：$N_i = k_i (c_f - c_w) A$；

施密特数：$Sc = \dfrac{\nu}{D_i}$；

舍伍德数：$Sh = \dfrac{k_i l}{D_i}$。

┌─────────────────────────┐
│ 习题与工程案例思考题 │
└─────────────────────────┘

习　题

16-1　何为浓度边界层，对研究传质有何实际意义？

16-2　何为对流传质，影响对流传质的因素有哪些？

16-3　何为对流传质系数，其单位和物理意义是什么？

16-4　为什么说研究对流传质的关键是确定不同条件下的对流传质系数，它有哪些方法，各有何特点？

16-5　何为有效浓度边界层，对研究对流传质有何实际意义？

16-6　对流传质关联式有哪些，各适用于什么条件？

16-7　对流传质系数的模型理论有哪些，主要说明什么问题？

16-8　如何借用研究对流换热的方法来研究对流传质？

16-9　舍伍德数与施密特特数的表达式及物理意义是什么，对研究对流传质有何作用？

16-10　将一直径为 10mm 的球形萘粒子置于大气压下、45℃的空气流中，空气的流速为 0.5m/s，此时萘的蒸汽压为 74Pa，萘在空气中的扩散系数为 $6.92 \times 10^{-6} \mathrm{m}^2/\mathrm{s}$，试求这时萘的蒸发速率。

16-11 试用量纲分析法证明强制对流传质时，$Sh = f(Re, Sc)$。影响对流传质的因素有：速度 v、扩散系数 D、密度 ρ、动力黏度 μ、定形尺寸 l 及传质系数 k。

工程案例思考题

案例 16-1 　水的蒸发

案例内容：

（1）水的蒸发现象分析；

（2）水的蒸发速率计算；

（3）影响水蒸发速率的因素；

（4）加速水蒸发的方法。

基本要求：针对某有风吹过的水池，完成案例内容。

案例 16-2 　铜精矿的闪速熔炼

案例内容：

（1）铜精矿闪速熔炼过程分析；

（2）铜精矿颗粒与气流间的对流传质计算；

（3）影响颗粒对流传质速率的因素；

（4）增强颗粒对流传质的途径。

基本要求：针对某铜精矿的闪速熔炼，完成案例内容。

冶金与材料制备及加工中的质量传输

本章课件

本章学习概要：主要介绍相间平衡与平衡浓度、相间传质、两相反应中的扩散、多孔材料中的扩散。要求掌握相间平衡与平衡浓度的概念、双膜理论及应用，了解气固两相及气液两相反应中的扩散传质特点，理解多孔材料中的扩散传质特性。

在冶金与材料制备及加工中充满了质量传输现象，如矿石的氧化熔烧，还原炼铁，钢铁材料的表面渗碳、渗氮，钢液的氧化脱碳，铝液的精炼，金属的凝固、焊接及表面热处理等，这些传质大多存在于两相或多相之间。本章主要讨论几种常见的传质过程。

17.1　相间平衡与平衡浓度

以气-液两相为例来说明相间平衡问题。相间平衡时，两相浓度有一定的差值，通常取决于系统的温度和压强的大小，可用式（17-1）表示：

$$c_L = K(c_G)^n \qquad (17\text{-}1)$$

式中，c_G、c_L 分别为气相和液相的浓度；K 为常数，它决定于平衡时的温度；n 为指数，它决定于平衡反应。

上述平衡关系也可通过图 17-1 来表示。对应于气相介质浓度 $c_{f,G}$ 的是 c_L，反之，对应于液相介质浓度 $c_{f,L}$ 的是 c_G；同时，对应于气相界面浓度 $c_{w,G}$ 的是液相界面浓度 $c_{w,L}$。

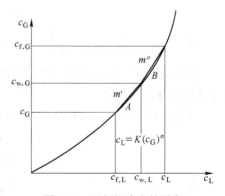

图 17-1　两相间浓度的平衡

若某组分的浓度在气相中高于平衡时的浓度，即 $c>c_L$，则该组分将由气相转入液相；如果 $c<c_L$，则该组分由液相转入气相，自动保持平衡状态。因此，作为传质过程来说，c_L 与 $c_{f,G}$、c_G 与 $c_{f,L}$ 具有相同的意义。

按相平衡关系，由图 17-1 可得：

$$\frac{c_{w,G} - c_G}{c_{w,L} - c_{f,L}} = m' \qquad (17\text{-}2)$$

$$\frac{c_L - c_{w,L}}{c_{f,G} - c_{w,G}} = \frac{1}{m''} \qquad (17\text{-}3)$$

式中，m' 为曲线 A 段的斜率；m'' 为曲线 B 段的斜率。

17.2　双膜理论及相间传质

双膜理论是基于薄膜理论之上的，它认为两相间的界面两侧，各自存在着一定厚度的薄膜，各自形成有效浓度边界层，在界面处的两相处于稳定的平衡状态，传质过程的阻力只存在于薄膜内。仍以气-液两相的界面传质过程为例，来说明相间传质过程。如图 17-2 所示，相间传质过程可分为三个环节：某组分在气相内的扩散传质、界面上相间平衡和在液相内的扩散传质。这时，δ_G、δ_L 分别代表气相、液相的有效浓度边界层厚度；$c_{f,G}$、$c_{f,L}$ 分别代表气相、液相介质的浓度，$c_{w,G}$、$c_{w,L}$ 分别代表气相、液相界面上的浓度。

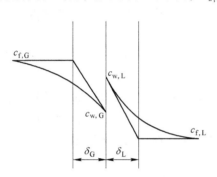

图 17-2　相间传质过程

在稳定传质过程中，传质通量为：

对气相 $\qquad n_G = k_G(c_{f,\,G} - c_{w,\,G})$ (17-4)

对液相 $\qquad n_L = k_L(c_{w,\,L} - c_{f,\,L})$ (17-5)

式中，k_G、k_L 分别为气相、液相的扩散传质系数。

由于稳定时界面上不存在质量的蓄积，所以：

$$n_G = n_L = n \qquad (17\text{-}6)$$

即

$$\frac{n}{k_G} = c_{f,\,G} - c_{w,\,G} \qquad (17\text{-}7)$$

$$\frac{n}{k_L} = c_{w,\,L} - c_{f,\,L} \qquad (17\text{-}8)$$

同时，根据相平衡浓度关系，$c_{f,G}$ 对应的平衡浓度为 c_L，$c_{f,L}$ 对应的平衡浓度为 c_G。

扩散传质通量 n 也可用总传质系数 $k_{\Sigma G}$ 来表示。如果以气相来考虑，则有：

$$n = k_{\Sigma G}(c_{f,\,G} - c_G) \qquad (17\text{-}9)$$

或

$$\frac{n}{k_{\Sigma G}} = (c_{f,\,G} - c_{w,\,G}) + (c_{w,\,G} - c_G) \qquad (17\text{-}10)$$

按传质过程，式（17-9）中的浓度差 $c_{f,G} - c_G$ 应为 $c_{f,G} - c_{f,L}$；但根据相平衡关系，$c_{f,L}$ 可对应由 c_G 来代替。

将式（17-2）、式（17-7）和式（17-8）代入式（17-10）得：

$$\frac{1}{k_{\Sigma G}} = \frac{1}{k_G} + m' \frac{1}{k_L} \qquad (17\text{-}11)$$

或

$$k_{\Sigma G} = \frac{1}{\dfrac{1}{k_G} + m' \dfrac{1}{k_L}} \qquad (17\text{-}12)$$

如果以液相来考虑，则有：

$$n = k_{\Sigma L}(c_L - c_{f,\,L}) \qquad (17\text{-}13)$$

或

$$\frac{n}{k_{\Sigma L}} = (c_L - c_{w,\,L}) + (c_{w,\,L} - c_{f,\,L}) \qquad (17\text{-}14)$$

按传质过程，式（17-13）中的浓度差 $c_L - c_{f,\,L}$ 应为 $c_{f,\,G} - c_{f,\,L}$；但根据相平衡关系，$c_{f,G}$ 可对应由 c_L 来代替。

将式（17-3）、式（17-7）和式（17-8）代入式（17-14）得：

$$\frac{1}{k_{\Sigma L}} = \frac{1}{m'' k_G} + \frac{1}{k_L} \qquad (17\text{-}15)$$

或

$$k_{\Sigma L} = \frac{1}{\dfrac{1}{m'' k_G} + \dfrac{1}{k_L}} \qquad (17\text{-}16)$$

当 $k_L \gg k_G$ 时，即液相的传质系数远大于气相的传质系数时，式（17-12）可简化为：

$$k_{\Sigma G} \approx k_G \qquad (17\text{-}17)$$

这时，整个传质过程受控于气相的传质过程，如果加强气相的传质过程，则可以提高整个传质过程的速率，如可溶性气体氨溶于水的情况。

当 $k_G \gg k_L$ 时，即气相的传质系数远大于液相的传质系数时，式（17-16）可简化为：

$$k_{\Sigma L} \approx k_L \qquad (17\text{-}18)$$

这时，整个传质过程受控于液相的传质过程，如果加强液相的传质过程，则可以提高整个传质过程的速率，如二氧化碳溶解于水的情况。

17.3　两相反应中的扩散

17.3.1　气固两相反应中的扩散

固体氧化物（如铁矿石）在气相中还原处理，是气固两相反应的典型过程，其传质模型如图 17-3 所示。其扩散传质和化学反应过程由三个环节组成，即气体还原剂通过气膜向气固界面扩散、气体还原剂及反应生成物气体在反应生成物固体中的扩散、在固态氧化物和固态还原物界面上的化学反应。

各层的浓度分别为：气相中的浓度 c_f，界面上的浓度 c_w，固相中的浓度 c_i。

通过气膜在单位时间内气体还原剂向气固界面的传质量为：

$$N_g = 4\pi r_w^2 k_g (c_f - c_w) \qquad (17\text{-}19)$$

式中，r_w 为球形料块的半径，m；k_g 为气体还原剂的传质系数，m/s；c_f、c_w 分别为还原剂的原始浓度及固相表面上的浓度，mol/m³。

气体还原剂通过还原产物固体层的扩散传质量为：

$$N_s = \frac{D_{eff} 4\pi r^2 \mathrm{d}c}{\mathrm{d}r} \qquad (17\text{-}20)$$

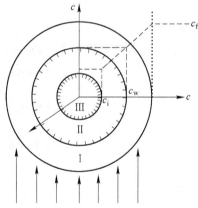

图 17-3　气固两相反应示意图
I—气膜区；II—还原反应生成物区；
III—未反应氧化物区

式中，D_{eff} 为气体还原剂在还原固体产物中的扩散系数，其中包括固体产物中孔隙的特征，称为有效扩散系数，m²/s；r 为固体产物层内半径，m。

对于稳定传质过程，N_s 为常数，则对式（17-20）积分得：

$$\int_{c_i}^{c_w} \mathrm{d}c = \frac{N_s}{4\pi D_{eff}} \int_{r_i}^{r_w} \frac{\mathrm{d}r}{r^2} \qquad (17\text{-}21)$$

$$c_w - c_i = \frac{N_s}{4\pi D_{eff}} \frac{r_i - r_w}{r_i r_w} \tag{17-22}$$

则

$$N_s = 4\pi D_{eff} \frac{r_i r_w}{r_w - r_i}(c_i - c_w) \tag{17-23}$$

式中，r_i 为固体层半径，m。

对于未考虑界面化学反应时的稳定传质过程，$N_g = N_s = N$，则由式（17-19）和式（17-23）求得气固相间的传质量 N 为：

$$N = \frac{4\pi(c_f - c_i)}{\dfrac{1}{r_w^2 k_g} + \dfrac{r_w - r_i}{r_i r_w D_{eff}}} \tag{17-24}$$

式中，c_i 为固相反应界面上气体还原剂的浓度，实际上就是与反应的气体产物相平衡的平衡浓度，即 $c_i \approx c_平$。

当在固相化学反应界面上（$r = r_i$）进行等分子数可逆反应时，其反应的传质速率 N_c 为：

$$N_c = 4\pi r_i^2 k_+ c_i - 4\pi r_i^2 k_- c_i' \tag{17-25}$$

$$K = \frac{k_+}{k_-} = \frac{c_平'}{c_平} \tag{17-26}$$

式中，c_i、c_i' 分别为气体还原剂及气体还原产物的浓度；K 为反应平衡常数；k_+、k_- 为正、逆反应速度常数；$c_平$、$c_平'$ 为反应平衡时，气体还原剂及气体还原产物的浓度。

对于等分子数反应，在反应中总浓度不变，即有：

$$c_i + c_i' = c_平 + c_平'$$

或

$$c_i' = c_平(1 + K) - c_i \tag{17-27}$$

将式（17-27）代入式（17-25），得：

$$N_c = 4\pi r_i^2 k_+ c_i - 4\pi r_i^2 k_-\left[c_平(1 + K) - c_i\right]$$

$$= 4\pi r_i^2 k_+ c_i - 4\pi r_i^2 \frac{k_+}{K}\left[c_平(1 + K) - c_i\right]$$

$$= 4\pi r_i^2 k_+ \frac{1 + K}{K}(c_i - c_平)$$

或

$$N_c = \frac{4\pi(c_i - c_平)}{\dfrac{K}{r_i^2 k_+ (1 + K)}} \tag{17-28}$$

对于包括界面化学反应的稳定传质过程，$N_g = N_s = N_c = N$，则由式（17-24）和式（17-28）得到铁矿石还原过程的综合传质量计算公式为：

$$N = \frac{4\pi r_w^2}{\dfrac{1}{k_g} + \dfrac{r_w(r_w - r_i)}{r_i D_{eff}} + \left(\dfrac{r_w}{r_i}\right)^2 \dfrac{K}{k_+(1 + K)}}(c_f - c_平) \tag{17-29}$$

式（17-24）和式（17-29），与稳定综合传热和多层壁稳定导热公式在形式上类似，其中分母的各项与传热中的串联热阻相对应，为不同的传质阻力。

17.3.2　气液两相反应中的扩散

气体一般以原子状态溶于熔融金属时，其溶解度随温度升高而增加，因此金属在熔化和浇注时会吸收大量气体，而在凝固时则放出部分气体。根据平方根定律，双原子气体的溶解度与气体压力的平方根成正比，例如，反应 $N_2(g) \rightleftharpoons 2N(l)$，则平衡常数 $K' = c_{[N]}^2 / p_{N_2}$，所以氮在液体金属中的平衡浓度为：

$$c_{[N]} = \sqrt{K'} \cdot \sqrt{p_{N_2}} = K\sqrt{p_{N_2}} \tag{17-30}$$

式中，p_{N_2} 为氮气压力；$c_{[N]}$ 为氮的平衡浓度，下角标"［N］"表示溶解于熔融金属中的氮。

金属液的吸气与排气，大致包括气相中的传质、液相中的传质、界面化学反应、新相（气泡）生成四个过程，这些过程均可能单独控制整个过程的总速率。下面以熔融金属吸气传质过程为例加以说明，如图 17-4 所示，图中 c、c_i 分别表示液相中浓度、界面上浓度；p、p_i、$p_{平}$ 分别表示气相中气体压力、界面上气体压力与 c_i 平衡时的气体压力。

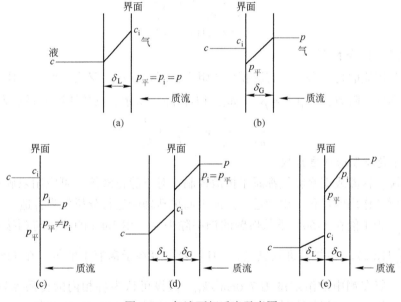

图 17-4　气液两相反应示意图
（a）液相传质控制；（b）气相传质控制；（c）界面化学反应控制；
（d）两相中扩散控制；（e）混合控制

17.3.2.1　液相传质控制

液膜控制传质的特点是：无化学反应阻力，即 $p_{平} = p_i$；而且无气膜传质阻力，即 $p_i = p$，如图 17-4（a）所示。其中，$p_{平}$ 是与 c_i 平衡时的气体压力，该条件下，$p_{平} = p_i = p$，界面面积为 A 时气体的吸收速率为：

$$N = \frac{D_L}{\delta_L} A(c_i - c) \tag{17-31}$$

式中，D_L 为液相扩散系数。

17.3.2.2　气相传质控制

气膜控制传质的特点是：无化学反应阻力，即 $p_平 = p_i$；而且无液膜传质阻力，即 $c = c_i$，如图 17-4（b）所示。该条件下气体吸收速率为：

$$N = \frac{D_G}{\delta_G} A(p - p_平) \qquad (17\text{-}32)$$

式中，D_G 为气相扩散系数。

17.3.2.3　界面化学反应控制

界面化学反应控制的特点是：无液膜传质阻力，即 $c = c_i$；而且无气膜传质阻力，即 $p_i = p$；有化学反应阻力，即 $p_平 \neq p_i$，如图 17-4（c）所示。

17.3.2.4　两相中扩散控制

两相中扩散控制传质的特点是：有液膜传质阻力，即 $c \neq c_i$；有气膜传质阻力，即 $p \neq p_i$；无化学反应阻力，即 $p_平 = p_i$，如图 17-4（d）所示。其传质阻力系数为：

$$\frac{1}{k_\Sigma} = \frac{1}{k_G} + m'\frac{1}{k_L} \qquad (17\text{-}33)$$

则

$$N = k_\Sigma A(c_i - c) \qquad (17\text{-}34)$$

17.3.2.5　混合控制

混合控制传质的特点是：既有液膜传质阻力，即 $c \neq c_i$；又有气膜传质阻力，即 $p \neq p_i$；还有化学反应阻力，即 $p_平 \neq p_i$，如图 17-4（e）所示。其传质阻力系数为：

$$\frac{1}{k_\Sigma} = \frac{1}{k_G} + m'\frac{1}{k_L} + \frac{1}{k_+} \qquad (17\text{-}35)$$

式中，k_+ 为正化学反应速度常数。

一般来说，铁液或钢水吸气都属于扩散控制。对于静止液体，可应用双膜理论进行分析；对于有搅拌作用的过程，用渗透理论或表面更新理论进行分析较为合适。

例 17-1　为了能在 1150℃下从熔融的铜中除去氢，用 1atm 的纯氢与铜接触，产生反应 $[H] = \frac{1}{2}H_2(g)$。氢扩散进入氩气，$[H]$ 表示溶解于铜液中的氢。在 1150℃ 和 1atm 氢气压力下，氢在铜中的溶解度为 $7.0cm^3/kg$。假设可认为各相内的传质系数（即 k_G 和 k_L）彼此大致相等，试判断该脱氢过程是气相传质控制还是液相传质控制？

解：首先求出铜液中氢的浓度为：

$$c_{[H]} = \frac{7.0}{1000} \times \frac{1}{22.4} \times \frac{8.4}{100} \times 1000 = 0.0262 \text{ mol/L}$$

这里假设铜液的密度为 $8.4g/cm^3$。

计算反应 $\frac{1}{2}H_2(g) = [H]$ 的平衡常数：

$$K = 0.0262/\sqrt{1} = 0.0262$$

$$m' = \frac{c_{w,G} - c_G}{c_{w,L} - c_{f,L}} = \frac{p_{H_2,w} - p_{H_2,平}}{c_{[H],w} - c_{[H]}} = \frac{p_{H_2,平} - p_{H_2,w}}{c_{[H]} - c_{[H],w}}$$

已知 $p_{H_2,平} = 1atm$，$c_{[H]} = 0.0262mol/L$。m' 值的大小可做如下估计：

若界面上的 $p_{H_2, w}$ 很小，$p_{H_2, w} \to 0$，$c_{[H], w} \to 0$，则 $m' = \dfrac{1}{0.0262} = 38$。

若界面上的 $p_{H_2, w}$ 很大，设 $p_{H_2, w} = 0.9\text{atm}$，则：

$$c_{[H], w} = 0.0262 \times \sqrt{0.9} = 0.0248 \text{ mol/L}$$

$$m' = \frac{p_{H_2, 平} - p_{H_2, w}}{c_{[H]} - c_{[H], w}} = \frac{1 - 0.9}{0.0262 - 0.0248} = 71.4$$

不论氢气在界面上压力的高低，m' 值均远大于 1，所以：

$$\frac{1}{k_\Sigma} = \frac{1}{k_G} + m' \frac{1}{k_L} \approx \frac{m'}{k_L} \quad (\text{因 } k_G \approx k_L)$$

故该过程是由液相中的传质过程所控制。

17.4　多孔材料中的扩散

气体通过多孔介质的扩散，在冶金及材料制备过程中是常见的现象，如矿石的还原和焙烧、铸造砂模的排气、粉末冶金制品的脱气等。其中，固态物质的物理结构或孔隙特征往往对扩散起决定性作用。根据扩散机理，可以把气体在多孔介质中的扩散分为分子扩散、克努森扩散和表面扩散三种类型，如图 17-5 所示。

17.4.1　分子扩散

当多孔介质的微孔直径 d 远大于气体分子的平均自由程 $\bar{l}$ 时（$\bar{l}/d \leqslant 1/100$），主要发生分子间的碰撞现象，气体迁移以普通分子扩散为主，如图 17-5（a）所示。利用一般的扩散定律，假定介质中的孔隙均匀且各向同性，则孔隙率 ω 可作为单位面积上的气体在介质内移动的有效面积。此外，由于气孔不是直孔，而是曲折的，以 τ 代表介质材料每单位长度上的微孔实际长度，那么在介质内由 A1 扩散到 A2 的距离为 l 时，气体分子迁移的实际距离应为 $l\tau$。这样，多孔介质每单位面积上的气体扩散速率为：

$$N_A = \omega D_A \frac{p_{A1} - p_{A2}}{l\tau} \tag{17-36}$$

令

$$D_{A, eff} = \frac{\omega D_A}{\tau} \tag{17-37}$$

则

$$N_A = D_{A, eff} \frac{p_{A1} - p_{A2}}{l} \tag{17-38}$$

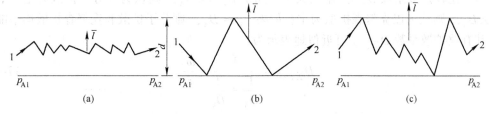

图 17-5　多孔材料中的扩散

（a）分子扩散；（b）克努森扩散；（c）表面扩散

式中，N_A 为 A 物质的扩散速率；p_{A1}、p_{A2} 分别为 A 物质在 1、2 两处的压力；$D_{A,eff}$ 为 A 物质的有效扩散系数；τ 为曲折度，也称迷宫系数；ω 为孔隙率。

迷宫系数 τ 与材料大小、粒度分布及小孔结构及形状有关，必须由实验确定。对于不固结的粒料，$\tau = 1.5 \sim 2.0$；对于压实材料，$\tau = 7 \sim 8$。

17.4.2 克努森（Knudsen）扩散

当气体密度较小，即压强很低时；或者气体分子平均自由程 $\bar{l}$ 远大于介质的孔径 d 时（$\bar{l}/d \geqslant 1/10$），气体分子与孔壁碰撞的几率超过气体分子彼此碰撞的几率，这种扩散称为克努森扩散。由气体分子运动学说得，克努森扩散系数为：

$$D_k = \frac{2}{3}\bar{r} \cdot \bar{v}_A \tag{17-39}$$

式中，D_k 为克努森扩散系数，m^2/s；$\bar{r}$ 为平均孔隙半径，m；$\bar{v}_A$ 为组分 A 分子的均方根速度，m/s。

由于
$$\bar{v}_A = \sqrt{\frac{8RT}{\pi M_A}} \tag{17-40}$$

所以
$$D_k = 97.0\bar{r}\left(\frac{T}{M_A}\right)^{\frac{1}{2}} \tag{17-41}$$

式中，M_A 为组分 A 的相对分子质量；T 为热力学温度，K。

对于克努森扩散，仍然要引入曲折度（τ）的概念，采用有效扩散系数：

$$D_{k,eff} = \frac{\omega D_k}{\tau} \tag{17-42}$$

17.4.3 表面扩散

气体分子在多孔介质中不仅能沿着微孔通道扩散，而且在孔壁形成吸附表面层。气体在孔壁表面层具有浓度梯度，因此使吸附分子沿着孔壁表面扩散。除非有大量分子被吸附，否则这种表面扩散对介质内部扩散的影响是很小的；而且只有在低温下，表面扩散才可能起重要作用，但在高温下可以忽略。

由上所述，多孔介质中的气体扩散有孔内扩散和孔壁表面扩散两个渠道，且两者是同时进行的。对孔内扩散，孔内分子间的碰撞（即分子扩散）和分子与壁面的碰撞（即克努森扩散）都可能起作用。为了判别孔内扩散以哪一种扩散为主，通常采用两种方法：

（1）比较扩散系数 D_A 与 D_k 的大小。如果 $D_k \gg D_A$，则认为以分子扩散为主；如果 $D_k \ll D_A$，则认为以克努森扩散为主；如果 $D_k \approx D_A$，则分子扩散和克努森扩散均不能忽略，其有效扩散系数 $D_{\Sigma,eff}$ 可近似地表示为：

$$D_{\Sigma,eff} = \frac{1}{\dfrac{1}{D_A} + \dfrac{1}{D_k}} \cdot \frac{\omega}{\tau} \tag{17-43}$$

（2）比较微孔直径 d 与气体平均自由行程 $\bar{l}$。如果 d 和 $\bar{l}$ 属于同一数量级或 d 仅比 $\bar{l}$ 大一个数量级，则以克努森扩散为主。在较高温度下，当孔径的数量级等于或小于 100nm

时，即使 $\bar{l}/d$ 的值非常小，克努森扩散仍然可能起主要作用。判断时，气体平均自由程 $\bar{l}$ 用式（17-44）计算：

$$\bar{l} = \frac{1}{\sqrt{2}\,\pi d^2 n} \tag{17-44}$$

式中，d 为分子碰撞直径，cm；n 为分子密度，$1/cm^3$。

例 17-2　铸钢时金属蒸气向砂型中扩散，试计算在 1600℃下锰蒸气通过二氧化硅砂的扩散系数。假定砂型内仅存在氩气（Ar），1600℃下锰蒸气在氩气中的扩散系数 $D_{Mn\text{-}Ar} = 3.4 cm^2/s$；砂型的孔隙率 $\omega = 0.45$，平均半径 $\bar{r} = 0.005cm$。已知锰蒸气的分子碰撞直径 $d = 0.24nm$，$n = 0.448nm^{-3}$。

解：首先判别扩散类型。利用式（17-44）计算分子平均自由程 $\bar{l}$：

$$\bar{l}_{Mn} = \frac{1}{\sqrt{2}\,\pi} \times \frac{1}{(0.24 \times 10^{-7})^2 \times 0.448 \times 10^{21}} = 8.73 \times 10^{-7}\ cm$$

$$\bar{l}_{Mn}/2\bar{r} = 8.73 \times 10^{-7}/(2 \times 0.005) = 8.73 \times 10^{-5} < 1/100$$

所以，该扩散属于分子扩散。

同样，可按照 $D_{Mn\text{-}Ar}$ 和 D_k 的相对大小来判别扩散类型。已知 $T = 1600 + 273 = 1873K$，$M_{Mn} = 55$。利用式（17-41）得：

$$D_k = 97.0\bar{r}\sqrt{\frac{T}{M_{Mn}}} = 97.0 \times 0.005 \times 10^{-2} \times \sqrt{\frac{1873}{55}} = 2.83 \times 10^{-2}\ m^2/s = 283\ cm^2/s$$

由此可知，$D_k \gg D_{Mn\text{-}Ar}$，故该扩散属于分子扩散。

研究表明，在高温下金属蒸气通过压坯扩散时，曲折度 $\tau = 3 \sim 6$，现取平均值 $\tau = 4$，则其有效扩散系数为：

$$D_{Mn\text{-}Ar,\ eff} = \frac{\omega D_{Mn\text{-}Ar}}{\tau} = \frac{0.45 \times 3.4}{4} = 0.38\ cm^2/s$$

这说明，通过多孔介质的有效扩散系数比自由气相中的相应扩散系数小得多，在本例中前者约为后者的 1/10。

———————— **本 章 小 结** ————————

在冶金与材料制备及加工中，质量传输是很重要的过程，且传质大多存在于两相或多相之间。本章介绍了气液两相相间平衡问题和传质过程、气固和气液两相反应中的扩散、气体在多孔材料中的扩散。气固和气液两相反应中的扩散是本章的重点内容。

某组分的浓度在气相中若高于平衡时的浓度，则该组分将由气相转入液相；反之，该组分将由液相转入气相，自动保持平衡状态。双膜理论是基于薄膜理论之上的，它认为在界面处的两相处于稳定的平衡状态，传质过程的阻力只存在于薄膜内。根据两相传质系数的大小，可判断传质过程的受控环节。气固两相反应和气液两相反应均包括反应物扩散、界面化学反应和生成物扩散三个过程，其综合传质阻力也为三个过程传质阻力之和。

根据扩散机理，可将气体在多孔介质中的扩散分为分子扩散、克努森扩散和表面扩散三种类型。当多孔介质的微孔直径 d 远大于气体分子的平均自由程 $\bar{l}$ 时，以分子扩散为主；当气体分子平均自由程 $\bar{l}$ 远大于介质的孔径 d 时，以克努森扩散为主；而高温多孔介质内的表面气体扩散，可以忽略不计。

习题与工程案例思考题

习　　题

17-1　何为相间平衡与平衡浓度，对研究两相传质有何意义？

17-2　何为双膜理论，有何实际意义？

17-3　两相反应中的扩散有何共同特点，气固两相反应与气液两相反应的综合传质阻力有何不同？

17-4　气体在多孔介质中的扩散分为哪三种类型，如何判断？

17-5　浇注铸钢件时，一部分金属蒸气将向砂型中扩散。试计算 1600℃时，铁蒸气通过砂型的有效扩散系数。假定使用保护性氩气进行浇注，砂粒直径为 $5 \times 10^{-4} m$，平均半径为 0.005cm，砂型的孔隙率为 0.45，1600℃下铁蒸气在氩气中的扩散系数 $D_{Fe-Ar} = 4.0 cm^2/s$。

17-6　试计算 700K 时，CO_2-O_2 混合气体通过砂型的有效扩散系数。已知砂粒直径为 $5 \times 10^{-4} m$，平均半径为 0.005cm，砂型的孔隙率 0.45，700K 时 CO_2-O_2 混合气体中的扩散系数 $D_{CO_2-O_2} = 7.2 \times 10^{-5} m^2/s$。

工程案例思考题

案例 17-1　炼铁过程的质量传输

案例内容：

（1）高炉炼铁的相间传质特点；

（2）铁矿石还原过程分析；

（3）铁矿石还原速率计算；

（4）加速还原的途径。

基本要求：针对某炼铁高炉的还原过程，完成案例内容。

案例 17-2　转炉炼钢过程的质量传输

案例内容：

（1）转炉炼钢的相间传质特点；

（2）转炉脱碳过程分析；

（3）转炉脱碳速率计算；

（4）加速脱碳的途径。

基本要求：针对某复合吹炼转炉的脱碳过程，完成案例内容。

案例 17-3　炉外精炼过程的质量传输

案例内容：

（1）炉外精炼的相间传质特点；

（2）底吹氩钢包内的混匀过程分析；

（3）钢包内的混匀时间计算；

（4）加速混匀的途径。

基本要求：针对某精炼炉的底吹氩过程，完成案例内容。

案例 17-4　湿法炼铜过程的质量传输

案例内容：

（1）湿法炼铜的相间传质特点；

（2）铜浸出液萃取分离过程分析；

（3）铜浸出液萃取分离速率的计算；

（4）增强萃取分离过程的途径。

基本要求：针对某湿法炼铜的萃取分离过程，完成案例内容。

动量、热量、质量传输的类比

本章课件

本章学习概要：主要介绍动量、热量、质量传输的类似性及应用。要求从物性传输和对流传输角度掌握"三传"的类似性，会用类比法由摩擦阻力系数直接求出对流换热系数和对流传质系数。

动量、热量、质量传输有许多类似之处，如传输的基本概念、基本定律、基本方程及解析方法。由于传输有物性传输和对流传输之分，本章在比较三种传输基本概念的基础上，主要从物性传输和对流传输角度，分析说明动量、热量、质量传输的类似性及应用。

18.1 三种传输概念的类比

动量、热量、质量传输的基本概念前已述及，就是指流体动力过程、传热过程及物质传递过程中的动量、热量、质量的传递与输送。动量传输，是指在垂直于流体流动方向上动量由高速度区向低速度区的转移；热量传输，是指热量由高温度区向低温度区的转移；质量传输，是指物系中一个或多个组分由高浓度区向低浓度区的转移。通过转移，物系由非平衡态达到平衡态。所以，物系内存在速度差（梯度）、温度差（梯度）和浓度差（梯度），它们分别是动量、热量和质量传输产生的条件，也是传输的推动力。物系内某物理量随空间及时间的变化特征，称为场。因此，分别有速度场、温度场和浓度场。根据物理量是否随时间变化，有稳定场和不稳定场之分。因此，三种传输相应也有稳定和不稳定流动、稳定和不稳定传热、稳定和不稳定传质之分。

按产生机理，三种传输有物性传输和对流传输之分。物性传输主要由物体本身的传输特性构成，取决于物体的物性；而对流传输则是由于流体的宏观运动而产生，它不仅与流体的物性有关，还取决于流体的流动特性。三种传输的传输量大小都用通量来表示，即单位时间内通过单位面积所传递的动量、热量和质量，分别称动量通量、热量通量和传质通量。为便于比较，表18-1列出了三种传输过程对应概念的比较。

表18-1 动量、热量、质量传输概念的比较

传输过程	物理量	场	梯 度	物性传输通量	对流传输通量
动量传输	速度 v	速度场 $v = f_v(x,\ y,\ z,\ \tau)$	速度梯度 $\dfrac{\partial v}{\partial x}$	黏性动量通量 τ	对流动量通量 M

传输过程	物理量	场	梯 度	物性传输通量	对流传输通量
热量传输	温度 t	温度场 $t = f_t(x, y, z, \tau)$	温度梯度 $\dfrac{\partial t}{\partial x}$	导热热通量 q	对流热通量 q
质量传输	浓度 c_i	浓度场 $c_i = f_c(x, y, z, \tau)$	浓度梯度 $\dfrac{\partial c_i}{\partial x}$	扩散传质通量 n_i	对流传质通量 n_i

18.2　三种物性传输的类比

描述物性传输的基本定律已在前几章讨论过，即动量传输中的牛顿黏性定律、热量传输中的傅里叶导热定律和质量传输中的菲克第一定律。它们的数学表达式分别为：

动量传输

$$\tau = -\mu \frac{\partial v}{\partial x} = -\frac{\mu}{\rho} \cdot \frac{\partial(\rho v)}{\partial x} = -\nu \frac{\partial(\rho v)}{\partial x} \tag{18-1}$$

热量传输

$$q = -\lambda \frac{\partial t}{\partial x} = -\frac{\lambda}{c_p \rho} \cdot \frac{\partial(c_p \rho t)}{\partial x} = -a \frac{\partial(c_p \rho t)}{\partial x} \tag{18-2}$$

质量传输

$$n_i = -D_i \frac{\partial c_i}{\partial x} \tag{18-3}$$

式（18-1）~式（18-3）表明三传的类似性，它们具有相类似的微分方程式，可用共同的形式表示为：

物性传输通量 = −物性传输系数×传输动力

式中，物性传输系数具有相同的单位，m^2/s。表 18-2 列出了三种物性传输过程的对应量，以便比较。

表 18-2　动量、热量、质量物性传输的比较

传输过程	物性传输通量	物性传输系数	传输特征量	传输动力
动量传输	τ	ν	ρv	$\dfrac{\partial(\rho v)}{\partial x}$
热量传输	q	a	$c_p \rho t$	$\dfrac{\partial(c_p \rho t)}{\partial x}$
质量传输	n_i	D_i	c_i	$\dfrac{\partial c_i}{\partial x}$

18.3　三种对流传输的类比

三种物性传输存在类似性，三种对流传输也存在类似性，其基本方程及解析方法均类似，这在前述章节中已提及，此处不再赘述，仅列出对比关系于表 18-3 中。利用这种类似关系，可由动量传输中的摩擦阻力系数 k_f 直接求出热量传输中的对流换热系数 h 和质量传输中的对流传质系数 k_i，而不必重复推导或实验，这种方法称为类比法。类比法有雷诺类比、普朗特类比、卡门类比和柯尔伯恩类比，这里主要介绍雷诺类比和柯尔伯恩类比。

表 18-3 动量、热量、质量对流传输的比较

传输过程	基本方程	对流传输通量	对流传输系数	边界层厚度	特征数
动量传输	$\dfrac{\mathrm{d}v}{\mathrm{d}\tau} = \nu \, \nabla^2 v$	$M = v\Delta\rho v$ 或 $\tau = \dfrac{k_\mathrm{f}}{2}v\Delta\rho v$	k_f	δ	Re
热量传输	$\dfrac{\mathrm{d}t}{\mathrm{d}\tau} = a \, \nabla^2 t$	$q = h\Delta t$	h	δ_t	Nu, Pr, St
质量传输	$\dfrac{\mathrm{d}c_i}{\mathrm{d}\tau} = D_i \, \nabla^2 c_i$	$n_i = k_i\Delta c_i$	k_i	δ_c	$Sh, \ Sc, \ St^*$

18.3.1 雷诺（Reynolds）类比

1874 年，雷诺通过理论分析建立了对流换热系数与摩擦阻力系数之间的关系。对于平板对流换热，有：

$$St = \frac{Nu}{Re \cdot Pr} = \frac{k_\mathrm{f}}{2} \tag{18-4}$$

或

$$Nu = \frac{k_\mathrm{f}}{2}Re \cdot Pr \tag{18-5}$$

当 $Pr = 1$ 时

$$Nu = \frac{k_\mathrm{f}}{2}Re \tag{18-6}$$

式中，k_f 为摩擦阻力系数；St 为斯坦顿（Stanton）数。

以上关系也可推广到质量传输，建立动量传输与质量传输之间的雷诺类比，即：

$$St^* = \frac{Sh}{Re \cdot Sc} = \frac{k_\mathrm{f}}{2} \tag{18-7}$$

$$Sh = \frac{k_\mathrm{f}}{2}Re \cdot Sc \tag{18-8}$$

当 $Sc = 1$ 时

$$Sh = \frac{k_\mathrm{f}}{2}Re \tag{18-9}$$

式中，St^* 为传质斯坦顿（Stanton）数。

对于管内对流换热，经推导有：

$$St = \frac{Nu}{Re \cdot Pr} = \frac{\xi}{8} \tag{18-10}$$

同理，对于管内对流传质，则有：

$$St^* = \frac{Sh}{Re \cdot Sc} = \frac{\xi}{8} \tag{18-11}$$

式中，ξ 为管流摩擦系数，其计算方法见第 3 章管流阻力。

这样，可由动量传输中的摩擦阻力系数 k_f 或摩擦系数 ξ，来求出对流换热系数 h 和对流传质系数 k_i。这对对流换热或对流传质的研究，特别是对复杂对流换热或对流传质的研究，提供了一种简便的方法。但是由于理论分析的过分简化，它的使用受到较大的限制。

18.3.2　柯尔伯恩（Colburn）类比

柯尔伯恩通过实验研究了对流换热与流体摩阻之间的关系，提出了对流换热系数与摩擦阻力系数之间的关系，有：

$$St \cdot Pr^{\frac{2}{3}} = j_H \tag{18-12}$$

式中，j_H 为传热 j 因子，对于平板，$j_H = \dfrac{k_f}{2}$；对于管流，$j_H = \dfrac{\xi}{8}$。由此得到：

平板对流换热　　　　　$$St \cdot Pr^{\frac{2}{3}} = \frac{k_f}{2} \tag{18-13}$$

管内对流换热　　　　　$$St \cdot Pr^{\frac{2}{3}} = \frac{\xi}{8} \tag{18-14}$$

当 $Pr = 1$ 时，式（18-13）和式（18-14）与雷诺类比完全一致。可以认为，柯尔伯恩类比是用 $Pr^{2/3}$ 修正雷诺类比所得的结果。对于气体或液体而言，式（18-12）的适用条件为 $0.6 < Pr < 100$。柯尔伯恩把这一关系扩展到质量传输中，得到：

$$St^* \cdot Sc^{\frac{2}{3}} = j_M \tag{18-15}$$

式中，j_M 为传质 j 因子，对于平板，$j_M = \dfrac{k_f}{2}$；对于管流，$j_M = \dfrac{\xi}{8}$。同理得到：

平板对流传质　　　　　$$St^* \cdot Sc^{\frac{2}{3}} = \frac{k_f}{2} \tag{18-16}$$

管内对流传质　　　　　$$St^* \cdot Sc^{\frac{2}{3}} = \frac{\xi}{8} \tag{18-17}$$

式（18-16）和式（18-17）可以认为是考虑了物性因素的影响，用 $Sc^{2/3}$ 修正雷诺类比所得到的结果。当 $Sc = 1$ 时，式（18-16）和式（18-17）与雷诺类比完全一致。对于气体或液体而言，式（18-15）的适用条件为 $0.6 < Sc < 2500$。

实验证明：

$$j_H = j_M = \frac{k_f}{2} \tag{18-18}$$

或　　　　　　　　　　$$j_H = j_M = \frac{\xi}{8} \tag{18-19}$$

式（18-18）和式（18-19）把三种传输过程联系在一起，它们对于没有形状阻力的平板流动和管内流动是适用的。利用这种类比关系，就可将对流换热中的计算式，经过简单变换而求得对流传质的计算式，如前面的平板紊流对流传质计算式就是应用了这种类比关系而求得的。

―――――― 本 章 小 结 ――――――

动量、热量、质量传输的基本概念、基本定律、基本方程及解析方法均具有类似性。本章介绍了三种传输概念的类比，并从物性传输和对流传输角度分析说明动量、热量、质量传输的类似性及应用。应用柯尔伯恩类比法由摩擦阻力系数直接求出对流换热系数和对流传质系数是本章的重点内容。

类比法主要有雷诺类比和柯尔伯恩类比。由于雷诺类比的过分简化，使其应用受到较大的限制。柯尔伯恩类比是通过实验研究得到的，其应用较为广泛。应用这种类比关系，就可由对流换热计算式，经过简单变换而获得对流传质计算式。

主要公式：

平板对流换热：$St \cdot Pr^{\frac{2}{3}} = \dfrac{k_{\mathrm{f}}}{2}$；

管内对流换热：$St \cdot Pr^{\frac{2}{3}} = \dfrac{\xi}{8}$；

平板对流传质：$St^* \cdot Sc^{\frac{2}{3}} = \dfrac{k_{\mathrm{f}}}{2}$；

管内对流传质：$St^* \cdot Sc^{\frac{2}{3}} = \dfrac{\xi}{8}$。

习题与工程案例思考题

习　　题

18-1　"三传"有哪些类似的概念，其本质是什么？

18-2　试从物性传输角度说明"三传"的类似性。

18-3　何为雷诺类比，应用时应注意些什么？

18-4　何为柯尔伯恩类比，应用时应注意些什么？

18-5　将"三传"过程联系在一起的表达式是什么，有何实际意义？

18-6　试举例说明类比法的应用。

工程案例思考题

案例 18-1　冶金熔体的物性传输

案例内容：

（1）冶金熔体物性传输的类别；

（2）冶金熔体物性传输的表达；

（3）冶金熔体物性传输系数的关联式；

（4）物性传输系数关联式的应用。

基本要求：选择金属熔体或熔渣，根据案例内容进行归纳总结。

案例 18-2　实际生产过程中的对流传输

案例内容：

（1）对流传输的类别；

（2）对流传输的表达；

（3）对流传输系数的关联式；

（4）对流传输系数关联式的应用。

基本要求：选择炼铁或炼钢或有色金属冶炼或热处理等实际生产过程，根据案例内容进行归纳总结。

部分习题参考答案

1-9　$0.2788kg/m^3$，$2.7350N/m^3$。

1-10　$7848N/m^3$，$1.25×10^{-3}m^3/kg$。

1-11　$13.6×10^3kg/m^3$，$1.334×10^5N/m^3$。

1-12　$13.625N/m^3$。

1-13　$32.362kg/m^3$。

1-14　体积增加了 1.3 倍。

1-15　体积被压缩了 0.8 倍。

1-16　拉萨空气的密度为 $0.7741kg/m^3$，重庆空气的密度为 $1.1149kg/m^3$。

1-17　107.5℃，267.76kPa。

1-18　8.5m/s。

1-19　$5.882×10^{-6}m^2/s$。

1-20　$41.90×10^{-6}Pa·s$。

1-21　$4×10^{-3}Pa·s$。

1-22　一种流体的动力黏度为 0.147Pa·s，另一种流体的动力黏度为 $7.35×10^{-2}Pa·s$。

1-23　7.163Pa·s。

2-12　（1）$2.1×10^{-3}Pa$；（2）0；（3）无黏性动量通量，有对流动量通量，$4×10^3Pa$。

2-13　（1）1.573m/s；（2）6.25m/s，150mm。

2-14　1.333kg/s，$1.333×10^{-3}m^3/s$，1.06m/s。

2-15　AB 段，0.625m/s；BC 段，2.5m/s；$4.906×10^{-3}m^3/s$。

2-16　$5.024×10^{-2}m^3/s$，71.11m/s。

2-17　0.108m。

2-18　$A→B$。

2-19　$0.175m^3/s$。

2-20　A 点，$0.8892×10^5Pa$；B 点，$0.9873×10^5Pa$；C 点，$0.9560×10^5Pa$；D 点，$1.0132×10^5Pa$。

2-21　$9.83×10^{-4}m^3/s$，$1.8456×10^5Pa$。

2-22　$1.0348×10^6Pa$。

2-23　根据等压面特性判断：$A—A$ 是等压面，$B—B$ 不是等压面，$C—C$ 不是等压面。

2-24　$H>h$，即 1 管内液面高；1 管液面与容器液面相平，2 管液面不与容器液面相平、低于容器液面。

3-10　（1）紊流流动；（2）层流流动；（3）紊流流动。

3-11　（1）$\mu\left[\dfrac{d}{dr}\left(r\dfrac{dv_z}{dr}\right)\right] = -\rho gr\sin\alpha$；（2）$v_z = \dfrac{\rho gR^2}{8\mu}\left[1-\left(\dfrac{r}{R}\right)^2\right]$；（3）$\mu = \dfrac{\pi\rho gR^4}{16q_V}$。

3-12　（1）$2a$；（2）d_2-d_1。

3-13　28.81。

3-14　圆管输送流体的能力是方管的 1.06 倍。

3-15　0.158。

3-16　6845Pa。

4-7　（1）$x=0.1m$，层流边界层；$x=0.5m$，层流边界层；$x=1m$，层流边界层。（2）$x=1.0m$，紊流边界层；$x=2.0m$，紊流边界层；$x=3.0m$，紊流边界层。

4-8　0.5m处，5.19mm、9.82Pa；1m 处，7.33mm、6.96Pa；1.5m 处，38.78mm、27.42Pa。

4-9　（1）0.55m；（2）57.2mm；（3）16.57N。

4-10　126.2N。

5-13　1.097m。

5-14　18.29min。

5-15　$\dfrac{A}{A_0} = \sqrt{\dfrac{H}{H+x}}$。

5-16　（1）1354.3m/s；（2）2.26。

5-17　44.6mm，526.66m/s，63.3mm。

5-18　0.1057kg/s。

6-9　21.34 倍。

6-10　0.392。

7-14　7248Pa。

7-15　（2）$p_g - p_a = 9.59H$，24.0Pa，-4.80Pa。

7-16　10.7m。

7-17　31m。

8-12　$v = k\sqrt{\dfrac{\Delta p}{\rho}}$。

8-13　8.024m/s，9.18Pa。

8-14 1∶352.8。

9-9 6.4W/m²。

9-10 24000W/m²。

9-11 1763.69W/m²，251.96W/m²。

10-11 84.48kW。

10-12 8280kJ，27mm。

10-13 (1) 蒸汽管，$1.66×10^{-4}$ (m·℃)/W；第一层保温材料，0.283 (m·℃)/W；第二层保温材料，0.618 (m·℃)/W。(2) 277.42W/m。(3) t_2=299.95℃，t_3=221.44℃。

10-14 8318.8W。

10-15 167℃，未超出；168.5W/m；热损失减小，界面温度增加。

10-16 107mm。

10-17 148s，13.3%。

10-18 570s。

10-19 23.65℃。

10-20 (1) 15.8h；(2) 543.4℃；(3) 412W/m²；(4) $2136.9×10^3$kJ。

10-21 (1) 9.1s；(2) 333.1℃；(3) 37011℃/m，76000℃/m。

10-22 节点1，400℃；节点2，450℃；节点3，350℃；节点4，400℃。

10-23 200℃：0.08h，127.6℃；400℃：0.2h，213℃；600℃：0.48h，493.6℃；800℃：0.8h，710℃；1000℃：1.32h，945℃。

11-8 (1) 0.01m：0.656mm，0.72mm；0.05m：1.47mm，1.61mm；0.10m：2.08mm，2.28mm；0.20m：2.93mm，3.22mm；0.40m：4.15mm，4.55mm；0.60m：5.08mm，5.58mm；0.80m：5.87mm，6.44mm；1.00m：6.56mm，7.2mm。(2) 0.01m：55.65W/(m²·℃)；0.05m：24.89W/(m²·℃)；0.10m：17.6W/(m²·℃)；0.20m：12.45W/(m²·℃)；0.40m：8.8W/(m²·℃)；0.60m：7.19W/(m²·℃)；0.80m：6.22W/(m²·℃)；1.00m：5.57W/(m²·℃)。(3) 222.8W。

11-9 19267.2W。

11-10 41.09W/m。

11-11 34℃。

11-12 4.485m，133kW/m²。

11-13 3.07m。

11-14 6535.11W/m。

11-15 (1) 20.93W/(m²·℃)；(2) 21113.16W/(m²·℃)。

11-16 152.69W/(m²·℃)。

11-17 902.74W/(m²·℃)。

11-18 209312.4W。

11-19 $1.15×10^4$W。

11-20 159.5W。

12-9 (a) 0.02；(b) 0.025。

12-11 平板1：18579.5W/m²，367.4W/m²，19430W/m²，4253W/m²；850.5W/m²，3885.6W/m²；平板2：4253W/m²，19430W/m²，3402.4W/m²，15544W/m²；15176.7W/m²。

12-12 128.66kW/m²，57.18kW/m²。

12-13 7748.21W/m，7126.8W/m。

12-14 0.0054%。

12-15 热风的真实温度为1000.042℃，测量误差为0.0042%。

12-16 25.92kW，790K。

12-17 274.53W。

12-18 720℃。

12-19 $2.38×10^4$W/m²。

12-20 0.19。

13-12 烟气出口温度为564.5℃；顺流，447.8℃；逆流，442℃。

14-7 (1) 90.01%；(2) 16.868；(3) 9.5849×10^4Pa。

14-8 $1.609×10^{-5}$m²/s。

15-6 0.1mm处，0.86%；0.2mm处，0.62%。

16-10 $8.927×10^{-8}$mol/s。

17-5 $4.5×10^{-5}$m²/s。

17-6 $8.1×10^{-6}$m²/s。

附　　录

附录1　大气压下干空气的物理性质

温度 $t/℃$	密度 $\rho/\text{kg} \cdot \text{m}^{-3}$	比定压热容 $c_p/\text{kJ} \cdot (\text{kg} \cdot ℃)^{-1}$	导热系数 $\lambda/\text{W} \cdot (\text{m} \cdot ℃)^{-1}$	热扩散系数 $a/\text{m}^2 \cdot \text{s}^{-1}$	动力黏度 $\mu/\text{Pa} \cdot \text{s}$	运动黏度 $\nu/\text{m}^2 \cdot \text{s}^{-1}$	普朗特数 Pr
−50	1.584	1.013	2.034×10^{-2}	1.27×10^{-5}	1.46×10^{-5}	9.23×10^{-6}	0.727
−40	1.515	1.013	2.115×10^{-2}	1.38×10^{-5}	1.52×10^{-5}	10.04×10^{-6}	0.723
−30	1.453	1.013	2.196×10^{-2}	1.49×10^{-5}	1.57×10^{-5}	10.80×10^{-6}	0.724
−20	1.395	1.009	2.278×10^{-2}	1.62×10^{-5}	1.62×10^{-5}	11.60×10^{-6}	0.717
−10	1.342	1.009	2.359×10^{-2}	1.74×10^{-5}	1.67×10^{-5}	12.43×10^{-6}	0.714
0	1.293	1.005	2.440×10^{-2}	1.88×10^{-5}	1.72×10^{-5}	13.28×10^{-6}	0.708
10	1.247	1.005	2.510×10^{-2}	2.01×10^{-5}	1.77×10^{-5}	14.16×10^{-6}	0.708
20	1.205	1.005	2.591×10^{-2}	2.14×10^{-5}	1.81×10^{-5}	15.06×10^{-6}	0.686
30	1.165	1.005	2.673×10^{-2}	2.29×10^{-5}	1.86×10^{-5}	16.00×10^{-6}	0.701
40	1.128	1.005	2.754×10^{-2}	2.43×10^{-5}	1.91×10^{-5}	16.96×10^{-6}	0.696
50	1.093	1.005	2.824×10^{-2}	2.57×10^{-5}	1.96×10^{-5}	17.95×10^{-6}	0.697
60	1.060	1.005	2.893×10^{-2}	2.72×10^{-5}	2.01×10^{-5}	18.97×10^{-6}	0.698
70	1.029	1.009	2.963×10^{-2}	3.86×10^{-5}	2.06×10^{-5}	20.02×10^{-6}	0.701
80	1.000	1.009	3.044×10^{-2}	3.02×10^{-5}	2.11×10^{-5}	21.08×10^{-6}	0.699
90	0.972	1.009	3.126×10^{-2}	3.19×10^{-5}	2.15×10^{-5}	22.10×10^{-6}	0.693
100	0.966	1.009	3.207×10^{-2}	3.36×10^{-5}	2.19×10^{-5}	23.13×10^{-6}	0.695
120	0.898	1.009	3.335×10^{-2}	3.68×10^{-5}	2.29×10^{-5}	25.45×10^{-6}	0.692
140	0.854	1.013	3.486×10^{-2}	4.03×10^{-5}	2.37×10^{-5}	27.80×10^{-6}	0.688
160	0.815	1.017	3.637×10^{-2}	4.39×10^{-5}	2.45×10^{-5}	30.09×10^{-6}	0.685
180	0.779	1.022	3.777×10^{-2}	4.75×10^{-5}	2.53×10^{-5}	32.49×10^{-6}	0.684
200	0.746	1.026	3.928×10^{-2}	5.14×10^{-5}	2.60×10^{-5}	34.85×10^{-6}	0.679
250	0.674	1.038	4.625×10^{-2}	6.10×10^{-5}	2.74×10^{-5}	40.61×10^{-6}	0.666
300	0.615	1.047	4.602×10^{-2}	7.16×10^{-5}	2.97×10^{-5}	48.33×10^{-6}	0.675
350	0.566	1.059	4.904×10^{-2}	8.19×10^{-5}	3.14×10^{-5}	55.46×10^{-6}	0.677
400	0.524	1.068	5.206×10^{-2}	9.31×10^{-5}	3.31×10^{-5}	63.09×10^{-6}	0.679
500	0.456	1.093	5.740×10^{-2}	11.53×10^{-5}	3.62×10^{-5}	79.38×10^{-6}	0.689
600	0.404	1.114	6.217×10^{-2}	13.83×10^{-5}	3.91×10^{-5}	96.89×10^{-6}	0.700
700	0.362	1.135	6.700×10^{-2}	16.34×10^{-5}	4.18×10^{-5}	115.4×10^{-6}	0.707
800	0.329	1.156	7.170×10^{-2}	18.88×10^{-5}	4.43×10^{-5}	134.8×10^{-6}	0.714
900	0.301	1.172	7.623×10^{-2}	21.62×10^{-5}	4.67×10^{-5}	155.1×10^{-6}	0.719
1000	0.277	1.185	8.064×10^{-2}	24.59×10^{-5}	4.90×10^{-5}	177.1×10^{-6}	0.719
1100	0.257	1.197	8.494×10^{-2}	27.63×10^{-5}	5.12×10^{-5}	193.3×10^{-6}	0.721
1200	0.239	1.210	9.145×10^{-2}	31.65×10^{-5}	5.35×10^{-5}	233.7×10^{-6}	0.717

附录 2　大气压下水的物理性质

温度 $t/℃$	密度 $\rho/kg \cdot m^{-3}$	比定压热容 $c_p/kJ \cdot (kg \cdot ℃)^{-1}$	导热系数 $\lambda/W \cdot (m \cdot ℃)^{-1}$	热扩散系数 $a/m^2 \cdot s^{-1}$	运动黏度 $\nu/m^2 \cdot s^{-1}$	普朗特数 Pr
0	999.9	4.212	55.1×10^{-2}	13.1×10^{-6}	1.789×10^{-6}	13.67
10	999.7	4.191	57.4×10^{-2}	13.7×10^{-6}	1.306×10^{-6}	9.52
20	998.2	4.183	59.9×10^{-2}	14.3×10^{-6}	1.006×10^{-6}	7.02
30	995.7	4.174	61.8×10^{-2}	14.9×10^{-6}	0.805×10^{-6}	5.42
40	992.2	4.174	63.5×10^{-2}	15.3×10^{-6}	0.659×10^{-6}	4.31
50	988.1	4.174	64.8×10^{-2}	15.7×10^{-6}	0.556×10^{-6}	3.54
60	983.1	4.179	65.9×10^{-2}	16.0×10^{-6}	0.478×10^{-6}	2.98
70	977.8	4.187	66.8×10^{-2}	16.3×10^{-6}	0.415×10^{-6}	2.55
80	971.8	4.195	67.4×10^{-2}	16.6×10^{-6}	0.365×10^{-6}	2.21
90	965.3	4.208	68.0×10^{-2}	16.8×10^{-6}	0.326×10^{-6}	1.95
100	958.4	4.220	68.3×10^{-2}	16.9×10^{-6}	0.295×10^{-6}	1.75

附录 3　几种常见气体的物理性质（20℃）

气体种类	密度 $\rho/kg \cdot m^{-3}$	比定压热容 $c_p/J \cdot (kg \cdot ℃)^{-1}$	比定容热容 $c_V/J \cdot (kg \cdot ℃)^{-1}$	动力黏度 $\mu/Pa \cdot s$	气体常数 $R/J \cdot (kg \cdot K)^{-1}$	绝热指数 $k = c_p/c_V$
空气	1.205	1003	716	1.80×10^{-5}	287	1.40
二氧化碳	1.84	858	670	1.48×10^{-5}	188	1.28
一氧化碳	1.16	1040	743	1.82×10^{-5}	297	1.40
氨	0.166	5220	3143	1.97×10^{-5}	2077	1.66
氢	0.0839	14450	10330	0.90×10^{-5}	4120	1.40
甲烷	0.668	2250	1730	1.34×10^{-5}	520	1.30
氮	1.16	1040	743	1.76×10^{-5}	297	1.40
氧	1.33	909	649	2.00×10^{-5}	260	1.40
水蒸气	0.747	1862	1400	1.01×10^{-5}	462	1.33

附录 4　几种常见气体的 μ_0、C 及 M 值

气体种类	动力黏度 $\mu_0/Pa \cdot s$	运动黏度 $\nu_0/m^2 \cdot s^{-1}$	相对分子质量 M	C 值
空气	17.09×10^{-6}	13.20×10^{-6}	28.96	111
氧	19.20×10^{-6}	13.40×10^{-6}	32.00	125
氮	16.60×10^{-6}	13.30×10^{-6}	28.00	104
氢	8.40×10^{-6}	93.50×10^{-6}	2.016	71
一氧化碳	16.80×10^{-6}	13.50×10^{-6}	28.00	100
二氧化碳	13.80×10^{-6}	6.93×10^{-6}	44.00	254
二氧化硫	11.60×10^{-6}	3.97×10^{-6}	64.00	306
水蒸气	8.93×10^{-6}	11.12×10^{-6}	18.00	961

附录 5　大气压下烟气的物理性质

温度 $t/℃$	密　度 $\rho/kg \cdot m^{-3}$	比定压热容 $c_p/kJ \cdot (kg \cdot ℃)^{-1}$	导热系数 $\lambda/W \cdot (m \cdot ℃)^{-1}$	热扩散系数 $a/m^2 \cdot s^{-1}$	运动黏度 $\nu/m^2 \cdot s^{-1}$	普朗特数 Pr
0	1.295	1.042	$2.28×10^{-2}$	$16.9×10^{-6}$	$12.20×10^{-6}$	0.72
100	0.950	1.068	$3.13×10^{-2}$	$30.8×10^{-6}$	$21.54×10^{-6}$	0.69
200	0.748	1.097	$4.01×10^{-2}$	$48.9×10^{-6}$	$32.80×10^{-6}$	0.67
300	0.617	1.122	$4.84×10^{-2}$	$69.9×10^{-6}$	$45.81×10^{-6}$	0.65
400	0.525	1.151	$5.70×10^{-2}$	$94.3×10^{-6}$	$60.38×10^{-6}$	0.64
500	0.457	1.185	$6.56×10^{-2}$	$121.1×10^{-6}$	$76.30×10^{-6}$	0.63
600	0.405	1.214	$7.42×10^{-2}$	$150.9×10^{-6}$	$93.61×10^{-6}$	0.62
700	0.363	1.239	$8.27×10^{-2}$	$183.8×10^{-6}$	$112.1×10^{-6}$	0.61
800	0.330	1.264	$9.15×10^{-2}$	$219.7×10^{-6}$	$131.8×10^{-6}$	0.60
900	0.301	1.290	$10.00×10^{-2}$	$258.0×10^{-6}$	$152.5×10^{-6}$	0.59
1000	0.275	1.306	$10.90×10^{-2}$	$303.4×10^{-6}$	$174.3×10^{-6}$	0.58
1100	0.257	1.323	$11.75×10^{-2}$	$345.5×10^{-6}$	$197.1×10^{-6}$	0.57
1200	0.240	1.340	$12.62×10^{-2}$	$392.4×10^{-6}$	$221.0×10^{-6}$	0.56

注：烟气成分：$\varphi(CO_2)=13\%$，$\varphi(H_2O)=11\%$，$\varphi(N_2)=76\%$。

附录 6　各种材料的密度、导热系数、比热容

材料名称	温　度 $t/℃$	密　度 $\rho/kg \cdot m^{-3}$	导热系数 $\lambda/W \cdot (m \cdot ℃)^{-1}$	比热容 $c/kJ \cdot (kg \cdot ℃)^{-1}$
碳钢（$w_C=0.5\%$）	20	7833	54	0.465
碳钢（$w_C=1.5\%$）	20	7753	36	0.486
铸　钢	20	7830	50.7	0.469
镍铬钢 18%Cr8%Ni	20	7817	16.3	0.46
铸铁（$w_C=0.4\%$）	20	7272	52	0.420
纯　铜	20	8954	398	0.334
黄铜（$w_{Zn}=30\%$）	20	8522	109	0.385
青铜（$w_{Sn}=25\%$）	20	8666	26	0.343
康铜（$w_{Ni}=40\%$）	20	8922	22	0.410
金	20	19320	315	0.129
银（$w_{Ag}=99.9\%$）	20	10524	411	0.236
泡沫混凝土	20	232	0.077	0.88
泡沫混凝土	20	627	0.29	1.59
钢筋混凝土	20	2400	1.54	0.84
碎石混凝土	20	2344	1.84	0.75
普通黏土砖墙	20	1800	0.81	0.88
红黏土砖	20	1668	0.43	0.75
铬　砖	900	3000	1.99	0.84
耐火黏土砖	800	2000	1.07	0.96

材料名称	温度 $t/℃$	密度 $\rho/kg \cdot m^{-3}$	导热系数 $\lambda/W \cdot (m \cdot ℃)^{-1}$	比热容 $c/kJ \cdot (kg \cdot ℃)^{-1}$
水泥砂浆	20	1800	0.93	0.84
石灰砂浆	20	1600	0.81	0.84
黄土	20	880	0.94	1.17
菱苦土	20	1374	0.63	1.38
砂土	12	1420	0.59	1.51
黏土	9.4	1850	1.41	1.84
珍珠岩粉料	20	44	0.042	1.59
珍珠岩粉料	20	288	0.078	1.17
水泥珍珠岩制品	20	200	0.058	0.92
水泥珍珠岩制品	20	1023	0.35	1.38
玻璃棉	20	100	0.058	0.75
石棉水泥板	20	300	0.093	0.84
石膏板	20	1100	0.41	0.84
有机玻璃	20	1188	0.20	—
玻璃钢	20	1780	0.50	—
平板玻璃	20	2500	0.76	0.84
聚苯乙烯塑料	20	30	0.027	2.0
聚苯乙烯硬质塑料	20	50	0.031	2.1
脲醛泡沫塑料	20	20	0.047	1.47
聚异氰脲酸酯泡沫塑料	20	41	0.033	1.72
聚四氟乙烯	20	2190	0.29	1.47
红松（热流垂直木纹）	20	377	0.11	1.93
刨花（压实的）	20	300	0.12	2.5
软木	20	230	0.057	1.84
陶粒	20	500	0.21	0.84
棉花	20	50	0.027~0.064	0.88~1.84
松散稻壳	—	127	0.12	0.75
松散锯末	—	304	0.148	0.75
松散蛭石	—	130	0.058	0.75
冰	—	920	2.26	2.26
新降雪	—	200	0.11	2.10
厚纸板	—	700	0.17	1.47
油毛毡	20	600	0.17	1.47

附录7　一些金属材料的导热系数

材料名称	密度 ρ /kg·m⁻³ (20℃)	比定压热容 c_p /J·(kg·℃)⁻¹ (20℃)	导热系数 λ /W·(m·℃)⁻¹ (20℃)	−100	0	100	200	300	400	600	800	1000	1200
铬镍钢 (18~20Cr/8~12Ni)	7.820	460	15.2	12.2	14.7	16.6	18.0	19.4	20.8	23.5	26.3		
铬镍钢 (17~19Cr/9~13Ni)	7830	460	14.7	11.8	14.3	16.1	17.5	18.8	20.2	22.8	25.5	28.2	30.9
镍钢 ($w_{Ni}\approx1\%$)	7900	460	45.5	40.8	45.2	46.8	46.1	44.1	41.2	35.7			
镍钢 ($w_{Ni}\approx3.5\%$)	7910	460	36.5	30.7	36.0	38.8	39.7	39.2	37.8				
镍钢 ($w_{Ni}\approx25\%$)	8030	460	13.0										
镍钢 ($w_{Ni}\approx35\%$)	8110	460	13.8	10.9	13.4	15.4	17.1	18.6	20.1	23.1			
镍钢 ($w_{Ni}\approx44\%$)	8190	460	15.8		15.7	16.1	16.5	16.9	17.1	17.8	18.4		
镍钢 ($w_{Ni}\approx50\%$)	8260	460	19.6	17.3	19.4	20.5	21.0	21.1	21.3	22.5			
锰钢 ($w_{Mn}\approx1.2\%\sim31\%$, $w_{Ni}\approx3\%$)	7800	487	13.6			14.8	16.0	17.1	18.3				
锰钢 ($w_{Mn}\approx0.4\%$)	7860	440	51.2			51.0	50.0	47.0	43.5	35.5	27		
钨钢 ($w_{W}\approx5\%\sim6\%$)	8070	436	18.7		18.4	21.0	22.3	28.6	24.9	26.3			
铅	11340	128	35.3	37.2	35.5	34.3	32.8	31.5					
镁	1730	1020	156	160	157	154	152	150					
钼	9590	255	138	146	139	135	131	127	123	116	109	103	93.7
镍	8900	444	91.4	144	94	82.8	74.2	67.3	64.6	69.0	73.3	77.6	81.9
铂	21450	133	71.4	73.3	71.5	71.6	72.0	72.8	73.6	76.6	80.0	84.2	88.9
银	10500	234	427	431	428	422	415	407	399	384			
锡	7319	228	67		75	68.2	63.2	60.9					
钛	4500	520	22	23.3	22.4	20.7	19.9	19.5	19.4	19.9			
铀	19070	116	27.4	24.3	27	29.1	31.1	33.4	35.7	40.6	45.6		
锌	7140	388	121	123	122	117	112						
钴	6570	276	22.9	26.5	23.2	21.8	21.2	20.9	21.4	22.3	24.5	26.4	28.0
钨	19350	134	179	204	182	166	153	142	134	125	119	114	110
纯铝	2710	902	236	243	236	240	238	234	228	215			
铝合金 (92Al-8Mg)	2610	904	107		86	102	123	148					
铝合金 (87Al-13Sc)	2660	871	162	139	158	173	176	180					
铍	1850	1758	219	382	218	170	145	129	118				
纯铜	8930	386	398	421	401	393	389	384	379	366	352		
铝青铜 (90Cu-10Al)	8360	420	56		49	57	66						

续附录 7

材料名称	20℃			导热系数 λ/W·(m·℃)⁻¹									
	密度 ρ /kg·m⁻³	比定压热容 c_p /J·(kg·℃)⁻¹	导热系数 λ /W·(m·℃)⁻¹	温度/℃									
				−100	0	100	200	300	400	600	800	1000	1200
青铜 (89Cu-11Sn)	8800	343	24.8		24	28.4	33.2						
黄金	19300	127	315	331	318	313	310	305	300	287			
黄铜 (70Cu-30Zn)	8440	377	109	90	106	131	143	145	148				
铜合金 (70Cu-30Ni)	8920	410	22.2	19	22.2	23.4							
纯铁	7870	455	81.1	96.7	83.5	72.1	63.5	56.5	50.3	39.4	29.6	29.4	31.6
阿姆柯铁	7860	455	73.2	82.9	74.7	67.5	61.0	54.8	49.9	38.6	29.36	31.1	
灰铸铁 ($w_C≈3\%$)	7570	470	39.2		28.5	32.4	35.8	37.2	36.6	20.8	19.2		
碳钢 ($w_C≈0.5\%$)	7840	465	49.8		50.5	47.5	44.8	42.0	39.4	34.0	29.0		
碳钢 ($w_C≈1.0\%$)	7790	470	43.2		43.0	42.8	42.2	41.5	40.6	36.7	32.2		
碳钢 ($w_C≈1.5\%$)	7750	470	36.7		36.8	36.6	36.2	35.7	34.7	31.7	27.8		
铬钢 ($w_{Cr}≈5\%$)	7830	460	36.1		36.3	35.2	34.7	33.5	31.4	28.0	27.2	27.2	27.2
铬钢 ($w_{Cr}≈13\%$)	7740	460	26.8		26.5	27.0	27.0	27.0	27.6	28.4	29.0	29.0	
铬钢 ($w_{Cr}≈17\%$)	7710	460	22		22	22.2	22.6	22.6	23.3	24.0	24.8	24.8	25.5
铬钢 ($w_{Cr}≈26\%$)	7650	460	22.6		22.6	23.8	25.5	27.2	28.5	31.8	38	38	

附录 8　几种耐火材料、隔热材料的性质

材料名称	材料最高允许温度/℃	密度 ρ/kg·m⁻³	导热系数 λ/W·(m·℃)⁻¹
超细玻璃棉毡、管	400	18~20	$0.033+0.00023t$
矿渣棉	550~600	350	$0.0674+0.000215t$
石棉板	600	1000~1400	$0.157+0.00019t$
水泥珍珠岩制品	600	300~400	$0.0651+0.000105t$
煤粉灰泡沫砖	300	500	$0.099+0.0002t$
岩棉玻璃布缝板	600	100	$0.0314+0.000198t$
A 级硅藻土制品	900	500	$0.0395+0.00019t$
B 级硅藻土制品	900	550	$0.0477+0.0002t$
膨胀珍珠岩	1000	55	$0.0424+0.000137t$
微孔硅酸钙制品	650	≤250	$0.041+0.0002t$
耐火黏土砖	1350~1450	1800~2040	$(0.7~0.84)+0.00058t$
轻质耐火黏土砖	1250~1300	800~1300	$(0.29~0.41)+0.00026t$
超轻质耐火黏土砖	1150~1300	540~610	$0.093+0.00016t$
硅砖	1700	1900~1950	$0.93+0.0007t$
镁砖	1600~1700	2300~2600	$2.1+0.00019t$
铬砖	1600~1700	2600~2800	$4.7+0.00017t$

注：t 表示温度，单位为℃。

附录9　各种材料的黑度

材料名称与表面状态	温度/℃	黑度 ε
表面光洁的铝	225~575	0.039~0.057
表面粗糙的铝	26	0.055
在600℃时氧化后的铝	200~600	0.11~0.19
表面磨光的铁	425~1020	0.144~0.377
用钢砂冷加工后的铁	20	0.242
氧化后的铁	100	0.736
氧化后表面光滑的铁	125~525	0.78~0.82
未经加工处理的铸铁	925~1115	0.87~0.95
表面磨光的钢铸件	770~1040	0.52~0.56
经过研磨后的钢板	940~1100	0.55~0.61
在600℃时氧化后的钢	200~600	0.80
表面有一层氧化物的光泽钢板	25	0.82
经过刮面加工的生铁	830~990	0.60~0.70
在600℃时氧化后的生铁	200~600	0.64~0.78
氧化铁	500~1200	0.85~0.95
精密磨光的金	225~635	0.018~0.035
轧制后表面未经加工的黄铜板	22	0.96
轧制后表面用粗金刚砂加工过的黄铜板	22	0.20
无光泽的黄铜板	50~350	0.22
在600℃时氧化后的黄铜	200~600	0.61~0.69
精密磨光的电解铜	80~115	0.018~0.023
刮亮的但不如镜面的商品铜	22	0.072
在600℃时氧化后的铜	200~600	0.57~0.87
氧化铜	800~1100	0.54~0.66
熔解铜	1075~1275	0.13~0.16
钼线	725~2600	0.096~0.202
工程用经过磨光的纯镍	225~375	0.07~0.087
镀镍酸洗未经磨光的铁	20	0.11
镍丝	185~1000	0.096~0.186
在600℃时氧化后的镍	200~600	0.37~0.48
氧化镍	650~1255	0.59~0.86
铬镍	125~1034	0.64~0.76
锡、光亮镀锡锌皮	25	0.043~0.064
涂在不光滑板上的铝漆	20	0.39
加热到325℃后的铝质涂料	150~215	0.35
表面磨光的灰色大理石	22	0.931

材料名称与表面状态	温　度/℃	黑　度 ε
磨光的硬橡皮板	23	0.915
灰色、不光滑的软橡皮(经过精制)	24	0.859
平整的玻璃	22	0.937
烟灰、发光的煤灰	95~270	0.952
混有水玻璃的烟灰	100~185	0.947~0.959
纯铂、磨光的铂	225~625	0.054~0.104
铂带	925~1115	0.12~0.17
铂线	25~1230	0.036~0.192
铂丝	225~1375	0.073~0.182
纯汞	0~100	0.09~0.12
氧化后的灰色铅	23	0.281
在200℃时氧化后的铅	200	0.63
磨光的纯银	225~625	0.0198~0.0324
铬	100~1000	0.08~0.26
经过磨光的商品锌(99.1%)	225~325	0.045~0.053
在100℃时氧化后的锌	400	0.11
有光泽的镀锌铁皮	28	0.228
已经氧化的灰色镀锌铁皮	24	0.278
石棉纸板	24	0.96
石棉纸	40~370	0.93~0.945
贴在金属板上的薄纸	19	0.924
水	0~100	0.95~0.968
石膏	20	0.903
刨光的橡木	30	0.895
熔化后表面粗糙的石英	20	0.932
表面粗糙但尚平整的红砖	20	0.93
表面粗糙未上釉的硅砖	100	0.80
表面粗糙上釉的硅砖	1000	0.85
上釉的黏土耐火砖	1100	0.75
耐火砖	—	0.8~0.9
涂在不光滑铁板上的白油漆	23	0.906
涂在铁板上有光泽的黑漆	25	0.875
无光泽的黑漆	40~95	0.96~0.98
白漆	40~95	0.80~0.95
涂在镀锡铁面上的黑色有光泽的漆	21	0.821
黑色无光泽的漆	75~145	0.91
各种不同颜色的油质漆料	100	0.92~0.96

附录10　高斯误差函数值

η	$f(\eta)$	η	$f(\eta)$	η	$f(\eta)$
0.00	0.00000	0.76	0.71754	1.52	0.6841
0.02	0.02256	0.78	0.73001	1.54	0.97059
0.04	0.04511	0.80	0.74210	1.56	0.97263
0.06	0.06762	0.82	0.75381	1.58	0.97455
0.08	0.09008	0.84	0.76514	1.60	0.97635
0.10	0.11246	0.86	0.77610	1.62	0.97804
0.12	0.13476	0.88	0.78669	1.64	0.97962
0.14	0.15695	0.90	0.79691	1.66	0.98110
0.16	0.17901	0.92	0.80677	1.68	0.98249
0.18	0.20094	0.94	0.81627	1.70	0.98379
0.20	0.22270	0.96	0.82542	1.72	0.98500
0.22	0.24430	0.98	0.83423	1.74	0.98613
0.24	0.26570	1.00	0.84270	1.76	0.98719
0.26	0.28690	1.02	0.85084	1.78	0.98817
0.28	0.30788	1.04	0.85865	1.80	0.98909
0.30	0.32863	1.06	0.86614	1.82	0.98994
0.32	0.34913	1.08	0.87333	1.84	0.99074
0.34	0.36936	1.10	0.88020	1.86	0.99147
0.36	0.38933	1.12	0.88679	1.88	0.99216
0.38	0.40901	1.14	0.89308	1.90	0.99279
0.40	0.42839	1.16	0.89910	1.92	0.99338
0.42	0.44749	1.18	0.90484	1.94	0.99392
0.44	0.46622	1.20	0.91031	1.96	0.99443
0.46	0.48466	1.22	0.91553	1.98	0.99489
0.48	0.50275	1.24	0.92050	2.00	0.995322
0.50	0.52050	1.26	0.92524	2.10	0.997020
0.52	0.53790	1.28	0.92973	2.20	0.998137
0.54	0.55494	1.30	0.93401	2.30	0.998857
0.56	0.57162	1.32	0.93806	2.40	0.999311
0.58	0.58792	1.34	0.94191	2.50	0.999593
0.60	0.60386	1.36	0.94556	2.60	0.999764
0.62	0.61941	1.38	0.94902	2.70	0.999866
0.64	0.63459	1.40	0.95228	2.80	0.999925
0.66	0.64938	1.42	0.95538	2.90	0.999959
0.68	0.66378	1.44	0.95830	3.00	0.999978
0.70	0.67780	1.46	0.96105	3.20	0.999994
0.72	0.69143	1.48	0.96365	3.40	0.999998
0.74	0.70468	1.50	0.96610	3.60	1.000000

附录 11　一些气体在空气中的扩散系数

气 体 种 类	扩散系数 $D_{AB}/m^2 \cdot s^{-1}$	气 体 种 类	扩散系数 $D_{AB}/m^2 \cdot s^{-1}$
氢	$0.611×10^{-4}$	氯化氢	$0.130×10^{-4}$
氮	$0.132×10^{-4}$	二氧化硫	$0.103×10^{-4}$
氧	$0.178×10^{-4}$	三氧化硫	$0.095×10^{-4}$
二氧化碳	$0.138×10^{-4}$	氨	$0.17×10^{-4}$

附录 12　一般溶液的相互扩散系数 D_{AB}（25℃）

溶质（A）	溶剂（B）	浓度	$D_{AB}/cm^2 \cdot s^{-1}$	溶质（A）	溶剂（B）	浓度	$D_{AB}/cm^2 \cdot s^{-1}$
HCl	水	$0.1M$	$3.05×10^{-5}$	$K_4Fe(CN)_6$	水	$0.01M$	$1.18×10^{-5}$
NaCl	水	$0.1M$	$1.48×10^{-5}$	乙醇	水	$x=0.05$	$1.13×10^{-5}$
$CaCl_2$	水	$0.1M$	$1.10×10^{-5}$	葡萄糖	水	$w=0.39\%$	$0.67×10^{-5}$
H_2	水	稀	$5.00×10^{-5}$	苯	CCl_4	稀	$1.53×10^{-5}$
O_2	水	稀	$2.50×10^{-5}$	CCl_4	苯	稀	$2.04×10^{-5}$
SO_2	水	稀	$1.70×10^{-5}$	Br_2	苯	稀	$2.70×10^{-5}$
NH_3	水	稀	$2.00×10^{-5}$	CCl_4	煤油	稀	$0.96×10^{-5}$
Cl_2	水	稀	$1.44×10^{-5}$	CO_2	乙醇	稀	$4.00×10^{-5}$
H_2SO_4	水	稀	$1.97×10^{-5}$	CCl_4	乙醇	稀	$1.50×10^{-5}$
Na_2SO_4	水	$0.01M$	$1.12×10^{-5}$	酚	乙醇	稀	$0.89×10^{-5}$

注：M 表示溶质的相对分子质量，x 表示其摩尔分数，w 表示其质量分数。

附录 13　固体中的扩散系数 D_{AB}

物体（A）	固体（B）	温度/K	扩散系数 $D_{AB}/cm^2 \cdot s^{-1}$
氦	派勒克斯玻璃	293	$4.49×10^{-11}$
		773	$2.00×10^{-8}$
氢	镍	358	$1.16×10^{-8}$
	铁	293	$2.59×10^{-9}$
铋	铅	293	$1.10×10^{-16}$
汞	铝	293	$2.50×10^{-15}$
锑	银	293	$3.51×10^{-21}$
铝	铜	293	$1.30×10^{-30}$
镉	铜	293	$2.71×10^{-15}$

参 考 文 献

[1] 高家锐. 动量、热量、质量传输原理 [M]. 重庆：重庆大学出版社，1987.

[2] 张先棹. 冶金传输原理 [M]. 北京：冶金工业出版社，1988.

[3] 沈颐身. 冶金传输原理基础 [M]. 北京：冶金工业出版社，2003.

[4] 沈巧珍. 冶金传输原理 [M]. 北京：冶金工业出版社，2006.

[5] 吴树森. 材料加工冶金传输原理 [M]. 北京：机械工业出版社，2002.

[6] 郑洽余. 流体力学 [M]. 北京：机械工业出版社，1979.

[7] 章熙民. 传热学 [M]. 北京：中国建筑工业出版社，1980.

[8] 杨世铭. 传热学 [M]. 2 版. 北京：高等教育出版社，2004.

[9] [美] 舍克里 J. 冶金中的流体流动现象 [M]. 彭一川，徐匡迪等译. 北京：冶金工业出版社，1985.

[10] 刘向军. 工程流体力学 [M]. 北京：中国电力出版社，2007.

[11] 刘人达. 冶金炉热工基础 [M]. 北京：冶金工业出版社，1980.

[12] 苏华钦. 冶金传输原理 [M]. 南京：东南大学出版社，1989.

[13] 华建社. 冶金传输原理 [M]. 西安：西北工业大学出版社，2005.

[14] 国家自然科学基金委员会工程与材料科学部. 冶金与材料制备工程科学 [M]. 北京：科学出版社，2006.

[15] [美] 威尔特 J R，威克斯 C E，等. 动量、热量和质量传递原理 [M].4 版. 马紫峰，吴卫生等译. 北京：化学工业出版社，2005.

[16] Beek W J, Muttzall K M K, Van Heuven J W. Transport Phenomena [M]. 北京：化学工业出版社，2003.

[17] 刘坤. 冶金传输原理 [M]. 北京：冶金工业出版社，2015.

[18] 谢振华. 工程流体力学 [M].4 版. 北京：冶金工业出版社，2013.

冶金工业出版社部分图书推荐

书　名	作　者	定价(元)
物理化学(第4版)(本科国规教材)	王淑兰	45.00
钢铁冶金学(炼铁部分)(第4版)(本科教材)	吴胜利	65.00
冶金物理化学研究方法(第4版)(本科教材)	王常珍	69.00
冶金与材料热力学(本科教材)	李文超	65.00
热工测量仪表(第2版)(国规教材)	张　华	46.00
冶金物理化学(本科教材)	张家芸	39.00
金属学原理(第3版)(上册)(本科教材)	余永宁	78.00
金属学原理(第3版)(中册)(本科教材)	余永宁	64.00
金属学原理(第3版)(下册)(本科教材)	余永宁	55.00
冶金宏观动力学基础(本科教材)	孟繁明	36.00
相图分析及应用(本科教材)	陈树江	20.00
冶金原理(本科教材)	韩明荣	40.00
冶金传输原理(本科教材)	刘　坤	46.00
冶金传输原理习题集(本科教材)	刘忠锁	10.00
钢铁冶金原理(第4版)(本科教材)	黄希祜	82.00
钢冶金学(本科教材)	高泽平	49.00
耐火材料(第2版)(本科教材)	薛群虎	35.00
钢铁冶金原燃料及辅助材料(本科教材)	储满生	59.00
现代冶金工艺学——钢铁冶金卷(第2版)(本科国规教材)	朱苗勇	75.00
炼铁工艺学(本科教材)	那树人	45.00
炼铁学(本科教材)	梁中渝	45.00
热工实验原理和技术(本科教材)	邢桂菊	25.00
复合矿与二次资源综合利用(本科教材)	孟繁明	36.00
冶金设备基础(本科教材)	朱　云	55.00
冶金设备课程设计(本科教材)	朱　云	19.00
冶金与材料近代物理化学研究方法(上册)	李　钒	56.00
硬质合金生产原理和质量控制	周书助	39.00
金属压力加工概论(第3版)	李生智	32.00
物理化学(第2版)(高职高专国规教材)	邓基芹	36.00
特色冶金资源非焦冶炼技术	储满生	70.00
冶金原理(第2版)(高职高专国规教材)	卢宇飞	45.00
冶金技术概论(高职高专教材)	王庆义	28.00
炼铁技术(高职高专教材)	卢宇飞	29.00
高炉冶炼操作与控制(高职高专教材)	侯向东	49.00
转炉炼钢操作与控制(高职高专教材)	李　荣	39.00
连续铸钢操作与控制(高职高专教材)	冯　捷	39.00
铁合金生产工艺与设备(第2版)(高职高专国规教材)	刘　卫	45.00
矿热炉控制与操作(第2版)(高职高专国规教材)	石　富	39.00